新能源技术进展与应用译丛

氢能技术导论

（第2版）

［美］K. S. V. 桑塔娜姆（K. S. V. Santhanam）
罗曼·J. 普雷斯（Roman J. Press）
马苏德·J. 米利（Massoud J. Miri）　主编
阿拉·V. 贝利（Alla V. Bailey）
杰拉德·A. 塔卡兹（Gerald A. Takacs）

林　伟　等译

中国石化出版社

图书在版编目(CIP)数据

氢能技术导论 : 第2版 / (美) K. S. V. 桑塔娜姆 (K. S. V. Santhanam) 等主编; 林伟等译. -- 北京 : 中国石化出版社, 2022. 8

书名原文: INTRODUCTION TO HYDROGEN TECHNOLOGY (Second Edition)

ISBN 978-7-5114-6789-8

Ⅰ. ①氢… Ⅱ. ①K… ②林… Ⅲ. ①氢能-普及读物 Ⅳ. ①TK91-49

中国版本图书馆 CIP 数据核字(2022)第 142488 号

中国石化出版社出版发行

地址:北京市东城区安定门外大街 58 号
邮编:100011 电话:(010)57512500
发行部电话:(010)57512575
http://www. sinopec-press. com
E-mail:press@ sinopec. com
北京富泰印刷有限责任公司印刷
全国各地新华书店经销

*

710×1000 毫米 16 开本 21. 5 印张 393 千字
2022 年 12 月第 1 版 2022 年 12 月第 1 次印刷
定价:118. 00 元

译者序

为了降低气候变化给地球带来的生态风险以及给人类造成的生存危机，在第21届联合国气候变化大会之后，各国相继制定了碳减排目标，推出了碳减排政策，开发并推广使用低碳技术，在各种减排措施中，氢因具有能源属性、反应产物无二氧化碳排放而备受重视。美国、日本、欧盟等国家和地区相继制定了氢能发展战略，中国作为负责任的大国，制定了力争2030年前实现“碳达峰”、2060年前实现“碳中和”的宏伟目标，并颁布了中国《氢能产业发展中长期规划(2021~2035年)》。

中国有着丰富的光伏、风能、水能等可再生资源，利用可再生能源发电、电解水制“绿氢”，再将“绿氢”用于多种化工过程或用于能源供给，可以在一定程度上减少二氧化碳排放，这条减排路径已经于2021年初开始规模化应用探索。发展氢能是国家提出的战略任务，但目前氢能产业发展仍然处于初级阶段，技术不成熟且成本高，氢能的规模化应用尚需要进一步的技术突破和实践探索。

本书围绕氢能这一核心主题，从能源视角出发，系统介绍了能源的产生和使用、氢能技术涉及的基本原理和所需的关键材料、制氢技术、氢气的特性及应用、氢能基础设施相关技术以及电池技术，其中在电池技术部分，重点介绍了电池种类、特点及应用情况。电池技术与氢能技术互补，有望成为未来碳减排的关键技术。

本书内容涵盖广泛、深入浅出、实例丰富，并配有习题，是一部通俗易懂的氢能科普图书和教材。相信本书能为氢能技术领域的科研工作者、工程技术人员以及对氢能相关技术感兴趣的高等院校师生提供有益参考，助力氢能领域技术的开发和应用。

参与本书翻译审校的人员有杨雪、黄丽敏、钟英竹、胡一鸣、关莉莉、龚雪卉、程涛、金也和王厚朋。衷心感谢各位付出的智慧和辛勤劳动，将本书首次以中文形式呈现给广大读者，感谢中国石化出版社对译著的付梓出版。鉴于译者能力有限，其中难免有不妥之处，敬请读者批评指正。

林　伟

目录

前言

氢，由于具有其他元素所不具备的特性，因此持续在世界上占有其独特的地位。科学家和工程师们一直致力于利用氢气来改进现有技术。关于氢能技术的科技文献数量正以天文数字的速度增长，同时也推动着大量以氢为动力的装置涌入市场。目前氢气正被用于为移动电话、笔记本电脑、汽车、轻型货车等提供能量。此外，许多国家已经开发出用于固定式发电的燃料电池，预计未来5年，燃料电池的用量将增长到125万台。

本书为第2版，旨在与上述最新科技发展同步，本书对可再生能源、世界石油生产和温室气体的相关信息进行了更新。本书也介绍了新一代太阳能电池，对第一版的每一章都进行了更新，介绍了最新的进展。本书还特别介绍了生物柴油的热值、正被考虑做进一步开发的固体碳燃料电池、用于聚合物燃料电池的新型接枝聚合 Nafion 膜、用于熔融碳酸盐电池的改进型电极材料以及固体氧化物燃料电池。本书对氢能技术(hydrogen technology)这一章进行了修改，增加了基础设施技术内容的介绍。

本书新增了两章：氢气制备和电池。在氢气制备一章综述了在提高水分解效率以及由此产生的环境影响因素方面的各种进展，介绍了九种有望降低氢气成本的制氢方法。增加电池一章则是为了进一步研究氢气如何作为燃料电池中的燃料来发电。有了电池，就可以通过储能发电。从本质上讲，二者发电都是为了实际应用。因此，本章对这两种发电方式所涉及的化学原理进行了比较，希望能够提高读者对这两种方法在实现大气温室气体减排效应方面适用性的理解。

在第1版中，提到了联合国政府间气候变化专门委员会一直在强制要求减少大气中的温室气体。《京都议定书》的第二阶段(2013~2020)已经开始实施，联合国气候变化框架公约(UNFCC)于2015年在巴黎通过了一项决议(http://unfccc.int/paris_agreement/items/9485.php)，旨在稳定大气中温室气体的浓度，从而使温室气体排放对气候系统的影响程度降至最低。氢能技术将在实现这一目标的过程中发挥重大作用。

本书在每章的结尾都列出了一些思考题，本书可被用作教科书。

本书作者对保罗·克雷格(Paul Craig)和索菲亚·马格拉基斯(Sophia Maggelakis)教授对本书推出给予的支持表示感谢。

K. S. V. Santhanam、Roman J. Press、Massoud J. Miri、
Alla V. Bailey、Gerald A. Takacs
2017年6月3日
纽约州罗彻斯特市

第1章　可用能源

1.1　人类文明及对可持续能源的探寻

几千年前，我们的祖先就知道如何生火，他们将火用于多种不同用途，其中就包括取暖和做饭。他们发现木头燃烧可以释放能量。而释放能量的材料则被定义为燃料，这使得人们认识到木头是一种燃料。早期的人类文明长期依赖这种燃料。为了改善生活条件，人们开始寻找新的可持续能源。这一探寻推动了风力驱动轮的发明，其可用于从井中抽水。在此发现之前人们都是利用人力从井中打水。风力驱动轮的发明，使人们知道风也是一种能源。此外，人们发现轮子还可以作马车的车轮，当马拉着车时车轮可以旋转，这样就可以用于运输。

在18世纪，最常用的能源都来自木材、水、马和磨坊。那时候这些材料的组成和结构是个谜，更令人费解的是能量是如何从中被释放出来的。正是因为对这些谜团的不解，众多科学家对物质结构进行了详细研究，其中包括汤普森、道尔顿、法拉第、居里、波尔、爱因斯坦和吉布斯等。对物质组成和结构认知的探索，使得他们在科学上取得了惊人的发现，其中就包括对分子和原子的发现和认识。

在此期间，形成了对燃烧释放能量及其燃烧产物的认知。如本节开头所述，在18世纪，可以通过木材干馏生产醇类物质，醇类物质可以作为能源使用。人们认识到醇类物质可以代替木头，而且更高效，因此人们开始把醇类作为能源使用。而煤被用作推动蒸汽机运转的能源。

在19世纪，有机化学家合成了碳氢化合物，并测定了可从这些化合物中获得的能量。20世纪，人们开始对天然碳氢化合物的来源进行探索，发现了石油和天然气中含有碳氢化合物，这一发现为碳氢化合物被用作运输能源铺平了道路。人类对这些自然资源的快速利用以及由此造成的资源枯竭问题，正迫使人类去寻找可行的替代品。此外，碳氢化合物能源(烃基能源)是大气污染的“罪魁祸首”。这些能源释放二氧化碳和一氧化碳气体，而这些气体正在导致全球变暖(见第1.3节)。

进入21世纪，人类正面临着化石燃料消耗速度加快且使用过程中产生污染等各类问题的挑战，需要可持续、几乎不产生污染的能源。在此情况下，人们正在考虑使用氢气和燃料电池，但它们的开发和使用需要政策上的支持。从历史上看，美国严重依赖石油进口，基础设施也根据石油和天然气进口需求而建。如果改用其他不会受前面讨论的因素限制的燃料，则需要对基础设施进行平稳改造。

公元前2750年，在埃及萨卡拉地区为佐泽国王建造的第一座金字塔，是早期人类智慧的象征。同样地，“能源金字塔”则代表了人类智慧的另一个进步。正如“食物金字塔”代表了健康生活方式的平衡饮食方法一样，能源金字塔(图1.1)代表了可再生能源和不可再生能源的平衡消费方式。随着大多数不可再生碳氢燃料资源的逐渐枯竭，能源金字塔就会包含更多不同比例的可再生燃料(如：水力发电、太阳能发电和风力发电)以及各种生物质基燃料。

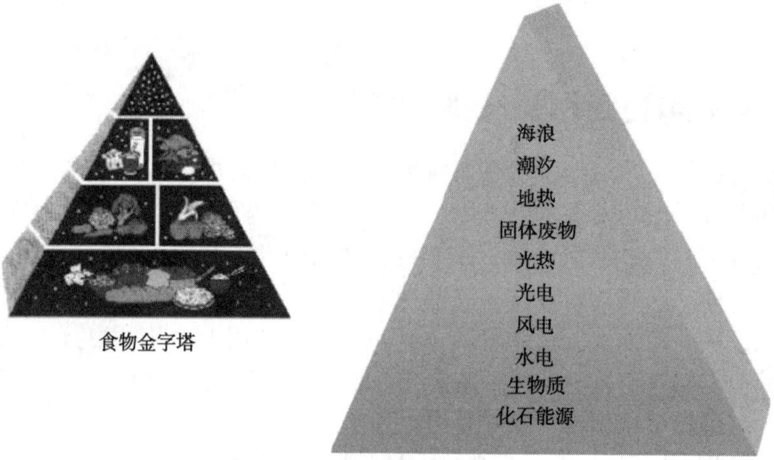

图 1.1 能源金字塔

在 19 世纪，科学家便将氢作为一种能源进行了实验。1839 年，威廉·格罗夫(William Grove)爵士证明氢和氧可以发生化学反应产生电，其反应产物是水。他称这种反应装置为燃料电池。在这种发电方法中，不会产生污染，用于运输时对环境友好。在 21 世纪这两个特点非常重要。2003 年 2 月 6 日，乔治·布什总统在美国国家建筑博物馆的演讲中谈到了氢作为未来能源的潜能。他说：“氢燃料电池是我们这个时代最令人鼓舞、最具创新性的技术之一”，并预测，“通过科学家和工程师不断深入地研究，可以克服氢能技术面临的任何障碍”。奥巴马政府也通过加快氢动力运输和能源生产，延续了这一趋势。

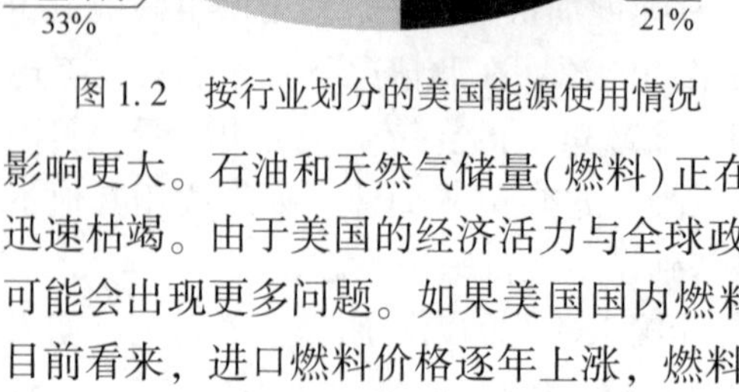

图 1.2 按行业划分的美国能源使用情况

美国在能源消费方面有其独特性。20 世纪下半叶，其能源消费量呈指数级增长。美国消费了全世界能源供应量的 25%，主要分布在以下四个行业：工业、商业、交通和民用(图 1.2)。更深入的分析表明：自 1950 年以来，这四个行业的能源消费量年均增长了 300%。这一趋势导致化石燃料消耗得更快，且对环境影响更大。石油和天然气储量(燃料)正在以比燃料形成和储存速度快一千倍的速度迅速枯竭。由于美国的经济活力与全球政治不稳定地区的燃料供应密切相关，未来可能会出现更多问题。如果美国国内燃料供应下降，就会导致进口燃料需求增加。目前看来，进口燃料价格逐年上涨，燃料需求和成本在不久的将来可能会急剧上升。

化石燃料消费量的增加对环境产生了负面影响：石油泄漏危及水生生物和植物的生命，污染沙滩和土壤，并使得大量土地受到侵蚀。同时，还导致全球变暖。如果我们希望解决所有这些问题，那就必须找到替代能源，而氢正是全世界可以安全依赖的替代能源之一。

工业社会是建立在现有主要以石油为燃料的基础设施之上的，如果燃料价格稳定，那么基础设施几乎不需要进行什么改造，基本可以维持现状。遗憾的是，现在的基础设施还不能满足未来的需求。只有认识到石油技术产生的问题并努力寻找不会产生这些问题的能源，才能满足未来的需求。在这种情况下，氢能技术似乎是一种理想的解决方案。

氢能技术对环境的影响可以忽略不计，从经济性和社会认可角度讲，氢能提供了具有吸引力的选择方案。氢以水和碳氢化合物的形式在地球上无处不在。换句话说，氢作为燃料燃烧产生副产物水，而水又是氢的来源。氢是理想的能源载体，因此可以在新建的分布式基础设施中发挥重要作用，可为车辆、家庭和工业提供电力。氢是一种无毒的、可再生的、清洁的能源。与相同价格的其他能源相比，氢可以提供更多的能量。氢也是高效燃料电池的燃料。

石油和天然气等化石燃料目前正被用于制取氢气。但是这种方法并不理想，原因是它并没有解决因使用化石燃料而产生的环境问题。未来有必要使用可再生能源来替代化石燃料，如风能、水能、太阳能、生物质能和地热能。

基于燃料电池技术的固定式发电是一种可行的方式，已在世界很多地方实施。与现有技术相比，该技术可大幅减少二氧化碳排放量。

通用、福特、欧宝、戴姆勒-克莱斯勒和丰田等世界领先的汽车公司，甚至在先进氢燃料电池推进系统开发方面取得了重大进展。氢动力燃料电池的效率大约是汽油发动机的两倍。而目前全球有 6.5 亿辆车使用汽油，因此氢燃料汽车的市场潜力巨大。使用质子交换膜或固体氧化物的燃料电池的电池模组，有可能成为商用和家用分布式发电装置的动力源。

本书的目的就是向读者介绍氢能技术的基本原理和化学知识。本书还提供了可再生能源、制氢和燃料电池方面的相关信息，也讨论了替代燃料的最新进展和研究现状。本书的核心内容包括酸碱化学、化学反应、化学平衡、热力学、电化学、有机化学、聚合物化学、光化学和环境化学。本书所涵盖的内容与当前国际和国内对过度消耗地球自然资源的担忧，以及美国依赖国外石油满足其大部分能源需求所产生的政治影响高度相关。寻找可再生能源的原因有很多，包括但不限于节能、避免污染以及预防。氢作为最清洁、最丰富的替代能源之一，极有可能在新的能源基础设施中发挥关键作用，为车辆、家庭和工业提供更清洁的能源。

本书作者是美国罗彻斯特理工大学可再生能源企业(RITree)的成员。他们真诚地希望本书能为氢能技术提供较完整的化学背景知识，其中包括氢在燃料电池中的应用前景以及对环境影响。未来，氢在能源消耗、发电以及氢动力运输和非汽车领域应用的快速商业化中还会面临一系列挑战，本书希望能够为其做好人才队伍储备工作。

1.2 地球的能源资源和能源消耗

在这个星球上，能源有化石燃料、太阳能、风能、水能和地球能(地球能包括地热能和核能)。目前化石燃料(包括石油、天然气和煤炭)以及核能被大量使用。由于这些能源预计将在未来数个世纪内耗尽，因此它们被称为不可再生能源。我们的能源需求中大约只有20%来自可再生能源。可再生能源包括太阳能、风能、水能、生物质能、地热能、潮汐能和氢能。这些资源的效率不是很高，需要进行研究以提高其效率。

1.2.1 能源消耗

2000年，世界能源消费总量达到400库德Btu[库德(Quad)，1库德 $=1.055\times 10^{18}$J；Btu，英热单位]。一个人每天消耗约0.9GJ的能量，相当于每天燃烧32kg煤，或者平均能量供应量为10.4kW。任何人所需的营养仅为0.14kW，仅为人均能耗的1%左右。所有人类的活动基本上都涉及能源消耗，例如：建筑的建造、消费品、药品和食品的生产、产品包装、运输、供暖和制冷、行政工作，甚至我们闲暇时间的活动都会消耗能源。在1850年至1970年间，世界人口数量增加了三倍，导致能源消耗随之增加了12倍。

思 考 题

在全球能源消费中考虑的能源是什么？

答：(a)原油；(b)石油衍生资源；(c)天然气；(d)煤炭和褐煤；(e)发电；(f)可再生能源。

哪一个大陆的能源消耗量最大？

答：根据美国能源信息署(EIA)的信息：

北美：116.191库德Btu；

中美洲和南美洲：28.674库德Btu；

欧洲：81.45库德Btu；

欧亚大陆：46.09库德Btu；

中东：32.213库德Btu；

非洲：17.335库德Btu；

亚洲和大洋洲：202.19库德Btu；

全球：524.076库德Btu。

根据2012年美国能源信息署提供的数据，亚洲和大洋洲的一次能源消费总量最高，非洲最低。

1.2.2 区域差异

全球各国和地区能源消费量存在较大差异，富裕的发达国家和地区，如美国、欧洲和日本，人口仅占世界人口的20%却消耗了全球能源的80%。不同地区消费者的消费习惯也不同，在美国，人们驾驶的汽车更大、更费油，购买的房子比中国或印度等许多其他国家的更大。目前，美国人均消耗的能源是中国人均的 10 倍，是印度人均的 20 倍。然而，发展中国家的能源消费增长更快。

1.2.3 按经济部门划分的能源消费分布

交通运输领域的能源消耗占世界能源消耗总量的 30%，主要是乘用车消耗能源。全世界大约有 10 亿辆汽车在使用，全世界大约四分之一的汽车在美国行驶。在欧洲和日本，公共交通使用更多，这常常是政策鼓励推动的，比如对汽车征收高额的税，而对公共交通进行补贴。由于大多数汽车都使用石油基汽油，而大量使用公共交通则会大大减少温室气体的产生，抑制全球变暖(见第 1.3 节)，同时也减少了污染。

全球大约三分之一的能源用在住宅和商用建筑，用于供暖、制冷、烹饪和其他电器。美国人均使用的能源大约是欧洲人均的 2.4 倍，这是因为美国人均住房更大，使用的电器更多。美国人均居住面积大约是非洲大陆人均的 25 倍。全球还有三分之一的能源用于工业部门，用于生产各种商品，如消费品、汽车、建筑和食品。

1.2.4 按能源类型划分的用能差异

图 1.3 显示的是过去三十年的能源消耗情况以及预测到 2020 年的能源消耗情况。2000 年，我们使用的能源中有近 150 库德 Btu 来自石油，其次是 70 库德 Btu 来自天然气，约 70 库德 Btu 来自煤炭，还有 15 库德 Btu 来自核燃料，其余部分来自可再生能源。

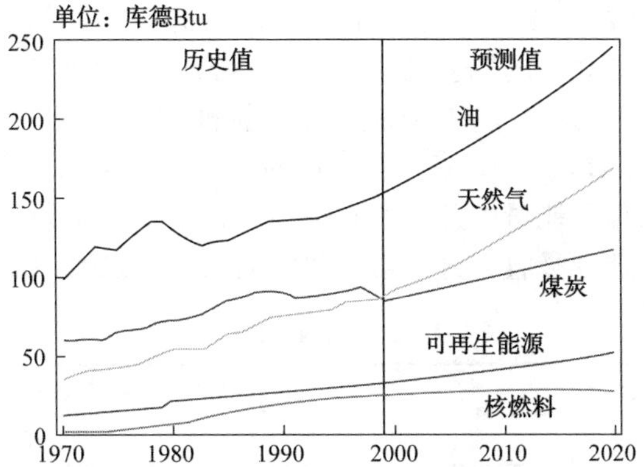

图 1.3　1970~2020 年按能源类型划分的能源消耗量

[资料来源：EIA(Energy Information Administration), International Energy Outlook 2000, PPT, J. E. Hakes; http://tonto.eia.doe.gov/FTPROOT/presentations/ieo2000/sld002.htm]

1.2.5 满足未来的能源需求

技术提升有助于提高能源效率，特别是有助于提高可再生能源的效率。然而，由于世界经济也在稳步增长，能源消耗每年将以 2%左右的速度增长，因此对能源的需求只会增加。

1.3 温室效应及其对生活质量和生态圈的影响

在我们生活的星球上，我们要从太阳获取能量用于我们的一切活动。我们用水洗衣服，并将其在阳光下晒干。地球上的绿色植物(树木、藻类等)利用太阳能进行光合作用。太阳能还有许多其他应用，如太阳能加热器、光伏电池发电、光电流和光生物过程。

思　考　题

什么是全球变暖?

答：这是一个用来描述地球的气候快速变化的术语。

解释与全球变暖相关的不同影响。

答：a）全球气温升高；

b）年降水量增加；

c）冬季变短；

d）冰盖缩小；

e）在高海拔地区出现蚊子传播的疾病；

f）海平面上升。

太阳通过核聚变过程产生太阳辐射，太阳光谱的波长范围约为0.03~14000nm。在太阳发出的这些不同波长的辐射中，波长范围为0.03~300nm的高能辐射波长(γ射线、X射线和紫外线)都被地球上方的大气层过滤掉了。其他波长的辐射进入我们的大气层。到达地球表面的辐射又受到大气、云层和地球表面的反射。被反射的太阳辐射总量约为30%，剩余的70%太阳辐射被大气、云层、陆地和海洋吸收。表1.1中给出了不同实体的反射量和吸收量(估计值)。然而，太阳能仅通过吸收的方式为地球上的生命提供能量。几乎所有来自太阳的短波辐射(紫外线)都被平流层中的臭氧层所吸收。这种吸收方式非常重要，因为它可以保护地球上的生命。

表1.1　太阳辐射的耗散途径　　%

途径	反射率
大气层	6
云层	20
地球表面	4
途径	吸收率
大气层	16
云层	3
陆地和海洋	51

图1.4显示的是温室效应和太阳辐射的路径以及辐射到达地球的路径。需要注意的是，只有一部分太阳辐射到达地球。

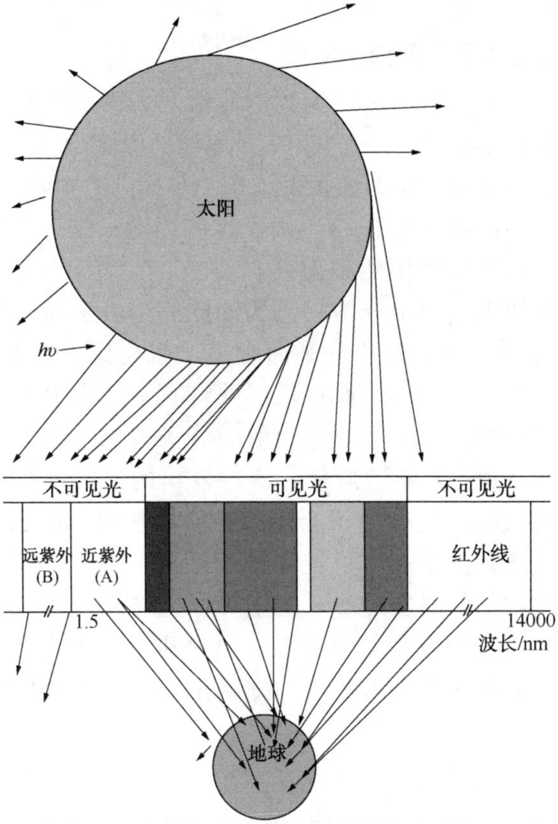

图 1.4　太阳辐射

1.3.1　到达地球的太阳辐射会产生什么影响？

到达地球的太阳辐射导致地表温度升高。这种加热效应可以根据地球半径 R(0.635×10^7m)、太阳常数 S(1.37kW/m^2，描述地球从太阳接收的平均辐射量)和地球反照率 A(星体反射的辐射分数)来计算，如式(1.1)所示：

$$\text{到达地球表面的太阳辐射量}=\pi R^2 S(1-A) \tag{1.1}$$

这种辐射将地球加热到有效温度 T_e。图 1.4 中指向地球的箭头所示波长的光子到达整个表面，而不是集中在某个局部。如果地球以黑体的形式发射辐射，则发射的红外辐射将遵循 Stefan Boltzmann(斯特藩-波尔兹曼常数)定律，根据该定律：

$$\text{地球再发射的辐射量}=4\pi R^2 k T_e^{\ 4} \tag{1.2}$$

式中，k 为斯特藩-波尔兹曼常数。

将式(1.1)与式(1.2)合并得到：

$$T_e=[S(1-A)/4k]^{1/4} \tag{1.3}$$

通过替换方程式(1.3)中的常数，可以估算有效温度 T_e。基于该平衡模型计算的地球温度约为 $T_e=253$K(-20℃)。这不是一个适合生命生存的环境，因为这将是一个冰冻的世界。然而，由于温室效应，这种情况实际上并不存在，地球上的平均温度约为288K(15℃)。

1.3.2 如何保持温度高于平衡模型温度

在前面的讨论中，我们已经考虑到到达地球的太阳辐射是一种黑体辐射。太阳的温度远高于地球(太阳的温度是5880K，地球的温度是288K)，而且地球表面积(地球直径$=1.27\times10^7$m，地球表面积$=0.51\times10^{15}$m^2)也远小于太阳(直径$=1.39\times10^9$m，表面积$=0.609\times10^{19}$m^2)。由于这些因素，维恩位移定律提出：地球发出的辐射波长应该比太阳发出的辐射波长要长。它通常位于1000nm的红外区域。到达地球的太阳辐射的可见光波长约为500nm。由于地球发射红外辐射，而红外线被大气中的分子吸收，这些分子通常是二氧化碳、水蒸气、一氧化二氮、臭氧和甲烷等。这些分子可以吸收红外辐射并将其重新发射出去，以保持地球温度高于平衡模型预测的温度。吸收地球辐射的分子被称为温室气体，这个过程被称为温室效应。换句话说，温室效应就是地球发出的红外辐射被温室气体吸收的过程。因此，地球的大部分热辐射不会逃逸，而是被保存在大气中。只有约6%的地球辐射总量逃逸到太空中。为了吸收红外辐射，分子应具有永久偶极矩，或者是分子可发生能导致临时偶极矩形成的不对称拉伸或弯曲。在大气中，氮分子和氧分子的浓度很高，不会发生红外吸收，这是因为这些分子没有永久偶极矩。除二氧化碳具有临时偶极矩外，水蒸气、一氧化二氮、臭氧和甲烷等分子都具有永久偶极矩。

1.3.3 生活质量

我们的生活质量取决于我们周围的环境。有效温度T_e是决定性因素之一。如果我们周围的大气中二氧化碳含量较高，那么它将吸收更多地球发出的辐射，并将其重新辐射到地球上。这将导致地球上的T_e升高，从而引起全球变暖。如果全球变暖持续发生，那么就会达到一个对我们的生存产生威胁的阶段。在这里，我们可以与其他星球的温室效应进行比较。金星上富含二氧化碳，因此金星会在其表面产生温室效应，金星的温度足以使铅等金属熔化。火星上的温室气体非常少，因此产生的温室效应最小。

由于工业化日益严重，地球大气中的二氧化碳水平从1960年313μL/L的初始值上升到现在的375μL/L。

地球的平均温度已经上升了0.5℃。这已在几次科学会议上作为全球变暖的议题进行了讨论。如果这一趋势继续下去，那么在经过很长一段时间后，有效温度对我们的生存来说可能是无法忍受的。在这一阶段，水的蒸发量将增加，这将会影响饮用水的质量和数量。这样还可能会增加降雨量，可能会导致洪水。另一个可能的担忧就是海平面不断上升，这也可能导致陆地上洪水泛滥。温度升高可能会导致传染病传播、森林火灾，导致在我们的生活中还需要使用更多的空调(表1.2)。

表 1.2　空气污染：原因及补救措施

污染类型	涉及的气体	来源	补救措施
普遍问题：温室效应	CO_2，CFC，CH_4，N_2O，O_3	燃料燃烧，森林火灾，火山喷发，氟氯化碳（CFC），挥发性有机化合物，过氧乙酰硝酸酯	减少化石燃料使用，使用无污染燃料，森林保护，阻止火山爆发(???)
酸雨	硫和氮的氧化物，氨和盐酸蒸气	燃料和工业气体燃烧引起的酸雨，造纸工业中使用的化学制浆工艺	使用气体吸附剂用于脱硫和脱硝，高效燃烧
臭氧层	氟碳化合物，CH_3CCl_3，CCl_4，O_3	在紫外光存在下，Cl 将臭氧分解	CFO 的替代和捕集
局部问题：烟气	SO_2，HCl，CO，硫酸酸雾	工业废气，燃煤	烟气处理
光化学烟雾	NO_x，SO_x，非甲烷类碳氢化合物	燃料燃烧	和酸雨一样处理

参考资料：Energy and air pollution，World energy outlook special report，International Energy Agency，OECD/IEA，2016；S. Cole，G. Ellen；"New NASA Satellite Maps Show Human Fingerprint on Global Air Quality." NASA. 14 December 2015。

图 1.5 给出了公元前的二氧化碳浓度水平和 2015 年的预期水平。

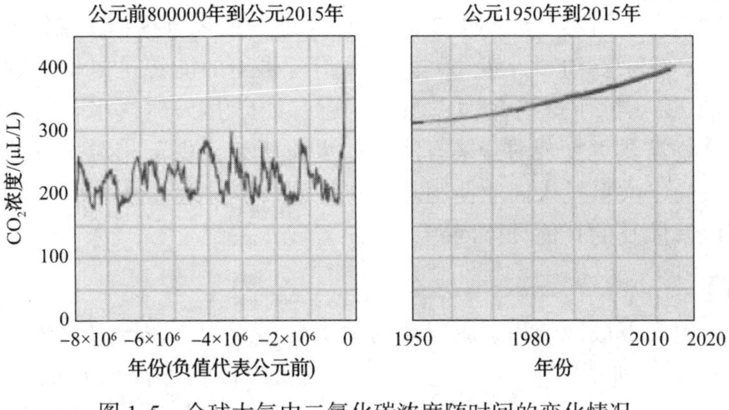

图 1.5　全球大气中二氧化碳浓度随时间的变化情况

1.3.4　生态圈

根据我们目前对温室效应的理解，有必要对生态圈进行研究。生态圈不仅由环境组成，而且还包括所有生物。生态圈从平流层延伸到深海，有多个相互作用的实体。我们可以将生态圈划分为多个局部生态系统。在生态系统内的这些局部生态系统之间，可能存在影响大气层的相互作用。随着生态圈内工业化的日益发展(产生更多的二氧化碳进入大气)和森林砍伐(缺乏光合作用导致大气中的二氧化碳增多)，我们周围的温室气体将增加，这将导致地球温度升高。我们面临的另一个问题是氟碳化合物对臭氧层的破坏(臭氧层过滤紫外线，阻止紫外线到达地球)，使得波长较短的太阳辐射穿透臭氧层并严重影响我们的生态系统。这可能导致在地球上生存的植物、动物和人类的毁灭。尽管温室效应所涉及的物理过程和化学过程都表明我们在工业化和砍伐森林方面要谨慎，但由于上述原因，有效温度可能需要几百万年才能达到使地球上生命毁灭的极限值。

温室气体效应还没有被一些科学家接受。怀疑论者认为这是一个正常而自然的过程，不会影响我们的生活。然而，那些接受温室效应的人倾向于认为可以通过控制工业和汽车的废气排放来减少温室效应，这样将降低大气中的二氧化碳水平。几个国家正在实施标准将汽车废气排放量控制到非常低的水平(0~2%)。另外，使用不产生温室气体的燃料也可以实现减排。在这种情况下，氢能技术发挥了作用，因为氢可以用作汽车动力(燃料电池)和家庭取暖的燃料。联合国气候变化框架公约的《京都议定书》中强制要求工业化国家到2010年温室气体排放量比1990年温室气体排放量减少5%。

2015年底，在巴黎气候大会上，195个国家通过了第一份全球性气候协议，这份协议也被称为《巴黎协定》。该协议文件中描述了为将全球温升控制到1.5℃以避免危险的气候变化而进行的一系列全球行动。

1.4 不可再生能源

在可预见的时间内(通常在几百年内)会耗尽的能源，是不可再生能源。不可再生能源被大量使用，并占我们所用能源资源的绝大部分。在不可再生能源中，最普遍的是化石燃料。化石燃料形成于2亿~3亿年前。或来自植物，最终产生煤炭，或来自微生物，产生了石油和天然气。另一种不可再生的能源是以重核裂变为基础的核燃料，如铀235。除了这些常规来源外，还有油砂和天然气水合物。但是，油砂和天然气水合物需要更复杂的开采方法，如水力压裂，由于相对昂贵的开采和生产成本，该方法尚未大量投入商业使用。下文将进一步讨论每种不可再生能源的来源、生产、使用以及涉及的其他具体问题。

1.4.1 石油

石油是由地表下被沙子和淤泥覆盖的微生物形成的。在压力和热量作用下，有机物质最初形成蜡状固体，即所谓的干酪根(油母质)，是气态和液态有机化合物的前驱物。原油(crude oil，也被简称为oil，也被称为petroleum)，通常是一种黄色/黑色黏性液体，含有气态、液态和固态碳氢化合物。我们将原油和石油这两个术语互换使用。在炼油厂，通过蒸馏工艺将石油分离成更窄的馏分。第2.6.3.1节中介绍了石油分馏的详细信息。图1.6和表1.3给出了各地区和主要国家及其石油储量。

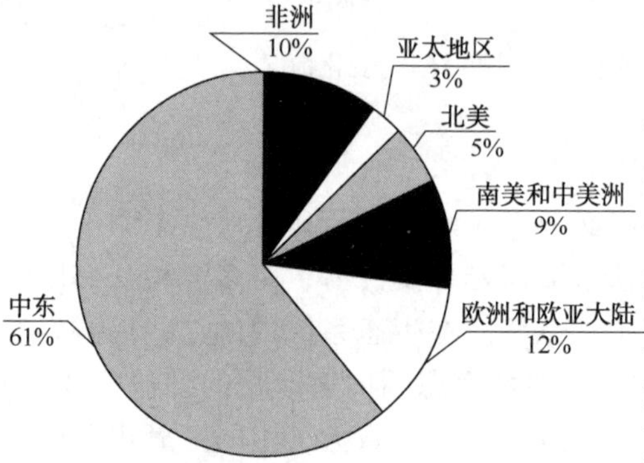

图1.6　2005年世界石油储量

表 1.3 各地区和主要国家石油储量 十亿桶

非洲和中东			北美洲、中美洲和南美洲			欧洲、亚洲和大洋洲		
	低估值	高估值		低估值	高估值		低估值	高估值
非洲			北美			西欧		
阿尔及利亚	11.4	11.8	加拿大	16.5	178.0	英国	4.1	4.5
利比亚	33.6	39.1	墨西哥	12.9	14.8	↑	↑	↑
尼日利亚	35.3	35.9	美国	21.3	29.3	挪威	7.7	8.0
合计	100.8	113.8	合计	50.7	222.1	合计	16.2	17.3
中东			中美洲和南美洲			东欧和苏联		
伊朗[a]	115	115	巴西	10.6	11.2	俄罗斯联邦	60	72.4
伊拉克[a]	48	101.5	委内瑞拉	52.4	361.2	哈萨克斯坦	9	39.6
科威特[a]	15.2	15.2	合计	76	401.1	合计	79.2	121.9
卡塔尔	15.2	15.2						
沙特阿拉伯[a]	261.9	264.3						
阿拉伯联合酋长国[a]	69.9	97.8						
合计	657.3	733.9						
世界总储量：1016.4~1650.7						亚洲和大洋洲		
						中国	15.4	16.0
						澳大利亚	1.5	4
						印度	4.9	5.6
						印度尼西亚	4.3	4.3
						合计	36.2	39.8

[a]该储量数值无法验证。

资料来源：维基百科(2007 年)(原文来源于 EIA)http://wikipedia. com, secondary source:http:www. eia. doe. gov/, 最后查阅时间为 2007 年 1 月 6 日。

通常，石油是通过钻入地表下的储层(包括海洋平台)获得的。2004 年，世界石油储量达 148Gt($1Gt=10^9t$)。世界上发现石油最多的地区是中东，其储量约占世界储量的 65%。世界上大部分石油由以下国家生产：沙特阿拉伯、伊朗、伊拉克、科威特和阿拉伯联合酋长国。这些国家和其他国家都是欧佩克石油输出国组织(OPEC)的成员国。其他的非 OPEC 成员的主要产油国是俄罗斯联邦和墨西哥。如果包括非常规石油储量，那么加拿大因拥有大量的油砂储量也是主要的产油国。图 1.7 显示的是过去几十年中石油产量的增长情况。

如果我们继续以目前的速度消耗石油，据大多数机构估计，在未来 40~50 年内，这种化石燃料将被耗尽。美国使用的石油有一半以上来自美国以外的国家。大部分石油都被用来生产汽油，一半多用于生产燃料，包括柴油、取暖油和飞机燃料。然而，石油也被用来生产价值更高的产品，如塑料、橡胶和药品。

1.4.2 天然气

由于天然气是通过与石油形成相似的厌氧过程形成的，其中涉及数百万年前微生物的衰变，因此大多数天然气储层在地理位置上靠近石油储层(常规天然气)。基岩中生成的天然气是非常规天然气。天然气中含有大量的甲烷，含量在 50%~90%

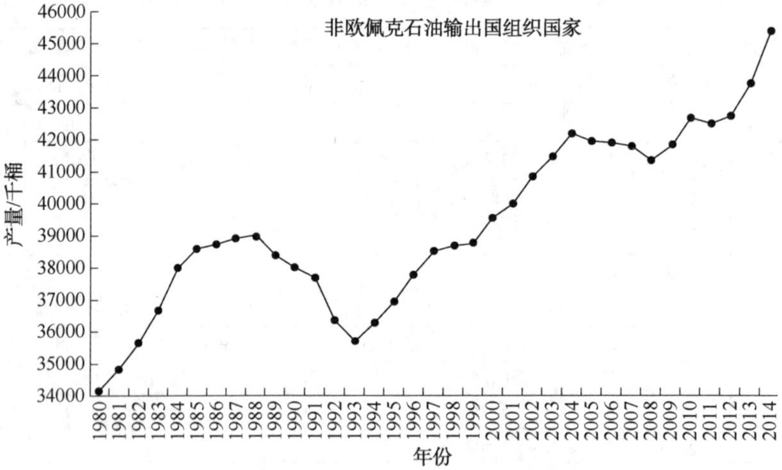

图 1.7　世界石油产量

(来源：美国能源信息署《Annual Energy Review 2005》，
http://www.eia.doe.gov/emeu/aer/pdf/pages/sec_10.pdf)

之间，其余由含 2~4 个碳的碳氢化合物组成。表 1.4 给出的是各国的天然气储量。天然气一般通过管道运输。此外，也可将天然气在低温(-160℃)下液化，用作 LNG (液化天然气)，用集装箱运输。由于液化天然气的黏度较低，因此天然气比原油更容易运输和加工。液化天然气主要用作工业和住宅的燃料。与石油类似，液化天然气也被有效地用作塑料和药品生产的前驱物。由于天然气是一种较纯的碳氢化合物混合物，天然气中的副产物含量比石油中的副产物少，因此燃烧时产生很少的环境污染物，例如：氮氧化物或颗粒物的含量可以忽略不计。天然气的另一个优点是它比石油的价格便宜。与大多数挥发性碳氢化合物类似，天然气也是高度易燃物，因此具有潜在的危险。天然气本身没有特殊气味，为了便于检测气体泄漏，向天然气中添加硫醇等含硫化合物。因为这些添加剂具有类似大蒜的气味，因此可以很容易地检测出来，从而指示是否存在天然气泄漏。预计世界天然气储量可以再维持使用约 60 年，将比我们的石油储量多维持一小段时间。

表 1.4　2005 年和 2006 年按国家和地区分列的世界已探明天然气储量

国家和地区	2005 年	2006 年	2006/2005 年变化率/%
北美	7420.0	7590.0	2.3
加拿大	1633.0	1665.0	2.0
美国	5787.0	5925.0	2.4
拉丁美洲	7312.0	7716.0	5.5
阿根廷	439.0	415.0	-5.5
玻利维亚	740.0	740.0	0.0
墨西哥	408.0	388.0	-4.9
特立尼达和多巴哥	530.0	530.0	0.0
委内瑞拉	4315.0	4708.0	9.1

续表

国家和地区	2005年	2006年	2006/2005年变化率/%
拉丁美洲其他	880.0	935.0	6.2
东欧	58878.0	58890.0	0.0
罗马尼亚	628.0	628.0	0.0
苏联	58099.0	58113.0	0.0
东欧其他	151.0	149.0	-1.3
西欧	5561.0	5396.0	-3.0
德国	257.0	255.0	-0.8
荷兰	1387.0	1347.0	-2.9
挪威	3007.0	2892.0	-3.8
英国	481.0	481.0	0.0
西欧其他	429.0	421.0	-1.9
中东	72834.0	72319.0	-0.7
伊朗	27580.0	26850.0	-2.6
伊拉克	3170.0	3170.0	0.0
科威特	1572.0	1572.0	0.0
阿曼	995.0	980.0	-1.5
卡塔尔	25636.0	25636.0	0.0
沙特阿拉伯	6900.0	7154.0	3.7
阿拉伯联合酋长国	6060.0	6040.0	-0.3
中东其他地区	921.0	917.0	-0.4
非洲	14132.0	14165.0	0.2
阿尔及利亚	4504.0	4504.0	0.0
安哥拉	270.0	270.0	0.0
埃及	1895.0	1940.0	2.4
利比亚	1491.0	1420.0	-4.8
尼日利亚	5152.0	5210.0	1.1
非洲其他国家	821.0	821.0	0.0
亚洲及太平洋	14928.0	14824.0	-0.7
澳大利亚	2605.0	2605.0	0.0
孟加拉国	436.0	435.0	-0.2
中国	2449.0	2449.0	0.0
印度	1101.0	1075.0	-2.4
印度尼西亚	2769.0	2659.0	-4.0
马来西亚	2480.0	2480.0	0.0
缅甸	538.0	538.0	0.0
巴基斯坦	798.0	798.0	0.0
巴布亚新几内亚	428.0	435.0	1.6
亚洲及太平洋其他地区	1324.0	1350.0	2.0
全世界	181065.0	180899.0	-0.1
OPEC	89419.0	89193.0	-0.3
OPEC占比	49.4%	49.3%	

资料来源：http://www.opec.org/library/Annual%20Statistical%20Bulletin/interactive/FileZ/Main.htm；另见：Oil and gas data，T34 World proven natural gas reserves by country，1980~2006，最后查阅日期：2007年6月1日。

1.4.3 煤炭

煤炭是最丰富的化石燃料，用于生产世界上的大部分(约60%)电力。煤炭形成于大约3亿年前(比石油早)，由高度压缩的植物残渣形成。从化学上讲，煤炭主要由碳、灰分(为硅酸盐和金属)以及硫组成。煤炭中的某些金属是有毒物质。不希望煤炭中含硫，因为硫在燃烧过程中会产生硫氧化物，而硫氧化物对环境有害。在自然界中，煤炭以不同的等级出现。无烟煤在高压和低湿度条件下形成，其碳含量最高，为95%。烟煤相对较软，含碳60%~80%。次烟煤碳含量较低，约为40%；然而，次烟煤的硫含量最低，因此这种煤很有用。褐煤在更低的压力和更高的湿度下形成，碳含量仅为25%。传统上，煤炭都是从地下开采获得的，但最近出现了露天开采的趋势。露天开采时人员伤亡较少，但对景观和环境的改变更大。表1.5中给出了世界煤炭储量。

表1.5 2006年底已探明的煤炭可采储量

国家和地区	烟煤和无烟煤/Mt	次烟煤和褐煤/Mt	合计/Mt	份额/%
美国	111338	135305	246643	27.1
俄罗斯联邦	49088	107922	157010	17.3
中国	62200	52300	114500	12.6
印度	90085	2360	92445	10.2
澳大利亚	38600	39900	78500	8.6
南非	48750	0	48750	5.4
乌克兰	16274	17879	34153	3.8
哈萨克斯坦	28151	3128	31279	3.4
波兰	14000	0	14000	1.5
巴西	0	10113	10113	1.1
德国	183	6556	6739	0.7
哥伦比亚	6230	381	6611	0.7
加拿大	3471	3107	6578	0.7
捷克共和国	2094	3458	5552	0.6
印度尼西亚	740	4228	4968	0.5
土耳其	278	3908	4186	0.5
希腊	0	3900	3900	0.4
匈牙利	198	3159	3357	0.4
巴基斯坦	0	3050	3050	0.3
保加利亚	4	2183	2187	0.2
泰国	0	1354	1354	0.1
朝鲜	300	300	600	0.1
新西兰	33	538	571	0.1
西班牙	200	330	530	0.1
津巴布韦	502	0	502	0.1
罗马尼亚	22	472	494	0.1
委内瑞拉	479	0	479	0.1
合计	478771	430293	909064	100.0

资料来源：http://www.wikipidia.com;

http://www.eia.doe.gov/oiaf/aeo/supplement/pdf/suptab_114.pdf;

最后查阅日期：2008年4月1日。

通常80%~90%的煤炭都在原产国使用，这是因为与石油和天然气相比，煤炭运输相对困难。由于煤炭在燃烧过程中生成对环境有害的气体，因此在将废气排入大气之前，必须使用煤洗涤塔或煤过滤器。预计200年内世界煤炭储量就会枯竭，这是目前为止不可再生燃料中可用年限最长的。

除发电外，煤还可以被转化为煤气(coal gas)，其用途与天然气类似。煤也可以被转化为合成气，即CO和H_2的混合物。随着石油和天然气价格的上涨，煤变得更具吸引力。出于同样的原因，煤被液化后可替代石油(例如：见有机化学部分2.6.3.2节中介绍的费托工艺)。由煤生产的焦炭也是生铁和钢铁生产中的重要组分。碳黑可用作塑料和橡胶的增强剂。

1.4.4 核能

到目前为止，核能被实际利用的唯一方式就是通过重核裂变来产生核能，如铀235或钚239。钚239主要用于增殖反应堆，其优点是可产生裂变材料。然而，从政治层面上说，这些类型的反应堆是不受欢迎的，因为它们有着更为严重的安全问题。过去，法国建造了许多增殖反应堆，而美国或德国却没有建造。

每千克燃料在核裂变过程中产生的能量大约是煤的10000倍。然而，核反应堆有几个缺点，正是这些缺点使得核反应堆作为能源不那么受欢迎。核反应堆的主要缺点是，裂变同位素具有放射性，裂变同位素被释放到大气中就会使人致病，在发生事故时就会发生这种情况。1989年，苏联切尔诺贝利核电站发生了迄今为止最严重的事故，当时核反应堆所在的建筑物发生爆炸。另外，即使没有发生事故，废弃的核燃料棒仍具有放射性，时间可长达数十万年之久。因此必须要非常小心地处理它们。目前，废弃的核燃料棒存放在水池下方的容器中。在美国，它们最终将被放置在内华达州尤卡山下的含水层之间。此外，靠近反应堆核芯的常规物体(如仪器或衣服)会产生放射性，因此必须谨慎处理。因为需要安全措施和废物处理措施，所以核燃料的经济性低于基于其理论效率简单计算出来的经济性。

要获得可裂变铀235，必须从沥青铀矿等矿物中发现的含量更为丰富的铀238中进行浓缩。表1.6给出了世界铀资源的情况。世界上大约有30个国家建有核电站，约生产了全球16%的电力。图1.8和图1.9给出的是核电与其他发电方法的比较。预计世界铀储量将可持续使用50年左右。

表1.6 铀的已知可采资源量

国家和地区	铀/t	占世界的百分比/%
澳大利亚	1074000	30
哈萨克斯坦	622000	17
加拿大	439000	12
南非	298000	8
利比亚	213000	6
巴西	143000	4
俄罗斯联邦	158000	4

续表

国家和地区	铀/t	占世界的百分比/%
美国	102000	3
乌兹别克斯坦	93000	3
世界合计	3537000	

资料来源：已知可采资源量为合理确定资源量与推断资源量之和，成本为 80 美元/kg 铀(2003 年 1 月 1 日数据)。该数据摘自：经合组织核能署(OECD-NEA)和国际原子能机构(IAEA)联合发布的《铀资源 2003：生产与需求》报告，2005 年更新。网址：http://www.world-nuclear.org/。

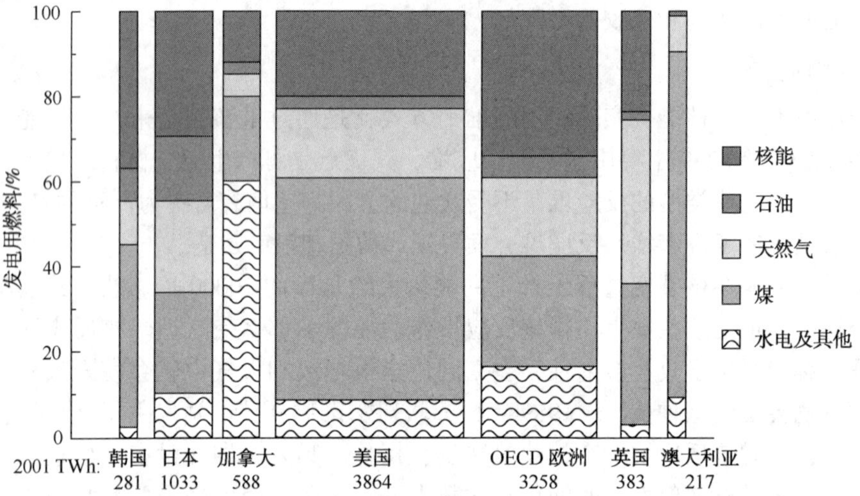

图 1.8　不同方法的发电成本

(资料来源：OECD AEA 2003，《2001 年经济合作与发展组织的能源平衡》)

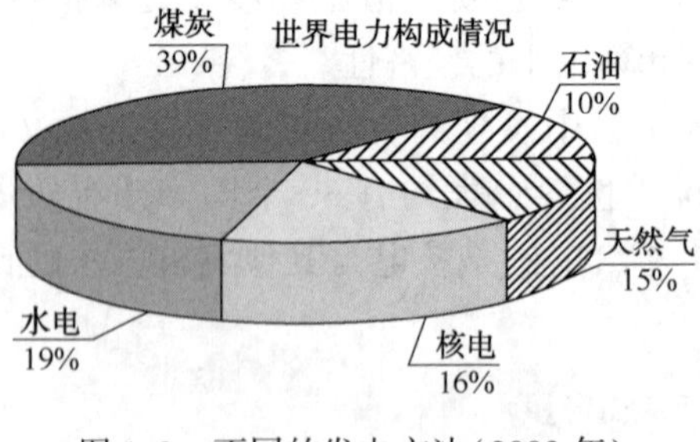

图 1.9　不同的发电方法(2003 年)

(资料来源：OECD Factbook 2006-ISBN 92-64-03561-3-© OECD 2006)

在科研实验室中，已经成功地进行了氢同位素的聚变反应，但在中等温度下实现“冷核聚变”仍然是科学家们的梦想，因为冷核聚变将是最环保的能源，这些资源可供我们使用一亿多年。尽管迄今为止已经尝试过多次，但在接近环境温度条件下进行核聚变反应仍没有成功。

1.4.5　展望

石油和天然气都可被用作氢燃料的前驱物(见第 2.6 节)。煤炭是目前世界上增长最快的能源。所有不可再生能源都有这样一个主要问题：它们会产生对环境有害和有危险的产物。即使去除了氮氧化物或硫氧化物等有毒副产物，化石燃料也是二氧化碳和甲烷等温室气体排放增加的主要原因，它们会导致全球变暖。氢作为可再生能源存在的一个问题是：目前大多数制氢的原料都是不可再生资源。例如：煤制合成气或通过所谓的蒸汽重整将天然气转化为合成气：$CH_4+H_2O \longrightarrow CO+3H_2$。图 1.10给出了近几十年来石油价格的增长情况。2008 年，石油价格高达每桶 145 美元。

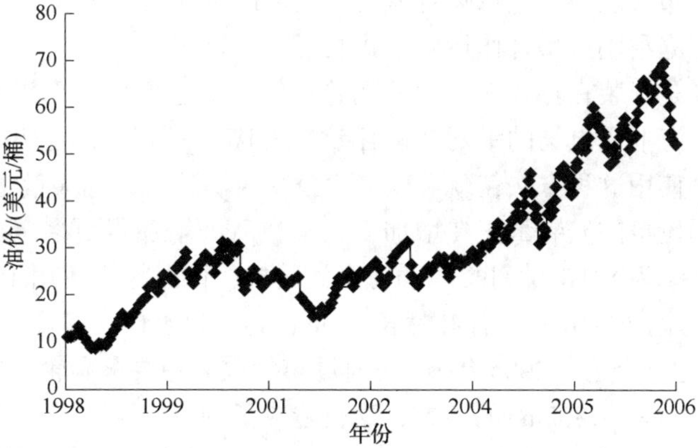

图 1.10　1998~2006 年美国石油价格变化情况

（资料来源：根据 EIA 数据绘制，数据来自：http://tonto.eia.doe.gov/dnav/pet/pet_pri_wco_k_w.htm）

1.5　可再生能源

可再生能源源于太阳，它直接或间接地与地球内部及外部变化产生的能量有关。太阳的热量和地球的表面温度导致（空）气团的加热和冷却，使其产生了很强的风。这些风以及来自太阳的热量和潮汐力造成了深海洋流和表层浅流的形成。在风和太阳热量的共同作用下，导致了蒸发和降水，从而形成流动的河流、湖泊和溪流。水和阳光使植物可以以有机物质形式生长，这些有机物质可被转化为燃料。一旦被捕集后，所有的这些能量都可以被转化为可再生来源的热、电和燃料。

1.5.1　风能

地球吸收热量，由于表面冷热分布不均导致空气发生移动，从而形成了风。在这一过程中，陆地表面的加热速度比水面快。陆地上较热的空气上升，导致水面上较冷的空气流出进入陆地。这是一个常年持续进行的过程。空气无休止循环导致了大气风，大气风可被用来生产大量电力。使用风力涡轮机可进行风力发电。涡轮机通过转动空气动力叶片来吸收风力的动能。通常将两个或三个叶片安装在轴上，形成转子。当风流过叶片时，迫使低压空气上提，推动转子旋转。转子与驱动轴相连，驱动轴带动发电机旋转，发电机将机械能转换为电能。一台风力涡轮机一年可发电 $(150\sim400)\times10^4$kWh（美国能源部 2005 年数据）。

逆风型风力涡轮机有一个风向标，可测量风向并将所测得的风向传送至偏航驱动装置，偏航驱动装置可随着风向改变而对转子重新定向。顺风型风力涡轮机可被风重新定向，因此不需要偏航驱动装置。转子由计算机控制，在风速 8~16mile/h（1mile=1609.344m）的条件下启动，当风速超过 65mile/h 时关停。有一些风力发电系统与太阳能和储氢系统结合起来以储存多余的能量，该过程还可产生纯水副产物。

风力发电场是发电机组群，产生的电被输送到电网，可出售给电力公司。风力发电还可提供分布式能源，这意味着风力发电可以小规模、靠近用户且可即刻获得。在欧洲，许多家庭利用小型合作运营方式共享风力资源。

海上风电场是安装在浮式平台上的涡轮机组群，它们要么靠近海岸，要么在看不到的深海区。海上风电场的平均装机容量为3MW。所产生的电力通过海底电缆输送到陆上电网。使用这种方法，就可以消除公众对涡轮机占用大量土地的担忧。

大型海上涡轮机的安装量正在增加，尤其在欧洲增加得更多。德国西门子公司已开发出额定功率为8MW的直接驱动海上涡轮机，该涡轮机使用154m的加长转子直径叶片[19]。德国正在开发一种叶片长200ft、高度为400ft、额定功率为5MW的大型涡轮机(国家地理杂志，2005年)。政府颁布的政策中要求涡轮机要安装在离海岸至少3n mile(1n mile=1852m)的地方，这就造成了物流问题并增加了成本。

目前风力发电量占世界发电总量的2.5%，但风力发电是增长最快的替代能源[23]。然而，由于天气情况不可预测，因此估计风力涡轮机的典型效率为其额定功率的25%。

1.5.2 太阳能

太阳能是地球上最有效、最稳定的可再生能源。太阳在6000K的温度下发出辐射，辐射的波长在可见光和近红外范围内。事实证明利用太阳能可以为住宅生产电力、热水、供暖和制冷。涉及电力的太阳能技术被称为光伏系统，而利用太阳能热能的技术被称为光热系统。

光伏(太阳能电池)系统将阳光直接转化为电能。太阳能电池以吸收阳光的半导体为基础，光伏系统中的电化学过程在第1.5.2.3节中有更详细的介绍。

光热系统通过吸收太阳辐射来运行，它将储存的热量转化为电能，用于生产热水、建筑供暖和制冷，也可用于发电。

如参考文献[6]所示，太阳辐射收支是由吸收的太阳能量通量和大气顶部发出的长波辐射之间的差值决定的。这两个因素以一种非常复杂的方式相互作用，大多数大气过程趋于相互平衡，从而维持平均恒定的气候条件。在较小的时间和空间尺度上，这种平衡会被破坏，这种辐射收支的区域性结果进而会导致大气环流和海洋环流的出现。在气候扰动的背景下，地球表面上植被的改变或冰层形成的改变可能导致二氧化碳等温室气体的排放增加，这将产生不利影响。至于年际变化，则可能会出现厄尔尼诺等异常气候现象。这突出了云量在辐射平衡中的作用，并解释了为什么理解云层和辐射之间的相互作用是气候研究的主要目标(图1.11、图1.12)。因此，即便保守平均值仅设定为200W/m^2，若依此计算，则太阳向地球输入的净太阳能也相当于2.22×10^{11}GW/a，相当于7.577×10^{20}Btu/a，即757700库德Btu或相当于1.29×10^{14}桶/a的石油：这一数量相当于3530×10^{8}桶/d。世界石油的实际消耗量约为7×10^{7}桶/d。因此，太阳能的可用能量是世界实际生产的石油燃烧所产生的总能量的 5000 倍(按效率为 100%计算)。即使能量转换效率只有 10%，并且仅覆盖 1%的陆地表面，太阳能也将提供大约 6 倍于实际石油使用当量的能量。

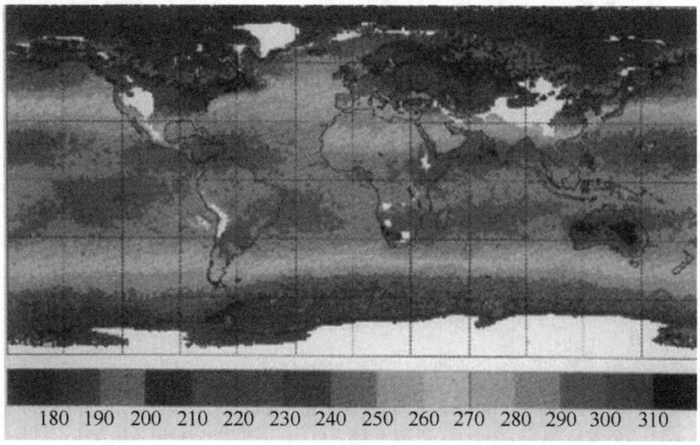

图 1.11　热辐射等高线，在无云的条件下计算得到的 1988 年 1 月(7：30)大气顶部发出的热辐射(W/m^2)

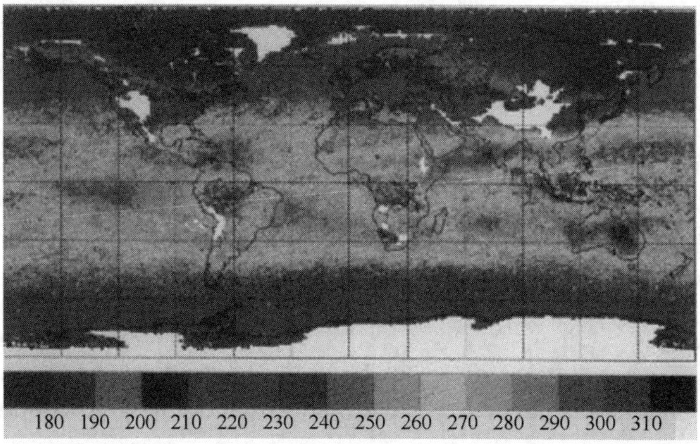

图 1.12　热辐射等高线，在云层存在条件下计算得到的 1988 年 1 月(7：30)大气顶部发出的热辐射(W/m^2)，云层阻止了部分热辐射射出，高达 $60W/m^2$，从根本上改变了这种区域分布

太阳能是一种可持续、无污染的能源；然而，目前的技术都是采用效率相对较低的太阳能电池，实施这样的技术需要占用沙漠地区以及那些通常远离人类主要居住区域且阳光充足地区的大量土地。此外，使用这么广大的土地对生态圈产生的影响尚需要进一步调查。

1.5.2.1　太阳光谱

太阳能电磁光谱的波长范围为 0.2~2.5μm。太阳光谱如图 1.13 所示。需要注意的是，1 埃(1Å)等于 10^{-8}cm 或 10^{-10}m。太阳发出的辐射位于紫外线、可见光和近红外区域。由于平流层中存在臭氧层，紫外线光子被臭氧层吸收，因此，我们在地球上仅能观察到 4000~8000Å 范围的可见光。

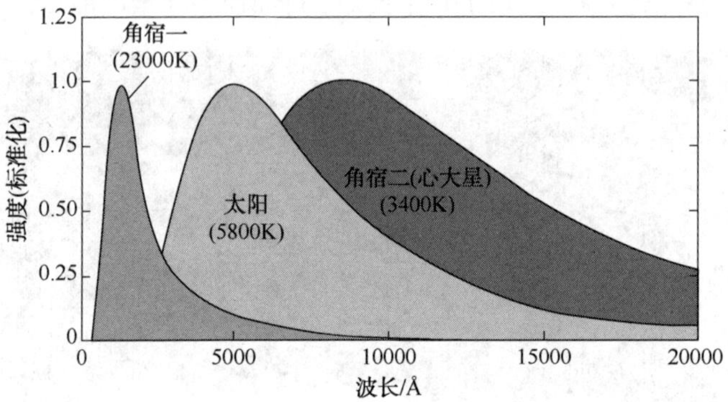

图 1.13　太阳光谱

（资料来源：http：//csep10. phys. utk. edu/astr162/lect/sun/spectrum. html. 经许可转载）

1.5.2.2　我们如何将太阳辐射转化为电能？

在 19 世纪，人们开始研究物质的组成和结构。这使我们对原子结构有了目前的理解——即原子中含有电子、质子和中子。在研究中，阿尔伯特·爱因斯坦发现了一种被称为光电效应的现象。他将一束光子聚集到一种低逸出功的金属上（如硒金属），并收集从金属中飞射出的电子。这一实验可以被认为是太阳能电池开发的起点。

太阳能电池有两种类型：光伏电池和光电化学电池。光伏电池完全是一种固态装置，由两种不同的半导体组成。光电化学太阳能电池则是将半导体置于液体电解液中。下面讨论这两种类型的太阳能电池。

1.5.2.3　光伏电池

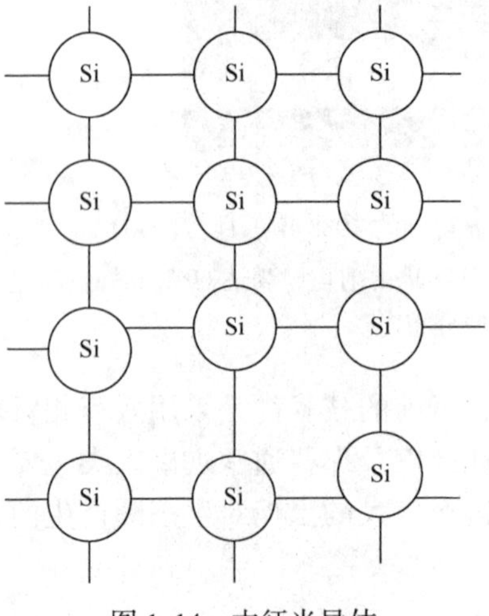

图 1.14　本征半导体

硅、锗等材料以及元素周期表中Ⅱ－Ⅴ族和Ⅱ－Ⅵ族元素形成的化合物具有半导电性，被称为半导体。这些半导体的导电率低于金属，高于绝缘体。硅是一种理想材料，因为可将其用作制造光伏电池的廉价材料。当纯硅掺杂硼等受体元素时，它会变成带正电的（p 型）半导体。而当它掺杂磷等施主元素时，它则会变成带负电的（n 型）半导体。我们将以硅为例进行说明。硅的化合价为 4，每个硅原子与其他四个硅原子相连，如图 1.14 所示。当它掺杂了化合价为 3 的硼时，硅被硼取代，如图 1.15 所示。

硼没有硅成键所需的电子数。因此，它会留下一个空穴，这样的半导体是 p 型半导体或掺硼硅。任何电子数不足的原子都会产生这种效应。例如可以使用铝、铟或镓代替硼。施主能级范围为 $1/10^6$ 原子/cm^3 或更低。当硅掺杂磷时，情况会有所不同。磷的化合价为 5，用磷取代硅会形成如图 1.16 所示的结构。磷的一个价电子是自由电子，可用于导电。磷原子带负电，因此被定义为 n 掺杂半导体或磷掺杂硅。这些图都显示了 n 型半导体和 p 型半导体是如何形成的。掺杂水平将决定硅中磷原子或硅中硼原子的数量。掺杂可以达到很高水平，使半导体变成金属。

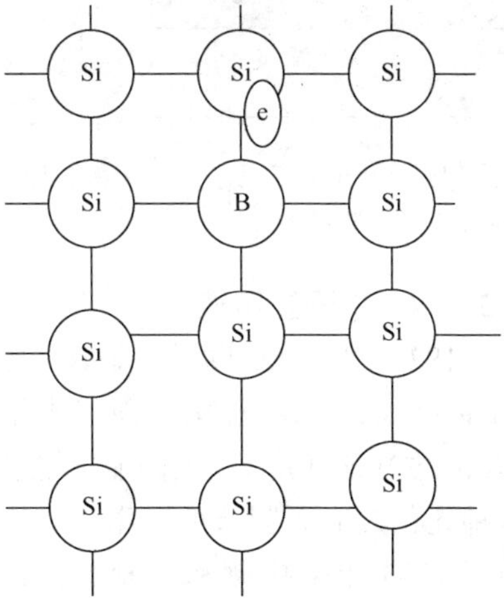

图 1.15　掺硼半导体

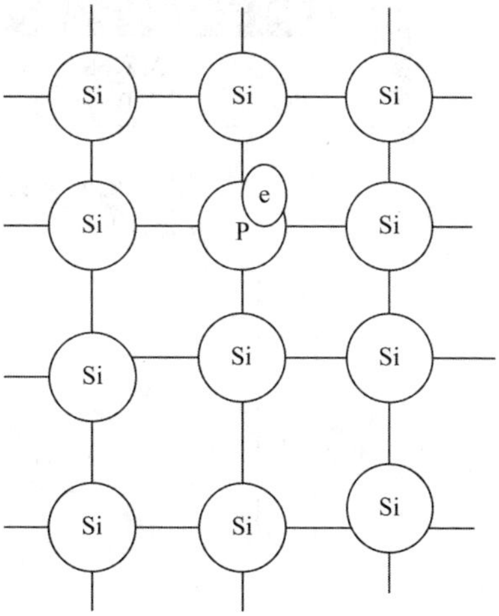

图 1.16　磷掺杂硅

将如图 1.17 所示的 n 型半导体和 p 型半导体组合在一起，就称为 p-n 二极管。将该二极管连接到电池上，其中电池的正极与 p 型硅连接，电池的负极与 n 型硅连接。在上述条件下(称为正向偏置)，p-Si 正电性更强，会使电子从左向右运动。电子可以穿过连接点(也称为“结”)，这是一个放能过程。在这种偏置条件下，电子可以填充空穴。电子的传导方向是从右向左的。在反向偏置条件下，p-Si 变为负极，使得电子较难穿过结点。正向偏置条件下的电子和空穴流如图 1.18 所示。图中白色圆圈为空穴，黑色圆圈为电子。当电子穿过结点时，电子-空穴重新结合，如图 1.18 中带负号的圆圈所示。可以监测不同外加电压下的电流，图 1.19 是正向偏置条件下的典型电流曲线。

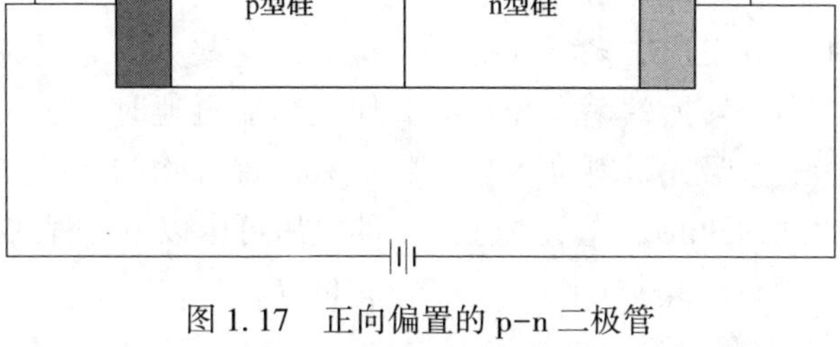

图 1.17　正向偏置的 p-n 二极管

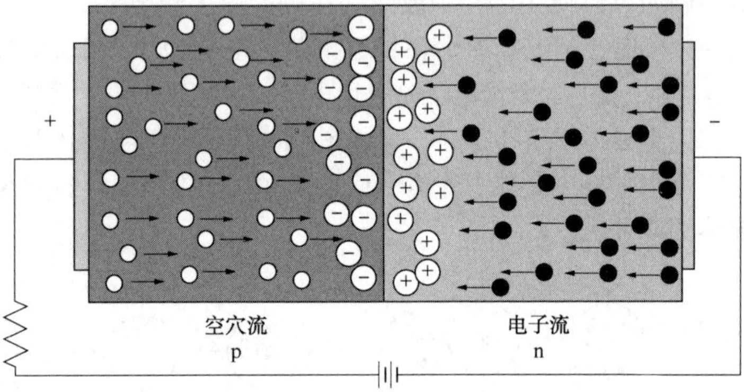

图 1.18　正向偏置条件下的电子流和空穴流

（资料来源：《Wikipedia》，经许可转载）

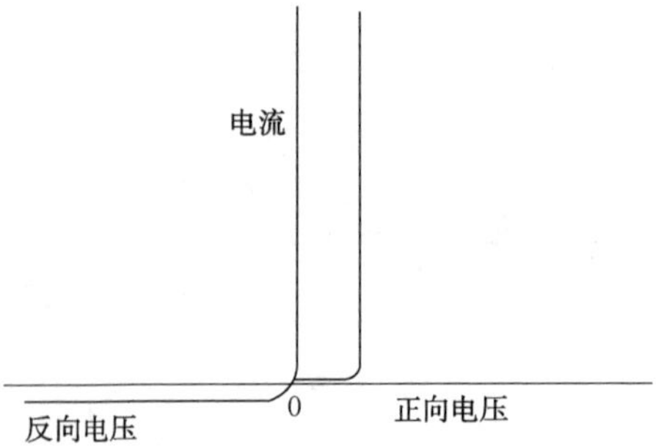

图 1.19　正向偏置和反向偏置条件下的电流。对于硅来说，电压约为 0.5V 时开始产生电流，电压达到 0.7V 时即产生很大电流

1.5.2.4　太阳能电池

1839 年，法国科学家 Alexendre Edmond Becquerel 首次发现了光生伏特效应（简称光伏效应），太阳能电池正是基于这种光伏效应而制造的。第一个太阳能电池于 1883 年采用硒和金制成，其效率为 1%。随后，太阳能电池采用如前一节所述的 p 型半导体和 n 型半导体制成。当太阳辐射照射到 p-n 装置上时，会产生电荷载流子，从而将太阳光子转换为电能。对于这一光电转换来讲，吸收辐射的半导体的带隙是一个重要因素。硅是一种理想材料，因为它的带隙能量约为 0.60eV，大部分太阳辐射都能被有效地用于发电。

太阳能电池主要是将入射光子转化为电能。图 1.20 给出的是单个太阳能电池、由几个太阳能单电池连接在一起构成的太阳能电池组件以及多个模块连接在一起组成的太阳能阵列板。目前已开发出三代太阳能电池。每代太阳能电池的目标都是提高转换效率。在第一代太阳能电池中使用了硅，效率（定义为光子转化为电能的效率）大约为 5%~6%。在第三代最高效的多节太阳能电池中，效率增加到 30%。第一代太阳能电池由大面积单层 p-n 结二极管制成，它有助于利用入射辐射发电。在第二代太阳能电池中，开发出了多层 p-n 结二极管。这些太阳能电池还可利用更长波长的辐射，从而提高了转换效率。开发第三代太阳能电池时，在太阳能电池上增加了一种吸光材料。这些吸光材料可以是染料、有机聚合物和量子点。如今，太阳能电池的效率可以达到约 30%。光伏电池产生的电压可由以下方程式得出：

$$\text{电压}(V) = [(kT)/q]\ln(I_{Ph}/I_{dark}) \tag{1.4}$$

式中，k 是波尔兹曼常数，T 是绝对温度，q 是电荷，I_{Ph} 是太阳辐射电流，I_{dark}

是没有太阳辐射时光伏电池的电流。当使用砷化镓或硒化铟等半导体时，k 和 q 的值分别为 1.35×10^{-23}J/K 和 1.60×10^{-19}C。

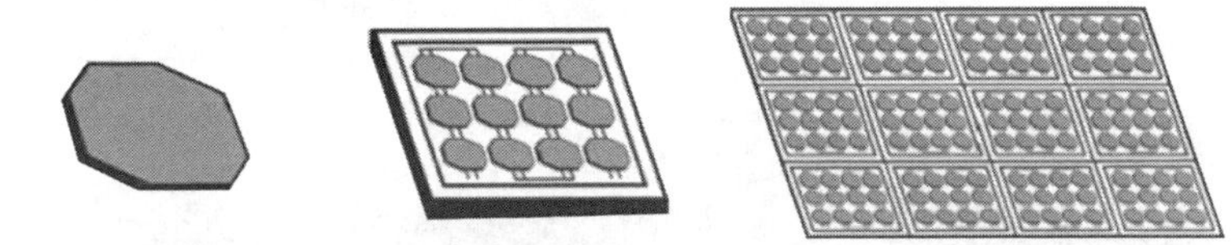

图 1.20　将光能转换为直流电的太阳能电池板

思　考　题

若太阳能光伏电池在 1000K 下运行时可产生 0.4μA 的光电流，在黑暗中光伏电池可产生 1nA 的电流，请计算该光伏电池可产生的电压是多少。

在该问题中，给定数据如下：

$$T=1000\text{K}$$

$$I_{ph}=0.4\mu\text{A}=0.4\times10^{-6}\text{A}$$

$$I_{dark}=1\text{nA}=1\times10^{-9}\text{A}$$

可在手册中查到 k 和 q 值，将其代入到式 1.4 中，得到：

电压(V)=[(1.35×10⁻²³J/K×1000K)/1.60×10⁻¹⁹C]×ln(0.4×10⁻⁶A/1×10⁻⁹A)=0.505V

答案：0.505V。

新型太阳能电池材料中包括钙钛矿型太阳能电池。

1.5.2.4.1　第一代太阳能电池

太阳能电池的工作原理是吸收来自太阳的辐射并将其转换为电能。太阳能电池的具体工作流程是通过合适的半导体吸收辐射，该半导体的带隙能量等于来自太阳的可见辐射能量。该辐射将电子从价带激发到导带。图 1.21 中给出的是实际使用中的太阳能电池。该电池使用带有抗反射钛层的硅片。图中箭头指向的是电子。图 1.22 中给出了太阳能电池可选用的半导体。

铝上方的色层代表 p 型硅，顶部的波浪线代表 n 型硅。箭头指向的圆圈中给出了 n 型硅的接触金属。

1.5.2.4.2　第二代太阳能电池

继引入硅太阳能电池之后，又出现了使用新型半导体的薄膜技术。引入了砷化镓及其他第 3 族和第 5 族的半导体，太阳能转换效率达到 20%。薄膜太阳能技术的稳定性有限，因此市场价值有限。第二代太阳能电池如图 1.22 所示。

图 1.22 给出的是二硫化铁(FeS_2)、硒化铟铜($CuInSe_2$)、硫化铟铜($CuInS_2$)、碲化镉(CdTe)、砷化镓(GaAs)、非晶硅(a-Si)和晶体硅(c-Si)。条形图上给出了

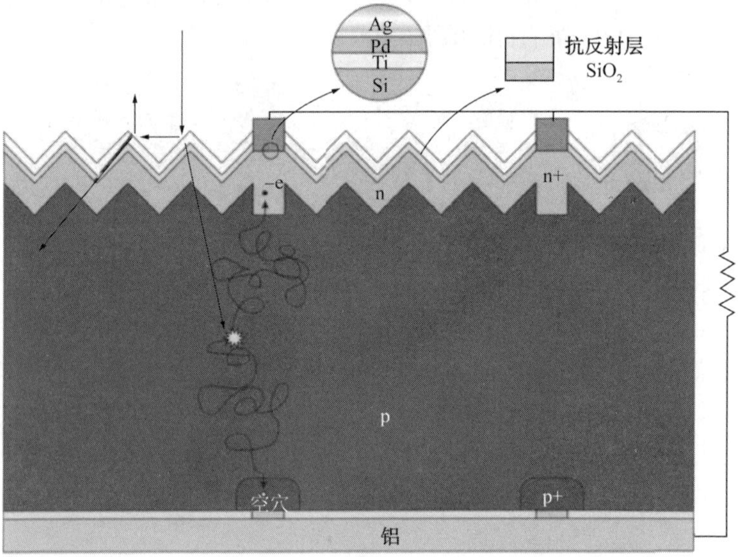

图 1.21　第一代太阳能电池

（资料来源：https://en.wikipedia.org/wiki/Solar_cell）

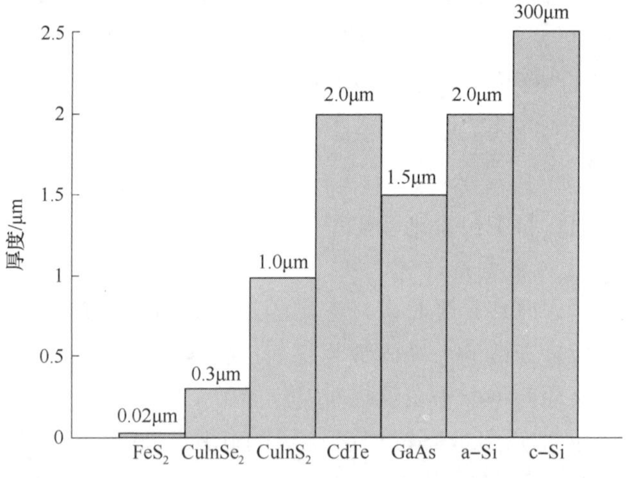

图 1.22　条形图上标注了太阳能电池尺寸的第二代太阳能电池材料

［资料来源：Badawy（2015）[24]，经 Elsevier 公司许可转载］

每种太阳能电池所用薄膜的厚度。当 20 世纪末纳米技术开始快速发展时，许多新型太阳能电池被开发了出来。这些新型太阳能电池被分类为：染料敏化太阳能电池、量子点太阳能电池和有机聚合物太阳能电池。

目前已经提出了三种利用半导体纳米晶体进行太阳能转换的方法：

① 金属半导体光伏电池（也称肖特基结光伏电池）；

② 聚合物半导体混合太阳能电池；

③ 量子点敏化太阳能电池。

新方法的目标是通过尺寸控制转换能级。对所有太阳能电池进行的综合分析表明，更高效地从太阳获取光子是我们的目标。最初引入的单晶太阳能电池(称为第一代太阳能电池)的功率效率约为 15%。制造单晶需要采用高成本的技术，这就导致了使用成本较低的多晶硅太阳能电池，这样做虽然降低了成本，但牺牲了约 5% 的功率效率。

1.5.2.4.3　第三代太阳能电池

目前的重点是使用低成本、高效率的量子点。使用这些太阳能电池，预计效率极限值为 32%。在 2013 年左右，引入了具有钙钛矿结构化合物的太阳能电池。钙钛矿材料的例子就是甲基铵卤化铅($CH_3NH_3PbX_3$)，$CH_3NH_3PbX_3$[其中甲基铵阳离子($CH_3NH_3^+$)被 PbX_6 八面体包围]中 X 是卤素，如 Cl、Br 或 I。另一种钙钛矿是 $CH_3NH_3SnX_3$。这种太阳能电池的效率有望达到 22.1%。与其他太阳能电池相比，其制造成本较低，可能很快进入市场。

1.5.2.5　光电化学太阳能电池

太阳辐射已被成功用于：通过光电池发电，生产氢等优质燃料，生产价格较低的化学品，以及将植物碳水化合物转化为乙醇等更有用的液体燃料。这些方法如图 1.23 所示，其中第 1 列描述了利用太阳能的原理，第 2 列显示的是吸收太阳辐射的材料，第 3 列给出了该方法的图示。各类方法中其产物生成的界面显示在第 4 列中。在最后 1 列中，给出了太阳辐射撞击界面后产生的最终产物。例如，照射在置于电解液中半导体上的太阳辐射产生的是电，因此这种方法被称为光电电池，该方法与我们在第 1.5.2.3 节中讨论的太阳能电池类似。在除光电法以外的所有方法中，其产物都是化学物质。例如，我们可以把水分解成氢气，这叫作光电合成。光催化法和光生物化学法如图 1.23 所示。在这些方法中，化学物质吸收太阳辐射并进行能量转移，直到能量被储存在稳定的分子中为止。以下章节将讨论这些方法的部分内容。

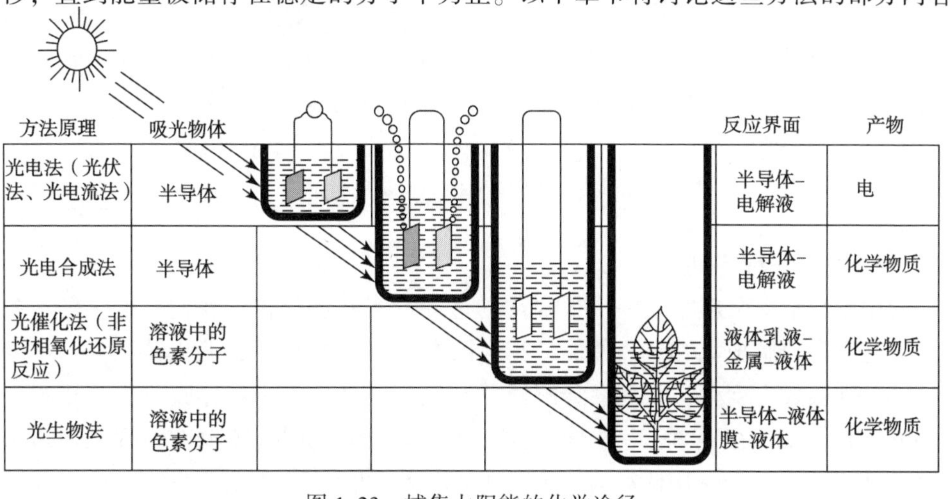

图 1.23　捕集太阳能的化学途径

1.5.2.6 光电电池

利用光电法进行太阳光发电，目前已经开发出了两种光电装置：光伏装置(photovoltaic，液态太阳能电池，与固态太阳能电池不同)和光电流装置(photogalvanic)。液态光伏电池的装置由半导体电极和金属电极组成。当太阳辐射照射到半导体时，电子从价带激发到导带，在价带中留下一个空位，称为空穴。导带中的电子通过外部电路移动，从而产生电流。由于吸收辐射而形成的空穴会氧化溶液中的一种物质。通常，在水溶液中，水在该电极上被氧化成氧。同时，在另一个电极上发生还原反应。半导体激发产生的电流就是光电流。

在普通半导体中，不存在能量梯度，因此激发电子与空穴结合的速度非常快，很难实现电荷(电子和空穴)的分离。因此，很难在其表面进行化学反应。但当它被置于电解液中时，这种情况发生了巨大的变化。此时电荷发生分离，因为使用电解液时在半导体表面后方存在空间电荷区(图1.24)，这促进了半导体表面上化学反应的发生。需要注意的是，在图1.24中，导带和价带在其接近电极-溶液区域附近时发生弯曲(这称为能带弯曲)。相对于半导体的主体来说，电解液溶液附近的半导体原子具有更高的能量。图1.24给出了n型半导体和p型半导体的情况。半导体表面的电子和空穴可以与不同的氧化还原体系发生反应。当然，该反应需要基于氧化还原反应体系的能量学性质发生。

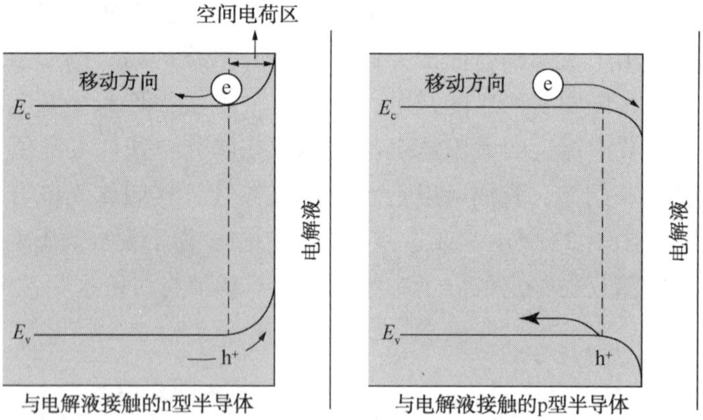

图1.24　n型或p型半导体与电解液接触时的空间电荷区域，E_v和E_c分别表示价带能级和导带能级

1.5.2.7 光电合成电池

利用太阳辐射分解水是一个很困难的过程。实际经验告诉我们，把一桶水放在阳光下它不会分解成氢和氧。然而，当水桶中含有诸如n型二氧化钛之类的半导体时，情况则会发生变化，水就会分解成氢和氧。这是由于半导体吸收太阳辐射，产生了电子和空穴。在1970年，日本的藤岛(Fujishima)和本田(Honda)教授报道了水分解成氢和氧的过程，在日本的一个晴朗的夏天，他们使用单晶n-SiO_2电极和铂对

电极收集了 11L 氢气。该光电合成电池的工作效率为 0.4%。这一结果令人印象深刻，因为二氧化钛只吸收了入射到其上的太阳辐射的 4%。

光电合成电池是一种利用太阳能光子驱动吸能化学反应发生，从而将太阳能储存在化学物质中的装置；“吸能”意味着需要将外部能量提供给系统进行化合物分解。在前面提到的例子中，水分解成氢和氧是一个吸能过程，利用半导体太阳能就能够驱动这个反应过程的发生。第一步就是适当波长的太阳能辐射被半导体吸收的过程（n-TiO_2 的带隙宽度为 3.2eV，当辐射光的能量高于该值时，可被 n-TiO_2 吸收）。

$$n\text{-}TiO_2+h\nu \longrightarrow n\text{-}TiO_2+h^++e^- \tag{1.5}$$

式中，h^+是空穴，e^-是电子。水吸收能量后，将发生如下反应：

$$2H_2O+4h^+ \longrightarrow O_2+4H^+$$

然后，

$$2H^++2e^- \longrightarrow H_2(g)$$

多年来，在用于吸收太阳能的材料研发方面取得了一些进展。使用二氧化硅或氧化镁掺杂的氧化铁作为电极吸收太阳能，用硫酸钠或氢氧化钠作为电解液，每平方米电极每小时可产生 4L 氢气。近年来，纳米尺度的半导体颗粒也已被用于光电合成电池。

1.5.2.8 光催化电池

太阳能可成功地用于驱动催化剂催化的化学反应。通过这种方法能以更快的速度生产出几种有用的化学品。以氮和氢为原料合成氨就是其中的一个例子。使用锌掺杂的 p-磷化镓，该反应在光子的帮助下可自行发生。在半导体粒子和胶体粒子上生成芳香化合物就是该类型反应中一个很有趣的例子。

1.5.2.9 光生物系统

植物每天都发生的光合作用就是光生物系统反应的一个例子。光生物系统就是试图模拟植物中发生的复杂光合作用过程。通过光合作用，二氧化碳和水结合生成碳水化合物。如果该合成过程一直持续发生到产生碳氢化合物，那么它就可以成为一种有用的能源。这种光合作用确实发生在一些植物中，如橡胶树（Hevea）。这些植物属于大戟科植物。

诺贝尔奖获得者梅尔文·卡尔文（Melvin Calvin）提出，绿色植物叶绿体可以被用作模型来帮助理解那些可有效捕获和储存太阳能的方法。图 1.25 显示的是能量循环，树左侧的箭头表示的是长叶子的树进行的光合作用。太阳能现在被储存在绿叶中。在缺氧、有淤泥和水存在的情况下，细菌作用于腐烂的植物物质，形成煤炭。这需要很长的时间，需在压力存在下细菌作用数百万年后才发生。这种腐烂过程的第一步就是泥炭压缩的植物物质的形成，其中植物物质包括树枝和树叶。随后形成褐煤，然后形成烟煤。这种煤可用于火力发电，如图 1.25 右侧所示。在这个能量循环中，太阳能最终被转化为电能。

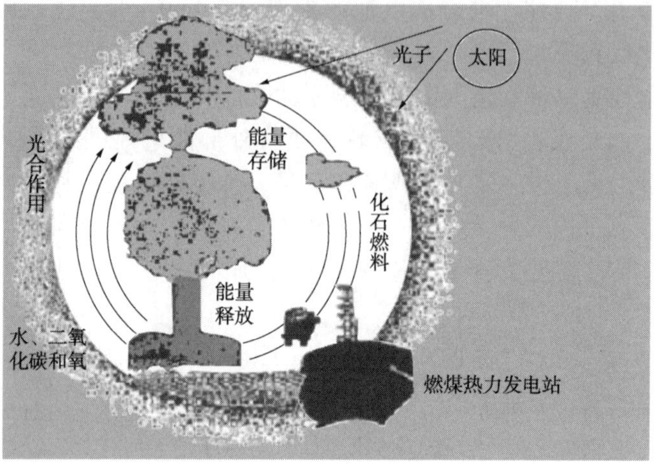

图 1.25　光合能量循环

1.5.2.10　太阳能热水器

太阳能可用于加热生活用水和工业用水。一些国家的游泳池都是用太阳能加热器加热的。这就需要使用太阳能集热器。在几个欧洲和亚洲国家中，使用这种方法供应的生活热水占比很高，可高达 75%。

1.5.2.11　太阳能炊具

一种能吸收太阳能的隔热箱已成功用于烹饪食物。在印度的沙漠地区，印度人就是用这种箱子来制作印度面包。在发达国家，隔热箱用于巴氏杀菌和水果罐头。

1.5.2.12　太阳池

不同的盐浓度会导致出现密度梯度，这种密度梯度限制了通过自然对流进行的热交换。在太阳能电池中填充三层浓度不同的盐水，要使顶层的盐水浓度最低，底层的盐水浓度最高，这样太阳能就被捕获在底层。这种方法特别适用于农村地区，可用于建筑供暖或发电。

1.5.2.13　太阳能分解水

近年来，进行了许多通过多个步骤收集阳光并用光纤聚焦以将水分解成氢气的尝试。第 2 章将详细讨论这种方法。

1.5.3　地热能

星球内部活动产生的巨大能量会不断以热的形式储存起来。来自地球内部热量的地热能可被开采出来用于发电，为家庭和企业供暖。可以在地质构造活跃区的地壳或岩石圈中找到地热能。最易接近的岩石圈区域是那些地层很薄，或是最近(1000 万年或更短时期内)已被火山或地震活动破坏过的区域。地热资源有四种类型：水热型、地压型、干热岩型和岩浆型。

在地下水沿断层线渗入地下并被热岩加热的地方可发现水热型地热区域。在地表以下很深处发现的高压环境可以加热水并使其在远高于地球表面上水的沸点温度下储存。当地下水被加热后，这些水会沿着岩石裂缝向下流动，最终会聚集在地下水中，在此它可能通过自然对流过程返回到地表上。这些热水储层的温度范围为250~600℉，是地球天然温泉和间歇泉的来源(图1.26)。当接近地表以下压力较低处时热水蒸发成蒸汽。蒸汽被开采出来，为涡轮机提供动力，进行发电。温度低于蒸汽的热水通过双循环发电装置处理后用于发电(图1.27)。

图1.26　加利福尼亚州布里奇波特的地热能温泉

(资料来源：经 Wikipedia 许可转载)

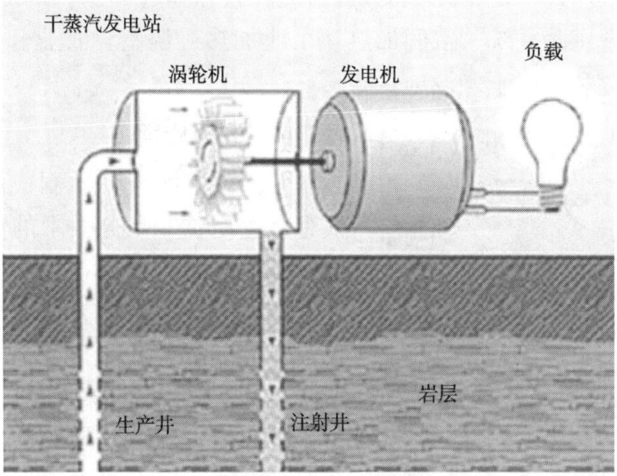

图1.27　地热能

[资料来源：经美国可再生能源实验室(NREL)许可转载]

地压带是盐水被困在不可渗透的热岩石层之间的地下区域。盐水温度达到了200~400℉而变成了高压盐水。可以利用这种蓄热层和液压层来发电。有时在盐水层中会发现大量溶解的甲烷，增加了潜在的能源数量。

在岩石圈中随处可见干热岩，这使得它成为全球范围内潜在的丰富地热资源。然而，这种类型的固体岩石可出现在地表下2mile以上的深处，但在那里没有可携带热量出来的液体。为了利用这种能量，人们钻探了人工井，在高压下将水泵送进人工井中，使热岩之间形成裂隙网络。循环水从岩石中吸收热量，形成热水储层。一旦水被加热到足够高的温度，就可以将其抽回地表并用于发电。

来自地幔及其更深处地壳的岩浆或熔融岩会造成火山活动。大多数岩浆在地表以下 20mile 或更深的地方开始形成，但在全球一些靠近火山和大洋中脊的区域，在更靠近地表的地方也可能会发现大量岩浆。可以利用这些岩浆储层或火山口获取地热能。从岩浆中获得能量需要技术先进的钻井设备，这些设备可以到达更深处(一些钻井的位置位于海底)并且能够承受 20000°F 以上的高温。这种难度的技术仍在开发中。通常，水被泵送到井中以固化岩浆，并作为热交换介质以进一步用于发电。另一种可能性是直接将水与岩浆中的氧化铁混合生成氢气。收集的副产物氢可以燃烧产生能量。

地热热泵系统可以利用地表以下深度不到 10ft(1ft = 0.3048m)的浅层地层处的恒定温度。这些系统可以直接使用，可用于建筑物中的供暖、空调制冷和生产热水。热泵系统有三个基本组成部分：地面换热器、热泵机组和输送加热或冷却空气的管道系统。换热器是埋在建筑物附近地下浅层中的环形管道。水和防冻剂的混合物在管道中循环，或吸收地下的热量，或向地下释放热量。在冬季，泵从温度较高的地下吸热并将其输送到建筑物中。在夏季，热泵将建筑物中的热空气移走并将其释放到地下。

对于小型终端用户来讲，地热能是一种清洁、高效(图 1.27)且储量也很丰富的能源，可用于区域供暖系统、空间加热、工业加热、温室、农业和畜牧场、水产养殖、海水蒸馏装置和有机干燥设施。

1.5.4 生物质能

任何由植物或动物制成的有机材料都被认为是生物质。来自太阳的能量通过光合作用以化学能的形式储存在植物中。以植物为食的动物吸收这种化学能。当生物质燃烧时，可以释放储存的化学能。另外，它还可以被转化为其他可用的能源形式，如沼气、乙醇、生物柴油和生物气。生物炼厂中所使用的转化工艺过程有厌氧消化、气化和发酵，类似于炼油厂和石化厂。然而，世界范围内的生物质行业其加工规模不尽相同，取决于特定地区可用原料的种类。

生物质能源可来自木材、粮食作物(图 1.28)、草、林业副产品(如锯末)、农业副产品(如花生壳)、肥料以及其他城市有机固体废物(MSW)。木材是目前最常用的生物质形式。

图 1.28　用于生产乙醇的玉米

(资料来源：http：//upload.wikimedia.org/wikipedia/en/0/0a/Maize_ear.jpg.)

生物质能应用有三种类型：生物动力、生物燃料和生物产品。生物动力是直接燃烧生物质或将其转化为沼气(甲烷)或液体燃料之后再燃烧所产生的热量和电能。原木可直接用作燃料，加工成木质颗粒燃料后具有更大的能量密度，其通过将锯末、刨花和纸片压缩成小圆柱状制成，该燃料含水量很低。除了压缩木材废料外，还可以用农业废弃物(如磨碎的花生壳、稻草、玉米秸秆和稻壳)来制作燃料颗粒。燃料颗粒易于储存和运输。另外，制备燃料颗粒也是当地林业和农业副产品清洁高效利用的一种方式。固体废物填埋场里充满了潜在的生物动力。当有机物分解时，会释放出甲烷和二氧化碳的混合气体，可以回收甲烷气体用于发电。此外，气化过程中产生的富含矿物质的残渣，可以收集起来作为肥料出售。生物燃料是液体燃料，可用于运输部门，如乙醇和生物柴油，它们可以单独使用，也可以与汽油和柴油混合使用。生物燃料燃烧更清洁，产生的空气污染物更少。乙醇是在葡萄糖发酵过程中产生的，葡萄糖来自玉米、小麦、大米、土豆、甜菜，甚至是庭院垃圾。然而，木本作物(如杨树和柳树)和柳枝稷正在成为新的生产乙醇的专用作物。汽油发动机可以使用含有15%~85%乙醇的汽油，但乙醇含量较高时需要供特种车辆使用。生物柴油燃料是从植物油和动物脂肪中提炼出来的，这些植物油和动物脂肪来自餐饮废油，有时也来自植物汁液。柴油发动机可以将生物柴油作为安全、可生物降解的燃料，可以减少排放。目前生物燃料的效率还不到1%，这是因为植物种植、施肥和收获都需要消耗能量。

使用生物质能，可实现许多经济效益和生态效益。最重要的是，生物质能有大量减少温室气体排放量的潜能，因为生物质是碳中性的。这是因为生物质燃烧或转化时所释放的二氧化碳量，等于光合作用过程中吸收的二氧化碳量。植物组织几乎不含硫，因此使用时可减少酸雨。利用来自农作物和木材的残渣发电，对生物质能加以利用，可进一步支持和加强农业和林业的发展。生物质能可用于优化土地利用，因为在不适合种植粮食作物的土地或是没有种植作物的土地上可以种植原料作物。生物基产品可以替代传统的石油基产品。生物质能的利用可回收以前不被使用的材料，这大大支持了废物管理，特别是在纽约这类大的城市中。

1.5.5 水电能源

在所有用于发电的可再生能源中，水电是应用最广泛的可再生能源。水力发电厂利用流动水所含的机械能发电，建设于动态水源上或其附近(图1.29)。水的流量或落差决定了可用能量的大小。当水流通过管道进水口时，其压力推动涡轮叶片从而带动发电机旋转。然后，电力通过电线传输到电网。在储水系统中，通过修建大坝将水截留在水库中，然后在电力需求较高时再开闸放水。水电是清洁能源，不会产生会污染水和空气的废物。但当水坝的建设破坏了自然栖息地时，它确实也会影响环境。例如，如果鱼试图逆流而上产卵的话，就难以实现了。

1.5.6 海洋能源

可以通过利用潮汐、海浪、深海洋流以及热带地区温度较高的表层水来获得海洋所蕴含的丰富能量[3]。潮汐发电系统利用日月引力和地球自转引力产生的潮汐能。涨潮和退潮的拉力可导致近岸水位变化高达40ft。在有河口等有利地势的区域，潮差达到10ft时该潮汐能的利用才具有经济上的可行性。潮汐能发电厂需建有一座

图 1.29　印度 Nagarjuna 大坝水电机组及水电站

（资料来源：经 Wikipedia 许可转载）

横跨入口的水坝或潮汐拦河坝。拦河坝设有闸门，可以在涨潮时将海水注入潮汐池，在退潮时通过放置在潮汐池内的涡轮机将海水排空。还可以在渠道中安装潮汐围栏。潮汐围栏是安装在围栏内的垂直轴涡轮机，可使所有潮汐水都通过涡轮机。潮汐涡轮机使用与风力涡轮机相同的技术发电。波浪能系统利用风吹过海面时产生的波浪中的能量。世界上的海岸线都是捕获波浪能量的理想场所。当波浪接近海岸时，波浪被"聚焦"到一个狭窄的通道中，在其被迫通过涡轮机之前，会增加它们的能量。海洋热能转换（OTEC）系统是一个从水面获得太阳热量进行发电的系统。在热带水域，海洋表面温度可能比深水区高出 40 度或以上。这些系统的经济性很差，因为产生的电力必须输送到陆地上。

目前，至少有 48 个国家参与了可再生能源的开发和利用。由于目前的经济状况，对可再生能源的需求从未有如此之大，并且在过去十年中表现出强劲的增长。2015 年，全球可再生能源投资已超过 2.8590 万亿美元[22]。该行业的从业人员数量超过 170 万，可再生能源发电装机量达到 160GW，占全球发电装机容量的 4%[8]。

正如彭博社的《新能源展望》所示，即便更便宜的煤炭和天然气也不会改变世界电力系统转型和脱碳的趋势。到 2040 年，零排放能源将占装机容量的 60%。在未来 25 年内，全球新增发电容量将达到 8.6TW，风电和太阳能发电将占其中的 64%，将占 11.4 万亿美元投资额的近 60%[20]。

1.6　储能

电力的最大缺点是不能低成本地直接储存，可以以其他形式储存，但需要消耗大量能量进行转换和后续分配。在非用电高峰时段储存电力，并在高峰时段释放电力，与用电高峰期电量需求相吻合，则可以通过储能将这种电力转化为可调节的、高价值产品。与其他可用的储能方案相比，以氢的形式进行储能更为有效，如下所述。

1.6.1 抽水蓄能

抽水式水电设施由两个大型水库组成，一个水库位置较低，另一个水库位置较高。在非高峰时段，将水从低位水库抽到高位水库并在高位水库里储存。发电时，将水释放回低位水库，且使水流过水轮机并发电。目前已知的应用仅限于大型发电厂，但需要大量的建设用地。

1.6.2 压缩空气储能

压缩空气储能系统使用非高峰时段电力将空气加压到储气设施中，然后在白天用电高峰时段将这些压缩空气释放，用于燃气轮机发电。现有设施的规模在几百兆瓦的范围内。在汽轮机中，产生的能量中大约三分之二用于压缩空气。这种想法就是使用非高峰负荷设施产生的低成本电力来代替较贵的燃气轮机产生的电力，从而来压缩空气。由于非高峰负荷设施不需要配备与燃气轮机相连的空气压缩机，因此在相同的燃料量下，这些设施发电能力可达到传统燃气轮机发电量的 2~3 倍[11]。目前还没有获得小型可再生能源进行空气压缩储能的技术信息或经济数据。

1.6.3 液流电池

液流电池，也称为再生型燃料电池，能够通过两种氧化还原溶液之间的可逆电化学反应来储存和释放能量。这被称为溶解态氧化还原电解液系统。电池设计中主要使用溴化锌($ZnBr_2$)、溴化钒(VBr)和溴化钠(NaBr)作为电解液。当来自电网的电能被转化为化学势能时，装置开始充电。化学能在电化学电池内释放，每种电解液单独装在各自的储罐中，在电堆内部使用离子交换膜对这两种电解液进行物理分隔。该技术是一个闭环循环系统，因此装置不排放再生电解液。装置规模主要取决于电解槽的大小。

1.6.4 电池

许多电池技术都被用作公用工程规模的储能设施。电池储能设施中主要使用的是铅酸电池，但其他电池技术[如钠硫电池(Na_2S)和锂离子电池]正在迅速实现商业化。所有电池都是电化学电池。在放电过程中，阳极上的离子被释放到溶液中，氧化物沉积在阴极上。上述电荷转移方向反转则会给电池充电。当电池充电时，会发生反向化学反应，将电池恢复到原来的状态。由于成本、与废旧电池处置相关的环境问题以及充电次数有限等原因，这种储能方法的价值不是很大。

1.6.5 超导磁储能

超导磁储能系统是将能量储存在低温超导材料线圈中直流电产生的磁场中。该系统包括超导线圈、电力调节系统、制冷装置和低温恒温/真空容器。该系统储电效率高(>95%)，既可提供有功功率，也可提供无功功率。这些储能设施用于那些需要超稳电力的生产厂家的配电系统以确保电力供应的稳定性，例如芯片制造设备。该技术仍处于开发阶段，对于小型配电发电系统还不具有成本效益性。

1.6.6 超级电容器

1997 年，美国国家可再生能源实验室对阿拉斯加州加迪林市的一个储能系统进行的研究表明，使用超级电容器是最节约燃料的方式(超级电容器是一种高能量密度的电化学装置，通常是电解电容器的1000倍)，这是因为超级电容器的储存期相对较短。该试验表明，储能10min可减少燃料用量18%，减少柴油机运行时间19%，减少柴油机启动次数44%。我们认为，超级电容器的短期储存能力对风能储存来讲并不是一个很有吸引力的选择。然而，应用于诸如电网调峰措施等，尤其是用于电力推进系统，正在成为人们越来越普遍的选择方案。

1.6.7 飞轮储能

飞轮储能系统的工作原理是将转子加速到非常高的速度，并将该能量以惯性能的方式保留在系统内。飞轮转子使用先进的复合材料制成，可降低转子质量，同时可使转子达到极高的速度；存储在转子中的能量与其转动惯量成正比。飞轮通过反转过程释放能量，带动发电机旋转发电。当飞轮释放其储存的能量时，在飞轮放电结束前飞轮转子会一直减速。在工业储能应用中，由于飞轮充放电所需的时间较长，因此其应用仅限于时间相对较短的电力调峰。飞轮储能的应用也受安全和成本等其他因素限制。

1.6.8 储氢

一种很有吸引力的制氢方法就是使用专用电解槽进行水电解制氢，产生的氢气可直接用于燃料电池系统进行发电。然而，大多数情况下最好的方法是先把氢气储存起来再将其运输到更远的地方，可用于燃料电池。电解槽中出来的氢气和氧气需要分别储存在压力罐或其他储氢介质(如金属氢化物)中。因此，所产生的氢气就可以被作为一种能源载体，可以被运输到任何使用地点并根据具体的时间和需求进行放氢。以氢的形式储存能量的经济效益如下：减少排放、提高利用效率、改善操作环境，并且将能源运输至所需现场相对简单(见第3.3节)。

1.7 能源伦理学问题

有许多例子表明，人类社会对能源的需求已经对我们的地球产生了巨大的影响。在未来几代中，那些产生于数亿年前的化石燃料将被耗尽。煤炭和石油燃烧后向大气排放的SO_2，其排放量大于自然排放源的排放量，如海洋中二甲基硫醚分解产生的SO_2。化石燃料和生物质燃烧排放的NO，其数量可能超过了自然排放源产生的NO，这些NO在城市地区形成了光化学烟雾。“温室”气体(如二氧化碳和甲烷)通常与能源生产相关，这些气体正在加速全球变暖过程。人类活动对地球生态系统导致的上述这些及其他影响，已经使得人们开始探讨将当前的地质时期定义为“人类世”时期。

因此，我们需要制定一项能源政策，该政策可以促进能源节约，从而最大限度地减少对地球的影响，可以使得各个层面都能实现向环境可持续发展转型——从个人、家庭、地方、国家到全球。每一个个体，作为社会的成员和消费者，都必须认识到我们的消费选择是对世界有影响的。消费者需要购买更节能的电器、住宅以及更节能的单人长途旅行车辆。选择能效更高的混合动力汽车、本地生产的农产品、安装太阳能光伏板、购买绿色电力，这些都有助于满足未来社会的能源需求，有助于保护我们的环境。许多消费者回收和购买回收材料制成的产品，而不去购买新产品，这种做法也有助于节约能源。

政府对税收、补贴和激励方面的政策以及相关标准需要落地实施，这样既可以鼓励汽车、工厂、电器和住宅提高能源效率，同时又改善了环境。在一些国家，建有完善的自行车基础设施和公共交通系统，同时对车辆登记实施高额税收，从而鼓励人们去使用自行车、地铁或公共汽车，而不是将汽车作为交通工具。能源价格较高的国家其人均能源需求也低于能源价格较低的国家。

为了确保人类文明在地球上的可持续发展，人类社会必须集中精力通过利用替代能源来提高能源效率，氢能技术就是其中之一。通过转向可再生能源和氢能技术，我们将能够助力环境向可持续方向发展。

思考题

1. 红外辐射的波长范围是多少？
2. 说出几种具有温室效应的气体的名称。
3. 除二氧化碳和氧气外，大气中还含有氮气，为什么氮气不是温室气体？
4. 地球上能接收到的太阳辐射的波长范围是多少？其他波长的太阳辐射到哪去了？
5. 温室效应气体的不同来源是什么？
6. 减少大气中温室气体含量的各种方法是什么？
7. 气溶胶如何导致温室气体效应？
8. 对比天然气、石油和煤炭产生温室效应气体的相对大小。
9. 讨论云层在全球变暖中起了什么作用。
10. 什么是《京都议定书》？
11. 请解释地球如何使其温度保持在平衡模型温度以上。
12. 如果地球温度从初始的14~15℃改变，请计算地球反射太阳辐射的比例。
13. 光伏电池和光电化学电池的区别是什么？
14. 请介绍几种收集太阳能的不同方法。
15. 请描述如何通过光合电池进行水分解。
16. 请解释如何生产n型和p型半导体。

多选题

1. 在下列气体中，哪一个不是温室气体？(　　)

(a) CO_2　　(b) CH_4　　(c) O_3　　(d) N_2O

2. 石油和天然气是(　　)。

(a)化石燃料　　(b)非化石燃料

3. 当化石燃料燃烧时，(　　)。

(a) 产生O_2　　(b) 产生CO_2

(c) 没有变化　　(d) 产生惰性气体

4. 当太阳辐射到达地球时，它含有(　　)。

(a) X射线　　(b) γ射线

(c) 可见光　　(d) 短波紫外线

5. 当越来越多的二氧化碳进入大气层时，(　　)。

(a) 更多的热量被捕获　　(b) 它分解

(c) 有助于更多植物生长　　(d) 生成臭氧

6. 云层消散了多少太阳辐射？(　　)

(a) 100%　　(b) 50%　　(c) 3%　　(d) 90%

7. 有多少太阳辐射被地球反射？(　　)

(a) 6%　　(b) 100%　　(c) 80%　　(d) 没有

8. 基于太阳模型预测的地球温度是多少？(　　)

(a) 100℃　　(b) 50℃　　(c) −20℃　　(d) 15℃

9. 从微生物形成石油需要多长时间？(　　)

(a) 200000 年　　(b) 2000000 年

(c) 20000000 年　　(d) 200000000 年

10. 最纯净的煤是哪种？(　　)

(a) 无烟煤　　(b) 烟煤　　(c) 次烟煤　　(d) 褐煤

11. 对于不可再生的石油、天然气、煤炭和铀资源，储量最大的国家分别为(　　)。

(a) 加拿大、美国、墨西哥和南非

(b) 挪威、印度、中国和巴西

(c) 沙特阿拉伯、俄罗斯联邦、美国和澳大利亚

(d) 埃及、土耳其、德国和日本

参考文献

1. http://www.cnn.com/2003/ALLPOLITICS/02/06/bush-energy/index.html (accessed 25 May 2017).
2. US Government Energy Information Administration. http://www.eia.doe.gov/, http://wilcoxen.maxwell.insightworks.com/pages/804.html (accessed 25 May 2017).
3. What is tidal energy? http://www.oceanenergycouncil.com/ocean-energy/tidal-energy (accessed September 2017).
4. World Energy Projections: Resources, Consumption and CO_2 Emission http://www.combusem.com/ENERGY1.HTM (accessed September 2017).
5. Clerici, A. (2004) World Energy Council Survey of Energy Resources, Presentation, www.eia.doe.gov (accessed 25 May 2017).
6. Oil & Gas Journal, Vol. 102, No. 47, Dec. 20, 2004, last accessed 4/1/2008 from http://www.ogj.com/currentissue/index.cfm?p = 7&v = 102&i = 47 (accessed 25 May 2017).
7. http://www.bp.com/home.do?categoryId = 1 (accessed 25 May 2017).
8. Martinot, E. (2006) Global revolution—a status report on renewable energy worldwide by Renewable Energy World MARCH/APRIL, Also can be accessed from http://ngm.nationalgeographic.com/ngm/0508/feature1/text2.html (accessed 25 May 2017).
9. Crutzen, P.J. http://en.wikipedia.org/wiki/ (accessed 25 May 2017).
10. Rubbia, C. (2000) The Future of Energy, 18th IAEA Fusion Energy Conference, Sorrento, Italy, October 4, 2000

11. Baxter, R. (2002) Energy storage: enabling a future for renewables? *Renewable Energy World*, July–August 2002.
12. Chen, I.Y.D., Santhanam, K.S.V., and Bard, A.J. (1981) Solution redox couple for electrochemical energy storage. *Journal of the Electrochemical Society*, **128**, 1460.
13. Chen, I.Y.D., Santhanam, K.S.V., and Bard, A.J. (1982) Solution redox couples for electrochemical energy storage II. *Journal of the Electrochemical Society*, **129**, 61.
14. Yang, Z., Zhang, J., Kintner-Meyer, M.C. *et al.* (2011) Electrochemical energy storage for green grid. *Chemical Reviews*, **111** (5), 3577–3613.
15. Weber, A.Z., Mench, M.M., Meyers, J.P. *et al.* (2011) Redox flow batteries, a review. *Journal of Applied Electrochemistry*, **41**, 1137.
16. Protich, Z., Wong, P., and Santhanam, K.S.V. (2016) A new graphene composite with a high coulombic efficiency. *Journal of Power Sources*, **332**, 337.
17. https://www.hydrogen.energy.gov/ (accessed 25 May 2017).
18. https://ec.europa.eu/clima/policies/international/negotiations/paris/index_en.htm (accessed 25 May 2017).
19. http://www.windpowermonthly.com/10-biggest-turbines (accessed 25 May 2017).
20. https://www.bloomberg.com/company/new-energy-outlook/ (accessed 25 May 2017).
21. http://energystorage.org/energy-storage/energy-storage-technologies (accessed 25 May 2017).
22. Max-Planck-Institute for Chemistry Division of Atmospheric Chemistry http://www.mpic.de/en/employees/honors-and-awards/the-anthropocene.html; http://fs-unep-centre.org/sites/default/files/publications/globaltrendsinrenewableenergyinvestment2016lowres (accessed 25 May 2017).
23. https://www.iea.org/topics/renewables/subtopics/wind/ (accessed 09 June 2017).
24. Badawy, W.A. (2015) A review on solar cells from Si-single crystals to porous materials and quantum dots. *Journal of Advanced Research*, **6**, 123–132.
25. Kalisman, P., Nakibli, Y., and Amirav, L. (2016) Perfect photon-to hydrogen conversion efficiency. *Nano Letters*, **16**, 1776.
26. D&C Dec 4, 2015: NY Sets Policy on Energy Use.
27. D&C Dec. 14, 2015: Kerry Predicts Climate Deal will Transform Economies.
28. D&C April 4, 2015: 2015 Tucson Fuel Cell Stands Out in Small Field.
29. D&C Sept 9, 2016: Lockheed Martin Opens Waste-to-Energy Plant.
30. C&E News July 13, 2015: Fight Over Future Fuels: EPA's proposed Renewable Fuel Standard displaces biotech firms, oil interests, and biofuel makers.

第 2 章　化学学科背景

2.1　可逆反应与化学平衡

化学反应有两种类型：不可逆反应和可逆反应。化学反应式一般可表示为：

$$A+B \longrightarrow C+D \tag{2.1}$$

其中，A 和 B 称为反应物，C 和 D 称为生成物。在反应进行了相当长时间之后，反应物(A 和 B)在上述反应过程中被完全消耗，反应体系中仅存在 C 和 D。C 和 D 这两种物质不能相互反应生成 A 和 B，此类反应称为不可逆反应，即反应物完全转化为生成物。属于此类反应的一个例子是：

$$SnO_2+4Li \longrightarrow 2Li_2O+Sn \tag{2.2}$$

然而，反应可以用下述形式表示：

$$X+Y \rightleftharpoons F+Z \tag{2.3}$$

其中，X 和 Y 为反应物，F 和 Z 为生成物，即使过了很长一段时间，反应物(X 和 Y)也会与生成物(F 和 Z)同时存在。这可以看作是反应体系中正、逆反应同时发生，X 和 Y 反应生成 F 和 Z 的过程为正反应，F 和 Z 反应生成 X 和 Y 的过程为逆反应，这种反应称为可逆反应。在可逆反应中，经过一定的反应时间，只有一部分反应物能转化为生成物。大家熟知的一个可逆反应就是由乙酸和乙醇反应制备乙酸乙酯：

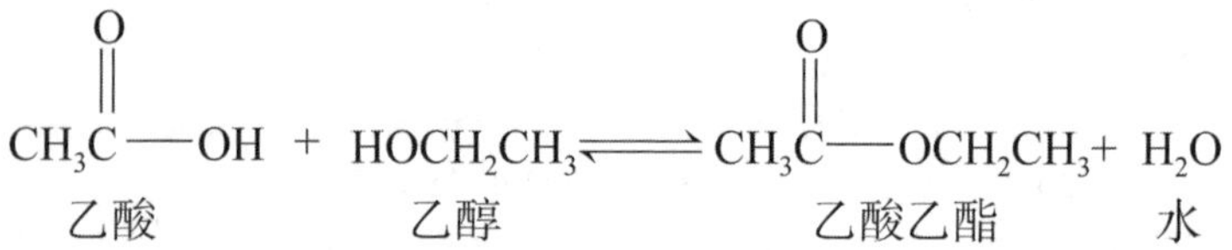

(2.4)

另一个常见的实例是哈伯-博施反应(Haber-Bosch process)，即氢气与氮气反应合成氨：

$$3H_2(g)+N_2(g) \rightleftharpoons 2NH_3(g) \tag{2.5}$$

双箭头表示该反应可逆。

当反应物和生成物的浓度不随时间的变化而变化时，就定义此时的状态为化学平衡状态。在化学平衡状态下，可逆反应的正反应速率与逆反应速率相同。当制备乙酸乙酯的反应达到化学平衡状态时，反应容器中含有乙酸、乙醇、乙酸乙酯和水这四种物质，酯化反应(正反应)和酯的水解反应(逆反应)速率相等。当哈伯-博施反应达到化学平衡状态时，氨的生成速率与氨的分解速率相等。图 2.1和图 2.2 给出了通常情况下化学反应达到平衡状态的过程。

在一定程度上，化学平衡是动态平衡，一些反应物分子通过反应形成生成物，同时一些生成物分子又会通过反应形成反应物。动态平衡的一个常见实例是硫酸银(Ag_2SO_4)在水中的溶解：

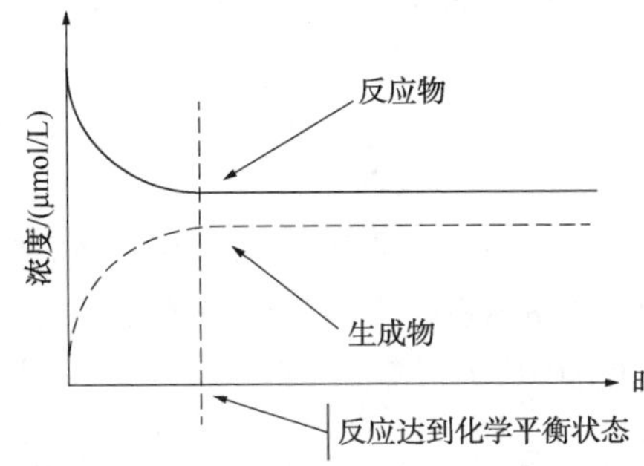

图 2.1　反应物转化速率和生成物生成速率随时间的变化，在化学平衡状态下，反应物和生成物的浓度保持不变

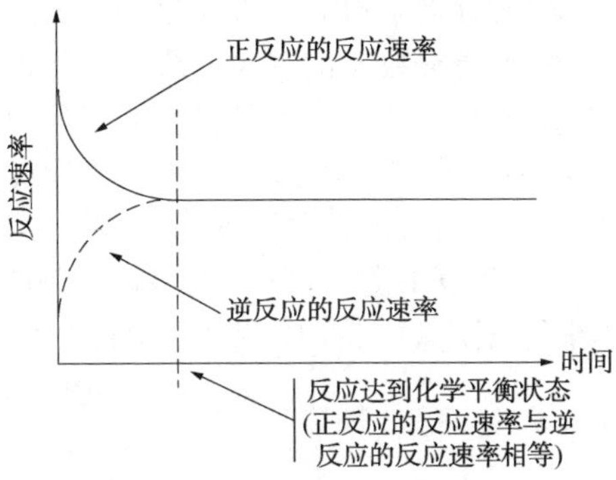

图 2.2　正反应和逆反应的反应速率随时间的变化，在化学平衡状态下，正反应和逆反应的反应速率相等

$$Ag_2SO_4(s) \rightleftharpoons 2Ag^+(aq) + SO_4^{2-}(aq) \tag{2.6}$$

在化学平衡状态下，硫酸银的溶解(正反应)与 Ag^+ 和 SO_4^{2-} 结合生成沉淀(逆反应)的速率相等(图 2.3)。

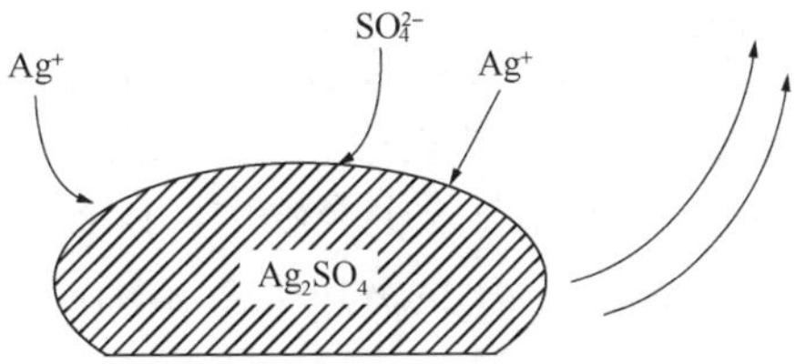

图 2.3　硫酸银在水中溶解的平衡状态

2.1.1　平衡方程和平衡常数

每个可逆反应都可根据其平衡方程得到一个具有特征意义的平衡常数(K 或 K_{eq})。对于一般的可逆化学反应，可以使用如下平衡方程进行表示：

$$aA + bB + \cdots\cdots \rightleftharpoons cC + dD + \cdots\cdots \tag{2.7}$$

A、B……为反应物，C、D……为生成物，a、b、c、d 是平衡方程的化学计量数。

当一个可逆反应达到化学平衡时，该反应的化学平衡常数 K 为生成物平衡浓度的幂运算之积与反应物平衡浓度的幂运算之积的比值，每种物质的平衡浓度在进行幂运算时，其指数等于其所在平衡方程中对应的化学计量数。一般情况下化学反应的平衡常数表达式为：

$$K = \frac{[C]^c \cdot [D]^d}{[A]^a \cdot [B]^b} \tag{2.8}$$

其中，K 为平衡常数，$[A]^a$ 和 $[B]^b$ 分别为反应物 A 和 B 平衡浓度的指数次幂，指数为各自的化学计量数，$[C]^c$ 和 $[D]^d$ 为生成物 C 和 D 平衡浓度的指数次幂，指数为各自的化学计量数。

在平衡常数表达式中，可以看到：

① 在水溶液中化学物质的浓度可用物质的量浓度表示，此时 K 可以表示为 K_c；气态物质的浓度可用分压表示，此时 K 可以表示为 K_p。

② 所有物质的浓度值均为反应达到平衡状态下的浓度值。

③ 平衡常数 K 的单位取决于平衡常数表达式中各项的单位。

④ 平衡常数 K 的值随温度的变化而变化。

⑤ 由于固体、液体或溶剂等纯凝聚相在反应过程中的浓度保持恒定，所以这些物质从不出现在平衡常数的表达式中。

为了计算平衡常数 K，可将各组分的平衡浓度代入平衡常数表达式。例如，根据实验测得反应物 CO、H_2以及生成物 CH_3OH 的物质的量浓度，进而求解该反应的 K_c：

$$CO(g)+2H_2(g) \rightleftharpoons CH_3OH(g) \tag{2.9}$$

$$K_c=\frac{[CH_3OH]}{[CO]\cdot[H_2]^2} \tag{2.10}$$

同样地，当一种反应物处于固体状态且其浓度不出现在平衡常数表达式中，反应的平衡常数 K_c计算方式如下：

$$2H_2(g)+2C(s) \rightleftharpoons H_2C=CH_2(g) \tag{2.11}$$

$$K_c=\frac{[H_2C=CH_2]}{[H_2]^2} \tag{2.12}$$

当化学反应中的反应物和生成物是气体时，我们可以用分压来代替物质的量浓度来表示平衡常数表达式。以哈伯-博施反应为例，$3H_2(g)+N_2(g) \rightleftharpoons 2NH_3(g)$。在 500℃的平衡气体混合物中，$H_2$的分压为 0.928atm（1atm=101325Pa），N_2的分压为 0.432atm，NH_3的分压为 2.24×10^{-3}atm。该反应的平衡常数表达式为：

$$K_p=\frac{(p_{NH_3})^2}{(p_{N_2})(p_{H_2})^3}=\frac{(2.24\times10^{-3})^2}{(0.432)(0.928)^3}=1.45\times10^{-5} \tag{2.13}$$

值得注意的是，对于同一反应 K_c与 K_p的数值通常不一致，因此在使用过程中需要具体指出是哪一类平衡常数。以哈伯-博施反应为例，在 25℃时，K_p和 K_c的值分别为 5.8×10^5和 3.5×10^8。通常情况下，

$$K_p=K_c(RT)^{\Delta n} \tag{2.14}$$

其中，R 为气体常数[0.082057(L·atm)/(K·mol)]，T 为温度，Δn 为气态生成物的总物质的量与气态反应物的总物质的量之差。合成氨反应中 Δn 值为：

$$\Delta n=2-4=-2 \tag{2.15}$$

平衡常数 K 的含义是什么？K 值表明反应在平衡状态下所处的位置，即判断正反应和逆反应中哪个反应更有利。利用 K 值可以确定反应物或生成物的量。平衡常数的含义可以归纳为：

① 如果 K 值远大于 1，则表明反应基本上可以完成。例如，$K=150$ 意味着反应体系在平衡状态下有相对较多的生成物存在。

② 如果 K 值远小于 1，则表明反应不会继续进行。例如，$K=10^{-30}$意味着反应体系在平衡状态下只有反应物存在。

③ 如果 K 值等于 1，则既不利于正反应进行，也不利于逆反应发生，反应物和生成物都处于平衡状态。

以氢气的燃烧反应为例：

$$2H_2(g)+O_2(g) \rightleftharpoons 2H_2O(g) \tag{2.16}$$

平衡常数表达式为：

$$K_p=\frac{p^2_{[H_2O]}}{p^2_{[H_2]}p_{[O_2]}}=1.35\times10^{80} \tag{2.17}$$

K 值表明平衡状态下氢气和氧气的量微乎其微，反应体系接近为纯水。

2.1.2 勒夏特列原理：改变条件对于反应平衡的影响

在平衡条件下，反应体系中各组分均处于动态平衡，正反应和逆反应过程以相同的反应速率进行。如果我们打破体系的动态平衡状态，如改变反应温度、压力、反应物或生成物的浓度等条件，反应体系将会如何变化？可以根据法国工业化学家亨利-路易·勒夏特列((1850~1936)率先提出的反应原理来分析这些条件的改变对于反应平衡状态的影响。勒夏特列原理可以表述如下：如果处于平衡状态的反应体系受到温度、压力或某一组分浓度变化的干扰，该体系将移动其平衡位置以抵消干扰对于反应体系造成的影响。我们将利用勒夏特列原理来讨论处于平衡状态的反应体系如何对三个主要的外部条件变化作出反应：添加或移出反应物或生成物，改变压力，改变温度。

2.1.2.1 改变反应物或生成物的浓度

如果反应体系中一种反应物或生成物的浓度发生变化，反应体系将会如何变化？从化学反应的一般情况出发，第一种情况是增加反应物 A 的浓度：

$$a\mathrm{A}+b\mathrm{B}+\cdots\cdots \rightleftharpoons c\mathrm{C}+d\mathrm{D}+\cdots\cdots \tag{2.18}$$

根据勒夏特列原理，反应将释放“应力”以消耗这部分新增加的反应物 A。由于正向反应更有利，因此生成物的物质的量将会增加，由于反应物 B 会与这部分新增加的反应物 A 进行反应，因此反应物 B 的浓度将会降低。然而，逆反应的反应速率也会同时增加，直至反应重新建立平衡状态，反应的平衡常数 K 与之前保持一致。根据平衡常数 K 的代数方程也可以得出相同的结论：

随之增加（分子 $[C]^c\cdot[D]^d$）

$$\text{保持恒定} \longrightarrow K=\frac{[C]^c\cdot[D]^d}{[A]^a\cdot[B]^b} \tag{2.19}$$

增加（$[A]^a$）　　随之降低（$[B]^b$）

同样地，移出一种(或多种)生成物也会导致反应平衡向右移动，从而生成更多的产物。而向平衡反应体系中添加 C 或 D 也会导致平衡向左移动，以降低反应体系中增加的这部分 C 或 D 的浓度。在这两种情况下，K 值同样保持不变：

降低
(移出)（$[C]^c$、$[D]^d$）

$$\text{保持恒定} \longrightarrow K=\frac{[C]^c\cdot[D]^d}{[A]^a\cdot[B]^b} \tag{2.20}$$

随之降低
(消耗)（$[A]^a\cdot[B]^b$）

降低其中一种反应物的浓度会使逆反应更有利：

$$\text{保持恒定} \longrightarrow K = \frac{\overbrace{[C]^c \cdot [D]^d}^{\text{随之降低}}}{\underbrace{[A]^a \cdot [B]^b}_{\text{浓度降低}}} \tag{2.21}$$

哈伯-博施反应 $3H_2(g)+N_2(g) \rightleftharpoons 2NH_3(g)$ 是一个很好的例子，它可以说明各种因素对于提高氨产率的影响往往不同。向处于平衡的 N_2、H_2 和 NH_3 混合物中加入更多的反应物 N_2 和 H_2，或从混合物中移出 NH_3，会使反应生成更多的 NH_3。在氨的工业生产中，通过选择性液化不断地移出产物可以促使反应接近完全。

2.1.2.2 压力变化的影响

勒夏特列原理表明，在反应体系中含有一种或多种物质是气体的情况下，反应体系会对压力的增加作出响应，使反应平衡朝气体总分子数减少的方向移动，从而降低压力。相反地，降低压力有利于气体总分子数增加的反应进行。以合成氨的平衡反应为例：

$$\underbrace{N_2(g) + 3H_2(g)}_{\text{4mol 气体}} \rightleftharpoons \underbrace{2NH_3(g)}_{\text{2mol 气体}} \tag{2.22}$$

在这一反应中，4mol 气体转化为 2mol 气体。如果增加平衡反应体系的总压力，如减小体积，会发生什么？根据勒夏特列原理，增加压力有利于正向反应，即氨的生成，这是因为它会降低反应物的总分子数，进而缓解增加的这部分反应压力。图 2.4 为哈伯法合成氨工艺，利用压力、反应物浓度和生成物浓度的变化对反应平衡所产生的影响，促使可逆反应达到反应物几乎完全转化的状态。

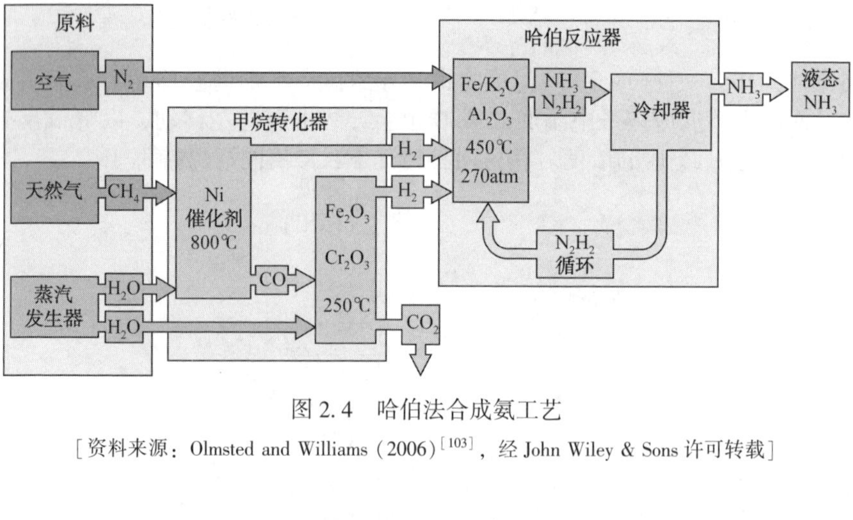

图 2.4 哈伯法合成氨工艺

[资料来源：Olmsted and Williams (2006)[103]，经 John Wiley & Sons 许可转载]

考虑氢气与氟气生成氟化氢的反应，当反应物的总物质的量与生成物的总物质的量相等时，可推测出如下结论：

$$\underbrace{H_2(g) + F_2(g)}_{2mol\ 气体} \rightleftharpoons \underbrace{2HF(g)}_{2mol\ 气体} \quad (2.23)$$

当该反应体系压力增大或减小时，平衡不发生移动。

2.1.2.3 温度变化的影响

利用勒夏特列原理推测平衡与反应体系温度之间的关系。一个简单的方法是把热看作反应物或生成物，讨论其对平衡造成的影响。

我们可以把热看作吸热反应中的反应物(热被吸收)和放热反应中的生成物(热被释放)。

a) 吸热反应：

$$a \cdot A + b \cdot B + 热 \rightleftharpoons c \cdot C + d \cdot D \quad (\Delta H > 0) \quad (2.24)$$

例如：

$$N_2O_4(g) \rightleftharpoons 2NO_2(g) \quad (\Delta H = 58kJ/mol) \quad (2.25)$$

b) 放热反应：

$$a \cdot A + b \cdot B \rightleftharpoons c \cdot C + d \cdot D + 热 \quad (\Delta H < 0) \quad (2.26)$$

例如：

$$Cl_2(g) + H_2(g) \rightleftharpoons 2HCl(g) \quad (\Delta H = -44kcal/mol) \quad (2.27)$$

在吸热反应中，提升温度就类似于向平衡反应体系中加入一种反应物，平衡向右移动(即向消耗“热”这一反应物的方向移动)，有利于生成物的产生。相反地，降低温度会使吸热反应的动态平衡向有利于逆反应的方向移动。

在放热反应中，可以观察到相反的结果。当热作为产物加入反应中，平衡向左移动，即向降低这部分温升的方向移动。降低反应温度使平衡向右移动，即向生成物产生的方向移动。

2.2 酸-碱化学

2.2.1 简要回顾：阿伦尼乌斯定义

自古以来，人们就熟知许多食物尝起来是酸的，如柠檬汁和醋，因为它们具有酸性；有些食物尝起来又苦又滑，因为它们具有碱性。人们早就熟悉酸和碱的某些性质：溶解某些金属而生成氢气，并与一些有机染料反应。但是是什么原因才能使一种物质表现出酸或碱的性质呢？直到 19 世纪，科学家们才提出两种有关酸和碱的实用定义。

酸和碱的早期定义是基于这样一种假设：当物质溶解于水中时，就会解离产生离子。瑞典科学家斯万特·阿伦尼乌斯(Svante Arrhenius)将酸定义为向水中释放氢离子的物质。例如，盐酸溶于水释放氢离子(质子)和氯离子(阴离子)：

$$HCl(aq) \longrightarrow H^+(aq) + Cl^-(aq) \quad (2.28)$$

碱定义为溶于水并释放出氢氧根离子(OH^-)的物质。氢氧化钠($NaOH$)是一种典型的阿伦尼乌斯碱：

$$NaOH(aq) \longrightarrow Na^+(aq) + OH^-(aq) \qquad (2.29)$$

利用阿伦尼乌斯理论可以解释许多问题，其中包括为什么所有的酸都具有相似的性质，为什么所有的碱也同样具有相似的性质，为什么酸和碱之间可以发生中和反应(将在下一节讨论中和反应)。然而，这一理论也具有局限性。例如，它没有解释为什么有些物质，如氨，即使不包含氢氧根离子，却也能起到与碱一样的作用。

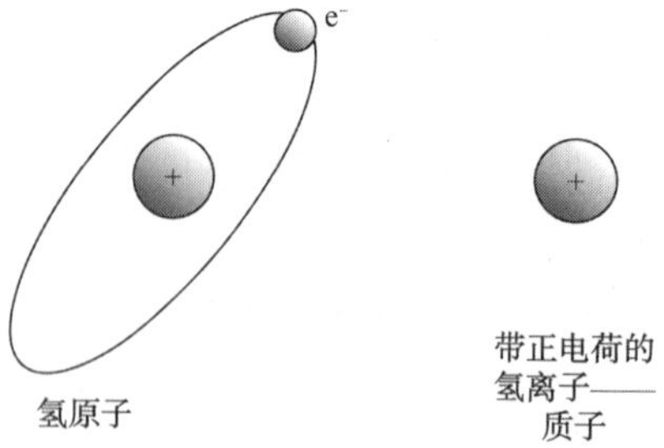

图 2.5　氢原子和带正电荷的氢离子(质子)

在讨论酸和碱的定义之前，必须注意到两个要点：第一个是为什么称氢离子为质子。质子是氢原子失去一个单电子后剩下的离子(图 2.5)。第二，质子不能以简单形式存在于水中；质子与水分子的孤对电子发生相互作用，可形成水合氢离子 H_3O^+：

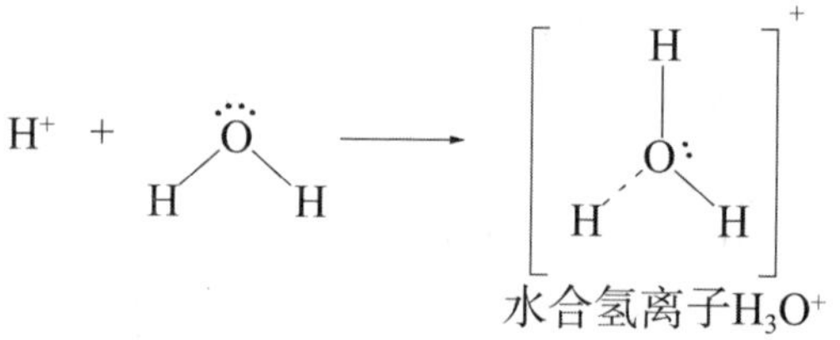

(2.30)

基于此，为简单方便，可使用质子来表示水溶液的酸性。

2.2.2　布朗斯特-劳里(Brønsted-Lowry)酸碱理论，质子转移反应

1923 年，丹麦化学家约翰纳斯 · 布朗斯特(Johannes Brónsted)和英国化学家托马斯 · 劳里(Thomas Lowry)各自提出了更全面、普适的酸和碱的定义。布朗斯特-劳里酸是可以给出质子到另一分子或离子的物质；酸是质子供体。布朗斯特-劳里碱是可以从酸中接受 H^+的物质。例如，在氯化氢(HCl)和氨(NH_3)的反应中，HCl 作为酸提供质子，氨作为碱从酸中接受质子。这个反应不仅可以在水中进行，也可以在气相中进行，形成固体 NH_4Cl：

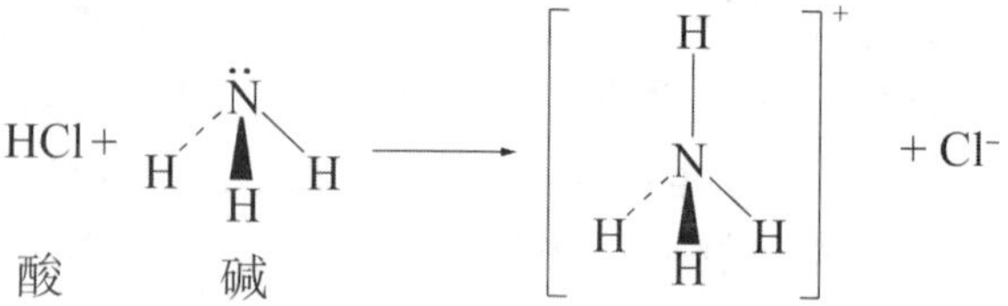

(2.31)

值得注意的是，该理论也解释了化合物在水中的行为。例如，硝酸既是阿伦尼乌斯酸，也是布朗斯特-劳里酸，它可以为水分子提供一个质子。水分子是质子的

受体，所以水是一种布朗斯特-劳里碱：

$$HNO_3(aq)+H_2O(l)\longrightarrow NO_3^-(aq)+H_2O^+(aq) \tag{2.32}$$

根据布朗斯特-劳里酸碱理论，水中的氨是碱(质子受体)，水是酸(质子供体)：

$$NH_3(aq)+H_2O(l)\rightleftharpoons NH_4^+(aq)+OH^-(aq) \tag{2.33}$$

我们也可以把氨看作是阿伦尼乌斯碱，这是因为把它加到水中会增大 OH^- 的浓度。

正如我们所见，布朗斯特-劳里酸和碱总是协同作用以转移质子。换句话说，只有当另一种物质充当碱时，一种物质才能充当酸，这个质子转移的过程称为质子转移反应。布朗斯特-劳里酸应是含有氢原子的分子或离子，它可以提供 H^+；相反，布朗斯特-劳里碱应是含有孤对电子的分子或离子，它可以形成配位共价键，否则就不能从酸中接受 H^+。

有些分子或离子既可以作为酸又可以作为碱，具体情况取决于其所处的实际环境。例如，水既不是阿伦尼乌斯酸，也不是阿伦尼乌斯碱，因为它既不为溶液提供可检测到的质子，也不提供可检测到的氢氧根离子。然而在一些反应中，水可以作为布朗斯特-劳里酸或碱。例如，水可以作为酸与氨反应[式(2.33)]，也可以作为碱与硝酸反应[式(2.32)]。像水这样既能作为酸又能作为碱的物质被称为两性物质。

有关两性物质的另一个例子是磷酸氢根阴离子：

$$HPO_4^{2-}(aq)+H_2O(l)\rightleftharpoons H_3O^+(aq)+PO_4^{3-}(aq) \tag{2.34}$$

$$HPO_4^{2-}(aq)+H_2O(l)\rightleftharpoons H_2PO_4^-(aq)+OH^-(aq) \tag{2.35}$$

已知有大量的布朗斯特-劳里酸和碱。能提供一个质子的酸称为一元酸，常见的一元酸有盐酸(HCl)、硝酸(HNO_3)和乙酸(CH_3COOH)。能提供一个以上质子的酸称为多元酸，例如，硫酸(H_2SO_4)是二元酸，磷酸(H_3PO_4)是三元酸。

2.2.3 酸、碱的相对强度，酸、碱平衡常数

酸提供质子的能力不同，碱接受质子或向水溶液提供氢氧根离子的能力也不同。酸和碱的相对强度见表 2.1。

强酸和强碱在水溶液中完全以离子的形式存在。换句话说，它们是 100%电离或解离的。强酸和强碱是强电解质，因为离子的存在可以通过溶液的导电能力来证明。现存的强酸只有几种：六种一元酸 HCl、HBr、HI、HNO_3、$HClO_3$和 $HClO_4$；一种二元酸 H_2SO_4。例如，硝酸通常在水中完全解离，因此，我们不使用平衡箭头，反应趋于完全，形成方程式右边的离子：

$$HNO_3(aq)+H_2O(l)\longrightarrow NO_3^-(aq)+H_3O^+(aq) \tag{2.36}$$

一般来说，“强”酸的解离可以描述如下：

$$HA(aq)\longrightarrow H^+(aq)+A^-(aq) \tag{2.37}$$

二元酸 H_2SO_4的情况更为复杂，就其提供第一个质子的能力而言，硫酸是一种强酸：

$$H_2SO_4(aq)+H_2O(l)\rightleftharpoons HSO_4^-(aq)+H_3O^+(aq) \tag{2.38}$$

表 2.1　一些酸的酸解离常数(25 ℃)

酸	共轭碱	平衡反应	碱强度	
			K_a	K_b
硫酸(H_2SO_4)	HSO_4^-	$H_2SO_4(aq)+H_2O(l) \rightleftharpoons H_3O^+(aq)+HSO_4^-(aq)$	大	很小
水合氢离子(H_3O^+)	H_2O	$H_3O^+(aq)+H_2O(l) \rightleftharpoons H_2O(l)+H_3O^+(aq)$	1.0	1.0×10^{-14}
硫酸氢根离子(HSO_4^-)	SO_4^{2-}	$HSO_4^-(aq)+H_2O(l) \rightleftharpoons H_3O^+(aq)+SO_4^{2-}(aq)$	1.2×10^{-2}	8.3×10^{-13}
磷酸(H_3PO_4)	$H_2PO_4^-$	$H_3PO_4(aq)+H_2O(l) \rightleftharpoons H_3O^+(aq)+H_2PO_4^-(aq)$	7.5×10^{-3}	1.3×10^{-12}
氢氟酸(HF)	F^-	$HF(aq)+H_2O(l) \rightleftharpoons H_3O^+(aq)+F^-(aq)$	6.8×10^{-4}	1.4×10^{-11}
甲酸(HCOOH)	$HCOO^-$	$HCOOH(aq)+H_2O(l) \rightleftharpoons H_3O^+(aq)+HCOO^-(aq)$	1.8×10^{-4}	5.6×10^{-11}
乙酸(CH_3COOH)	CH_3COO^-	$CH_3COOH(aq)+H_2O(l) \rightleftharpoons H_3O^+(aq)+CH_3COO^-(aq)$	1.8×10^{-5}	5.6×10^{-10}
碳酸(H_2CO_3)	HCO_3^-	$H_2CO_3(aq)+H_2O(l) \rightleftharpoons H_3O^+(aq)+HCO_3^-(aq)$	4.3×10^{-7}	2.4×10^{-8}
磷酸二氢根离子($H_2PO_4^-$)	HPO_4^{2-}	$H_2PO_4^-(aq)+H_2O(l) \rightleftharpoons H_2O^+(aq)+HPO_4^{2-}(aq)$	6.2×10^{-8}	1.6×10^{-7}
铵根(NH_4^+)	NH_3	$NH_4^+(aq)+H_2O(l) \rightleftharpoons H_3O^+(aq)+NH_3(aq)$	5.6×10^{-10}	1.8×10^{-5}
氢氰酸(HCN)	CN^-	$HCN(aq)+H_2O(l) \rightleftharpoons H_3O^+(aq)+CN^-(aq)$	4.9×10^{-10}	2.5×10^{-5}
磷酸氢根离子(HPO_4^{2-})	PO_4^{3-}	$HPO_4^{2-}(aq)+H_2O(l) \rightleftharpoons H_3O^+(aq)+PO_4^{-3}(aq)$	3.6×10^{-13}	2.8×10^{-2}
水(H_2O)	OH^-	$H_2O(l)+H_2O(l) \rightleftharpoons H_3O^+(aq)+OH^-(aq)$	1.0×10^{-14}	1.0
氢气(H_2)	H^-	$H_2(g)+H_2O(l) \rightleftharpoons H_3O^+(aq)+H^-(aq)$	很小	大
乙醇(C_2H_5OH)	$C_2H_5O^-$	$C_6H_5OH(aq)+H_2O(l) \rightleftharpoons H_3O^+(aq)+C_2H_5O^-(aq)$	很小	大

酸强度

第二个质子也可以贡献给溶液，但不能完全贡献，因此硫酸氢根离子 HSO_4^- 作为弱酸，很难解离出一个质子。如果一种酸的解离程度较低(1%～5%)，那么它就可被定义为弱酸；因此，大多数物质(分子或多原子离子)在水中会保持非解离状态。所有的有机酸如乙酸(CH_3COOH)、丙酸(CH_3CH_2COOH)，和许多无机酸如亚硝酸(HNO_2)和碳酸(H_2CO_3)都是弱酸。

同样地，如果碱在水中完全解离形成金属阳离子和氢氧根离子，那么它就是强碱。强碱通常很容易接受一个质子并与之紧密结合(据说强碱对 H^+ 有很高的亲和力)。所有的一元碱和 $Ca(OH)_2$、$Sr(OH)_2$ 和 $Ba(OH)_2$ 三种二元碱都是强碱。例如，$Ba(OH)_2$ 在水中完全解离：

$$Ba(OH)_2(aq) \longrightarrow Ba^{2+}(aq) + 2(OH)^-(aq) \tag{2.39}$$

一般地，强碱的解离方程可表示如下：

$$M(OH)_n(aq) \longrightarrow M^{n+}(aq) + nOH^-(aq) \tag{2.40}$$

弱碱是对 H^+ 结合能力较弱的碱。氨是弱碱的一个例子，通常用双箭头来表示其与 H^+ 的相互作用，氨在水中溶解的平衡方程为：

$$NH_3(aq) + H_2O(l) \rightleftharpoons NH_4^+(aq) + OH^-(aq) \tag{2.41}$$

有几种方法可以评估酸、碱，特别是弱酸、弱碱的相对强度。一种方法是利用平衡方程来描述弱酸和弱碱在水中的反应，进而求解平衡常数，平衡常数表示反应平衡时离子的相对浓度。对于一般反应：

$$HA(aq) + H_2O(l) \rightleftharpoons H_3O^+(aq) + A^-(aq) \tag{2.42}$$

该反应的平衡常数为：

$$K = \frac{[H_3O^+] \cdot [A^-]}{[HA] \cdot [H_2O]} \tag{2.43}$$

由于水是溶剂，所以它的浓度是恒定的，对平衡不产生影响。根据这个结论，我们可以把水的浓度代入到 K 值的计算中，得到一个新的常数，称为酸解离常数 K_a：

$$K_a = K[H_2O] = \frac{[H_3O^+] \cdot [A^-]}{[HA]} \tag{2.44a}$$

同样地，我们可以写出弱碱 B 在水中的通用平衡表达式：

$$B(aq) + H_2O(l) \rightleftharpoons BH^+(aq) + OH^-(aq) \tag{2.44b}$$

$$K_b = \frac{[BH^+] \cdot [OH^-]}{[B]} \tag{2.44c}$$

表 2.1 给出了一些弱酸的 K_a 值和一些弱碱的 K_b 值。该表格阐明了几个重要的结论：

① K_a 值越大，酸性越强。

② 强酸的 K_a 值远大于 1，表明强酸容易解离。对于 HCl 或 HNO_3 等强酸，其 K_a 值非常大，因此测量其 K_a 值无实际意义。

③ 弱酸的 K_a 值远小于 1，表明弱酸不易解离。

④ 从多元酸中解离出第二个质子总是比解离出第一个质子更难，因此，解离出第二个质子的过程 K_a 值更低。

⑤ 大多数含有羧基(COOH)的有机酸，其 K_a 值数量级小于 10^{-3}。

⑥ 随着酸强度的增加(K_a 越大)，其共轭碱的碱性强度降低(K_b 越小)。

2.2.4 酸碱平衡，共轭酸碱对，酸-碱反应的总体趋势

到目前为止写下的每一个化学方程式中，都可以看到布朗斯特-劳里定义的一个重要结果：酸碱反应的产物本身就是酸和碱。例如，考虑酸 H-A 提供给碱 B：一个质子的反应，H-A 是布朗斯特-劳里酸，B：是布朗斯特-劳里碱：

$$\underset{\text{酸}}{\text{H-A}}+\underset{\text{碱}}{\text{B}}: \rightleftharpoons :\underset{\text{碱}}{\text{A}^-}+\underset{\text{酸}}{\text{B}^+\text{H}} \tag{2.45}$$

产物之间的反应也是可能的；产物 B^+H 可以为：A^- 提供一个质子，因此 B^+H 是布朗斯特-劳里酸，：A^- 是布朗斯特-劳里碱。也就是说，一些酸-碱反应是可逆的；在任何酸-碱平衡中，正反应和逆反应都涉及质子转移。如 H-A 和：A^- 或 B^+H 和 B：，一对酸碱组分仅在是否拥有 H^+ 时表现出不同，称为共轭酸碱对。

布朗斯特-劳里酸和碱之间的每一个反应都有两组共轭酸碱对。例如，考虑以下反应和表 2.1 中的反应：

共轭酸碱对1

$$PO_4^{3-}(aq)+H_2O(l) \rightleftharpoons HPO_4^{2-}(aq)+OH^-(aq) \tag{2.46}$$

共轭酸碱对2

共轭酸碱对1

$$H_2S(aq) + H_2O(l) \rightleftharpoons H_3O^+(aq) + HS^-(aq) \tag{2.47a}$$

共轭酸碱对2

酸　　碱　　共轭酸　　共轭碱

根据单个碱或酸的相对强度，可以预测质子转移反应的方向。例如，可以认为反应受平衡方程右边的碱与左边的碱接受质子的相对能力所支配。例如，考虑酸 HA 和水之间的质子转移反应：

正反应 ⟶

布朗斯特-劳里碱

$$\underset{\text{酸}}{HA(aq)} + \underset{\text{碱}}{H_2O(l)} \rightleftharpoons \underset{\text{共轭酸}}{H_3O^+(aq)} + \underset{\text{共轭碱}}{A^-(aq)} \tag{2.47b}$$

布朗斯特-劳里酸

⟵ 逆反应

如果水分子(正反应中的碱)是比 A^-(HA 的共轭碱)更强的碱，则 H_2O 会从 HA 中夺取质子，生成 H_3O^+和 A^-。在这种情况下，平衡反应有利于向右进行。该过程描述了强酸在水中的行为。例如，硝酸在水中完全解离，形成 H_3O^+和 NO_3^-离子，这是因为 H_2O 是比 NO_3^-更强的碱，所以 H_2O 接受质子以形成水合氢离子：

布朗斯特-劳里酸

$$\underset{\text{酸}}{HNO_3(aq)} + \underset{\text{强碱}}{H_2O(l)} \longrightarrow \underset{\text{酸}}{H_3O^+(aq)} + \underset{\text{弱碱}}{NO_3^-(aq)} \tag{2.48}$$

布朗斯特-劳里碱

如果 A^-的碱性比 H_2O 强，则平衡反应有利于向左进行。此过程描述了弱酸在水中的行为。例如，当乙酸(CH_3COOH)溶于水时，溶液中主要包含 CH_3COOH 分子以及低浓度的 H_3O^+和 CH_3COO^-离子。这是因为 CH_3COO^-离子是比水更强的碱，更容易从 H_3O^+中接受一个质子：

布朗斯特-劳里碱

$$CH_3COOH(aq) + \underset{\text{弱碱}}{H_2O(l)} \rightleftharpoons H_3O^+(aq) + \underset{\text{强碱}}{CH_3COO^-(aq)} \tag{2.49a}$$

布朗斯特-劳里酸

对于下面的质子转移反应，我们确定 CO_3^{2-}是比 SO_4^{2-}(HSO_4^-的共轭碱)更强的碱，因此平衡反应有利于向右进行，有利于生成新的离子：

布朗斯特-劳里碱

$$HSO_4^-(aq) + \underset{\text{强碱}}{CO_3^{2-}(aq)} \rightleftharpoons \underset{\text{弱碱}}{SO_4^{2-}(aq)} + HCO_3^-(aq) \tag{2.49b}$$

布朗斯特-劳里酸

结果表明，在酸-碱反应中，平衡反应有利于质子向强碱转移的方向进行。

2.2.5 水的解离与 pH 范围

水的自电离过程是多年前由弗里德里·希科尔劳施(Friedrich Kohlrausch，1840~1910)发现的。他发现，纯水中存在着浓度极低的 H_3O^+和 OH^-，使得纯水具备微弱的导电能力。水的自电离反应是将质子从一个水分子提供给另一个水分子的过程：

$$2H_2O(l) \rightleftharpoons H_3O+(aq) + OH^-(aq) \tag{2.50}$$

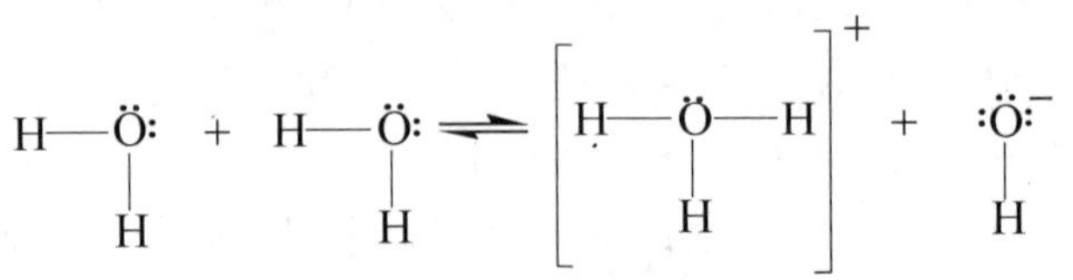

(2.51)

水的自电离反应证明它既可以作为布朗斯特-劳里酸也可以作为布朗斯特-劳里碱；因此，水是两性的。水的自电离过程是一个平衡过程，它远有利于反应向左进行。事实上，在室温下的纯水中，10^9个分子中只有2个水分子在任何瞬间都处于离子化状态。水的自电离过程的平衡常数表达式为：

$$K=\frac{[H_3O^+]\cdot[OH^-]}{[H_2O]^2} \tag{2.52}$$

水作为溶剂(纯液体)，其浓度可被认为是一个常数，进而从平衡常数表达式中剔除。用符号K_w表示新的平衡常数，称为水的离子积常数或水的电离常数：

$$K_w=[H_3O^+][OH^-] \tag{2.53}$$

利用纯水电导率测量法，定义25℃下$[H_3O^+]=[OH^-]=1.0\times10^{-7}$mol/L，因此：

$$K_w=[H_3O^+][OH^-]=1.0\times10^{-14} \tag{2.54}$$

水的离子积方程非常重要，因为它不但适用于纯水，而且适用于所有水溶液。由于生成物$[H_3O^+]$和$[OH^-]$在任何溶液中都是常数(1.0×10^{-14})，因此，如果知道其中一种组分的浓度，就可以计算出$[H_3O^+]$或$[OH^-]$：

$$[H_3O^+]=1.0\times10^{-14}/[OH^-] \quad [OH^-]=1.0\times10^{-14}/[H_3O^+]$$

根据$[H_3O^+]$和$[OH^-]$的值，在满足以下条件的情况下，水溶液可分为中性、酸性或碱性：

① 在中性溶液中，$[H_3O^+]=1.0\times10^{-7}$mol/L，$[OH^-]=1.0\times10^{-7}$mol/L。

② 在酸性溶液中，$[H_3O^+]>[OH^-]$；$[H_3O^+]>1.0\times10^{-7}$mol/L，$[OH^-]<1.0\times10^{-7}$mol/L。

③ 在碱性溶液中，$[H_3O^+]<[OH^-]$；$[H_3O^+]<1.0\times10^{-7}$mol/L，$[OH^-]>1.0\times10^{-7}$mol/L。

利用pH可以更为简单地表示和比较H_3O^+的浓度。溶液的pH可定义为水合氢离子浓度以10为底的负对数：

$$pH=-\log[H_3O^+] \tag{2.55}$$

如果表达式$K_w=[H_3O^+][OH^-]=1.0\times10^{-14}$两边同时取负对数，会得到一个有用的方程，在25℃下：

$$pK_w=pH+pOH=14 \tag{2.56}$$

因此，对于水溶液，相关结论如下：

① 在中性溶液中，pH值=7且$[H_3O^+]=1.0\times10^{-7}$mol/L。

② 在酸性溶液中，pH值<7且$[H_3O^+]>1.0\times10^{-7}$mol/L。

③ 在碱性溶液中，pH 值>7 且$[H_3O^+]<1.0\times10^{-7}$mol/L。

pH 范围及一些常见物质的 pH 值如图 2.6 所示。

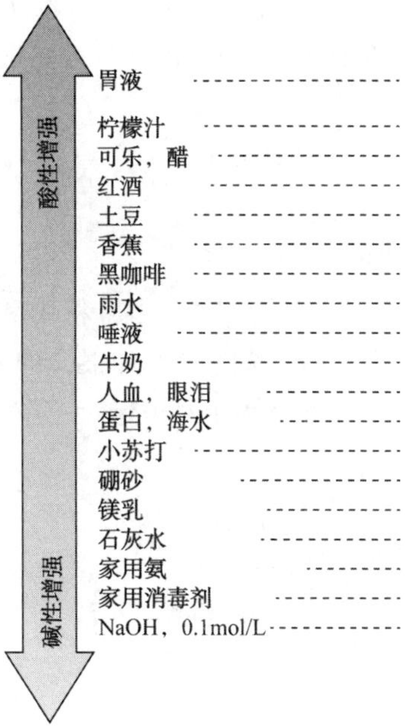

$[H^+]$/(mol/L)	pH	pOH	$[OH^-]$/(mol/L)
←1(1×10^{-0})	0.0	14.0	1×10^{-14}
←1×10^{-1}	1.0	13.0	1×10^{-13}
←1×10^{-2}	2.0	12.0	1×10^{-12}
←1×10^{-3}	3.0	11.0	1×10^{-11}
←1×10^{-4}	4.0	10.0	1×10^{-10}
←1×10^{-5}	5.0	9.0	1×10^{-9}
←1×10^{-6}	6.0	8.0	1×10^{-8}
←1×10^{-7}	7.0	7.0	1×10^{-7}
←1×10^{-8}	8.0	6.0	1×10^{-6}
←1×10^{-9}	9.0	5.0	1×10^{-5}
←1×10^{-10}	10.0	4.0	1×10^{-4}
←1×10^{-11}	11.0	3.0	1×10^{-3}
←1×10^{-12}	12.0	2.0	1×10^{-2}
←1×10^{-13}	13.0	1.0	1×10^{-1}
←1×10^{-14}	14.0		1(1×10^{0})

图 2.6　25℃下一些常见物质的 H^+浓度及 pH 值

2.2.6　缓冲溶液

缓冲溶液在所有科学领域中都极其重要。生物化学家尤其关心缓冲溶液，因为任何生物系统的正常工作都依赖于 pH 值。

对于下述反应，

$$\underset{\text{酸}}{HA(aq)}+\underset{\text{碱}}{H_2O(l)}\rightleftharpoons\underset{\text{共轭酸}}{H_3O^+(aq)}+\underset{\text{共轭碱}}{A^-(aq)} \tag{2.57}$$

可计算出：

$$K_a=\frac{[H_3O^+][A^-]}{[HA]} \tag{2.58}$$

$$[H_3O^+]=K_a\frac{[HA]}{[A^-]} \tag{2.59}$$

利用下述方程，可以计算 pH 值：

$$pH=pK_a+\log\frac{[A^-]}{[HA]} \tag{2.60}$$

方程(2.60)是缓冲溶液的核心方程，称为“亨德森-哈塞尔巴尔赫方程”(Henderson-Hasselbalch 方程)。它包含溶液的 pH、共轭酸与碱的浓度之比以及酸的

pK_a。如果溶液由弱碱 B 及其共轭酸 BH^+组成，类似的方程如下：

$$pH=pK_a+\log\frac{[B]}{[BH^+]_{\leftarrow 利用此酸的pK_a}} \tag{2.61}$$

在酸性缓冲溶液中，$[H_3O^+]$和 pH 值取决于$[HA]$与$[A^-]$的比值。缓冲溶液的一个典型例子是乙酸/乙酸盐，例如，CH_3COOH/CH_3COONa。乙酸-乙酸根离子缓冲液组成如下：

$$CH_3COOH(aq)+H_2O(l)\rightleftharpoons H_3O^+(aq)+CH_3COO^-(aq) \tag{2.62}$$

$$[H_3O^+]=K_a\frac{[CH_3COOH]}{[CH_3COO^-]} \tag{2.63}$$

如果在溶液中加入少量的 OH^-(如 NaOH)，酸组分(游离的乙酸)将中和这部分加入的 OH^-。如果在溶液中加入酸(例如 HCl)，碱组分(碱性的乙酸根，即共轭碱)会中和这部分加入的 H_3O^+。在这两种情况下，pH 值将保持相对恒定。

其他常见的缓冲体系示例如下：

① HF/KF(氟化氢/氟化物)，酸性缓冲液。

② $NaHCO_3/Na_2CO_3$(碳酸氢钠/碳酸钠)，碱性缓冲液。

③ $H_2PO_4^-/HPO_4^{2-}$(磷酸二氢根/磷酸氢根)，弱酸性-弱碱性缓冲液。

④ NH_3/NH_4Cl(氨/铵盐)，碱性缓冲液。

作为缓冲溶液，有一些重要的条件需要满足：

① $[HA]/[A^-]$的比值应接近 1。

② 缓冲溶液中$[HA]$和$[A^-]$的值应约为外添加酸或碱浓度的 10 倍。

2.3 化学热力学

2.3.1 引言

化学热力学是研究化学反应体系中各种形式的能量和热量转换的理论。当体系从一种状态转换到另一种状态时，可以计算出其热力学变量的变化。例如，在化学反应中释放或吸收热。其他的热力学变量，如熵和吉布斯自由能，为判断化学反应的自发性提供了有用的信息。氢能技术中的相关化学反应给出了化学热力学的具体应用实例。

2.3.2 热力学体系及状态变化

热力学体系是正在研究的宇宙性质中的一部分，该体系被限制在空间中的一个确定的位置，其边界将体系与宇宙的其他部分和周围环境分隔开来。体系性质是通过意识感知或实验测量得到的物理量。气体的性质包括压力(P)、体积(V)、温度(T，单位 K)和物质的量(n)，它们通过状态方程相互关联，例如理想气体状态方程：

$$PV=nRT \tag{2.64}$$

R 为理想气体常数。当体系的每个性质都具有确定的值或数量时，体系处于确定的状态。当体系从一个指定的初始状态或数值(P_i, V_i, T_i, n_i)转变为另一指定的最终状态或数值(P_f, V_f, T_f, n_f)时，体系的状态经历变化。

2.3.3 热和功

功(W)是在状态变化过程中穿过体系边界的任何变量，完全可以使环境中的重物向下移动($w=mg$，其中 m 是质量，g 是重力加速度)。当环境对体系做功时为正功，因此，将环境中的重物向下移动距离 h 的功为：

$$W=mgh \tag{2.65}$$

图 2.7 为体系发生状态变化的示意图，图 2.7(a)为环境对包含氢气的气体体系做功(正功)，图 2.7(b)为体系推动物体向上移动，对环境做功(负功)。通常，当环境对体系做正功时，环境向体系提供单位面积的力(mg/A)来降低体系的体积($\Delta V=hA$)。

$$W=-P\Delta V \tag{2.66}$$

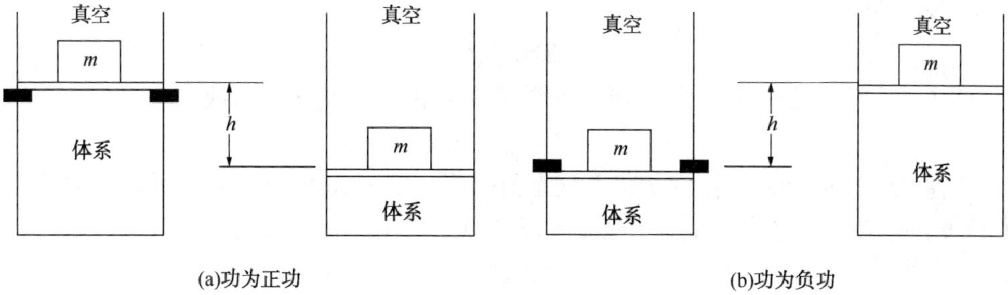

图 2.7 (a)活塞被按下，外部物体对体系进行压缩，对体系做正功；(b)活塞被拔出，体系推动物体向上移动，对环境做功

热量(q)是在体系与环境存在温差，进而引起体系状态发生改变时穿过体系边界的一个变量，它从一个温度较高的点流向一个温度较低的点。当热从环境流向体系时，热量为正。

传递给体系的热量和功取决于体系状态变化期间所经历的路径。

2.3.4 内能与热力学第一定律

如果热量和功都从环境流向体系，那么体系的状态就会发生变化，内能(E)就会增加：

$$\Delta E=q+W \tag{2.67}$$

相对于热量和功，内能的变化等于终态与始态的内能之差($\Delta E=E_f-E_i$)。内能是一个热力学函数，与状态变化的过程无关。

式(2.67)是热力学第一定律的表达式。所有从环境中释放出的能量如今都存在于体系之中。环境损失的能量 ΔE 由体系获得。热力学第一定律也被称为能量守恒定律，宇宙的能量是恒定的。能量既不会凭空产生，也不会凭空消失，它只能在环境和体系之间相互转移，转移前后宇宙的总能量不变。

2.3.5 恒容和恒压条件下的反应热

如果一个体系的体积保持恒定，如氧弹式量热仪，它是一个坚固的金属容器，顶部为螺纹弹环，同时配有气体阀门装置。反应过程中由于体积不发生变化，因此体系对外不做功。在氧弹式量热仪中，反应在恒容条件下进行，释放的能量(放热)即为反应体系所产生的热效应(q_v)，可利用反应体系的温升(ΔT)和比热容(C_v)进行计算，比热容是指反应体系改变1℃所需要的热量。反应释放的热量与反应体系的内能变化直接相关，内能是恒容条件下的反应热。

$$\Delta E = q_v = C_v \Delta T \tag{2.68}$$

许多化学反应都是在大气中进行的，而大气压的压力值恒定，因此，反应热的测量通常是在恒压下进行的，而非恒容下进行的。

$$\Delta E = q_p - P\Delta V \text{ 或 } q_p = \Delta E + P\Delta V \tag{2.69}$$

定义反应在恒压下的反应热为焓变(H)，焓(H)是不依赖于反应路径的热力学函数，表达式为：

$$H = E + PV \tag{2.70}$$

反应热 ΔH 由反应体系在恒压下的温度变化和比热容(C_p)所决定：

$$\Delta H = q_p = C_p \Delta T \tag{2.71}$$

测量温度为298K的标准状态下气态氢燃烧生成液态水和气态水所放出的热量，其值如下所示。反应热前面的负号表示反应体系放出热量，即反应为放热反应。

$$H_2(g) + 1/2O_2(g) \longrightarrow H_2O(l) \quad \Delta H° = -285.83\text{kJ/mol} \tag{2.72}$$

$$H_2(g) + 1/2O_2(g) \longrightarrow H_2O(g) \quad \Delta H° = -241.82\text{kJ/mol} \tag{2.73}$$

液体或固体物质的标准状态是纯物质，而气体的标准状态则是1bar(1bar = 10^5Pa)和298K下的理想气体。上标"°"表示所有的物质都处于标准状态。表2.2列出了标准状态下一些化学物质的化学热力学性质。

表2.2 在298.15K和1bar条件下物质的化学热力学性质

物质	ΔH_f°/(kJ/mol)	ΔG_f°/(kJ/mol)	$\overline{S}°$/[J/(K·mol)]	$\overline{C}_p^\circ$/[J/(K·mol)]
O(g)	249.170	231.731	161.055	21.912
$O_2(g)$	0	0	205.138	29.355
$O_3(g)$	142.7	163.2	238.93	39.20
H(g)	217.965	203.247	114.713	20.784
$H^+(g)$	1536.202			
$H^+(ao)$	0	0	0	0
$H_2(g)$	0	0	130.684	28.824
OH(g)	38.95	34.23	183.745	29.886
$OH^-(ao)$	-229.994	-157.244	-10.75	-148.5
$H_2O(l)$	-285.830	-237.129	69.91	75.291
$H_2O(g)$	-241.818	-228.572	188.825	33.577
$H_2O_2(l)$	-187.78	-120.35	109.6	89.1
He(g)	0	0	126.150	20.786

物质	ΔH_f°/(kJ/mol)	ΔG_f°/(kJ/mol)	$\overline{S}^\circ$/[J/(K·mol)]	$\overline{C}_p^\circ$/[J/(K·mol)]
Ne(g)	0	0	146.328	20.786
Ar(g)	0	0	154.843	20.786
Kr(g)	0	0	164.082	20.786
Xe(g)	0	0	169.683	20.786
F(g)	78.99	61.91	158.754	22.744
F^-(ao)	−332.63	−278.79	−13.8	−106.7
F_2(g)	0	0	202.78	31.30
HF(g)	−271.1	−273.2	173.779	29.133
Cl(g)	121.679	105.680	165.198	21.840
Cl^-(ao)	−167.159	−131.228	56.5	−136.4
Cl_2(g)	0	0	223.066	33.907
ClO_4^-(ao)	−129.33	−8.52	182.0	
HCl(g)	−92.307	−95.299	186.908	29.12
HCl(ai)	−167.159	−131.228	56.5	−136.4
HCl 在 $100H_2O$ 中	−165.925			
HCl 在 $200H_2O$ 中	−166.272			
Br(g)	111.884	82.396	175.022	20.786
Br^-(ao)	−121.55	−103.96	82.4	−141.8
Br_2(l)	0	0	152.231	75.689
Br_2(g)	30.907	3.110	245.463	36.02
HBr(g)	−36.40	−53.45	198.695	29.142
I(g)	106.838	70.250	180.791	20.786
I^-(ao)	−55.19	−51.57	111.3	−142.3
I_2(cr)	0	0	116.135	54.438
I_2(g)	62.438	19.317	260.69	36.90
HI(g)	26.48	1.70	206.594	29.158
S(菱形)	0	0	31.80	22.64
S(单斜)	0.33	0.1	32.6	23.6
S(g)	278.805	238.250	167.821	23.673
S_2(g)	128.37	79.30	228.18	32.47
S^{2-}(ao)	33.1	85.8	−14.6	
SO_2(g)	−296.830	−300.194	248.22	39.87
SO_3(g)	−395.72	−371.06	256.76	50.67
SO_4^{2-}(ao)	−909.27	−744.53	2.01	−293
HS^-(ai)	−17.6	12.08	62.8	
H_2S(g)	−20.63	−33.56	205.79	34.23
H_2SO_4(l)	−813.989	−690.003	156.904	138.91
H_2SO_4(ai)	−909.27	−744.53	20.1	−293
N(g)	472.704	455.563	153.298	20.786
N_2(g)	0	0	191.61	29.125
NO(g)	90.25	86.57	210.761	29.844

续表

物质	ΔH_f°/(kJ/mol)	ΔG_f°/(kJ/mol)	$\overline{S}^\circ$/[J/(K·mol)]	$\overline{C}_p^\circ$/[J/(K·mol)]
NO_2(g)	33. 18	51. 31	240. 06	37. 20
NO_3^-(ao)	-205. 0	-108. 74	146. 4	-86. 6
N_2O(g)	82. 05	104. 20	219. 85	38. 45
N_2O_4(l)	-19. 50	97. 54	209. 2	142. 7
N_2O_4(g)	9. 16	97. 89	304. 29	77. 28
NH_3(g)	-46. 11	-16. 45	192. 45	35. 06
NH_3(ao)	-80. 29	-26. 50	111. 3	
NH_4^+(ao)	-132. 51	-79. 31	113. 4	79. 9
HNO_3(l)	-174. 10	-80. 71	155. 60	109. 87
HNO_3(ai)	-207. 36	-111. 25	146. 4	-86. 6
NH_4OH(ao)	-366. 121	-263. 65	181. 2	
P(白磷)	0	0	41. 09	23. 840
P(g)	314. 64	278. 25	163. 193	20. 786
P_2(g)	144. 3	103. 7	218. 129	32. 05
P_4(g)	58. 91	24. 44	279. 98	67. 15
PCl_3(g)	-287. 0	-267. 8	311. 78	71. 84
PCl_5(g)	-374. 9	-305. 0	364. 58	112. 8
C(石墨)	0	0	5. 74	8. 527
C(金刚石)	1. 895	2. 900	2. 377	6. 113
C(g)	716. 682	671. 257	158. 096	20. 838
C_2(g)	0	-0. 0330	144. 960	29. 196
CO(g)	-110. 525	-137. 168	197. 674	29. 142
CO_2(g)	-393. 509	-394. 359	213. 74	37. 11
CO_2(ao)	-413. 80	-385. 98	117. 6	
CO_3^{2-}(ag)	-677. 14	-527. 81	-56. 9	
CH(g)	595. 8			
CH_2(g)	392. 0			
CH_3(g)	138. 9			
CH_4(g)	-74. 81	-50. 72	186. 264	35. 309
C_2H_2(g)	226. 73	209. 20	200. 94	43. 93
C_2H_4(g)	52. 26	68. 15	219. 56	43. 56
C_2H_6(g)	-84. 68	-32. 82	229. 60	52. 63
HCO_3^-(ao)	-691. 99	-586. 77	91. 2	
HCHO(g)	-117	-113	218. 77	35. 40
HCO_2H(l)	-424. 72	-316. 35	128. 95	99. 04
H_2CO_3(ao)	-699. 65	-623. 08	187. 4	
CH_3OH(l)	-238. 66	-166. 27	126. 8	81. 6
CH_3OH(g)	-200. 66	-161. 96	239. 81	43. 89
$CH_3CO_2^-$(ao)	-486. 01	-369. 31	86. 6	-6. 3

续表

物质	ΔH_f°/(kJ/mol)	ΔG_f°/(kJ/mol)	$\bar{S}^\circ$/[J/(K·mol)]	$\bar{C}_p^\circ$/[J/(K·mol)]
C_2H_4O (l，环氧乙烷)	-77.82	-11.76	153.85	87.95
$CH_3CHO(l)$	-192.30	128.12	160.2	
$CH_3CO_2H(l)$	-484.5	-389.9	159.8	124.3
$CH_3CO_2H(ao)$	-485.76	-396.46	178.7	
$C_2H_5OH(l)$	-277.69	-174.78	160.7	111.46
$C_2H_5OH(g)$	-235.10	-168.49	282.70	65.44
$(CH_3)_2O(g)$	-184.05	-112.59	266.38	64.39
C_3H_6(g，环丙烷)	20.42	62.78	267.05	63.89
C_3H_6(g，丙烯)	53.30	104.45	237.55	55.94
C_3H_8(g，丙烷)	-103.89	-23.38	270.02	73.51
C_4H_8(g，1-丁烯)	-0.13	71.39	305.71	85.65
C_4H_8 (g，2-丁烯，顺式)	-6.99	65.95	300.94	78.91
C_4H_8 (g，2-丁烯，反式)	-11.17	63.06	296.59	87.82
C_4H_{10}(g，丁烷)	-126.15	-17.03	310.23	97.45
C_4H_{10}(g，异丁烷)	-134.52	-20.76	294.75	96.82
$C_6H_6(g)$	82.93	129.72	269.31	81.67
C_6H_{12}(g，环己烷)	-123.14	31.91	298.35	106.27
C_6H_{14}(g，己烷)	-167.19	-0.07	388.51	143.09
C_7H_8(g，甲苯)	50.00	122.10	320.77	103.64
C_8H_8(g，苯乙烯)	147.22	213.89	345.21	122.09
C_8H_{10}(g，乙苯)	29.79	130.70	360.56	128.41
C_8H_{10}(g，辛烷)	-208.45	16.64	466.84	188.87
Si(s)	0	0	18.83	20.00
SiO_2(s，α)	-910.94	-856.64	41.84	44.43
Sn(s，白色)	0	0	51.55	26.99
$Sn^{2+}(ao)$	-8.8	-27.2	-17	
SnO(s)	-285.8	-256.9	56.5	44.31
$SnO_2(s)$	-580.7	-519.6	52.3	52.59
Pb(s)	0	0	64.81	26.44
$Pb^{2+}(ao)$	-1.7	-24.43	10.5	
PbO(s，黄色)	-217.32	-187.89	68.70	45.77
$PbO_2(s)$	-277.4	-217.33	68.6	64.64
Al(s)	0	0	28.33	24.35
Al(g)	326.4	285.7	164.54	21.38
Al_2O_3(s，α)	-1675.7	-1582.3	50.92	79.04
$AlCl_3(s)$	-704.2	-628.8	110.67	91.84
Zn(s)	0	0	41.63	25.40

续表

物质	ΔH_f°/(kJ/mol)	ΔG_f°/(kJ/mol)	$\overline{S}^\circ$/[J/(K·mol)]	$\overline{C}_p^\circ$/[J/(K·mol)]
Zn^{2+}(ao)	-153.89	-147.06	-112.1	46
ZnO(s)	-348.28	-318.30	43.64	40.25
Cd(s, γ)	0	0	51.76	25.98
Cd^{2+}(ao)	-75.90	-77.612	-73.2	
CdO(s)	-258.2	-228.4	54.8	43.43
$CdSO_4\cdot\frac{8}{3}H_2O$(s)	-1729.4	-1465.141	229.630	213.26
Hg(l)	0	0	76.02	27.983
Hg(g)	61.317	31.820	174.96	20.786
Hg^{2+}(ao)	171.1	164.40	-32.2	
HgO(s，红色)	-90.83	-58.539	70.29	44.06
Hg_2Cl_2(s)	-265.22	-210.745	192.5	102
Cu(s)	0	0	33.150	24.435
Cu^+(ao)	71.67	49.98	40.6	
Cu^{2+}(ao)	64.77	65.49	-99.6	
Ag(s)	0	0	42.55	25.351
Ag^+(ao)	105.579	77.107	72.68	21.8
Ag_2O(s)	-31.05	-11.20	121.3	65.86
AgCl(s)	-127.068	-109.789	96.2	50.79
Fe(s)	0	0	27.28	25.10
Fe^{2+}(ao)	-89.1	-78.90	-137.7	
Fe^{3+}(ao)	-48.5	-4.7	-315.9	
Fe_2O_3(s，赤铁矿)	-824.2	-742.2	87.40	103.85
Fe_3O_4(s，磁铁矿)	-1118.4	-1015.4	146.4	143.43
Ti(s)	0	0	30.63	25.02
TiO_2(s)	-939.7	-884.5	49.92	55.48
U(s)	0	0	50.21	27.665
UO_2(s)	-1084.9	-1031.7	77.03	63.60
UO_2^{2+}(ao)	-1019.6	-953.5	-97.5	
UO_3(s, γ)	-1223.8	-1145.9	96.11	81.67
Mg(s)	0	0	32.68	24.89
Mg(s)	147.70	113.10	148.650	20.786
Mg^{2+}(ao)	-466.85	-454.8	-138.1	
MgO(s)	-601.70	-569.43	26.94	37.15
$MgCl_2$(ao)	-801.15	-717.1	-25.1	
Ca(s)	0	0	41.42	25.31
Ca(g)	178.2	144.3	154.884	20.786
Ca^{2+}(ao)	-542.83	-553.58	-53.1	
CaO(s)	-635.09	-604.03	39.75	42.80
$CaCl_2$(ai)	-877.13	-816.01	59.8	
$CaCO_3$(方解石)	-1206.92	-1128.79	92.9	81.88
$CaCO_3$(文石)	-1207.13	-1127.75	88.7	81.2

续表

物质	ΔH_f°/(kJ/mol)	ΔG_f°/(kJ/mol)	$\overline{S}^\circ$/[J/(K·mol)]	$\overline{C}_p^\circ$/[J/(K·mol)]
Li(s)	0	0	29.12	24.77
Li^+(ao)	-278.49	-293.31	13.4	68.6
Na(s)	0	0	51.21	28.24
Na^+(ao)	-240.12	-261.905	59.0	46.4
NaOH(s)	-425.609	-379.494	64.455	59.54
NaOH(ai)	-470.114	-419.150	48.1	-102.1
NaOH 在 $100H_2O$ 中	-469.646			
NaOH 在 $200H_2O$ 中	-469.608			
NaCl(s)	-411.153	-384.138	72.13	50.50
NaCl(ai)	-407.27	-393.133	115.5	-90.0
NaCl 在 $100H_2O$ 中	-407.066			
NaCl 在 $200H_2O$ 中	406.923			
K(s)	0	0	64.18	29.58
K^+(ao)	-252.38	-283.27	102.5	21.8
KOH(s)	-424.764	-379.08	78.9	64.9
KOH(ai)	-482.37	-440.50	91.6	-126.8
KOH 在 $100H_2O$ 中	-481.637			
KOH 在 $200H_2O$ 中	-481.742			
KCl(s)	-436.747	-409.14	82.59	51.30
KCl 在 $100H_2O$ 中	-419.191			
Rb(s)	0	0	76.78	10.148
Rb^+(ao)	-251.17	-283.98	121.50	
Ca(s)	0	0	85.23	32.17
Cs^+(ao)	-258：28	-292：02	133：05	-10：5

注：数值来自美国国家统计局化学热力学性质表(1982)。标准状态的压力为 1bar(0.1MPa)。化合物按照这些表中使用的元素顺序排列，为 O、H、He、F、Cl、Br、I、S、N、P、C、Pb、Al、Zn、Cd、Hg、Cu、Ag、Fe、Ti、Mg、Ca，Li，Na，K，Rb 和 Cs。强电解质在水溶液中的标准状态是单位平均摩尔质量浓度(单位活度)下的理想溶液。完全解离的电解质热力学性质以 ai 表示。水中非解离分子的热力学性质以 ao 表示。

2.3.6 标准焓与生成热

反应热可以看作是生成物的焓减去反应物的焓，其中 $\overline{H}^\circ$ 是指标准状态下每摩尔反应的焓。因此，方程式(2.72)和方程式(2.73)的反应热等于：

$$\Delta H^\circ(2.72)=\overline{H}^\circ(H_2O(l))-\overline{H}^\circ(H_2(g))-1/2\overline{H}^\circ(O_2(g))$$

$$\Delta H^\circ(2.73)=\overline{H}^\circ(H_2O(g))-H^\circ(H_2(g))-1/2\overline{H}^\circ(O_2(g))$$

方程式(2.72)和方程式(2.73)也称为生成反应，这是因为每摩尔生成物是在压力为 1bar、温度为 298K 的标准状态下由反应物单质以最稳定的形式和相态进行反应生成的。按照惯例，规定上述条件下单质的标准摩尔生成焓为零。因此，在标准状态下 $H_2(g)$、$O_2(g)$、$H_2O(l)$ 和 $H_2O(g)$ 的生成热 ΔH_f 分别为 0、0、-285.83kJ/mol 和-241.82 kJ/mol。

表 2.2 展示了一些物质的化学热力学性质，包括标准摩尔生成焓或生成热，

这些数据对于计算标准状态下(压力为1bar，温度为298K)的反应热十分有用。

2.3.7 赫斯定律

单一过程的标准焓变可以相互结合得到另一个过程的焓变。热力学第一定律的这种应用称为赫斯定律，该定律指出，一个总反应的标准焓变是其分解为各个分步反应的标准焓变之和。该定律的基础是反应的热效应与反应路径无关，因此，在计算反应焓变时，只与反应物和生成物有关，而与中间体无关。例如，计算反应 $H_2O(l) \rightarrow H_2O(g)$ 的汽化热 ΔH_{vap}，利用热力性质表中 $\Delta H^{\circ}_{vap} = \Delta H^{\circ}_f(H_2O(g)) - \Delta H^{\circ}_f(H_2O(l))$，注意 $\Delta_f H = 1H_f$，赫斯定律提供了另一种利用方程式(2.72)和方程式(2.73)的反应热来获得汽化热的方法：

$$H_2O(l) \rightarrow H_2(g) + 1/2O_2(g) \qquad \Delta H^{\circ} = +285.83\text{kJ/mol}$$

$$H_2(g) + 1/2O_2(g) \rightarrow H_2O(g) \qquad \Delta H^{\circ} = -241.82\text{kJ/mol}$$

$$H_2O(l) \rightarrow H_2O(g) \qquad \Delta H^{\circ}_{vap} = +44.01\text{kJ/mol}$$

上述第一个反应，$H_2O(l)$是反应物，反应热为285.83kJ/mol，为吸热反应，故方程式(2.72)的反应热为285.83kJ/mol，为放热反应。因为反应焓变与路径无关，所以在计算水的汽化热时，不需要测定气态氢气和氧气等中间产物的焓。

在输送天然气的管道建成之前，乡村和城市里都有一种生产名为“煤气”的燃料工厂，这种燃料含有氢气，由蒸汽通过炽热的木炭而生成：

$$C(s) + H_2O(g) \longrightarrow CO(g) + H_2(g) \tag{2.74}$$

利用$C(s)$、$CO(g)$和$H_2(g)$的氧化热，可根据赫斯定律计算反应式(2.74)的反应热：

$$H_2O(g) \rightarrow H_2(g) + 1/2O_2(g) \qquad \Delta H^{\circ} = +241.82\text{kJ/mol}$$

$$C(s) + 1/2O_2(g) \rightarrow CO(g) \qquad \Delta H^{\circ} = -110.53\text{kJ/mol}$$

$$C(s) + H_2O(g) \rightarrow CO(g) + H_2(g) \qquad \Delta H^{\circ} = 131.29\text{kJ/mol}$$

或：

$$H_2O(g) \rightarrow H_2(g) + 1/2O_2(g) \qquad \Delta H^{\circ} = +241.82\text{kJ/mol}$$

$$CO_2(g) \rightarrow CO(g) + 1/2O_2(g) \qquad \Delta H^{\circ} = +282.98\text{kJ/mol}$$

$$C(s) + O_2(g) \rightarrow CO_2(g) \qquad \Delta H^{\circ} = -393.51\text{kJ/mol}$$

$$C(s) + H_2O(g) \rightarrow CO(g) + H_2(g) \qquad \Delta H^{\circ} = 131.29\text{kJ/mol}$$

反应式(2.74)的反应热为131.29kJ/mol，为吸热反应。根据赫斯定律进行计算时，无论中间产物是$O_2(g)$还是$O_2(g)$和$CO_2(g)$，该反应的反应热都是相同的，因为反应热不依赖于反应途径。

2.3.8 热力学第二定律、熵变与卡诺循环

当判断某一特定反应是否会发生时，首先考虑的往往是该反应可获得的能量。

显然，由煤炭生成 CO 和 H_2的反应[式(2.74)]，由于其吸热特性，需要使用热的水蒸气来进行能量弥补。然而，许多吸热反应也确实可以自发地进行，因此能量本身不足以决定一个反应能否发生，而这也是热力学函数熵(S)发挥重要作用的地方。此外，熵还可以说明热不能完全转化为有用功。

热力学第二定律定义了可逆过程中熵的微分变化，例如平衡过程中：

$$dS = dq_{rev}/T \tag{2.75}$$

其中，dq_{rev}为在温度为 T 的条件下体系发生可逆过程所吸收的热量，熔化(s→l)、汽化(l→g)和升华(s→g)等可逆相变中的熵变可以很容易地用恒温下熔化、沸腾和升华的焓变(其值为正)来确定。

当体系在同一物相内温度发生变化时，dq_{rev}可用压力为 1bar 的条件下体系的比热容 C_p° 和温度的微分变化 dT 来表示：

$$dq_{rev} = C_p^\circ dT \text{ 和 } dS^\circ = C_p^\circ dT/T \tag{2.76}$$

将微小的温度变化进行积分并代入熵变方程式(2.76)，比热容是一个与温度无关的常数，从而得到体系在同一物相内从起始温度到终点温度这一过程的熵变：

$$\Delta S^\circ = C_p^\circ \ln(T_f/T_i) \tag{2.77}$$

利用这些方程不难发现，对于相变(s→l，l→g，s→g)和同一物相内体系温度的升高，熵变的计算结果为正值。

从历史的观点上讲，熵最初是在描述卡诺循环时所引入的概念，卡诺循环是最简单的可逆热机的工作模式，可用于研究热能转化为机械能的原理。可逆卡诺循环给出了热能转化为有用功的最大值，即效率 ε，其中 T_h为高温热源的温度，T_l为低温环境的温度。

$$\varepsilon = (T_h - T_l)/T_h \tag{2.78}$$

该效率方程有助于评估从太阳能和核能等能源转化为氢燃料等热能的效率。

不可逆热机在运转时，其运动部件之间相互摩擦，并对周围环境产生影响，因此不可逆热机的转换效率要比可逆热机低得多。式(2.78)表示热能转化为有用功的最大效率。

2.3.9 热力学第三定律与化学反应熵变

热力学第三定律指出，在绝对零度的温度下，纯物质的完整晶体的熵绝对值等于零。纯物质的完整晶体结构完全有序，因此，任何物质缺陷都会向体系引入无序性和混乱度。热力学第三定律的另一种表述方式是，物质在完全有序的情况下，不可能达到绝对零度。晶体物质温度的升高将增加物质内部的能量，并通过其分子运动增加无序性。当温度达到相变点时，新相中的分子将具有更高的混乱度，因此无序性增加。熵是表征体系无序性或混乱度的量度。

以热力学第三定律为假设前提，任一化学物质的每摩尔熵($\bar{S}^\circ$)都可以在温度为 298K、压力为 1bar 的标准状态下，利用式(2.75)和式(2.76)通过相内温升过程的熵增和为到达 298K 温度时所需的相变过程的熵增来计算。这些由计算得到的每摩尔熵称为标准摩尔熵，一些物质的标准摩尔熵值列于表 2.2。

标准摩尔熵在计算化学反应熵变时十分有用。下列公式表示温度为 298K 时“煤气”生成反应的熵变计算方法[式(2.74)]。反应的熵变等于生成物的熵减去反应物的熵：

$$\Delta S^\circ = \bar{S}^\circ(H_2(g)) + \bar{S}^\circ(CO(g)) - \bar{S}^\circ(H_2O(g)) - \bar{S}^\circ(C(s)) \tag{2.79}$$

由于生成物的状态(2mol 气体)比反应物的状态(1mol 固体和 1mol 气体)的无序性更强，因此可以预测反应的熵变[式(2.74)]为正。表 2.2 中气态氢、一氧化碳、水和固态碳石墨的标准摩尔熵分别为 130.684J/(K · mol)、197.674J/(K · mol)、188.825J/(K · mol) 和 5.74J/(K · mol)，计算得出反应式(2.74)的熵变为 133.793J/(K · mol)。

2.3.10 吉布斯自由能

热力学函数吉布斯自由能 G，由焓、温度和熵定义：

$$G = H - TS \tag{2.80}$$

如果温度不变，吉布斯自由能的变化则由焓变和熵变决定：

$$\Delta G = \Delta H - T\Delta S \tag{2.81}$$

ΔG 是判断反应自发性的量度。化学反应的放热性与反应物的不稳定性有关，反应物通常会通过交换能量的方式取得更稳定的状态，从而生成产物。在此基础之上，反应体系通过增加反应整体的无序性或增加生成物物态的自由度来达到反应体系熵最大。体系试图同时满足两种对立的趋势，即能量最小化(化学稳定性最强)和熵最大化(反应无序性最高)。ΔG 表现出这两种因素之间的平衡，是一种发生趋势的度量。对于自发变化，ΔG 为负，这在放热反应和生成物比反应物更无序的反应中是最理想的。通常焓变和熵变是相反的；然而，如果一个反应在热力学上是有利的，那么它必须有负的 ΔG。例如，化学反应方程式(2.74)所示的“煤气”生成反应的反应热为 131.29kJ/mol(吸热反应)，熵变为 133.793J/(K · mol)，因此，反应式(2.74)在 298K 时的 ΔG 为：

$$\Delta G^\circ = 131.29 - (298)(133.793)/1000 = 91.4(\text{kJ/mol}) \tag{2.82}$$

计算值为正，表明在温度为 298K 的标准状态下，反应[式(2.74)]为非自发反应。因此需要使用热蒸汽促使反应式(2.74)在高于室温的条件下自发进行。

如表 2.2 所示，生成反应的吉布斯自由能变化 ΔG°_f 也可用于计算化学反应的 ΔG，对于反应式(2.74)，计算过程如下：

$$\begin{aligned}\Delta G^\circ &= \Delta G^\circ_f(H_2(g)) + \Delta G^\circ_f(CO(g)) - \Delta G^\circ_f(H_2O(g)) - \Delta G^\circ_f(C(s))\\ &= 0 + (-137.168) - (-228.578) - 0 = 91.4(\text{kJ/mol})\end{aligned}$$

2.3.11 热力学与化学平衡的关系

如果化学反应不是温度为 298K 的标准状态下的气态反应物和产物，则可由方程式(2.83)来计算 ΔG，其中的反应熵 Q_p 类似于平衡常数的代数表达式，但却包含了未处于平衡状态时反应物和生成物的压力：

$$\Delta G = \Delta G^\circ + RT\ln Q_p \tag{2.83}$$

对于反应[式(2.74)]中生成的氢气，反应熵为：

$$Q_p = P_{H_2} \cdot P_{CO}/P_{H_2O} \tag{2.84}$$

只有气体出现在反应熵中，碳(s)等固体和液体不出现在反应熵中。因此，如果气态水的初始压力比气态 H_2和 CO 高得多，则式(2.84)中的反应熵为一很小的分数。由于真分数的自然对数(ln)是负数，所以式(2.83)中的 $RT\ \ln Q_p$项可以使得 ΔG 为负，即使 $\Delta G°$为正，也仍可能使反应变为自发反应。随着反应的进行，气态反应物水的压力不断降低，气态生成物氢气和一氧化碳的压力持续增加，反应将继续进行，直至 $RT\ \ln Q_p$项的大小与式(2.83)中 $\Delta G°$项的值相等但符号相反。此时 $\Delta G=0$，达到化学平衡状态。在化学平衡状态下，Q_p即为平衡常数 K_p，此时的压力即为化学反应的平衡压力。因此，式(2.83)可改写为：

$$\Delta G° = -RT\ \ln K_p \tag{2.85}$$

平衡常数可由标准吉布斯自由能变化 $\Delta G°$来计算，其值可从化学热力学性质表中获得。

$$K_p = e^{-\Delta G°/(RT)} \tag{2.86}$$

对于“煤气”制氢反应，式(2.74)在室温下的平衡常数为：

$$K_p = \mathrm{e}^{-91.4\mathrm{kJ}/(8.314\mathrm{J/K})(1/1000\mathrm{kJ/J})(298\mathrm{K})} = 9.6 \times 10^{-17}$$

平衡常数的值较小，表明在室温下该反应[式(2.74)]生成物的压力比反应物的压力低。

天然气由于其使用的便利性引领了商业化可用技术的发展，主要成分为甲烷的轻烃可通过蒸汽重整转化为氢气。甲烷蒸汽重整的第一步是甲烷与蒸汽反应生成合成气，这是一种含有一氧化碳和氢气的混合物。

$$CH_4(g) + H_2O(g) \longrightarrow CO(g) + 3H_2(g) \tag{2.87}$$

室温下反应的吉布斯自由能变化[式(2.87)]计算如下：

$$\begin{aligned}\Delta G° &= 3\Delta G_f^\circ(H_2(g)) + \Delta G_f^\circ(CO(g)) - \Delta G_f^\circ(H_2O(g)) - \Delta G_f^\circ(CH_4(g)) \\ &= 0 + (-137.168) - (-228.572) - (-50.72) = 142.124(\mathrm{kJ/mol})\end{aligned}$$

与平衡常数一致：

$$K_p = \mathrm{e}^{-142.124\mathrm{kJ}/(8.314\mathrm{J/K})(1/1000\mathrm{kJ/J})(298\mathrm{K})} = 1.2 \times 10^{-25}$$

反应[式(2.87)]在温度为298K 的标准状态下是热力学不利的反应。化石燃料的燃烧反应[式(2.87)]需在高温(700~925℃)下进行，在使用催化剂时，应保证其在原料的脱硫过程中不被腐蚀。由于目前化石燃料的能源价格居高不下，天然气使用的便利性也遭受质疑，因此，人们正在开发新技术，以实现燃煤电厂零排放、生产氢和具有二氧化碳封存能力的目标(见第4章)。

2.3.12 反应热与温度的关系

由于从煤[式(2.74)]和合成气[式(2.87)]生产“煤气”等多个反应都是在室温以上的温度下进行的，因此常常需要计算不同温度下的反应热。

常压下的反应热 $\Delta H°$，是生成物的焓与反应物的焓之差：

$$\Delta H° = H^\circ_{生成物} - H^\circ_{反应物} \tag{2.88}$$

对式(2.88)进行求导可以得出反应热随温度的变化，等于化学反应的比热容变化 ΔC_p°，如式(2.89)所定义：

$$d(\Delta H^{\circ})/dT = d(H^{\circ}_{生成物}) - dT/d(H^{\circ}_{反应物})/dT = (C^{\circ}_{p生成物}) - (C^{\circ}_{p反应物}) = \Delta C_p^{\circ} \quad (2.89)$$

将式(2.89)写为微分形式，可得：

$$d(\Delta H^{\circ}) = (\Delta C_p^{\circ})dT \quad (2.90)$$

将式(2.90)从一个固定的温度 T_0 积分到另一个温度 T，并重新排列，可得：

$$\Delta H_T^{\circ} = \Delta H_{T_0}^{\circ} + \int_{T_0}^{T} (\Delta C_p^{\circ}) dT \quad (2.91)$$

如表 2.3 所示，比热容 $\overline{C}_p^{\circ}$ 通常表示为温度的幂级数：

$$\overline{C}_p^{\circ} = \alpha + \beta T + \gamma T^2 + \delta T^3 \quad (2.92)$$

对于合成气反应[式(2.86)]，化学反应的比热容变化为：

$$\begin{aligned}\Delta C_p^{\circ} &= 3\overline{C}_p^{\circ}(H_2(g)) + \overline{C}_p^{\circ}(CO(g)) - \overline{C}_p^{\circ}(H_2O(g)) - C_p^{\circ}(CH_4(g))\\ &= 3(29.088 - 0.192\times10^{-2}T + 0.400\times10^{-5}T^2 - 0.870\times10^{-9}T^3)\\ &\quad + (28.142 + 0.167\times10^{-2}T + 0.537\times10^{-5}T^2 - 2.221\times10^{-9}T^3)\\ &\quad - (32.218 + 0.192\times10^{-2}T + 1.055\times10^{-5}T^2 - 3.593\times10^{-9}T^3)\\ &\quad - (19.875 + 5.021\times10^{-2}T + 1.268\times10^{-5}T^2 - 11.004\times10^{-9}T^3)\\ &= 63.313 - 5.622\times10^{-2}T - 0.586\times10^{-5}T^2 + 9.766\times10^{-9}T^3\end{aligned}$$

表 2.3　恒压比热容在 300~1800K 的范围内随温度变化的函数：$\overline{C}_p^{\circ} = \alpha + \beta T + \gamma T^2 + \delta T^3$

项目	α/[J/(K·mol)]	β/[10^{-2}J/(K·mol)]	γ/[10^{-5}J/(K^3·mol)]	δ/[10^{-9}J/(K^4·mol)]
$N_2(g)$	28.883	−0.157	0.808	−2.871
$O_2(g)$	25.460	1.519	−0.715	1.311
$H_2(g)$	29.088	−0.192	0.400	−0.870
$CO(g)$	28.142	0.167	0.537	−2.221
$CO_2(g)$	22.243	5.977	−3.499	7.464
$H_2O(g)$	32.218	0.192	1.055	−3.593
$NH_3(g)$	24.619	3.75	0.138	—
$CH_4(g)$	19.875	5.021	1.268	−11.004

资料来源：S. 1. Sandles, Chemical and Engineering Thermodynamics 3rd ed. (1999)，经 John Wiley & Sons 许可转载。

反应在温度为 1000K 时的反应热可由下列公式确定：

$$\Delta H^{\circ}_{1000K} = \Delta H^{\circ}_{298K} + \int_{298}^{1000} (63.313 - 5.622\times10^{-2}T - 0.586\times10^{-5}T^2 + 9.766\times10^{-9}T^3) dT$$

由表 2.2 中的生成热可以计算出反应在 298K 时的反应热，为 206.103kJ/mol（吸热反应）。

$$\begin{aligned}\Delta H^{\circ}_{1000K} &= 206103 + 63.313T]\big|_{298}^{1000} - 5.622\times10^{-2}T^2/2]\big|_{298}^{1000}\\ &\quad - 0.586\times10^{-5}T^3/3]\big|_{298}^{1000} + 9.766\times10^{-9}T^4/4]\big|_{298}^{1000}\end{aligned}$$

$$=206103+63.313(1000-298)-2.811\times10^{-2}(1000^2-298^2)$$
$$-0.1953\times10^{-5}(1000^3-298^3)+2.4415\times10^{-9}(1000^4-298^4)\text{J/mol}$$
$$=225.5\text{kJ/mol}$$

2.3.13 化学反应熵变和平衡常数随温度的变化

在室温以外的温度下测定反应平衡常数的一种方法是：首先求得反应的熵变，其次利用预选温度下的反应热和式(2.81)计算出该化学反应的标准自由能变化 ΔG°。最后，可由式(2.86)求得预选温度下反应的平衡常数。

用于计算化学反应熵变 ΔS° 的方程推导过程与确定反应热随温度变化的方程推导过程类似。

$$\Delta S^\circ = S^\circ_{生成物} - S^\circ_{反应物}$$

利用式(2.76)，得到：

$$\Delta S^\circ_T = \Delta^\circ_T + \int_{T_0}^{T}(\Delta C^\circ_p/T)\,dT \tag{2.93}$$

在 1000K 时合成气反应[式(2.86)]的熵变可由下列公式确定：

$$\Delta S^\circ_{1000K} = \Delta S^\circ_{298K} + \int_{298}^{1000}(63.313/T - 5.622\times10^{-2} - 0.586\times10^{-5}T + 9.766\times10^{-9}T^2)\,dT$$

由表 2.2 中的标准摩尔熵可以计算出反应在 298K 时的熵变为 214.6kJ/mol。

$$\Delta S^\circ_{1000K}=214.6+63.313\ln T]\,|\,_{298}^{1000}-5.622\times10^{-2}T]\,|\,_{298}^{1000}$$
$$-0.586\times10^{-5}T^2/2]\,|\,_{298}^{1000}+9.766\times10^{-9}T^3/3]\,|\,_{298}^{1000}$$
$$=214.6+63.313\ln(1000/298)-5.622\times10^{-2}(1000-298)$$
$$-0.293\times10^{-5}(1000^2-298^2)+3.255\times10^{-9}(1000^3-298^3)\text{J/(K·mol)}$$
$$=252.3\text{J/(K·mol)}$$

$$\Delta G^\circ_{1000K}=\Delta H^\circ_{1000K}-1000\Delta S^\circ_{1000K}=(225.5)-(1000)(252.3)/1000$$
$$=-26.8\text{kJ/mol}$$

$$K_p=e^{-[-26.8\text{kJ}/(8.314\text{J/K})(1/1000\text{kJ/J})(1000/\text{K})]}=25.1$$

研究反应[式(2.87)]在 1000K 时标准自由能从 142.124kJ/mol 降低到−26.8kJ/mol，使平衡常数为 25.1，而在 298K 时为 1.2×10^{-25}。在 1000K 时，较高的平衡常数有利于氢的生成。

此外，在任何温度下反应的平衡常数都可由二重积分确定，第一重积分计算 ΔH° 随温度的变化[式(2.91)]，第二重积分使用下列公式：

$$\ln K_{pT} = \ln K_{p298} + \int_{298}^{T}[\Delta H^\circ/(RT^2)]\,dT \tag{2.94}$$

2.3.14 电化学反应的吉布斯自由能变化、能斯特方程和反应平衡常数

当环境对体系做除体积膨胀功以外的可逆功时，例如，对体系做电功(W_{el})，那么：

$$\Delta G = W_{el} = -nFE \tag{2.95}$$

其中，n 是电化学反应中转移电子的物质的量，F 是法拉第常数(96485C/mol 电

子)，E 是电池的电动势，单位为 V。同样地，电化学反应的标准自由能变化以电池的标准电动势 $E°$表示：

$$\Delta G° = -nFE° \tag{2.96}$$

利用式(2.97)可以确定 E 与 $E°$的关系，该式中也包含反应熵 Q_p。

$$-nFE = -nFE° + RT \ln Q_p \tag{2.97}$$

式(2.97)称为能斯特方程，通常写作：

$$E = E° - \frac{RT}{nF} \ln Q_p \tag{2.98}$$

在温度为 298K、$R = 8.314$J/(K·mol)且对数以 10 为底的条件下，能斯特方程可表示为：

$$E = E° - \frac{0.059}{n} \log_{10} Q_p \tag{2.99}$$

由于平衡状态下 $\Delta G = 0$，因此由式(2.95)可知平衡状态下混合物的 $E = 0$。在平衡状态下，反应熵即为平衡常数 K，式(2.98)可变为：

$$E° = \frac{RT}{nF} \ln K \tag{2.100}$$

通过测量电化学电池的标准电动势，可由式(2.101)计算出电池电化学反应的平衡常数：

$$K = e^{nFE°/(RT)} \tag{2.101}$$

2.4 化学动力学

化学动力学研究反应发生的快慢，也就是研究反应速率以及影响反应速率的因素。化学反应有快有慢，例如一些有机反应需要几个小时才能完成，反应较为缓慢，而酸碱中和反应较为迅速，约 10^{-6}s(即 μs)，有些反应最快可达 10^{-15}s(即 fs)。在化学工业中，化学反应的速率十分重要。在任何行业中，“时间就是金钱”，因此在特定的时间内生产出需要的产品也十分关键。利用化学动力学可以预测反应到达临界浓度所需要的时间，例如，预测一种药物在多久之后可以发挥药效。当然最根本的是，利用化学动力学可以从分子水平上更为详细地了解化学反应是如何发生的。

强放热反应并不一定反应快，反之亦然。此外，在 2.3 节中介绍的反应自由能变化也与反应速率无关。事实上，反应热力学与动力学没有直接相关性。有些反应是高度自发的，但进行得很慢。例如，把氢气和氯气放在烧瓶中，二者之间不会发生反应。只有在提供能量(如点燃)的情况下反应才会进行，生成氯化氢且释放能量，由此可以观察到光和热的产生($H_2 + Cl_2 \longrightarrow 2HCl$)。其他的反应，如氮氧化物氧化生成二氧化氮的反应较为迅速，但该反应只释放出少量的能量($2NO + O_2 \longrightarrow 2NO_2$)。在热力学中，预测反应的自发性只与反应物和生成物的状态函数以及最终反应的自由能变化有关，而反应物如何转化为生成物的反应路径则由反应动力学所决定。热力学数据只取决于反应物或生成物的种类，而正如我们即将看到的，对于一个既定反应，有可能包含多种不同的反应路径。

我们将首先讨论宏观层面的动力学，然后逐步接近微观层面的动力学。前者涉及在实验室中利用相对简单的工具来测定反应速率。如果我们有办法来观察反应产物在何时形成，例如，可用颜色的变化来指示，我们可以用秒表来测量时间，进而在宏观水平上确定反应速率。在微观或分子水平上测定反应动力学参数通常需要更复杂的技术，例如光谱学，这是因为我们需要得到有关反应路径更为详细的实验证据，而这显然比配平的化学方程式中所展示出的信息要更为复杂。

影响化学反应速率的四个主要因素有：

① 反应速率与反应物浓度相关。如果在一定体积内反应物的量越大，反应通常会越快。例如，食物暴露在空气中会很快变质，这是因为食物与空气中的氧气发生反应，而真空包装的食品变质较慢(不会达到完全真空的状态，氧气浓度只是较低但不为零)，因为氧气浓度大大降低。

② 反应通常在较高的温度下发生得更快。这就是为什么我们要煮鸡蛋(即 T=100℃)，而非让其缓慢发酵。

③ 可能存在一种能充当催化剂的物质，可加速反应进行。叶绿素是绿叶中存在的一种天然催化剂，它可以促进二氧化碳和水反应产生葡萄糖和氧气，没有催化剂的作用，该反应进展缓慢。

④ 最后，反应物的表面积至关重要。这就是为什么小麦粮仓中偶尔会发生爆炸，因为细微的小麦粉尘会通过燃烧与空气中的氧气迅速反应。

2.4.1 化学反应速率

化学反应的速率通常简写为速率，有时用符号 r 或 R 表示，它的单位以浓度/时间表示。浓度是物质在一定体积中的量，在化学中最常用的是摩尔浓度，M(mol/L)常被用作浓度的单位。时间单位取决于反应实际进行的快慢，一般常用秒(s)表示快速的反应，用分钟(min)、小时(h)、天(d)或年(a)等较大的时间单位表示进行得较慢的反应。速率的值总是为正。

图 2.8 为碘化氢分解[$2HI(g) \longrightarrow H_2(g)+I_2(g)$]过程中反应物和产物浓度随时间的变化情况。随着反应的进行，反应物的浓度逐渐降低，产物的浓度逐渐增加。此外，我们应认识到这一变化不是匀速进行的，而是在反应开始阶段，反应物浓度较高、曲线走势较陡。随着时间的推移，反应物浓度降低，曲线走势变得平缓。我们还可以观察到，氢气和碘蒸气的增长速率相同，而碘化氢的下降速率更快，为前者的两倍。

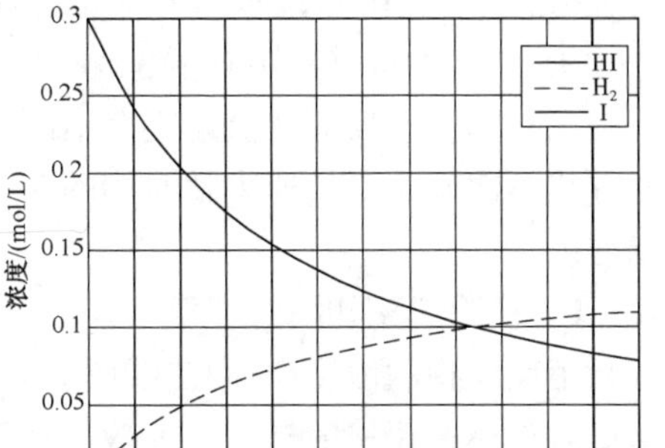

图 2.8 碘化氢分解为氢气和碘的过程中各物质浓度随时间的变化曲线

可以确定的最简单的速率类型是平均

速率，它是基于选定的时间间隔内浓度的变化而进行计算的。

对于反应物 A：

$$A\text{ 的平均速率}=\frac{[A]_2-[A]_1}{t_2-t_1}=-\frac{\Delta[A]}{\Delta t} \tag{2.102}$$

$[A]_1$或$[A]_2$分别为 A 在 t_1和 t_2时刻的浓度。因为随着反应的进行，反应物的浓度逐渐降低，所以 A 或 $\Delta[A]$浓度的变化为负。因此，对于反应物，在 $\Delta[A]$前面加一个负号，以使反应速率本身变为一个正值。

对于产物 B，其平均速率定义为：

$$B\text{ 的平均速率}=\frac{[B]_2-[B]_1}{t_2-t_1}=-\frac{\Delta[B]}{\Delta t} \tag{2.103}$$

因为反应总是生成产物，所以 $\Delta[B]$的值为正，不需要负号就可以得到一个正的产物生成速率。

对于上述碘化氢的分解反应，假设在容量为 1L 的烧瓶中加入 0.300mol 的 HI，得到以下实验数据：

时间/s	[HI]/(mol/L)	时间/s	[HI]/(mol/L)
0	0.3001	210	0.1127
30	0.2425	240	0.1034
60	0.2034	270	0.0956
90	0.1752	300	0.0888
120	0.1538	330	0.0830
150	0.1371	360	0.0779
180	0.1240		

此后，我们可以得出在 0~60s，90~210s 和 240~330s 之间 HI 消耗的平均速率如下：

① $R_{0-60}=-(0.2034-0.3001)\text{mol/L}/(60-0)\text{s}=1.61\times10^{-3}\text{mol/L/s}$

② $R_{90-210}=-(0.1127-0.1752)\text{mol/L}/(210-90)\text{s}=5.21\times10^{-4}\text{mol/L/s}$

③ $R_{240-330}=-(0.0830-0.1034)\text{mol/L}(330-240)\text{s}=2.27\times10^{-4}\text{mol/L/s}$

图 2.9 展示了反应在上述三个不同时间段内的平均反应速率。我们可以利用量化的方式再次确定平均速率随时间的变化情况，我们选择的时间间隔越小，结果就会越准确。

2.4.1.1 初始速率和瞬时速率

利用反应物的浓度/时间曲线图，如图 2.8 和图 2.9 所示，我们可以给反应定义一个更为具体的速率的概念。反应开始时($t=0$)的速率称为初始速率，可以由反应开始时或 $t=0$ 时曲线的切线斜率求得。瞬时速率是反应过程中某一特定的时间点(而不是某一时间间隔)的速率，例如，可以由图解法确定某一特定时间点的切线斜率来计算反应的瞬时速率。图 2.10 展示了不同类型的反应速率。瞬时速率与平均速率相比，其优点是前者速率的准确性不依赖于所选取的时间间隔大小。

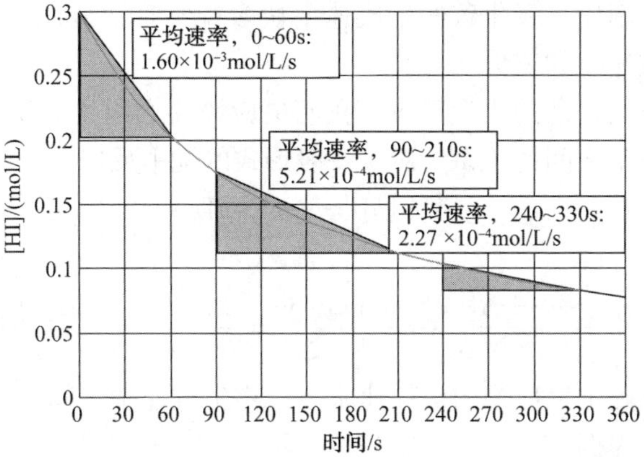

图 2.9　在讨论平均速率时以碘化氢分解为例得到的三个时间段内的平均速率

在图 2.10 中，我们展示了如何使用图解法估算初始速率和反应在第 120s 和第 270s 的瞬时速率。

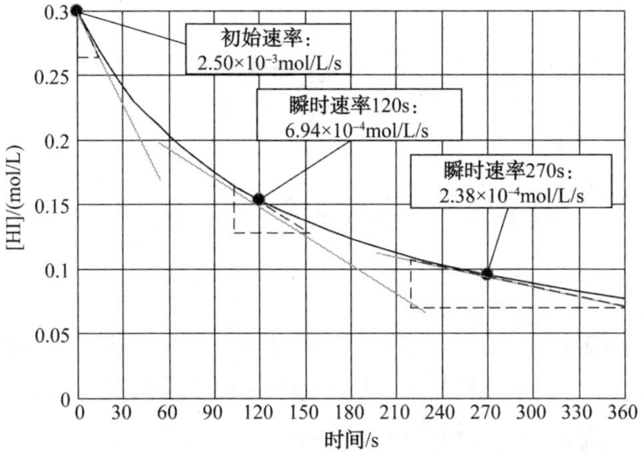

图 2.10　基于反应物浓度随时间增长而下降的趋势来确定不同类型的反应速率

初始速率的计算方法是：首先作出曲线在时间为零点处的切线，再以它为斜边沿 x 轴和 y 轴构成一个直角三角形，然后用 y/x 求得斜率(在本例中，我们选择浓度正好减少 0.025mol/L 的三个三角形)。反应的初始速率为(0.025mol/L/10s)= 2.5×10^{-3}mol/(L·s)。在第 120s 时的瞬时速率为：0.025mol/L/36s = 6.94×10^{-4}mol/(L·s)。在第 270s 时的瞬时速率为：0.025mol/L/105s = 2.38×10^{-4}mol/(L·s)。

2.4.1.2　反应物消耗速率与产物生成速率之间的关系

对于化学计量相对简单的反应，如碘化氢分解为氢气和碘单质的反应，几乎不需要详细的换算公式。根据已配平的化学方程式 $2HI(g) \longrightarrow H_2(g) + I_2(g)$ 中给定的化学计量数，可以简单地得出结论：碘化氢的分解速率是两种产物生成速率的两倍。这也意味着氢气的生成速率与碘单质的生成速率相等。

另一个相对简单的产氢案例为“合成气”反应：

$$CH_4(g) + H_2O(g) \longrightarrow CO(g) + 3H_2(g)$$

氢气的生成速率比一氧化碳的生成速率快多少？答案显而易见：氢气的生成速率是一氧化碳生成速率的三倍。

对于化学计量更复杂的化学反应，我们更应该使用以下方法来确定反应物消耗速率与产物生成速率之间的关系。对于一般形式的配平反应，

$$aA+bB \longrightarrow cC+dD$$

可以写为：

$$速率=-\frac{1}{a}\frac{\Delta[A]}{\Delta t}=-\frac{1}{b}\frac{\Delta[B]}{\Delta t}=\frac{1}{c}\frac{\Delta[C]}{\Delta t}=\frac{1}{d}\frac{\Delta[D]}{\Delta t} \quad (2.104)$$

现在我们可以确定反应物的消耗速率与产物生成速率之间的关系。

以丁烷的燃烧为例：

$$2C_4H_{10}(g)+13O_2(g) \longrightarrow 8CO_2(g)+10H_2O(g)$$

如果氧气的消耗速率为 0.450mol/(L · s)，那么二氧化碳的生成速率[单位：mol/(L · s)]是多少？如果我们使用式(2.104)并对其进行重新排列，就会得到二氧化碳的生成速率：

$$-\frac{1}{13}\frac{\Delta[O_2]}{\Delta t}=\frac{1}{8}\frac{\Delta[CO_2]}{\Delta t}$$

那么：

$$生成速率(CO_2)=\frac{\Delta[CO_2]}{\Delta t}=8\times\left(-\frac{1}{13}\frac{\Delta[O_2]}{\Delta t}\right)=-\frac{8}{13}\times(-0.450)\,mol/(L\cdot s)=0.277mol/(L\cdot s)$$

2.4.2 速率定律

对于一个既定的化学反应，我们可以通过实验确定其速率定律。不应将其与自然定律，如热力学第一定律相混淆。速率定律是化学反应速率方程。

一般情况下，化学反应方程式可表示为：

$$aA+bB \longrightarrow cC+dD$$

速率表达式的一般形式为：

$$速率=k\cdot[A]^x\cdot[B]^y \quad (2.105)$$

其中，k 为速率常数，x 为 A 的反应级数，y 为 B 的反应级数。指数 x 和 y 不一定与化学计量数 a 和 b 相等。$x+y$ 的和为整个反应的反应级数，通常也称总反应级数。速率常数的单位取决于反应的总反应级数。

通常情况下单一反应的反应级数为正，但不一定为整数。有些反应物在反应过程中不涉及浓度变化，其反应级数即为零。在少数含有“抑制剂”的反应中，反应级数可以为负，意味着增加此类反应物会降低反应速率。

2.4.3 速率定律的确定：初始速率法

初始速率法是利用一组实验数据确定某一反应的速率表达式。首先确定所有反应物的反应级数，然后确定反应的速率常数，根据这些量，我们可以计算或预测任何我们所感兴趣的反应物的反应速率。

假设一个化学反应涉及三种反应物：$2A+B+C \longrightarrow D+2E$。用初始速率法解决问题通常需要掌握足够的实验数据，这些实验数据通常以简短的表格形式呈现，如下述问题所示。表中的每一行数据都代表一次实验所得结果，包括反应物浓度和由此计算出的反应初始速率，作为理工科的真理性法则，最简单的方法是通过实验确定结果，以反应动力学的术语来讲，是通过实验测定反应物的反应级数。比如说，设计实验使特定的反应物浓度[A]发生变化，而其他反应物浓度[B]和[C]保持不变。以同样的方法，我们可以确定下一个反应物的反应级数。在这一步的实验测定中，需要改变的是反应物B的浓度[B]而非A和C的浓度[A]、[C]。同样的原理也适用于第三个或更多的反应物。

我们有三个任务：

① 确定下列反应具体的速率表达式。

② 计算该反应的速率常数。

③ 确定具体条件下的反应速率，例如，$[A]=5.10\times10^{-2}$ mol/L，$[B]=0.142$mol/L，$[C]=0.365$mol/L。

对于反应 $2A+B+C \longrightarrow D+2E$，可得到以下动力学数据：

实验序号	[A]/(mol/L)	[B]/(mol/L)	[C]/(mol/L)	初始速率*/[mol/(L·min)]
1	5.42×10^{-3}	2.41×10^{-2}	0.268	2.73×10^{-6}
2	5.42×10^{-3}	2.41×10^{-2}	0.536	2.72×10^{-6}
3	1.08×10^{-2}	2.41×10^{-2}	0.268	5.46×10^{-6}
4	5.42×10^{-3}	4.82×10^{-2}	0.536	1.09×10^{-5}

* 这些初始速率是通过实验进行测量的，因此存在一些测量误差。

解：

1. 测定反应的速率表达式

通过对比实验1和实验3，设A的反应级数为 x：

$$\frac{\text{速率 }3}{\text{速率 }1}=\frac{5.46\times10^{-6}}{2.73\times10^{-6}}=2=\left(\frac{[A]_3}{[A]_1}\right)^x=\left(\frac{1.08\times10^{-2}}{5.42\times10^{-3}}\right)=2^x$$

由于 $2^x=2$，那么 x 一定为1。

通过对比实验2和实验4，可以计算 y 为：

$$\frac{\text{速率 }4}{\text{速率 }2}=\frac{1.09\times10^{-5}}{2.73\times10^{-6}}=4=\left(\frac{[B]_4}{[B]_2}\right)^y=\left(\frac{4.82\times10^{-2}}{2.41\times10^{-2}}\right)=2^y$$

由于 $2^y=4$，那么 y 一定为2。

通过对比实验1和实验2，可以计算 z 为：

$$\frac{\text{速率 }2}{\text{速率 }1}=\frac{2.72\times10^{-6}}{2.73\times10^{-6}}\approx1=\left(\frac{[C]_2}{[C]_1}\right)^z=\left(\frac{0.536}{0.268}\right)^z=2^z$$

由于 $2^z=1$，那么 z 一定为0。

该反应(在恒温下)的速率表达式为：速率 $=k\cdot[A][B]^2$。

如果我们不确定反应级数一定为整数，那么我们可以利用下列公式来确定 x：

$$x = \ln(\text{速率 }3/\text{速率 }1)/\ln([A]_3/[A]_1)$$

2. 确定 k

使用三组实验中的任何一组都可以确定 k，例如，使用实验序号为 1 中的数据：

$$k = 2.73\times10^{-6}\text{mol/(L·min)}\times\frac{1}{5.42\times10^{-3}\text{mol/L}}\times\frac{1}{(2.41\times10^{-2}\text{mol/L})^2}$$
$$= 0.867(\text{mol/L})^2\cdot\text{min}^{-1}$$

由 $[A]=5.10\times10^{-2}$ mol/L，$[B]=0.142$mol/L，$[C]=0.365$mol/L 计算反应速率为：

$$\text{速率} = 0.867(\text{mol/L})^2\cdot\text{min}^{-1}\times5.10\times10^{-2}(\text{mol/L})^2\cdot\text{min}^{-1}\times$$
$$[0.142(\text{mol/L})^2\cdot\text{min}^{-1}]^2 = 8.92\times10^{-4}\text{mol/(L·min)}$$

2.4.4 积分速率表达式

2.4.4.1 一级反应

当反应速率仅与其中一种反应物的浓度成比例关系，也就是速率 = k · [A]时，称为一级反应。利用式(2.102)，当浓度随时间变化很小或无限小时，可得：

$$-\frac{d[A]}{dt} = k\cdot[A] \tag{2.106}$$

采用一级反应速率表达式的积分形式更为方便：

$$\ln\frac{[A]_0}{[A]_t} = k\cdot t \tag{2.107a}$$

$[A]_0$是反应物的初始浓度，$[A]_t$是在某一特定时刻 t 时反应物的浓度。由于式(2.107a)为浓度之比，因此任何与浓度成比例关系的物理量，如压力，都可用于确定一级反应速率常数。

式(2.107a)可用于确定反应物到达一定浓度时所需的时间(例如 75%的反应物转化为生成物所需的时间)。测定反应物在某一时刻的浓度($[A]_t$)或初始浓度($[A]_0$)，可使用方程的代数形式：

$$\ln[A]_t - \ln[A]_0 = -k\cdot t \tag{2.107b}$$

反应物在反应过程中消耗一半时所需要的时间即为半衰期。对于一级反应，可以将式(2.107a)转化为如下的特殊情况：

$$t_{1/2} = \ln\frac{1}{1/2}\times\frac{1}{k} = \frac{0.693}{k} \tag{2.108}$$

所有一级反应的速率常数均以 1/时间为单位。

所有放射性物质的衰变都遵循一级速率定律。图 2.11 展示了这种特征模式。

尽管所有的放射性物质都以这种模式发生衰变，但每种放射性同位素的特定半衰期却有着显著的差异。例如，同位素铀 235 的半衰期约为 50 亿年，而锶 90 的半衰期大约为 30 年，亚稳态锝 99 的半衰期只有 6h。从本质上讲，由于^{99m}Tc 在医学诊断中常作为示踪剂加以利用，因此它通常会在一周之内衰变为无害产物。而作为核电站燃料使用的铀 235 会“永久”存在，因此需要谨慎处理这些使用过的铀燃料棒。

由于放射性物质的衰变遵循一级反应模式，因此我们可以将放射性物质作为“内时钟”加以使用，它可以告诉我们某种物质的年龄。当放射性物质刚刚形成时，它的放射性是100%，但随着时间的推移，一部分放射性物质会通过衰变而不再具有放射性，只有剩下的部分仍具有放射性。通过测量该物质的辐射量（$[A]_t$），我们就可以确定它的年龄，也就是 t。这种方法被称为放射性同位素年代测定法。

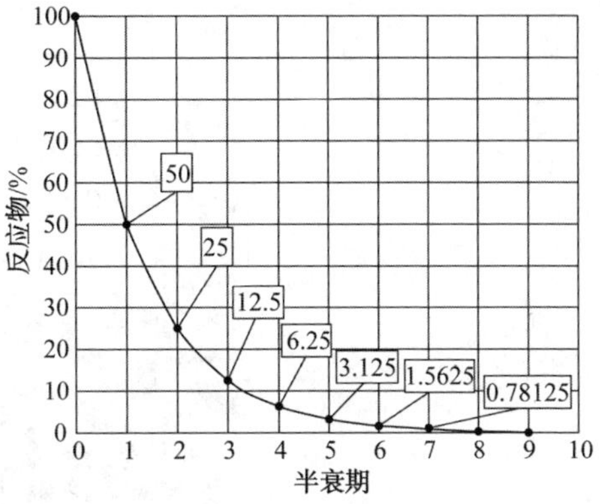

图 2. 11　放射性同位素衰变和一级反应的一般反应模式。在放射性同位素发生衰变的情况下，反应物是会释放亚原子粒子的放射性同位素，如 α，β 和 γ 射线

氢的三种同位素分别为普通氢（^1H）、氘（^2H）和氚（^3H），只有氚具有放射性。氚衰变为 He^3 时释放 β 粒子，该过程的半衰期为 12. 3 年。氚的量非常少（比普通氢的 $1/10^{18}$ 还少），但仍可以用盖革计数器等精密仪器通过测量 β 粒子的释放量来证明其存在。假设你有一瓶葡萄酒，且你想知道它的年份，只要酿制葡萄酒的葡萄与葡萄藤相连，它的氚浓度就会维持在一个恒定的水平，因为它总是通过地下水供应。一旦葡萄被采摘并与地下水隔绝，放射性氚的含量就开始减少。

假设你采集到的葡萄酒样品中氚的浓度是新鲜葡萄的 23%，那么这瓶酒有多少年历史呢？首先，利用式（2. 108）来计算 k：

$$k = 0.693/12.3a = 0.0563 \cdot \mathrm{a}$$

此后利用式（2. 107a）来计算 t：

$$t = \ln \frac{1}{0.23} \times \frac{1}{0.0563} = 26.1a$$

因此这瓶葡萄酒有大约 26 年多一点的年头。

另一个遵循一级反应的例子是过氧化氢分解：

$$2H_2O_2(aq) \longrightarrow 2H_2O(l) + O_2(g)$$

那么该反应的一级反应速率表达式为：

$$\frac{-d[H_2O_2]}{dt} = k \cdot [H_2O_2]$$

图 2. 12 展示出了此一级反应的具体情况。过氧化氢在中性水溶液中分解的半衰期约为 10h。

过氧化氢在催化剂的作用下分解得更快，有关这一点我们将在本节后续加以讨论。

让我们一起解决一个与磷化氢分解相关的问题，该反应为一级反应，根据：

$$4PH_3(g) \longrightarrow P_4(g) + 6H_2(g)$$

如果磷化氢的压力在 47. 5s 内由最开始的 0. 825atm 降低至 0. 660atm，那么该反应的反应速率常数是多少？利用式（2. 107a）求解 80s 后反应体系的压力是多少？

解：

$$k = \ln \frac{0.825}{0.660} \times \frac{1}{47.5\text{s}} = 4.70 \times 10^{-3}\text{s}^{-1}$$

$$\ln p(\text{A}) = -4.70 \times 10^{-3}\text{s}^{-1} \times 80\text{s} + \ln 0.825 = -0.568$$

$$p(\text{A}) = 0.567\text{atm}$$

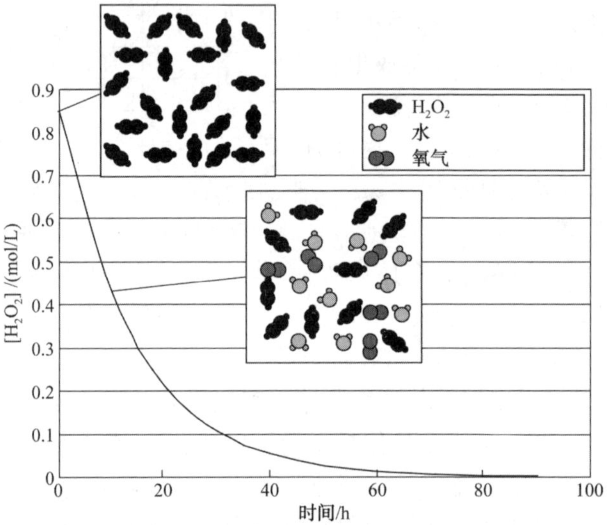

图 2.12　以过氧化氢的分解反应为例，遵循一级反应速率定律的反应示意图。第一个插图表示反应在刚开始时($t=0$)的“反应快照”，第二个插图表示反应在半衰期之后($t_{\frac{1}{2}}=10\text{h}$)的“反应快照”，代表三种物质在高温下均为气态时的反应混合物

2.4.4.2　二级反应

有些化学反应遵循二级反应速率定律，即总反应级数为 2。此类反应的两个反应物中每一个反应物的反应级数均为 1，即速率$=k[\text{A}][\text{B}]$。如果只有一个反应物，且反应级数为 2，则可以写为：

$$\text{速率} = \text{d}[\text{A}]/\text{d}t = k[\text{A}]^2 \tag{2.109}$$

后者的二级反应积分速率定律形式为：

$$1/[\text{A}]_t = k \cdot t + 1/[\text{A}]_0 \tag{2.110}$$

二级反应速率常数的单位为 L/mol×1/时间单位，如 1/(mol/L · s)。

二级反应的半衰期定义为：

$$t_{1/2} = \frac{1}{k[\text{A}]_0} \tag{2.111}$$

注意，与一级反应速率定律的半衰期表达式不同，此处的半衰期还依赖于初始反应物的浓度。考虑这样一个反应：$2\text{X(g)} \longrightarrow \text{Y(g)}$为二级反应，如果 X 的浓度从 0.612mol/L 降低到 0.124mol/L 需要 5.50s，那么这个反应的速率常数是多少？在这种情况下，半衰期(以秒为单位)是多少？

解：将式(2.108)进行转化以求解速率常数：

$$k=\left(\frac{1}{[A]t}-\frac{1}{[A]_0}\right)\frac{1}{t}=\left(\frac{1}{0.124\text{mol/L}}-\frac{1}{0.612\text{mol/L}}\right)\frac{1}{5.50\text{s}}=1.17\text{L/(mol}\cdot\text{s)}$$

将$[A]_0$和计算所得的 k 值代入方程，即可求得半衰期：

$$t_{1/2}=\frac{1}{k[A]_0}=\frac{1}{1.17\text{L/(mol}\cdot\text{s)}\times 0.612\text{mol/L}}=1.40\text{s}$$

2.4.4.3 零级反应

零级反应不如一级和二级反应常见，它们通常在多相表面反应中有所涉及，例如一氧化二氮在铂催化剂上分解成氮气和氧气的反应[$2N_2O(g)\longrightarrow 2N_2(g)+O_2(g)$]。

在零级反应中，下列关系式必须成立：

$$速率=-\frac{d[A]}{dt}=k[A]_0=k \tag{2.112}$$

积分式$[A]=[A]_0-kt$。这意味着零级反应的反应速率与反应物的浓度无关。然而在现实中，必须有某个反应物 A 存在才能观察到这种不相关性。

图 2.13 给出了零级、一级和二级反应中反应物浓度随时间变化的示意图。在零级反应条件下不需要进行数学转换，因为式(2.112)已经表示了一条直线。对于一级和二级反应，图中的直线方程类似于式(2.107b)和式(2.110)。

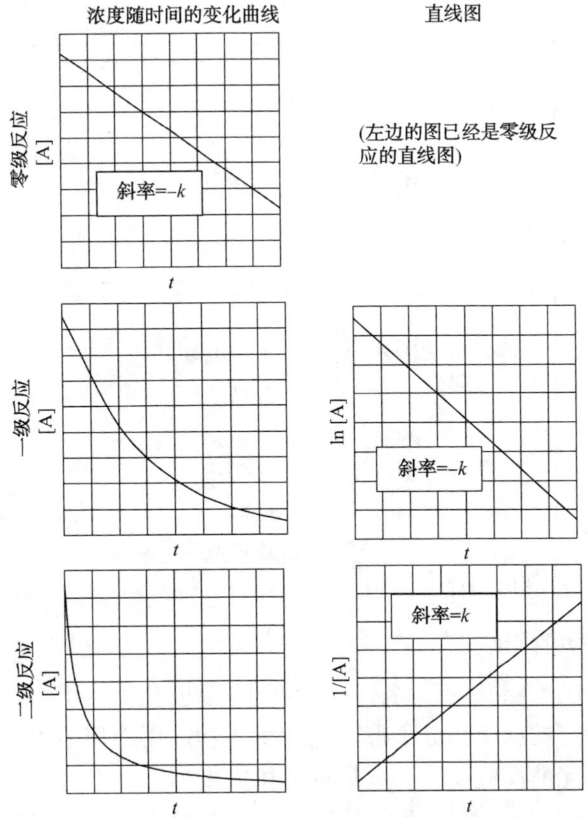

图 2.13　零级、一级和二级反应中反应物浓度随时间变化的直线图

2.4.5 碰撞理论

我们已经知道，反应物的浓度越高，反应进行得就越快。这是由于反应物的浓度越高，反应物分子之间发生的碰撞就越多。然而，要使化学反应顺利地进行，还要有进一步要求，也就是说，要生成产物：

① 反应物分子的速度必须足够快，也就是说，对于特定反应，它们必须具备最小的动能 E_{kin}。

② 分子也必须以正确的几何方向相互碰撞。

这两种情况如图 2.14 所示。

分子或原子成功转化为产物所需的最小动能也称为活化能(E_a)。在图 2.15 中，将活化能作为能量/反应坐标图的一部分进行了表示。

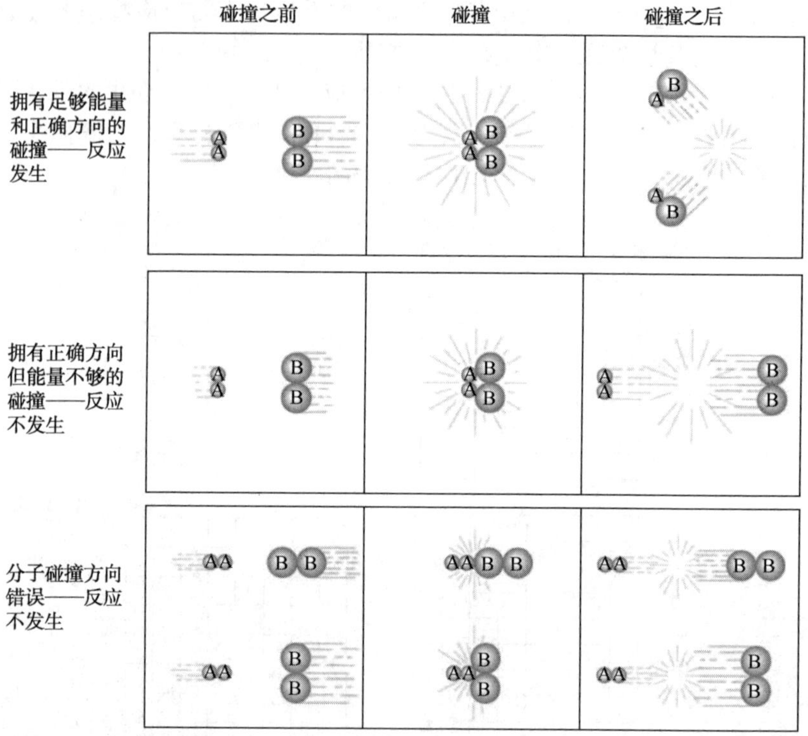

图 2.14 反应物分子发生碰撞的不同场景

[资料来源：Malone(2004)[104]，经 John Wiley & Sons 许可转载]

2.4.6 温度对速率的影响

通常情况下，随着温度的升高，化学反应速率也会相应增大。然而，即便温度升高，也不会使所有的反应物分子都转化为生成物。更确切地说，是随着温度的升高，动能大于活化能的反应物分子数量也会相应增加，只有这部分分子才能转化为产物。根据 $E_{kin}=mv^2/2$，分子的动能取决于它们的速度。分子的速度及其能量呈统计学分布。不同分子的动能分布曲线如图 2.16 所示。

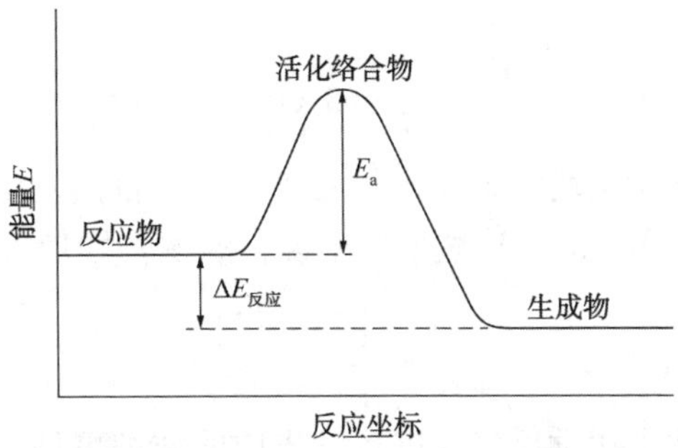

图 2.15 (非催化)放热反应的能量/反应坐标图。反应动力学与反应物如何转化为产物有关，即反应路径。除去“活化络合物”一词，“过渡态”这一专业术语也经常被使用。

[资料来源：Olmsted and Williams(2006)[103]，经 John Wiley & Sons 许可转载]

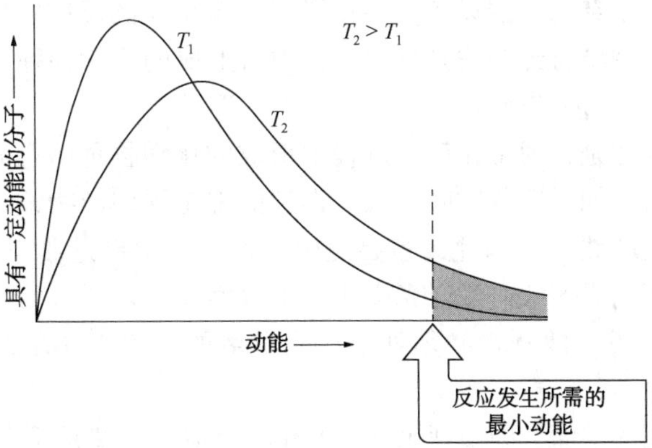

图 2.16 两种不同温度($T_1<T_2$)下分子的动能分布曲线，下方的灰色区域与反应分子数相对应

[资料来源：Malone(2004)[104]，经 John Wiley & Sons 许可转载]

2.4.6.1 速率常数与温度的关系

特定反应的速率常数与温度的关系称为阿累尼乌斯方程：

$$k=A\mathrm{e}^{\frac{-E_a}{R\cdot T}} \tag{2.113}$$

由式(2.113)可知，随着温度 T 的增加，速率常数 k 也随之增大。要知道，随着 T 的增加，自然常数 e 的指数由于其负号的存在，整体值也随之增大。对于既定反应，活化能 E_a 为一常数。A 为频率因子，是一个常数和几何相关项，R 为理想气体常数，取 8.314J/(mol·K)。

2.4.6.2 两个温度下的反应速率比较

假设某一反应的活化能为 84.0kJ/mol。如果把温度从 25℃提高到 35℃，反应会快多少？

我们需要比较两个不同温度下由速率常数表示的反应速率，即计算 k_2/k_1，以 T_1 表示较低的温度，即 25℃，T_2 表示较高的温度，即 35℃。然后，我们可以得到：

$$\ln\frac{k_2}{k_1}=\frac{84.0\text{kJ/mol}}{8.314\text{J/(mol}\times\text{K)}\times10^{-3}\text{kJ/J}}\left(\frac{1}{298.15\text{K}}-\frac{1}{308.15\text{K}}\right)=1.10$$

即：

$$\frac{k_2}{k_1}=3.00$$

由此得出，反应速率会增大为原来的三倍。许多自然发生的化学反应活化能都较低，接近 $E_a=53kJ/mol$。对于这些反应来说，温度每增加 10℃，反应速率就会增大一倍。

2.4.7 反应机理

化学反应机理描述了化学反应在进行过程中的详细事件。我们也可以把它看成微观层面的动力学。我们之前学过，对于上述速率定律的确定(在宏观水平上)，简单的实验设备足矣。例如，我们可以通过使用颜色指示剂来确定反应何时能够基本完成，通过使用秒表来测定反应时间。然而，要想确定许多化学反应的反应机理，通常需要使用更为复杂的仪器设备。要想研究一个反应的反应机理，我们需要确定反应的实际路径，并结合经验找到反应过程中所形成的化学物种(如图 2.15 所示的活化络合物，也称为过渡态)。

一个实验性问题是，通常在反应过程中形成的化学物种的寿命非常短暂，因此不能被分离或捕获。如果等待时间过长，得到的都是预期产物，无法得知任何关于产物形成过程相关的线索。因此，需要使用一种能够拍摄过渡态快照的理想仪器，在某些情况下，使用光谱法或激光光谱法是可以实现上述要求的。这样的表征方法需要所谓的原位测量，即测量必须处于反应发生的位置，且在新物种的形成的过程中。

发生在最精细的层面，即微观水平上的化学反应称为基元反应。在微观水平上，我们用反应分子数这一术语来表示反应级数。在下一段落中，我们给出了三个有关反应分子数的案例及其相应的基元反应。如果知道反应分子数，就能得出其速率定律。由于基元反应能够很准确地展示出哪些分子参与反应，所以确定基元反应的反应级数或反应分子数十分简单。然而我们还要意识到，只有基元反应才能直接从化学计量数中得到速率定律，而对于在动力学这一节前面所提到的更常用的宏观化学方程式来讲是不正确的。

基元反应	反应分子数
$A \rightarrow B$	单分子
$A+B \rightarrow C$	双分子
$A+B+C \rightarrow D$	三分子

大多数化学反应都是双分子反应，这与我们上面提到的碰撞模型是一致的，也就是说两个分子通过碰撞形成产物。单分子反应，包括单分子的分解反应，是十分罕见的。三个分子在正确的时间和地点相遇的机会，即三分子反应，也非常小。

即使在宏观上属于一级的反应也经常会涉及双分子反应步骤。一旦揭示出反应机理，就可得知反应分子数，进而确定宏观反应的反应级数；而反过来，也就是从宏观动力学确定基元反应的反应步骤，是不可能的。

如果一个反应是由几个基元反应步骤所组成的，那么只有其中反应最慢的基元反应才是速控步。考虑如下案例，求解净反应的速率定律：

1	A+B→C	（慢）
2	C+D→E	（快）
3	E+D→F+G	（快）
净反应	A+2D→F+G	

解：

仅以净反应作为速率定律的基础是错误的，也就是说，速率 $= k \cdot [A] \cdot [D]^2$ 是错误的。由于反应中只有第一步是较为缓慢的，因此该基元反应为速控步，我们必须使用它来确定正确的速率定律：

$$R = k \cdot [A] \cdot [B]$$

在某些情况下，反应机理可能以已知的速率定律存在，这种定律涉及两个以上的反应步骤，其中包括一个涉及平衡的初始快速步骤，例如，根据五氧化二氮的分解反应：

$$2N_2O_5(g) \longrightarrow 4NO_2(g) + O_2(g)$$

我们可以假设以下步骤是反应机理的一部分：

$$N_2O_5 \underset{k_{-1}}{\overset{k_1}{\rightleftharpoons}} NO_2 + NO_3 \quad （快，平衡）$$

$$NO_2 + NO_3 \xrightarrow{k_2} NO + NO_2 + O_2 \quad （慢）$$

$$NO_3 + NO \xrightarrow{k_3} 2NO_2 \quad （快）$$

实验确定了速率定律为：

$$速率 = k[N_2O_5]$$

然而，速率表达式应基于速控步，为：

$$速率 = k_2[NO_2][NO_3]$$

而中间产物 NO_3 并没有出现在总方程中。为解决这一问题，我们需要找到一个关系式，使该中间产物可以用我们所熟悉的总方程式中的物质来代替。

在平衡状态下，正反应速率和逆反应速率必然相等：

$$速率_{正} = k_1[N_2O_5] = 速率_{逆} = k_{-1}[NO_2][NO_3]$$

将表达式进行重新排列，得到：

$$[NO_3] = k_1[N_2O_5]/k_{-1}[NO_2]$$

将速率表达式中的 $[NO_3]$ 代入速控步，得到：

$$速率 = k_2[NO_2][NO_3] = k_2[NO_2]k_1[N_2O_5]/k_{-1}[NO_2]$$

最后，将所有常数置于前面，得到：

$$速率 = k_2k_1/k_{-1}[N_2O_5]$$

该方程与经实验测定的速率定律保持一致，因此在这种情况下，缓慢发生的基元反应仍为总反应的速控步，二者的反应机理保持一致。

2.4.8 催化剂对反应速率的影响

催化剂通过以下方式影响反应速率：

① 能同时加快正向反应和逆向反应的反应速率；

② 降低化学反应的活化能；

③ 改变化学反应的反应路径；

④ 在净反应中既不会消失，也不会产生。

图 2.17 展示出催化剂对活化能的影响。

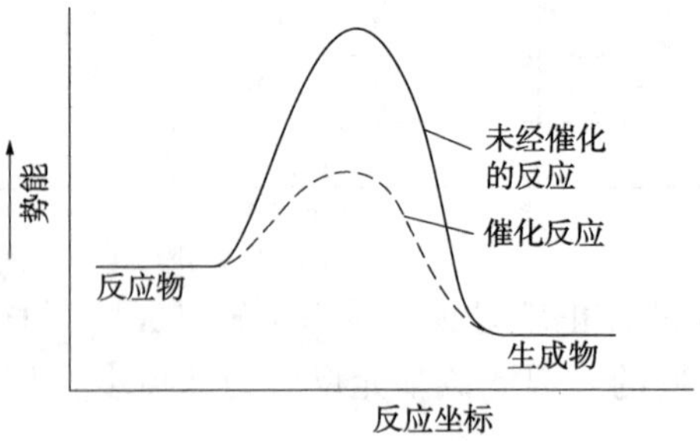

图 2.17 催化剂对反应的影响：催化剂降低了反应的活化能

根据勒夏特列原理，催化剂对反应的平衡位置不造成影响，也不会像温度变化那样影响平衡常数的值。然而，在反应一开始就加入催化剂，反应体系到达平衡状态所需的时间就会缩短。

这里给出了催化剂和中间产物的总反应流程：

1	$A+B \longrightarrow C+D$
2	$C+E \longrightarrow F+B$
净反应	$A+E \longrightarrow D+F$

在净反应中，B 是催化剂，因为它在第一步参与反应，而又在第二步被生成；因此总的来说，它没有被消耗掉。相反，C 是一种中间产物，这是因为它是第一步的产物，而又在第二步中作为反应物被重新利用。

例如，过氧化氢的分解反应可以被许多物质所催化。下列反应流程展出了该分解反应：

1	$H_2O_2(aq)+I^-(aq) \longrightarrow OI^-(aq)+H_2O(l)$
2	$H_2O_2(aq)+OI^-(aq) \longrightarrow I^-(aq)+H_2O(l)+O_2(g)$
净反应	$2H_2O(aq) \longrightarrow 2H_2O(l)+O_2(g)$

催化剂是什么？中间体是什么？

解：在净反应中既没有碘离子(I^-)，也没有次碘酸根离子(OI^-)。

I^-是催化剂，因为它在第一步中被消耗，而又在第二步中被生成。

OI^-既是第一步的产物又是第二步的反应物，因此，它是中间产物。

2.4.8.1 催化剂类型

均相催化剂：均相催化剂与反应物所处的物理相(气体、液体或固体)相同。例如：氯自由基催化臭氧分解。

非均相催化剂：非均相催化剂与反应物处于不同的物相。例如：用于汽车催化转化器中的Rh/Pt催化剂(将CO转化为CO_2，将NO、NO_2转化为N_2)。

酶：生物体系中的催化剂称为酶。酶的形状对于功能十分重要，也称为“锁-钥模型”。图2.18展示了蔗糖酶分解蔗糖的过程，蔗糖是一种由葡萄糖和果糖组成的二糖。

抑制剂是一种影响化学反应速率的物质，它与催化剂的作用相反，即通过增加活化能来降低反应速率。工业上使用抑制剂来避免非理想反应的发生，例如，在食物或聚合物中添加抗氧化剂来延缓物质的氧化变质。

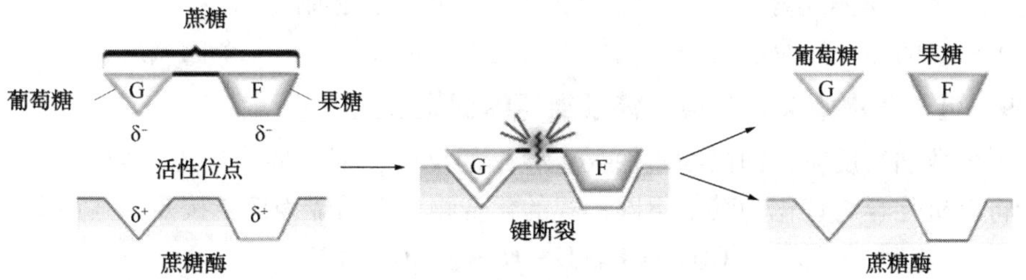

图2.18 示意图中展示了酶(这里是蔗糖酶)的形状如何与底物(这里是蔗糖)相匹配进而催化反应的发生，使底物分解为更小的化合物/产物(这里是葡萄糖和果糖)

2.4.8.2 非均相催化

非均相催化的一个重要工业化案例是哈伯反应，即由氢气和氮气合成氨的过程(图2.19)。气相反应物、生成物和固相催化剂的存在使之成为非均相催化的一个典型案例。

$$3H_2+N_2 \xrightarrow{Fe} 2NH_3$$

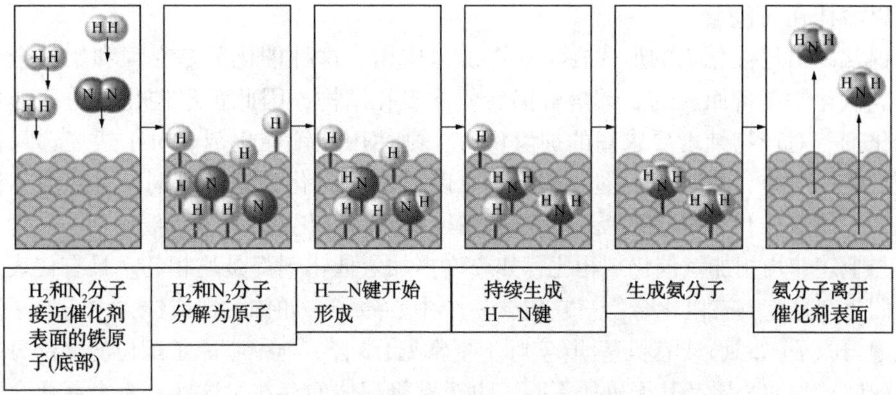

图2.19 使用非均相催化剂催化氢气和氮气生成氨

对于此过程，勒夏特列原理(前面讨论过)可被用于促进目标产物的生成。经过冷凝器的液化作用，氨可从反应体系中移出。根据平衡方程式的化学计量数，产物的体积是反应物体积的一半，因此需要 200atm 这一相对较高的压力。虽然反应是放热的，但反应仍需要在约 400℃ 的条件下进行以保持较高的反应速率。为了进一步提高反应速率，在反应体系中加入了非均相催化剂——铁。图 2.19 所示的反应经历了六个不同的阶段：

① 最初，每一种气态反应物分子，也就是氢气分子和氮气分子，都会接近金属表面，也叫吸附。

② 分子内部的化学键断裂，形成原子。

③ 原子相互迁移。

④ 形成新的 N—H 键。

⑤ 氨气分子的形成过程结束。

⑥ 最后，氨气分子离开表面，进入气相，也称为脱附。

虽然氨的形成涉及氢的非均相催化，但它经常被认为是一个固氮的案例。

2.4.9 进一步观察加氢反应：涉及加氢的催化反应

大多数加氢反应，即向物质加入氢原子的反应，都是催化反应。加氢反应主要用于将有机化合物转化为其他不同形式的化合物，以乙烯为例，按照下式加氢：

$$CH_2{=}CH_2 + H{-}H \longrightarrow CH_3{-}CH_3$$

在不使用催化剂的情况下，反应在 500℃ 以下几乎不发生任何加氢作用。大多数加氢催化剂都含有后过渡金属，如铂、钯、铑、钌、镍。最后一个为非贵金属，因此被更多经济性生产工艺所使用。这些非均相催化剂经常以纯过渡金属的形式存在。就像刚刚描述的合成氨工艺一样，催化剂最初吸附气体化合物，即氢气和有机物，并帮助它们在表面更快地形成新键。

由于氢气是气态的，所以加氢反应通常需要在高压钢质反应器(也称高压釜)中进行，反应压力 100~3000psi。例如，在镍催化剂的作用下，植物油可通过在较长烃链的双键上加成氢分子而转化为人造黄油。该过程会引起产物凝固，因此人造黄油可以涂抹在面包上。

镍常以雷尼催化剂的形式在工业中加以应用。这种催化剂是在镍和铝的合金中加入氢氧化钠制备而成的。碱溶解铝后留下多孔结构，因此雷尼催化剂是高活性的镍催化剂。对产物纯度要求高的加氢反应，则使用纯铂催化剂。对于炔烃选择性加氢制烷烃的反应，最理想的催化剂是故意以 $CaCO_3$ 毒化的钯催化剂，其称为林德拉催化剂。炔烃转化为烯烃的反应通常是用纯钯作为催化剂(亚当斯催化剂)。

与上述非均相加氢催化剂相比，如今许多加氢催化剂都是均相的。具有代表性的均相催化剂是金属有机化合物，它包含一个中心原子，如铂、钯或铑，中心原子通过配位键与原子(如氯)或有机基团(实际上更常见)结合，与中心原子配位的这部分基团称为配体。与纯金属及其无机盐不同，由于有机配体的存在，这些有机金属化合物可溶于有机溶剂。威尔金森催化剂$(Ph_3P)_3RhCl$ 是较早发现的高效加氢催化剂之一，也称为三苯基膦氯化铑(I)，如图 2.20 所示，该催化剂常用于由烯烃制取烷烃。

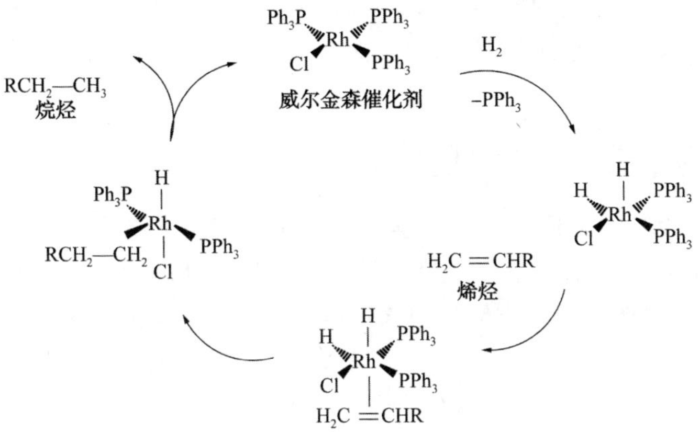

图 2.20　威尔金森催化剂——均相催化剂的一个案例

三水合氯化铑(Ⅲ)与三苯基膦在乙醇中反应可制备威尔金森催化剂。一旦被激活，催化剂的中心金属原子就会形成新的配位键，平面四方形配合物就会转化为八面体结构。这种均相加氢反应的反应机理涉及氢的氧化加成，也就是说，金属在与两个氢原子形成配位键的同时失去两个电子，并同时释放出一个三苯基膦基团。这两个氢原子随后通过两步加成到烯烃上。

均相加氢与非均相加氢相比有几个特点：一方面，均相催化剂不仅在其表面上具备活性，而且也在分子水平上具备活性，因此，催化剂的使用量越大，效率越高，反应速率越快。设计均相配合物可以获得较高的加氢产物收率。在产物立体化学很重要的情况下，如生产手性化合物，均相催化剂也更为通用。另一方面，非均相催化剂易于与最终产物分离。均相加氢催化剂的这一缺点可以通过将其分散在惰性载体或担体上加以克服。此外，非均相催化剂通常更容易制备。

费托合成中使用的铁、钴催化剂是由氢气和一氧化碳生产烃类化合物的重要催化剂。烃类化合物是许多有机化合物的基本合成材料，得到的有机化合物有许多重要应用，如药品、洗涤剂和塑料的生产，非均相催化剂主要用于这些反应；然而最近关于均相催化剂的研究证明，均相催化剂在这些领域中的应用也是可行的。有关这些加氢反应的更多细节，详情请参阅 2.6 节。

加氢催化剂也用于原油的精制脱硫，这些工艺被统称为加氢脱硫。在这些工艺中，由氧化铝上的钼和钴氧化物所组成的非均相催化剂可将硫转化为硫化氢，而硫化氢可以很容易地与目标产品分离。例如：

$$RSH+H_2 \longrightarrow RH+H_2S$$

2.4.10　小结

总结这一节的内容，我们得出结论：既定反应的反应速率可以用该反应的速率定律来表示。速率定律总是将速率表示为速率常数与各反应物浓度的幂运算之积(以各反应物的反应级数为指数)，零级反应除外。因此，只要不改变反应温度、不添加催化剂，由反应速率常数就可以确定反应物在任何浓度下的反应速率。阿伦尼乌斯公式指出，提高温度通常会引起反应速率常数的增大，而非反应活化能的改变。对于一个既定反应，我们定性讨论的结果是：能引起反应活化能变化的唯一方法是添加催化剂。

2.5 电化学(氧化-还原反应)

电化学是研究氧化-还原反应的学科。氧化反应是失电子过程，还原反应是与氧化反应互补的得电子过程。氧化反应发生在阳极，还原反应发生在阴极。以水的电解为例，在阳极水被氧化成氧气，该过程失去电子，式(2.114)给出了所释放的电子的数量：

$$2H_2O \longrightarrow O_2+4H^++4e^- \tag{2.114}$$

或：

$$H_2O \longrightarrow 1/2O_2+2H^++2e^- \tag{2.115}$$

式(2.114)表明，2mol 水被氧化生成 1mol 氧分子，并释放出 4mol 电子。式(2.115)表明，1mol 水被氧化生成 0.5mol 氧分子，并释放出 2mol 电子。在热力学研究中常使用后一个反应式。氧化-还原反应通常被缩写为“redox”。

根据第 5 章(专门针对氢能技术)中讨论的规则，可以很容易地回答任一氧化-还原反应发生了多少电子转移的问题。对于一个氧化-还原反应，无论它有多么复杂，都可以通过使用这些离子-电子变化规律来求解电子数。表 2.4 给出了几个有代表性的氧化-还原反应。

可根据电中性原则预测表 2.4 中所示的还原反应所需的电子数。一些氧化-还原反应会经历中间步骤，该中间反应所涉及的电子数量会较少。例如，$Cu^{2+}+e \longrightarrow Cu^+$ 也是可以进行的反应，然而，由于 Cu^+ 是易反应的，因此在通常条件下可能无法存在于溶液中，可以通过形成复合物来稳定 Cu^+。

2.5.1 电化学电池的类型

电化学电池有两种可能的类型。在第一种电池类型中，化学反应中的自由能变化表现为电能。在第二种电池类型中，电能被用于引发电极上的化学反应。第一种类型的电池称为原电池，第二种类型称为电解池。

表 2.4 一些还原反应列表(25℃)

$Cu^{2+}(aq)+2e^- = Cu(s)$	0.340V	$K^+(aq)+e^- = K(s)$	-2.925V
$Zn^{2+}(aq)+2e^- = Zn(s)$	-0.762V	$Li^+(aq)+e^- = Li(s)$	-3.045V
$Pb^{2+}(aq)+2e^- = Pb(s)$	-0.125V	$Al^{3+}(aq)+3e^- = Al(s)$	-1.670V
$Ag^+(aq)+e^- = Ag(s)$	0.799V	$Sn^{2+}(aq)+2e^- = Sn(s)$	-0.136V
$Na^+(aq)+e^- = Na(s)$	-2.714V	$Cl_2(g)+2e^- = 2Cl^-(aq)$	1.358V

资料来源：Bard and Faulkner(2001)[108]，经 John Wiley & Sons 许可转载。

目前已经可以获得各种原电池。丹尼尔电池是最早被开发出来的原电池之一，其将金属锌置于 1mol/L 硫酸锌溶液中作为阳极，将金属铜置于 1mol/L 硫酸铜溶液中作为阴极。在阳极，金属锌被氧化并生成锌离子，铜离子在铜阴极处被还原。这两个反应如下所示：

$$Zn(s) \longrightarrow Zn^{2+}(aq) + 2e^- \tag{2.116}$$

$$Cu^{2+}(aq) + 2e^- \longrightarrow Cu(s) \tag{2.117}$$

总反应为上述两个反应的加和：

$$Zn(s) + Cu^{2+}(aq) \longrightarrow Zn^{2+}(aq) + Cu(s) \tag{2.118}$$

思 考 题

原电池和电解池的区别是什么？

答：原电池是一种将自由能变化转化为输出电压的电池，如锂电池。所有电池都属于这一类。

电解池是推动反应向所需方向进行的一种装置。电解水产生氢气和氧气就是电解池的一个实例。在电解池中能量被消耗用于生成化学品。

原电池产生 1.10V 的电位。该电压是电解质浓度、温度和搅拌速率的函数。我们日常生活中使用的电池也属于原电池。

思 考 题

将铜金属板放置于 $ZnSO_4$ 溶液中。在另一种情况下，将锌金属板置于 $CuSO_4$ 溶液中。预测哪一个会发生反应。

答：Cu 和 $ZnSO_4$(水溶液)不发生反应。金属锌与硫酸铜水溶液接触后，铜将在锌金属板上发生自发沉积。铜离子在锌板表面被还原。为了还原铜离子，电子是必需的。这些电子来自金属锌。我们可以将反应表示为：

$$Zn(s) = Zn^{2+}(aq) + 2e^-(Zn)$$

$$Cu^{2+}(aq) + 2e^-(Zn) = Cu(s)$$

$$Zn(s) + Cu^{2+}(aq) = Zn^{2+}(aq) + Cu(s)$$

检查 $CuSO_4$ 溶液，它仅包含 Cu^{2+} 和 SO_4^{2-}，不存在未解离的 $CuSO_4$，它是一种强电解质。将锌金属置于该溶液中，发生如下反应：

$$Zn(s) + Cu^{2+}(aq) + SO_4^{2-}(aq) = Zn^{2+}(aq) + Cu(s) + SO_4^{2-}(aq)$$

检查上述等式的反应物端和产物端，可以注意到两端都存在 $SO_4^{2-}(aq)$，所以它没有参与反应，因此它被称为旁观离子。所以实际上该反应可写为：

$$Zn(s) + Cu^{2+}(aq) = Zn^{2+}(aq) + Cu(s)$$

上述反应方程式被称为净反应方程式。

Cu(s)置于 $ZnSO_4$ 中之所以没有发生反应，是因为锌沉积在 Cu 上时其吉布斯自由能变化值(ΔG)为正，这是一个吸能反应。上述解释有助于理解丹尼尔电池的操作原理(图 2.21)。

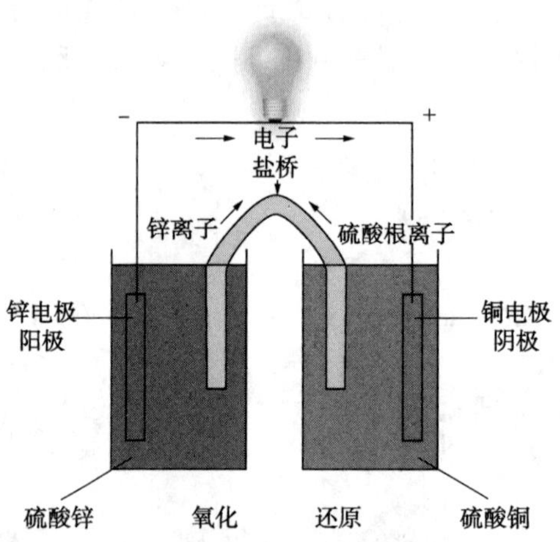

图 2.21　丹尼尔电池

2.5.2　电极电位

将金属置于其离子溶液中会产生电位。例如，将金属锌置于 $ZnSO_4$ 溶液中会产生电位，称为单电极电位。类似地，将金属铜置于 $CuSO_4$ 溶液中也会产生电位。尽管金属在溶液中会产生电位，但单电极的电位是无法测量的。简单来讲，万用表有两个输入引线，如果将一根导线连接而另一根导线松动，则仪表将不会显示任何读数。为了使仪表作出响应，必须将另一条引线连接到另一个产生电位的电池上。在前面丹尼尔电池的示例中，金属锌和金属铜被连接到仪表的两条引线以给出读数。该仪表读取两个电位的差值，它不给出每个单电极电位的数值。单电极电位可以通过与标准电极，如氢电极进行对比来测量。请注意，这也不是一个真实值。然而，使用标准电极电位概念，可以预测原电池的电压和反应的自由能。该氢电极被称为参比电极，使用该参比电极，可以测量所有单电极的电位值。

2.5.3　氢电极

氢电极由铂黑片组成，该铂片需浸入浓度为 1.0mol/L 的 HCl 溶液中，并不断通有压力为 1atm 的氢气。使用 H_2PtCl_6 来生成铂黑。铂片表面的电位取决于溶液中 H^+ 的浓度和氢气的分压。氢电极的电位在任何温度下都为零。氢电极的符号如下所示：

$$Pt,\ H_2(p=1atm)/H^+(1mol/L) \tag{2.119}$$

当氢电极被用作阳极，氢气发生氧化并释放 2 个电子。当被用作阴极时，氢离子发生还原反应生成氢分子。该氢电极的电位被人为设定为零。

以氢电极为参考测量其他电极的电势，可获得其他参比电极。以下列表给出了一些二级参比电极及其电位：

电极	表达式	电位[a]
饱和甘汞电极(SCE)	$Hg/HgCl_2$，饱和 KCl	0.2415V
银/氯化银电极(Ag/AgCl)	Ag(s)/AgCl(s)	0.2230V
甘汞电极(NCE)	$Hg/HgCl_2$，1mol/L KCl	0.2682V

[a]25℃下与氢电极参比后的电位。

2.5.4　电极电位的测量

一般氢电极或标准氢电极是用于测量电极电位的假想参考标准，但是它不便于在实验室中使用，因此，如在第 2.5.3 节中讨论的那些校准后的参比电极可用于测量电极电位。这些参比电极易于操作，而且可以从市场上买到。为测量电极电位，需将参比电极与待测电极连接组成电池，这样就可以测量出这样一个电池的电动势（EMF）。根据已知的参比电极的电位值，可使用以下方法来确定未知系统的电位：

$$\mathrm{EMF}=E_c-E_a \tag{2.120}$$

其中，E_c 代表阴极电位，E_a 代表阳极电位。如果使用 1mol/L 溶液测定未知系统的电位，则该系统的电极电位被称为标准电极电位。例如，Zn 电极置于 1mol/L $ZnSO_4$ 溶液中时所产生的电位，就被认为是标准电极电位。同理，所有使用 1mol/L 溶液测量电位的系统都将被视为标准电极电位。该标准电位：

① 与温度 T 有关；

② 与一般氢电极这类参比电极相比后的相对值；

③ 不会因接触金属而改变；

④ 测量半电池反应的驱动力。

如果电极电位的测定是在其他任何浓度下进行的，则电位会按下面所示的能斯特方程发生改变：

$$E=E^{o}-(RT/nF)\ln(a_{red}/a_{ox}) \tag{2.121}$$

其中，E^{o} 代表标准电极电位，a_{ox} 和 a_{red} 分别代表溶液中氧化和还原物质的活度，n 代表电子转移数，F 是法拉第常数。我们以下边的氧化还原反应为例：

$$\mathrm{AgCl(s)+e\longrightarrow Ag(s)+Cl^-(aq)} \tag{2.122}$$

该半电池反应的标准电位为 0.220V。要达到此电位，必须使用浓度为 1mol/L 的 NaCl 溶液。但是如果我们使用较低浓度的 NaCl 溶液，则该能斯特电位由下式得出：

$$E=E^{o}_{Ag/AgCl}-(RT/F)\ln(a_{Ag}a_{Cl^-}/a_{AgCl}) \tag{2.123}$$

以固体组分在 298K 时的活度为 1，则式（2.123）可简化为：

$$E=E^{o}_{Ag/AgCl}-0.0592\log a_{Cl^-} \tag{2.124}$$

$$=0.220-0.0592\log C_{Cl^-}\cdot f_{Cl^-} \tag{2.125}$$

其中，在式（2.125）中，$a=C\times f$，f 是离子的活度系数，C 是离子浓度。

2.5.5 电池电压

标准电位的可用性使电池电压的计算成为可能。在第 2.5.1 节中，丹尼尔电池的电压显示约为 1.10V。让我们使用标准电位来计算丹尼尔电池的预期电池电压。所涉及的氧化还原对的标准电位为：

$$\mathrm{Zn^{2+}(aq)+2e\longrightarrow Zn(s)}\quad E^{o}=-0.762\mathrm{V}$$

$$\mathrm{Cu^{2+}(aq)+2e\longrightarrow Cu(s)}\quad E^{o}=0.340\mathrm{V}$$

由于锌是阳极，铜是阴极（见 2.5.1），

$$E=E_c-E_a$$

$$E=0.340+0.762=1.102(\mathrm{V})$$

该值与实验测得的丹尼尔电池电压一致。使用这种方法，就可以去计算电压并构建实际生活中使用的电池或燃料电池。这种预测燃料电池电压的方法将在第 5 章进行详细讨论。

2.6 有机化学

2.6.1 有机化学及有机化合物

有机化学是研究含碳有机化合物的化学。但传统观点上不认为碳的氧化物及碳酸盐是有机化合物。由于有机化合物种类太多，因此将有机化学从无机化学中分离出来，无机化学是研究所有其他非有机化合物的化学。到目前为止，我们已确认出的有机化合物超过1000万个，而无机化合物不到一百万。就每种元素化合物的平均数量来讲，碳化合物(碳元素仅是109种已知元素的其中一种)在自然界中受欢迎的程度是其他元素化合物的1000多倍。自然，也有许多涉及有机物质的化学反应。因此，将化学分为这两个领域主要是结构性的，并不意味着有机化学的基本原理与无机化学不同。我们也使用同样类型的分子结构表达式(称为路易斯结构式)，这种表达式既可以用于无机化合物的表达，如水和硫酸，也可用于整个有机化学中。

有机化学在我们的日常生活中很重要，染料、香水、药品、杀虫剂和塑料都含有有机化合物。我们的食物中含有有机物质，例如，橙子中就含有数百种这样的化合物。所有生命形式，即植物、动物和人类，都必须含有有机化合物。因此，我们大多数燃料，主要是原油和煤，其组分都是有机化合物，这是因为它们分别是在数百万年前由微生物或植物形成的。化学中还有一个独立的学科，称为生物化学，是专门研究生命的化学。但是，许多现代的合成材料都是由聚合物制成的，如塑料、橡胶和纤维，它们也大多是有机的。在后面关于聚合物的章节(2.7节)中我们将进一步讨论这些聚合物。

碳是独特的。它几乎不形成离子键，由于具有四个价电子，它主要形成共价键。碳原子可以与碳和氢形成强共价键。因此，碳可以形成直链的、支链的或环状的分子，如图2.22所示。正是由于碳原子与其他原子形成的键的共价性，使得有机化合物的宏观性质通常不同于具有极性或离子键的化合物。大多数无机化合物是以具有离子键的金属盐的形式存在的，而有机化合物则以气体、液体和固体的形式存在的。随着有机化合物分子量的增加，它们的熔点和沸点也会增加。有机物质之间通常可以相互溶解，因为它们具有相似的非极性性质，而它们通常不溶于水。因此，有机化合物顶多是弱电解质。几乎所有的有机化合物都是可燃的，很多都可以用作燃料，而无机化合物则不可燃。

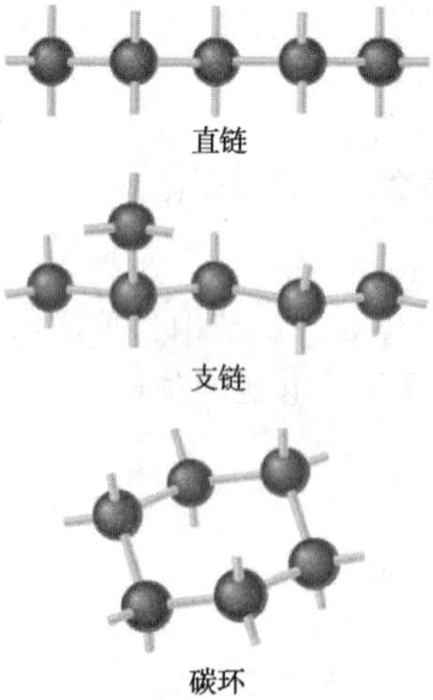

图2.22 碳原子可形成直链、支链和环状

[资料来源：Brady(2004)[105]，经John Wiley & Sons许可转载]

图2.23概述了有机化合物的分类。如果化合物中仅存在碳和氢，则称为烃。如果烃只含有单键，则称为烷烃。然而，碳原子之间也可以形成重键。如果化合物至少有两个碳原子之间含有一个双键，则称为烯烃。如果烃含有三键，则称为炔烃。

请注意，在这些化合物的单数形式中，倒数第三个字母，a、e 或 y，对确定该碳氢化合物属于哪个亚组至关重要。仅含有碳-碳单键的化合物是饱和的，而含有重键的化合物是不饱和的。此外，碳原子可以形成由单键组成的环，称为(脂)环化合物；它们也可以形成不饱和环，称为芳族化合物。在它们各自的表示方法中，芳香族化合物与烯烃相似，以 e 作为倒数第三个字母，例如苯(benzene，见表 2.5 中的结构)。

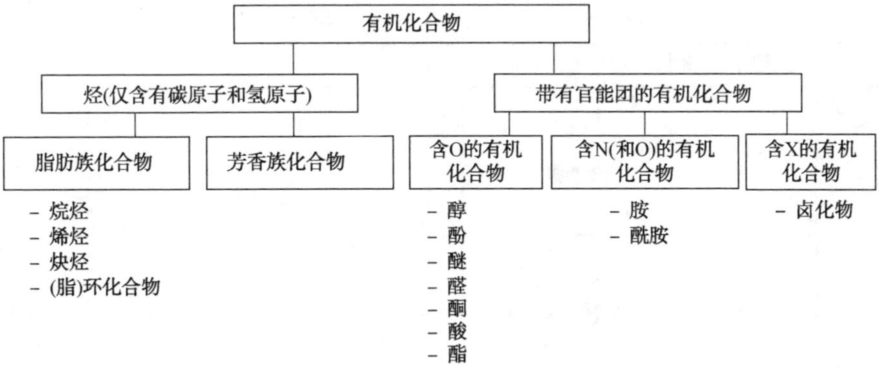

*：X指卤素(F、Cl、Br或I)

图 2.23　有机化合物的分类

有机化合物不仅包括碳氢化合物，还包括那些除碳原子和氢原子外还含有其他主族元素原子(也称杂原子)的物质。

将在 2.6.2~2.6.6 节中进一步介绍烃类，在 2.6.7.1~2.6.7.7 节中进一步介绍带有官能团的有机化合物。

因为官能团与烃相比具有更高的反应性，后一类物质有时也称为含有官能团的有机化合物(但从某种意义上讲，碳碳重键也是官能团，因为正如我们后面将看到的，它们使烯烃的反应活性比烷烃更高)。在有机化合物中仅次于碳和氢的最主要原子是氧，它存在于醚、醇、醛、酮、羧酸和酯中。氮原子是构成胺和酰胺的元素之一，有时也存在于有机卤化物中。一些有机化合物含有硅、磷或硫，但这类化合物不在我们的讨论范围内。

2.6.2　烃

在表 2.5 中，给出了代表性烃类化合物的名称和表达式以及以球棍模型表示的形状。请注意，附加的结构式更易于绘制，因为它们代表了三维球棍模型的投影。这些烃类及相关有机化合物的形状与它们所含碳原子的杂化有关。

这些杂化在大多数教科书的化学成键中都有介绍，除了提醒读者在所有烷烃中碳原子均采用 sp^3 杂化、C—H 键之间的键角按四面体排列，在烯烃和苯中碳原子采用 sp^2 杂化、C—H 键角为 120°，在炔烃中碳原子采用 sp 杂化、键角为 180°以外，不会进一步介绍有关杂化的内容。在重键中，剩余的 p 轨道形成 π 键。因此，双键或三键不能像单键那样围绕键轴自由旋转。这对不饱和化合物相对于饱和化合物的异构体的数量有重要影响，后面将进行讨论。

在简化分子式中不显示 C—H 键，因为它们仅以一种简单的形式出现，所以这种简化式更为有效。对于脂环烃和芳香烃，为了更有效地表达，甚至省略氢的元素符号也是很常见的。但是，请记住它们确实存在，并且必须包括在内，例如，计算分子的摩尔质量时必须包括(对于环己烷，其摩尔质量 = 84g/mol，对于苯，其摩尔质量 = 78g/mol)。

表 2.5　代表性烃的命名、结构和分子式

类别式	代表性化合物	球棍模型	分子结构	简写式	分子
烷烃	甲烷	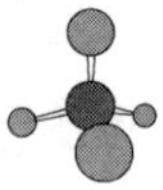	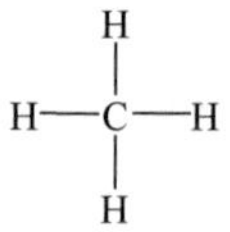	CH_4	CH_4
	乙烷	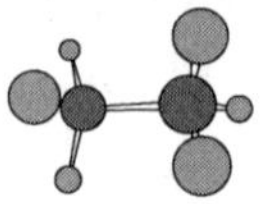	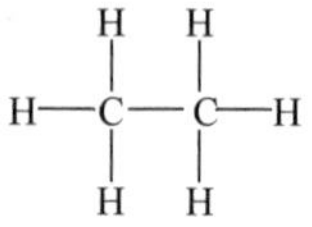	$CH_3—CH_3$	C_2H_6
烯烃	乙烯	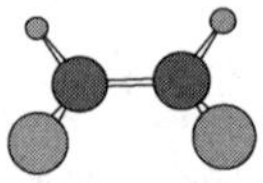	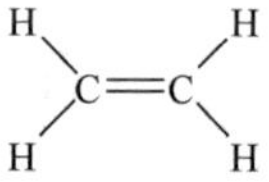	$CH_2═CH_2$	C_2H_4
炔烃	乙炔		H—C≡C—H	CH≡CH	C_2H_2
脂环化合物	环己烷	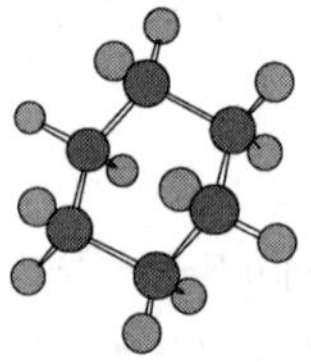	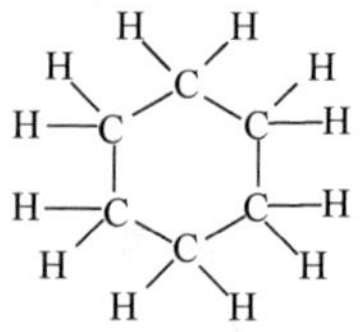	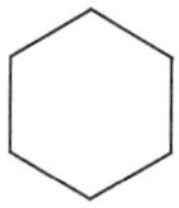	C_6H_{12}
芳香化合物	苯	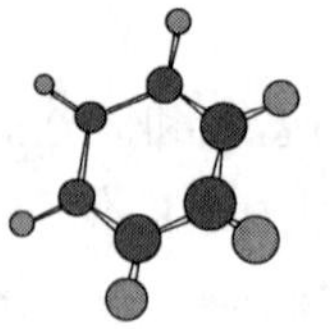	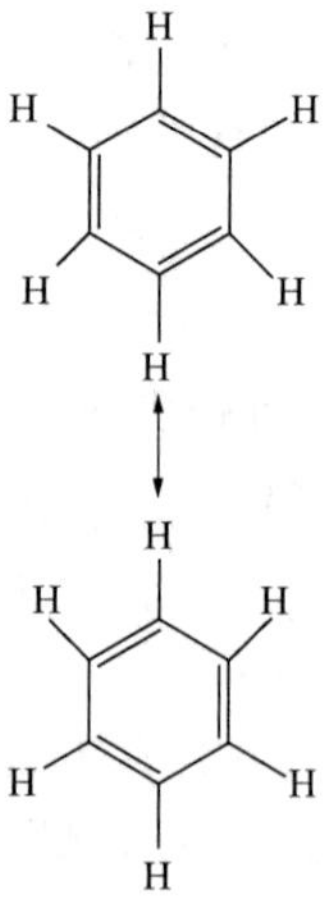	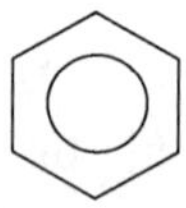	C_6H_6

注：球棍模型中，灰色原子为碳原子，浅灰色原子为氢原子。

2.6.3 烷烃

表2.6列出了碳原子数最高达10的一些烷烃的常用名称(普通命名法给出的名称),其中也包括它们的一些异构体。所有烷烃的通式都为C_nH_{2n+2}。前四种烷烃的名称,即最多含4个碳原子的烷烃,其命名方法完全基于历史原因。从五个碳开始,我们使用希腊数字来命名,即penta代表五,hexa代表六,依此类推。在旧的命名法中,非支链烷烃被称为正构烷烃[*n*-alkanes,*n*代表正(normal)];然而,可以只使用烷烃的名称来表示正构烷烃,例如丁烷(butane),而仅对它们的异构体加以区分,例如,异丁烷(isobutane),这样便可以很清楚地区分正异构烷烃。请记住,一种物质的所有异构体都只具有一个相同的分子式,但却具有不同的空间结构。在图2.24中,给出了化合物戊烷的三种构象异构体,阐释了化合物形状可以随着单键的旋转而改变。

表2.6 碳原子数最高达10的烷烃及其带支链的异构体

烷烃中的碳原子数	烷烃命名	分子通式 C_nH_{2n+2}	包括直链烷烃在内的可能存在的异构体的数量	相关异构体的命名	支链异构体的缩写结构
1	甲烷	CH_4	1	无	无
2	乙烷	C_2H_6	1	无	无
3	丙烷	C_3H_8	1	无	无
4	丁烷	C_4H_{10}	2	异丁烷	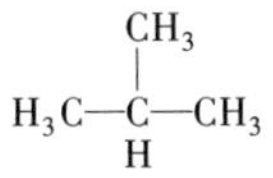
5	戊烷	C_5H_{12}	3	异戊烷	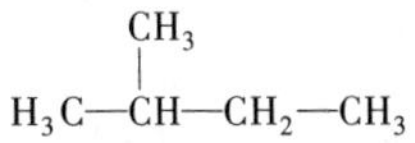
				新戊烷	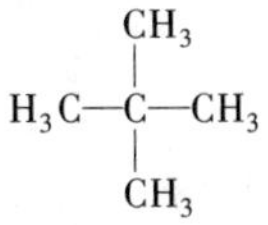
6	己烷	C_6H_{14}	5	(IUPAC)命名优先	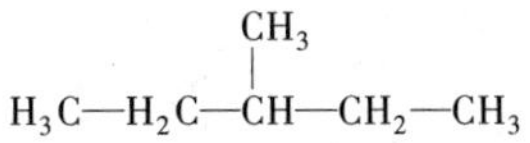
7	庚烷	C_7H_{16}	9	(IUPAC)命名优先	
8	辛烷	C_8H_{18}	18	(IUPAC)命名优先	
9	壬烷	C_9H_{20}	35	(IUPAC)命名优先	
10	癸烷	$C_{10}H_{22}$	75	(IUPAC)命名优先	

2.6.3.1 烷烃的来源及性质

通过分馏可以很容易地从原油中获得烷烃,即原油的组分可根据其沸点的不同进行精细分离。原油分馏方案如图2.25所示。由于烷烃只含有单键,它们不能进行

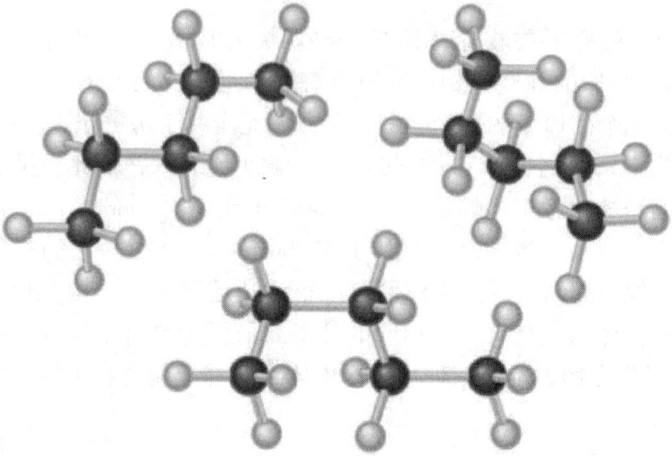

图 2.24　戊烷的三种构象异构体

[来源：Brady(2004)[105]，经 John Wiley & Sons 许可转载]

太多的化学反应，主要用于少数几个重要领域。许多烷烃用作燃料，其中也包括从石油中释放的气体。碳原子数较少的液态烷烃可用作化学工业中的溶剂。当碳原子数达到 20 时，烷烃变得足够黏稠，可以用作发动机的润滑剂以及用作化妆品中的半固体材料(如基础油或蜡)。在原油加热蒸馏中不能沸腾的物质大多会变成沥青，用于道路铺设以及房顶防护。

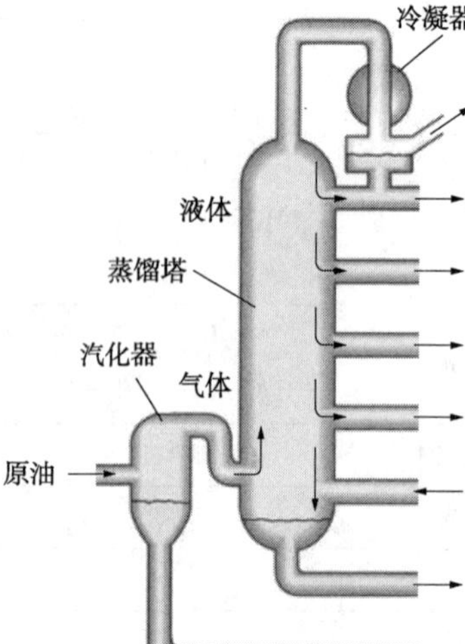

馏分	碳数范围	馏程范围/℃	主要用途
气体	1~5	0~90 在该馏程内收集	家庭取暖，厨房燃料和工厂使用
石油醚	5~7	30~110	溶剂
汽油	6~12	30~200	车用燃料
煤油	12~24	175~275	喷气燃料，部分也用于家庭取暖，便携式炉灶和灯用燃料
瓦斯油	18+	250~400	取暖油，柴油
蒸气			
渣油2	19+	300+	润滑剂，石蜡，凡士林
渣油1			沥青、石油焦（铺路，涂料和结构材料使用）

图 2.25　原油分馏得到的烷烃

[资料来源：Malone(2004)[104]，经 John Wiley & Sons 许可转载]

2.6.3.2 从氢气和一氧化碳合成烷烃：合成气及费托合成工艺

如前所述，石油是满足我们能源需求的最重要的燃料。每当原油供应下降或价格显著上涨时，就需要使用合成替代品来替代石油，或是用合成的方法来生产原料产品。同时，可以生产更清洁的含硫量较低的石油产品。实现烃类合成的一种非常有效的方法就是我们所说的费-托合成法。这种方法20世纪初在德国发展起来，那里有大量的煤炭，但没有石油。费-托合成法由以下反应表示：

$$(2n+1)H_2+nCO \longrightarrow C_nH_{2n+2}+nH_2O$$

该反应通常由铁或钴催化，并在200~350℃和高压(例如25bar)下进行。其反应物可由甲烷的部分氧化产生。因此，可以使用不可运输或“搁浅”(储量较少，未接入管网的天然气)的天然气。两种反应物更常用的来源是合成气，它是氢气和一氧化碳的混合物。

2.6.3.3 合成气：氢气来源之一

合成气是费-托工艺反应物的混合物，但是它不含任何有机化合物。我们将在此简要讨论合成气是什么以及它是如何生产的。合成气由不同含量水平的氢气、一氧化碳和二氧化碳的混合物组成。它是由煤或更简单的碳氢化合物产品的气化形成的：

$$C(s)+O_2(g) \longrightarrow CO_2(g)$$

$$CO_2(g)+C(s) \longrightarrow 2CO(g)$$

$$C(g)+H_2O(g) \longrightarrow CO(g)+H_2(g)$$

它也可以通过天然气的蒸汽重整反应生产：

$$CH_4(g)+H_2O(g) \longrightarrow CO(g)+3H_2(g)$$

合成气主要用作燃料，用于工业合成氢气。

2.6.4 烷基和芳基

如表2.6中所示，由于异构体众多，即使仅包含10个碳原子的烃的数量也会变得非常大。碳数较多的烃类不能再用以前那种简单的命名方法来区分，如用于比较简单的支链烃那样的命名，因为需要耗费太多的脑力且效率明显较低。主要基于该原因，引入了对有机分子中与较大结构键合的基团进行命名的方法。它们通常表示为-R，对它们的命名采用上面已经介绍的烷烃的基本通用命名方法。例如，通过从乙烷(ethane)中去除一个氢原子，我们得到了乙基(ethyl)，将结尾的-ane更改为-yl。表2.7中列出了最常用的烷基以及两个芳基基团的命名。

表2.7 烷基和芳基的名称与结构

基团中的碳原子数		基团名称	分子式	基团及其异构体的缩写结构式
烷基	1	Methyl-	CH_3—	H_3C—
	2	Ethyl-	C_2H_5—	H_3C—CH_2—
	3	Propyl-	C_3H_7—	H_3C—CH_2—CH_2—

基团中的碳原子数		基团名称	分子式	基团及其异构体的缩写结构式
烷基	3	Isopropyl-	$i\text{-}C_3H_7—$	$H_3C—\overset{CH_3}{\overset{\vert}{C}H}—$
	4	Butyl-	$C_4H_9—$	$H_3C—CH_2—CH_2—CH_2—$
	4	Isobutyl-	$i\text{-}C_4H_9—$	$H_3C—\overset{CH_3}{\overset{\vert}{C}H}—CH_2—$
	4	*sec*-Butyl-	$s\text{-}C_4H_9—$	$H_3C—CH_2—\overset{CH_3}{\overset{\vert}{C}H}—$
	4	*tert*-Butyl-	$t\text{-}C_4H_9—$	$H_3C—\underset{CH_3}{\underset{\vert}{\overset{CH_3}{\overset{\vert}{C}}}}—$
芳基	6	Phenyl-	$C_6H_5—$	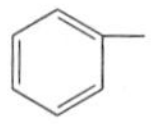
	7	Benzyl-	$C_6H_5—CH_2—$	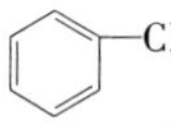

请注意，基团的名称从不单独使用，没有称为甲基或乙基的物质。第一个支链烷烃是异丁烷，而第一个异构烷基却是异丙基的原因是，后者作为一个基团含有一个与潜在的但尚未定义的配对原子发生键合的化学键。换句话说，如果你从异丁烷中去除离支链更远的末端甲基，你就会得到异丙基。含有异丙基的化合物的两个例子是异丙醇和异丙基氯。

由于碳有四个价电子，一个碳原子必须总是形成四个键。如果这是四个单键，则可能出现四种可能性，如下所示。如果该碳原子位于链的末端，则它会形成一个甲基（包括氢原子），它被称为伯碳原子。如果它位于链中其他两个碳原子之间，则它会形成一个亚甲基，而它本身就变成了仲碳。如果该碳原子位于支化点，则形成次甲基并成为叔碳。最后，如果一个碳原子与其他四个碳原子相连，它就会变成季碳，因为在这种情况下没有氢与之连接，所以它不被视为一个基团。

$$CH_3— \qquad —CH_2— \qquad —\underset{\vert}{C}H— \qquad —\underset{\vert}{\overset{\vert}{C}}—$$

甲基伯碳　　亚甲基仲碳　次甲基季碳　　　叔碳

2.6.5　碳氢化合物的系统名称以及 IUPAC 命名法简介

知道了我们如何命名烷烃和较小的烷基，我们现在就可以构造出数千种更复杂的烷烃的名称。这种系统命名法（即命名程序）由国际理论（化学）与应用化学联合会（International Union of Pure and Applied Chemistry，简称 IUPAC）开发，因此该命名方法也被称为IUPAC命名法，目标之一是引入一个完全明确的系统，使科学家能够区分所有的这些数量达数百万的有机化合物。在IUPAC命名法中，有机化合物被细分为可构成名称的结构基团。为了提高命名效率，这些结构基团应该尽可能大。

对于一些非常简单的烃类，例如简单的烷烃，无需进一步简化，其常用化学名称与IUPAC名称相同，例如己烷。然而使用IUPAC命名法更容易命名支链烷烃异构体。我们将先讨论烷烃的命名，然后讨论烯烃的命名，以了解IUPAC命名法的指导原则，该命名法也适用于含有其他官能团或杂原子的有机化合物的命名。除了烷基或烷基基团，我们通常也可以使用术语“取代基”(substituent)，它可以含有其他原子，例如氯原子。

2.6.5.1 烷烃的IUPAC命名规则

① 确定分子中最长的连续链，并将其作为母体名，将其放在要完成的名称的末尾。如果有多个连续链可供选择，使用具有最多分支的链。除非必要，尽量避免使用更高级烷基的名称。请记住，连续链中的单键可以旋转，并可能在二维投影中形成拐角。

② 确定化合物中从连续链上分支出来的所有烷基，并将它们的名称放在母体名称的前面。为每个基团分配尽可能小的数字，以指示该基团在连续链中的位置(基团所连接的最长链中的特定碳原子的位置)。从分支更多的一端开始对连续链中的碳进行编号。

③ 如果存在多个不同长度或类型的基团，则按字母顺序命名它们。例如，名称中乙基(ethyl)在甲基(methyl)之前。斜体前缀，如仲-(sec-)或叔-(tert-)应被忽略，但在此步骤中必须考虑异-(iso-)、新-(neo-)或环(cyclo)，例如，在5-叔丁基-6-异丙基-3-甲基十二烷(5-tert-butyl-6-isopropyl-3-methyl dodecane)的命名中。

④ 如果存在多个相同类型的基团，使用前缀二(di)、三(tri)、四(tetra)等。如果多个相同类型的支链与主链碳相连，则多次使用定位编号，并用逗号分隔。这些表示数量的前缀不影响基团按字母排序的原则。例如，如2,3,3-三甲基-4-丙基-壬烷(2,3,3-trimethyl-4-propyl-nonane)。

2.6.5.2 烷烃的IUPAC名称示例

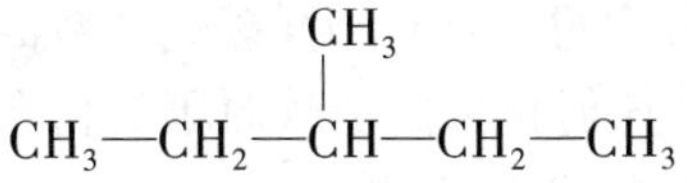

3-甲基戊烷

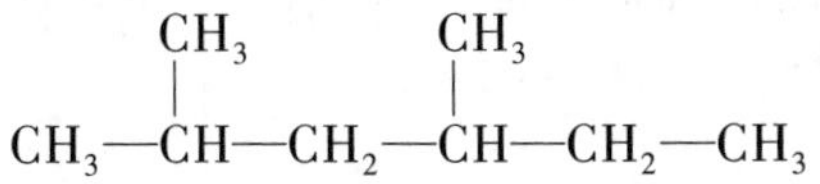

2,4-二甲基己烷

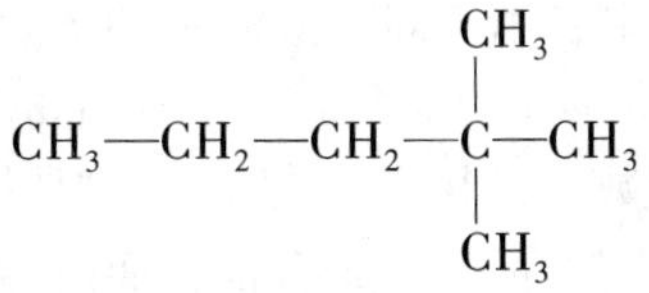

2,2-二甲基戊烷

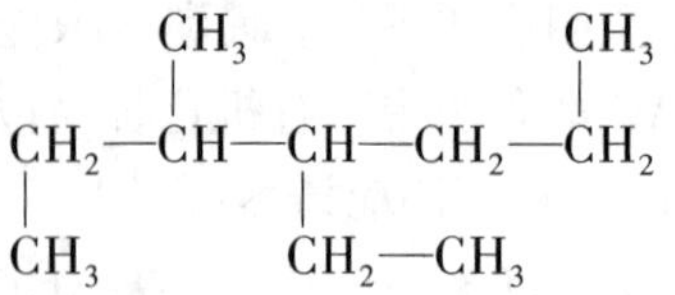

4-乙基-3-甲基庚烷

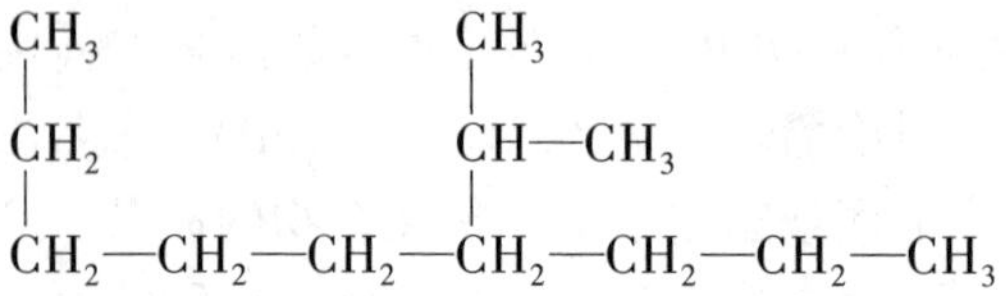

4-异丙基壬烷

2.6.6 烯烃

烯烃是在炼油厂通过“裂解”较长链的烷烃，导致双键形成而产生的产物，例如，丁烷可以分解为乙烷和乙烯。因为烯烃的双键是活泼的，所以可以进行许多反应，特别是加成反应，其中的一些反应如图 2.26 所示。乙烯的例子表明，通过乙烯可以获得多种具有重要商业价值的产品，包括其他材料(如药物)的前体。

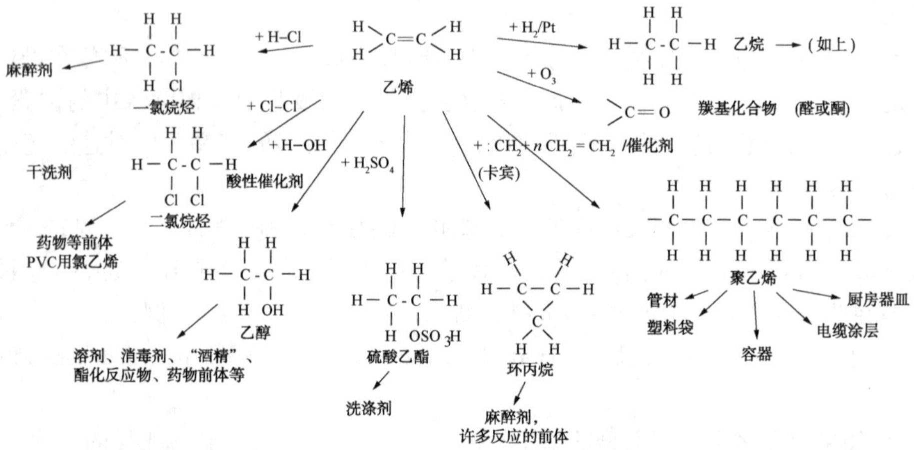

图 2.26 以乙烯为例介绍烯烃的反应及可形成的产物

在接下来的章节我们将再讨论另一种有机物质的命名，即烯烃的命名。这是为了了解 IUPAC 命名法的原则如何适用于除烷烃以外的所有其他有机化合物。由于有机化合物太多，在命名过程中，官能团必须按重要性排序，即按优先级排序。作为一般原则，在 IUPAC 命名法中，有机化合物的首部字母与具有相同碳原子数的烷烃相同，后面以表示官能团的字母作为尾部。例如，任何包含四个碳原子的化合物的 IUPAC 命名总是以首部字母 but-开头。给出的烯烃命名举例将进一步说明这一原则。

2.6.6.1 烯烃的 IUPAC 命名

简单烯烃的 IUPAC 名称与普通命名法命名的常用名称不同。最简单的烯烃，即含两个碳原子的烯烃，是乙烯，其 IUPAC 名称是 ethene，而常用名称是 ethylene。作为一般性原则，首部字母表示化合物中存在的碳数，而尾部字母表示它是烯烃。按照同样的方式，IUPAC 将具有三个碳原子的烯烃丙烯命名为 propene，而丙烯的常用名称为 propylene，依此类推。

为了命名更复杂的烯烃，可使用与前面提到的命名支链烷烃类似的规则。但是，双键优先于支链，这意味着双键必须是母体名称的组成部分，并且需对所有双键以尽可能小的数字进行编号。因此，对于含有一个或多个双键的烃，适用以下命名规则：

① 最长的连续链必须包含双键，并将其作为母体命名，在尾部添加-ene。例如，具有八个碳原子和一个双键的连续碳链称为 octene。

② 确定每个双键的位置，使用尽可能小的数字来指示每个双键的开始位置。例如，3-辛烯在第三和第四个碳原子之间有一个双键。

③ 如果连续碳链含有不只一个双键，在烯(-ene)之前加上二(di-)、三(tri-)等，以此类推表示它们的数量。例如，1,3-丁二烯在分子的两端都各有一个双键。

2.6.6.2 几何异构

与碳-碳单键不同，由于碳-碳双键不能自由旋转，因此除前面提到的由于支链引起的异构外，还会出现另一种异构形式，这种类型的异构通常被称为顺/反(cis/trans)异构。如果在烯烃双键的两个碳原子中，每一个碳原子上都有取代基(即除氢以外的原子或原子基团)，它们可以按顺式或反式取向排列。

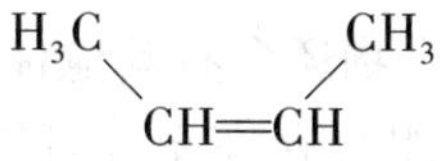

顺-2-丁烯

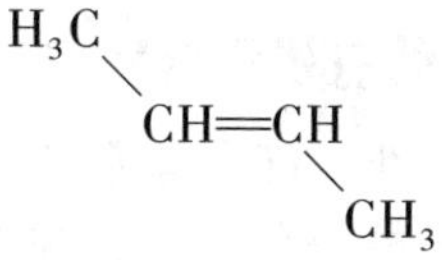

反-2-丁烯

如果取代基在双键的同一侧，则使用前缀“顺”(cis)；如果它们在相反的两侧，则使用“反”(trans)。

2.6.6.3 烯烃的 IUPAC 命名示例

$CH_2{=}CH—CH_2—CH_3$　　1-丁烯

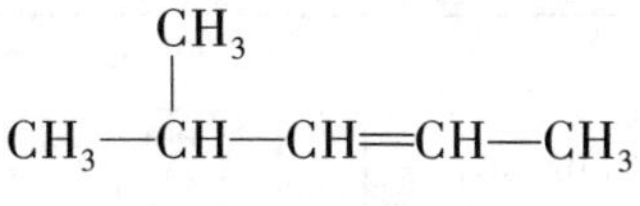

4-甲基-2-戊烯

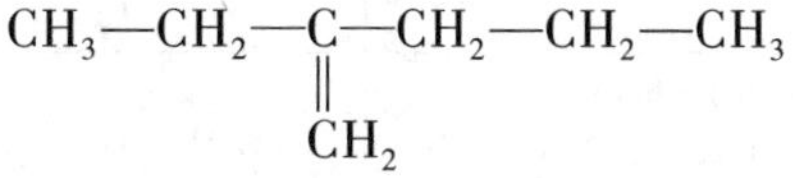

2-乙基-1-戊烯

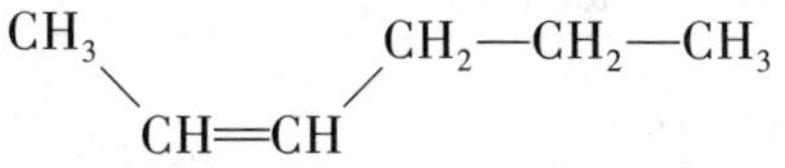

顺-2-己烯

在炔烃中，两个 C 原子之间是三键，每个原子只剩下一个取代基可以与之键合(一个 C 原子最多只能有四个键)。因此，该类别中的化合物并不多。最简单的炔烃(alkyne)其 IUPAC 名称为乙炔(ethyne)，由于其有两个 π 键，具有很高的反应活性。因此，它被用于许多使产物带有双键的化学反应中。它还可用于焊接，因为它与氧气发生燃烧反应时会释放出较高能量。

2.6.6.4 芳香化合物

含有芳香环的化合物，如苯，比烯烃更稳定。因此，向芳香环中添加原子并将环中的键转化为单键需要更高的能量。苯及其衍生物不进行加成反应，而是进行取代反应，即芳环上的氢原子被其他原子或基团取代。甲苯是有机合成中重要的中间体和溶剂。甲苯在许多工艺中是首选的有机物，因为它的致癌性比苯小。在下一节我们将讨论其他含杂原子的芳香族体系。三种芳烃的结构如下所示：

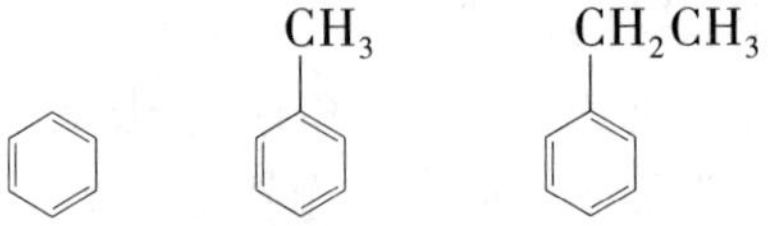

苯　　甲苯　　乙苯

芳香环也可以连接在一起，形成缩合芳香化合物。萘就是其中的一个例子，它赋予樟脑丸特有的气味。其他缩合芳香环以蒽或菲的形式出现，用作染料和合成药物的前体。

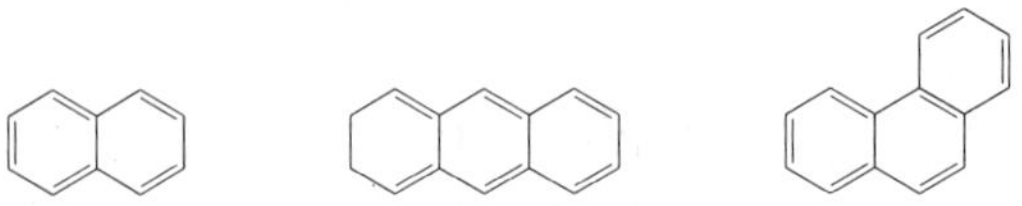

萘　　蒽　　菲

2.6.7 含杂原子的有机化合物

除了碳和氢之外，许多日常使用的有机化合物还含有其他称为杂原子的元素。它们存在于阿司匹林等药物中，作为柠檬酸的组分存在于苏打饮料中，或作为咖啡因的组分存在于咖啡和茶中。表 2.8 给出了这些化合物的概述，包括每类化合物的典型代表(这些类别按照 IUPAC 规则的优先级顺序给出，有机卤化物的优先级最低，酰胺的优先级最高)。我们只会简要介绍每一类化合物的一些要点。

表 2.8 带有官能团的有机化合物概览

类别名称	通式	代表化合物名称	代表性化合物结构
有机卤化物	R—X X=F，Cl，Br，I	氯仿(Chloroform) 三氯甲烷(Trichloromethane)(IUPAC)	Cl H—C—Cl Cl
醚	R—O—R⁺	二乙醚(Diethyl ether) 乙醚(Ether) 3-氧戊烷(3-Oxapentane)(IUPAC)	$C_2H_5—O—C_2H_5$
胺	R—N(H(R⁻))((H)R⁻)	甲胺(Methyl amine) 氨基甲烷(Aminomethane)(IUPAC)	$H_3C—N(H)(H)$
苯酚	Ar—OH	苯酚(Phenol)	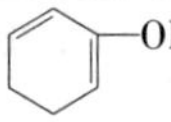 OH
醇	R—OH	乙醇(Ethyl alcohol) 醇(Alcohol) 乙醇(Ethanol)(IUPAC)	$C_2H_5—OH$

续表

类别名称	通式	代表化合物名称	代表性化合物结构
酮	R—C(=O)—R′	丙酮(Acetone) 丙酮(Propanone)(IUPAC)	H_3C—C(=O)—CH_3
醛	R—C(=O)—H	甲醛(Formaldethyde) 福尔马林(Formalin) 甲醛(Methanal)(IUPAC)	H—C(=O)—H
羧酸	R—C(=O)—OH	醋酸(Acetic acid) 乙酸(Ethanoic acid)(IUPAC)	H_3C—C(=O)—OH
酯	R—C(=O)—O—R′	乙酸乙酯(Ethyl acetate) 乙酸乙酯(Ethylethanoate)(IUPAC)	H_3C—C(=O)—O—C_2H_5
酰胺	R—C(=O)—N(H)—H(R)	乙酰胺(Acetamide)	H_3C—C(=O)—N(H)—H(R)

表 2.8 中，一些不太受欢迎的 IUPAC 名称以斜体显示。如果未显示 IUPAC 名称，则常用名称和 IUPAC 名称相同。

2.6.7.1 有机卤化物

有机卤化物含有卤素原子，即氟、氯、溴或碘原子。如果它们所含的唯一杂原子是卤素，则通常也称为卤代烃。最简单的氯代烷烃是氯甲烷(methyl chloride，IUPAC 名称：chloromethane)。如果甲烷的两个氢原子被氯原子取代，则形成二氯甲烷。人们比较熟悉的是氯仿(chloroform)[其他常用名称：三氯甲烷(methyltrichloride)]；除氯仿外，其 IUPAC 名称：三氯甲烷(trichloromethane)。多年来氯仿一直被用作外科手术的麻醉剂。然而，它是致癌物，已被氟烷(IUPAC 名称：2-溴-2-氯-1,1,1-三氟乙烷)所取代，它既含有氯原子，也含有氟原子。如果甲烷中的四个氢原子全部被氯取代，则得到四氯化碳[carbontet，IUPAC 名称：四氯甲烷(tetrachloromethane)]，四氯化碳在有机合成中经常用作溶剂。一些卤化物的结构如下所示：

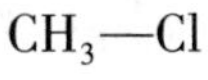
氯甲烷

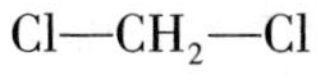
二氯甲烷

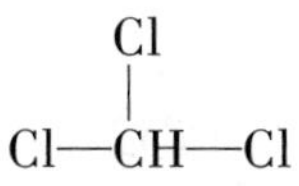
氯仿

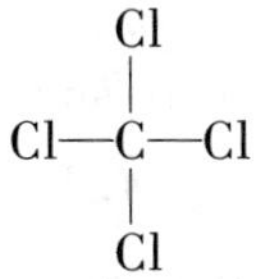
四氯化碳

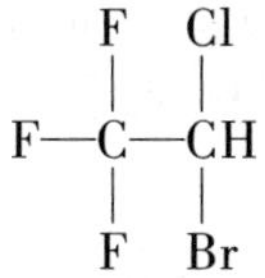
氟烷

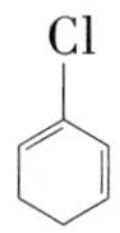
氯苯

由于氟氯化碳(CFCs)类化合物看似是稳定或惰性的化合物，因此在 20 世纪 80 年代以前，它们一直被用作空调和气溶胶喷雾器中的制冷剂和推进剂。氟氯化碳类化合物的一个例子是二氯氟甲烷。然而，它们在高层大气中分解，产生氯自由基，催化臭氧破坏过程并导致保护我们免受过度紫外线辐射的臭氧层损耗。它们现在正在被逐步淘汰使用，取而代之的是氢氯氟烃(HCFC)，它在对流层中分解，不会对臭氧层造成损害。

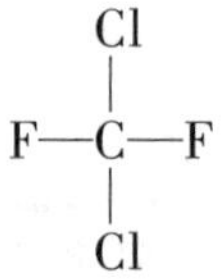

二氯二氟甲烷——氟氯化碳类化合物举例

2.6.7.2　醇、醚和苯酚

所有的醇都含有至少一个羟基(—OH)。与具有相同碳原子数的烷烃相比，因为分子之间受到氢键的吸引，它们通常具有更高的沸点。最简单的醇是甲醇[alcohol，IUPAC 名称：甲醇(methanol)]。即使在低浓度下，甲醇也是有毒的，如果人摄入会导致失明，还有可能导致死亡。它有时会用于非法制备酒精类饮料。它是工业上的重要化学品。燃料电池也可以基于甲醇的燃烧制成。

饮料中常用的醇类物质是酒精[alcohol，IUPAC 名称：乙醇(ethanol)]。它是由糖或淀粉中的葡萄糖发酵自然获得的，其中酵母作为一种催化酶来使用。

$$\underset{\text{葡萄糖}}{C_6H_{12}O_6} \xrightarrow{\text{酵母}} 2\underset{\text{乙醇}}{CH_3CH_2OH}+2CO_2$$

乙醇在人体内的浓度很高时会起到抑制剂的作用，可能会具有毒性。工业酒精对健康是有害的，添加到饮料中就变成了一种有毒物质且难以除去，因此不能用作饮料。政府对此进行控制，以便能够对这些饮料征税。在啤酒和葡萄酒中，酒精含量一般不超过 15%。然而，通过蒸馏，各种酒中的酒精浓度可以增加到更高的水平(即 50%或 100%)。乙醇是一种重要的工业溶剂和反应物。近年来，乙醇作为一种替代燃料受到关注。它已经与汽油混合来提高汽车的燃油效率(高达 10%)。然而，现在也有一种趋势是将乙醇作为来自农作物的生物燃料来使用。

医用外用酒精的通用名称是异丙醇，出售给消费者用作消毒剂或其他医疗目的。它因擦在患者身上起到促进循环的作用而得名，因为它很容易蒸发，从而可使皮肤降温。含有两个醇基的最简单的化合物是乙二醇[ethyleneglycol，IUPAC 名称：1,2-乙二醇(1,2-ethane-diol)]。由于其凝点低，仅为-13℃，它可用作汽车的防冻剂。含有三个羟基的多元醇是甘油[glycerol，也称为 glycerine，IUPAC 名称：1,2,3-丙烷-三醇(1,2,3-propane-triol)]。它在药品、食品中应用并在机器中用作润滑剂。

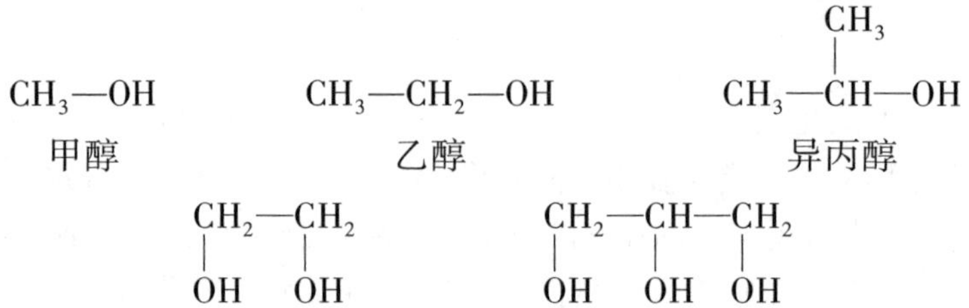

甲醇　乙醇　异丙醇

乙二醇　甘油

酚类化合物，与醇类相似，它们含有羟基，这些羟基与苯环相连。然而，它们的性质和反应性能与醇类化合物不同。由于芳香环与氧的键合力很强，导致氢氧键很弱，因此氢更容易被释放出去，即它使酚类化合物呈弱酸性。间苯二酚是一种可用于咽喉痛消毒剂的酚类化合物。

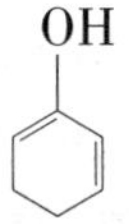

苯酚

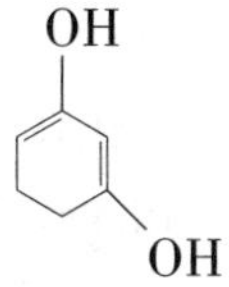

间苯二酚

所有的醚类化合物都有一个特征性的原子基团——一个氧原子与两个碳原子之间以单键相连。它们的沸点低于相同碳原子数的醇类化合物，因为它们不能形成氢键。因此，它们是极易燃的液体。最简单的代表是二甲醚[dimethyl ether，IUPAC 名称：甲氧基甲烷(methoxymethane)]。然而，我们通常将二乙醚[diethyl ether，IUPAC 名称：乙氧基乙烷(ethoxyethane)]简单地称为“乙醚”(ether)，因为它在许多年前就被用于许多场合，如手术麻醉剂。然而，由于其高度易燃性，因此目前已不再用于麻醉剂使用。乙醚经常用作溶剂，也用作化学反应中的试剂。

$$CH_3—O—CH_3 \qquad CH_3—CH_2—O—CH_2—CH_3$$

二甲醚　　乙醚

2.6.7.3 羰基化合物

所有羰基化合物都含有与氧形成双键的碳。这使得该碳原子具有相对的电正性。这类化合物包括醛、酮、羧酸、酯和酰胺。

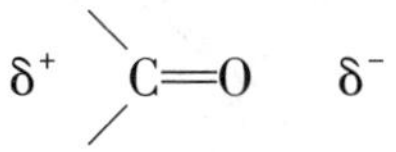

羰基

2.6.7.4 醛和酮

在醛类化合物中，羰基碳原子一端与碳原子相连，另一端与氢原子相连。最简单的醛是甲醛[formaldehyde，IUPAC 名称：甲醛(methanal)]，这是一个特例，因为羰基 C 原子与两个 H 原子相连。它在室温下是一种气体，但在水中溶解良好。它的水溶液称为福尔马林，是一种消毒剂，用于保存人体解剖部位。它也是生产热固性聚合物的反应物。其次是乙醛[acetaldehyde，IUPAC 名称：乙醛(ethanal)]。苯甲醛是一种芳香醛，闻起来像苦杏仁。醛类化合物存在于许多水果和其他植物中，赋予它们特有的风味。

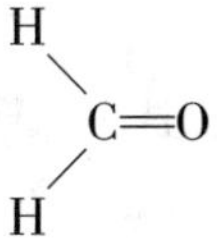

甲醛

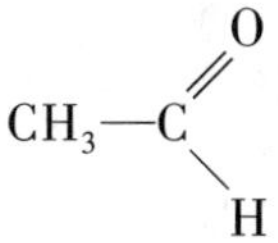

乙醛

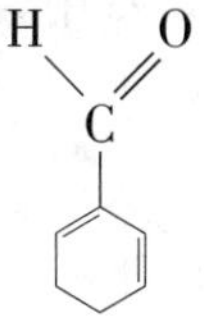

苯甲醛

醛可以由醇的氧化生成，例如：

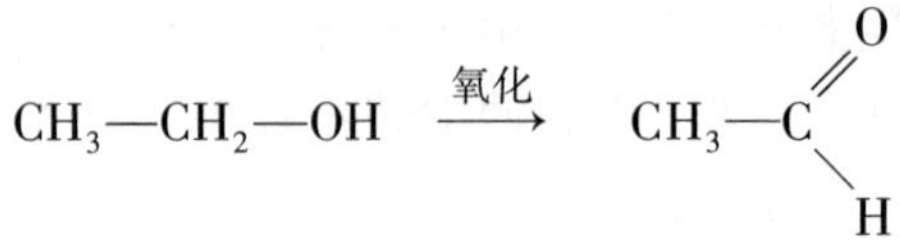

乙醇　　　　乙醛

在酮类化合物中，羰基化合物的碳原子与两侧的碳原子相连。最简单的例子是丙酮[acetone，也叫二甲基酮(dimethylketone)，IUPAC 名称：丙酮(propanone)]。它在室温下为液体，是一种优良的溶剂，是指甲卸甲油的成分。甲基乙基酮[Methylethylketone，IUPAC 名称：2-丁酮(2-butanone)]是油漆和清漆中的一种重要成分，可快速蒸发。苯乙酮[Acetophenone，也叫甲基苯基酮(methylphenylketone)，IUPAC 名称：1-苯基乙酮(1-phenylethanone)]是芳香酮的一个例子，用于香料和口香糖中。

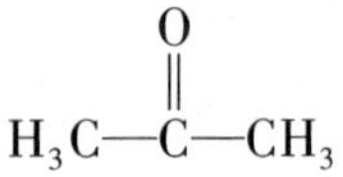

丙酮

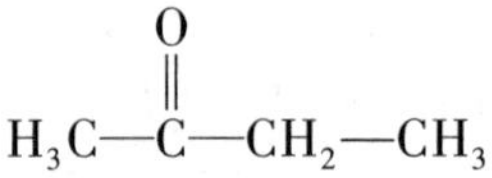

甲基乙基酮

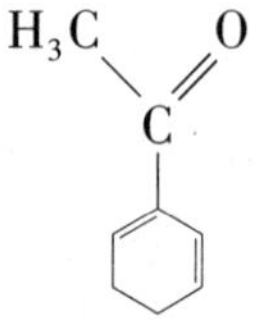

苯乙酮

2.6.7.5 羧酸和酯类化合物

有机酸含有羧基，其中羰基的碳也与羟基相连，这削弱了与氢原子的键合，从而促进了质子的形成。

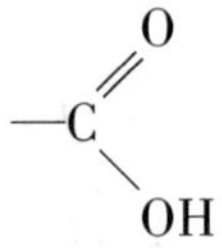

羧基

所有有机酸都是弱酸。最简单的羧酸是甲酸[formic acid，IUPAC 名称：甲酸(methanoic acid)]。它的通用名称源于它发现于蚂蚁蜇伤(formica，拉丁语为蚂蚁)的分泌物中。甲酸是液体，易溶于水。它用作抗菌剂。有机酸的常见代表是乙酸[acetic acid，IUPAC 名称：乙酸(ethanoic acid)]，稀释后变成醋。高级脂肪酸通常具有令人不快的气味，例如丁酸[butyric acid，IUPAC 名称：丁酸(butanoic acid)]，它的名字来自腐臭的黄油，具有类似汗水的气味。苯甲酸(benzoic acid)是最简单的芳香族羧酸，用作食品防腐剂。草酸(oxalic acid)是最简单的二元羧酸，它会干扰人类的新陈代谢，过量食用会导致肾结石。

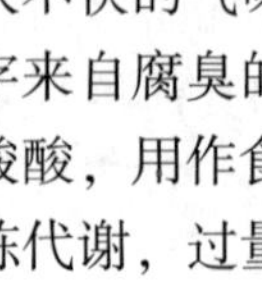

甲酸

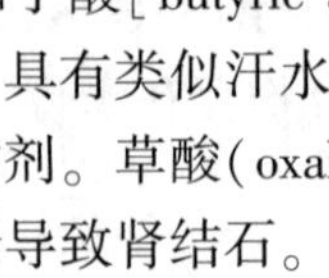

乙酸

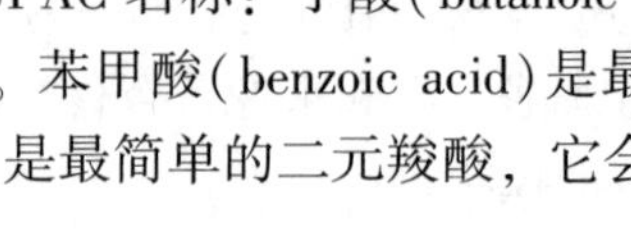

丁酸

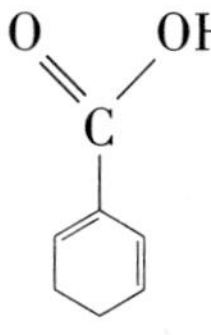

苯甲酸

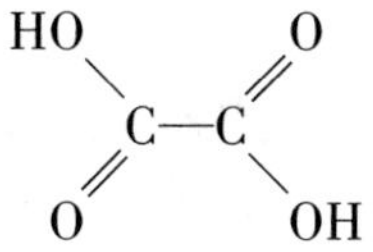

草酸

酸可以由醛的氧化生成，例如：

乙醛　　　　乙酸

酯基包含羰基，其中该羰基碳还连接到成醚的氧原子上：

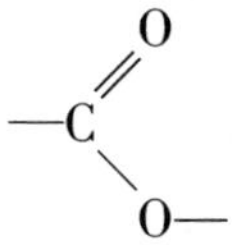

酯基

有机酸与醇反应生成酯，该反应也称为酯化反应。例如：

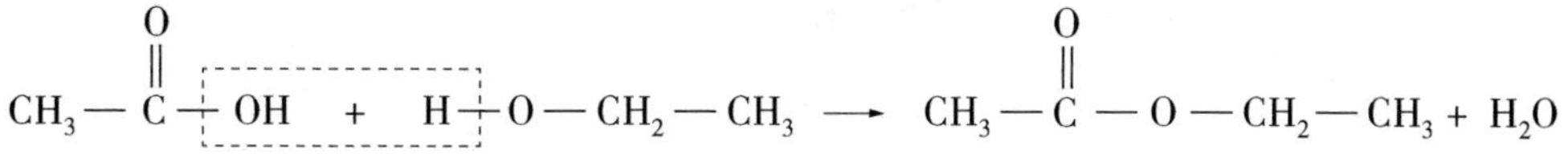

乙酸　　　　乙醇　　　　乙酸乙酯

与形成酯的酸类化合物不同，酯通常具有非常宜人的气味。乙酸乙酯(ethyl acetate)[俗名：醋酸乙酯(acetic acid ethylester)，乙酸乙酯(ethyl ethanoate)]是一种液体，它和大多数酯一样被用作香料。甲酸乙酯有朗姆酒的味道，而丁酸乙酯有菠萝的味道。

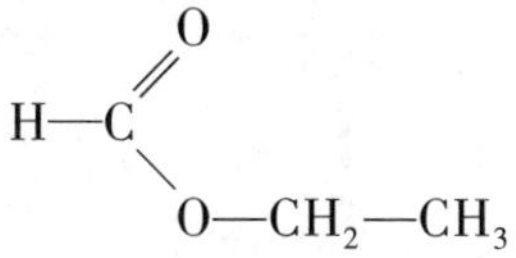

甲酸乙酯

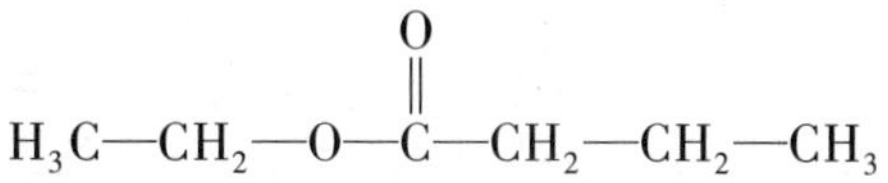

丁酸乙酯

2.6.7.6　胺

胺是弱无机碱氨(NH_3)的有机衍生物。因此，与氨类似，胺也具有弱碱性，胺可以质子化形成有机铵离子：

$$CH_3—NH_2(l)+H_2O(l) \rightleftharpoons CH_3—NH_3^+(aq)+OH^-(aq)$$

根据与胺中氮原子连接的碳原子数和剩余的氢原子数的不同，可以分为以下几种：伯胺，仅与一个碳原子相连；仲胺，与两个碳原子相连；叔胺，其氮的所有价键都与碳原子相连。许多胺类有机物有令人不快的鱼腥味，有些甚至闻起来像腐烂的动物，也因此，其中的一种胺类有机物被命名为尸胺[1,5-二氨基戊烷(1,5-diaminopentane)，IUPAC 名称：戊烷-1,5-二胺(pentane-1,5-diamine)]。它们被用于许多药物中，使药物有苦味。

安非他明[amphetamine，或者苯丙胺(benzedrine)，IUPAC 名称：1-苯基丙烷-2-胺(1-phenylpropane-2-amine)]是一种兴奋剂。胺也用于生产聚酰胺和聚氨酯。最简单的胺是甲胺。苯胺是一种芳香胺，在染料工业中已生产多年，是合成紫红色的前体。胺的一些示例如下所示：

$CH_3—NH_2$

甲胺(伯胺)

$CH_3—CH_2—NH—CH_2—CH_3$

二乙胺(仲胺)

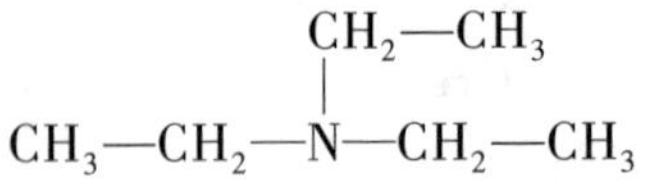

三乙胺(叔胺)

$NH_2—CH_2—CH_2—CH_2—CH_2—CH_2—NH_2$

尸胺

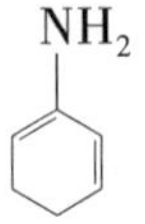

苯胺

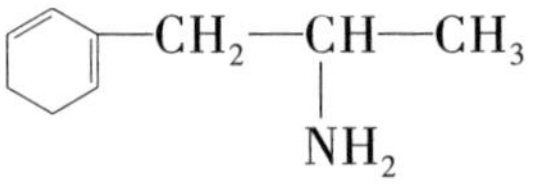

苯丙胺

2.6.7.7 酰胺

在酰胺基中，羰基与氨基相连：

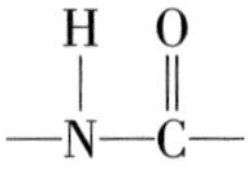

酰胺基

酰胺是比胺弱的碱，并且非常易溶于水。甲酰胺[formamide，甲酰胺(methanamide)]和乙酰胺[acetamide，乙酰胺(ethanamide)]是水溶性液体，而苯甲酰胺(benzamide)是固体。它们是药物的重要前体。

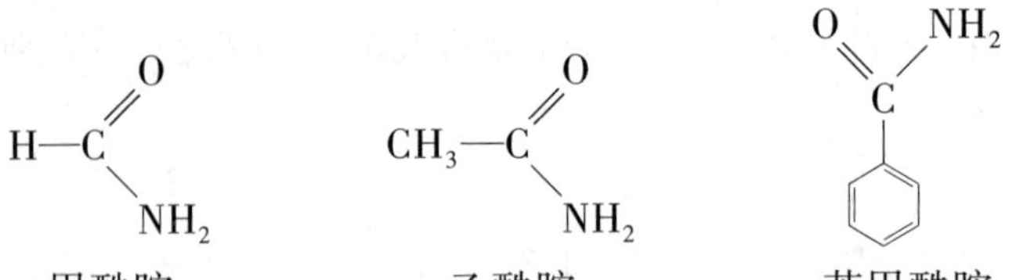

甲酰胺　　乙酰胺　　苯甲酰胺

酰胺是具有弱碱性的胺与羧酸发生中和反应生成的，如：

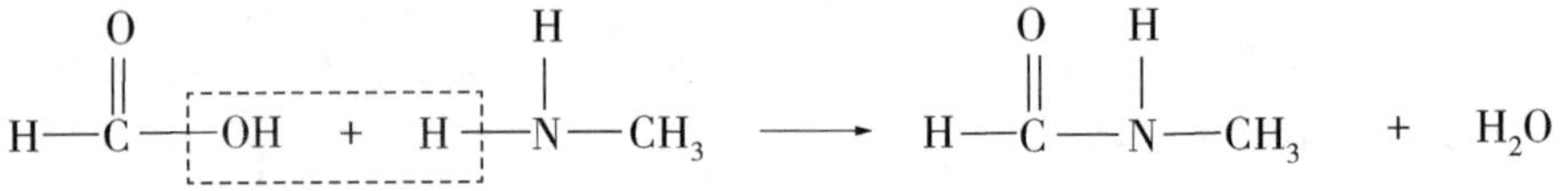

甲酸　　甲胺　　*N*-甲基甲酰胺

2.6.8 与氢相关的有机反应

在第 3 章和第 4 章中，我们将介绍氢的物理和化学性质，其中包括制氢的化学反应。在本章中，我们将介绍以氢作为反应物或催化剂的有机反应。

2.6.8.1　氢作为还原剂

众所周知，如果反应中 C—H 键的数量增加或 C—O、C—N 或 C—X 键的数量(其中 X 表示卤素)减少，则有机化合物被还原。氢是众所周知的常见还原剂。现在让我们看一下发生在各类有机化合物的碳原子和其他原子上的氧化还原反应的一些例子。

2.6.8.1.1　烯烃加氢

在过渡金属催化剂如铂、钯或镍的存在下，氢与烯烃的双键加成形成烷烃。没有催化剂时反应的活化能太高，反应无法发生。在催化剂存在下的加氢反应称为催化加氢。该反应是非均相反应，因为催化剂以金属或金属氧化物分散在炭(Pt/C、Pd/C)上的形式使用。反应后催化剂可以很容易地通过过滤除去。

$$CH_3CH{=}CHCH_3 + H_2 \xrightarrow{Pt/C} CH_3CH_2CH_2CH_3$$

2-丁烯　　　　　　　　丁烷

$$CH_3C(CH_3){=}CH_2 + H_2 \xrightarrow{Pd/C} CH_3CH(CH_3)CH_3$$

2-甲基丙烯　　　　　　　　2-甲基丙烷

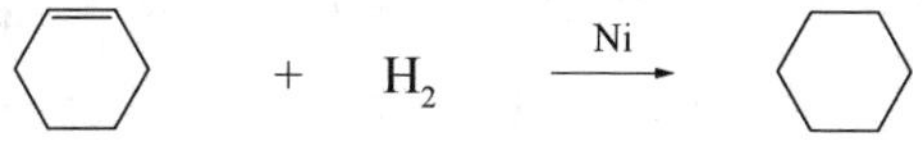

环己烯　　　　　　　　环己烷

催化加氢的机理还不完全清楚。然而，众所周知，在该反应中，氢气吸附在金属表面，并通过烯烃 p 轨道与金属的空轨道重叠在烯烃和金属之间形成络合物。这导致烯烃的 π 键和 H_2 的 σ 键断裂并形成新的 C—Hσ 键以产生烷烃(图 2.27)。这就是催化还原具有立体选择性的原因，因为这两个氢原子从固体表面加成，它们以顺式立体化学的方式发生加成反应——形成顺式异构体，例如，1,2-二乙基环己烯加氢生成顺式-1,2-二乙基环己烷：

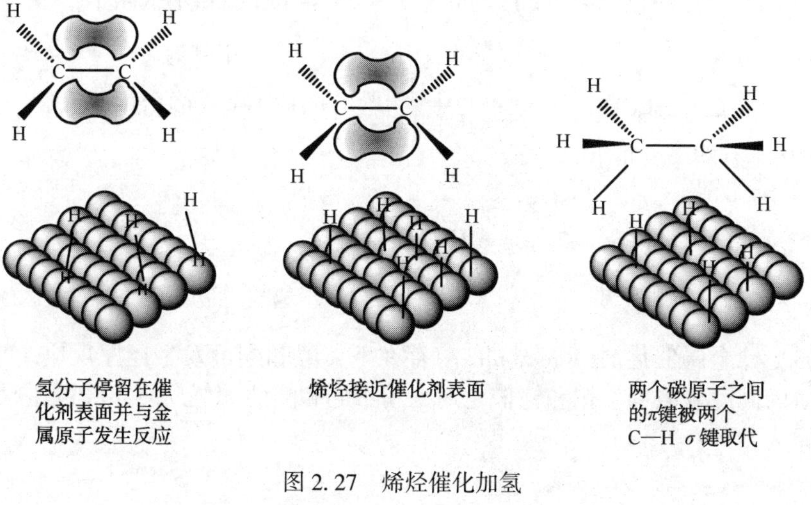

图 2.27　烯烃催化加氢

1,2-二乙基环己烯　　　　顺式-1,2-二乙基环己烷

加氢是放热反应，加氢释放的热量约为 80~120kJ(20~30kcal)/mol。这意味着当较弱的 π 键转换为较强的 σ 键时会释放热量。烯烃的能级越高(烯烃越不稳定)，氢化热就越高。烯烃的能级取决于其结构：

① 碳碳双键的取代度：取代基数越多，反应热越低，例如，在乙烯(无取代基)→丙烯(一个取代基)→丁烯(两个取代基)中，反应热逐渐降低。

② 如果烯烃有顺反异构体：反式烯烃的还原热低于顺式烯烃的还原热。

2.6.8.1.2　炔烃加氢

与烯烃的 π 键类似，炔烃的两个 π 键很容易发生加成反应；在金属催化剂(如铂、钯或镍)存在下，氢气与炔烃发生与烯烃和氢气加成方式相同的反应，将其还原为烷烃：

$$CH_2CH_3C \equiv CH \xrightarrow{H_2,Pt/C} CH_3CH_2CH{=}CH_2 \xrightarrow{H_2,Pt/C} CH_3CH_2CH_2CH_3$$

1-丁炔(炔烃)　　1-丁烯(烯烃)　　丁烷(烷烃)

该反应分两个阶段进行，会生成一个烯烃中间体。如果反应发生不完全，该反应可以在烯烃阶段停止，但需要使用部分失活的金属催化剂(林德拉催化剂)。

炔烃的催化加氢与烯烃的加氢相似，因为只有氢的顺式加成反应发生；炔烃位于金属催化剂表面，氢原子从催化剂表面被传递到碳碳三键上。

2.6.8.1.3　含氮及含氧基团的还原

催化加氢还可用于还原碳氮双键和三键或氮氧双键。反应产物为胺类化合物：

$$CH_3CH_2CH{=}NCH_3 + H_2 \xrightarrow{Pd/C} CH_3CH_2CH_2NHCH_3$$

甲基丙胺

$$CH_3CH_2CH_2C \equiv N + 2H_2 \xrightarrow{Pd/C} CH_3CH_2CH_2CH_2NH_2$$

丁胺

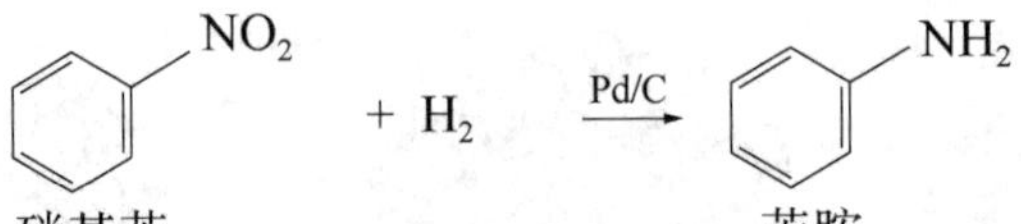

硝基苯　　　　苯胺

在雷尼镍金属催化剂(Raney nicke)存在下，醛和酮可发生还原反应。雷尼镍是可吸附氢的高度分散镍。铂和铑催化剂也用于酮和醛的加氢反应。醛被还原为伯醇，酮被还原为仲醇：

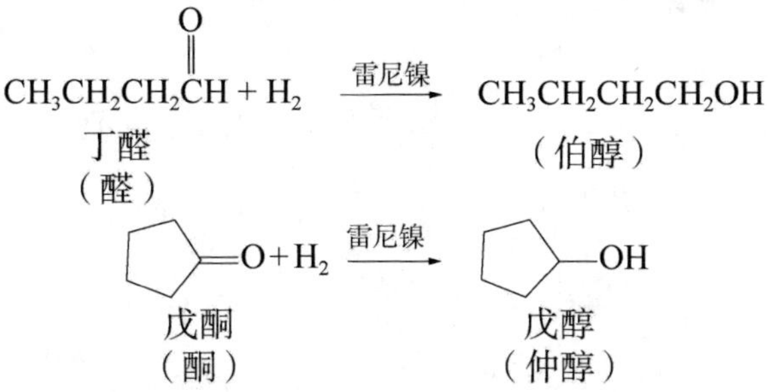

金属催化剂不具有选择性，这意味着如果醛或酮具有孤立的碳碳双键，则两种官能团都会在这些条件下发生加氢反应：

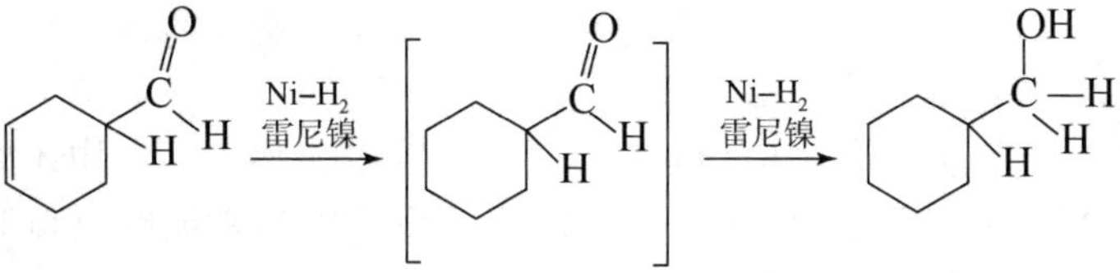

2.6.8.1.4　单糖还原

与其他醛和酮类似，单糖(醛糖和酮糖)可以在镍催化剂存在下发生催化加氢反应被还原为相应的多元醇(糖醇)。糖醇广泛用于工业中，主要用作食品添加剂和糖的替代品。其中一个例子就是将葡萄糖还原为葡萄糖醇(也称山梨醇)的反应：

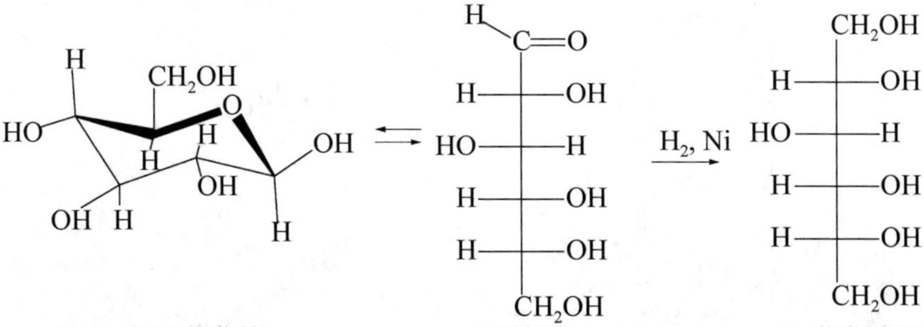

β-D-吡喃葡萄糖（*β*-D-葡萄糖）　　开链醛　　D-葡萄糖醇（D-山梨醇）糖醇

2.6.8.1.5　金属氢化物还原

氢不仅可以以分子形式，而且可以以氢负离子 H^- 的形式充当还原剂：硼氢化钠($NaBH_4$)和氢化铝锂($LiAlH_4$)是用作氢负离子源的常见化合物，用于还原醛或酮的羰基：

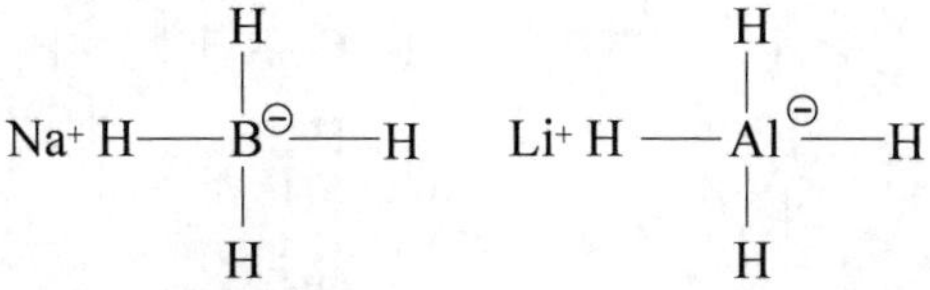

硼氢化钠　　氢化铝锂

这些化合物是非常强的还原剂。氢化铝锂是一种特殊的试剂，因为它不仅能还原醛或酮的羰基，还能还原羧酸或其衍生物的羰基：

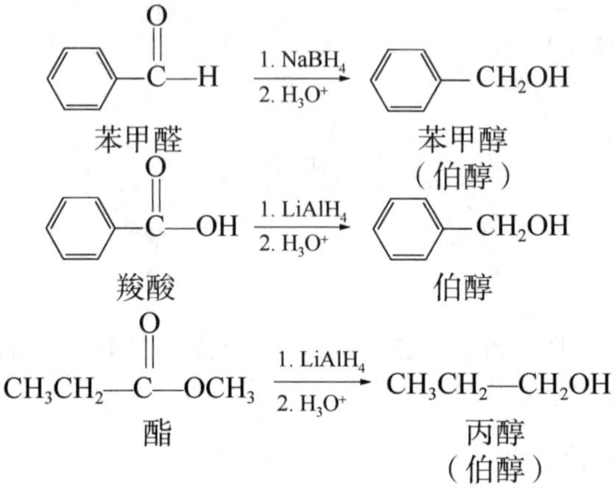

2.6.8.1.6　生物还原反应中的氢负离子

在生命系统中，还原反应非常重要，它们发生在细胞中。生物还原剂的作用方式与金属氢化物相同：它们提供氢负离子。生命系统中最常见的氢负离子来源是还原型烟酰胺腺嘌呤二核苷酸：

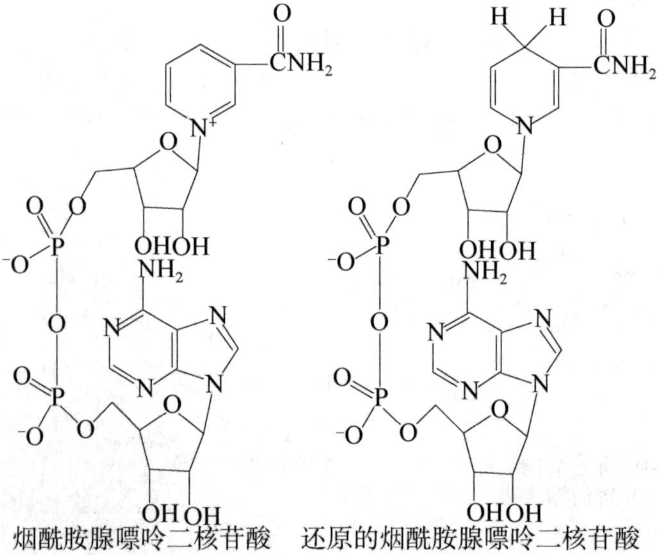

烟酰胺腺嘌呤二核苷酸　还原的烟酰胺腺嘌呤二核苷酸
NAD+　NADH

NADH 通过提供六元环上的氢负离子来还原醛和酮等化合物：

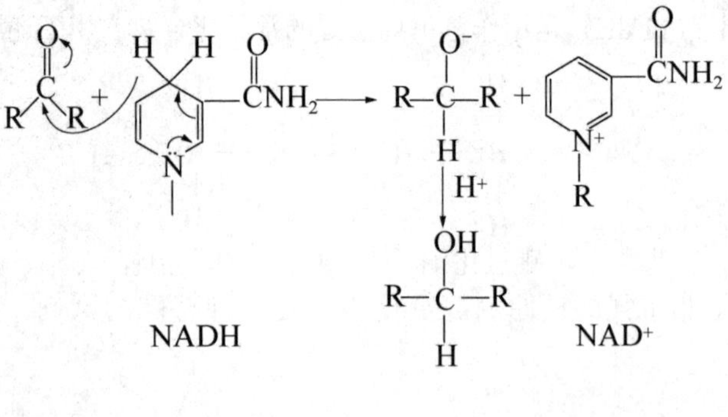

2.6.8.2 氢作为催化剂

大多数有机反应仅在催化剂存在下发生。催化剂为反应提供了更有利的途径。酸催化在各种有机反应中很常见。酸催化剂通过向反应物提供质子来提高反应速率。例如，酸催化剂可显著增加酯、酰胺、酰氯或酸酐的水解速率：

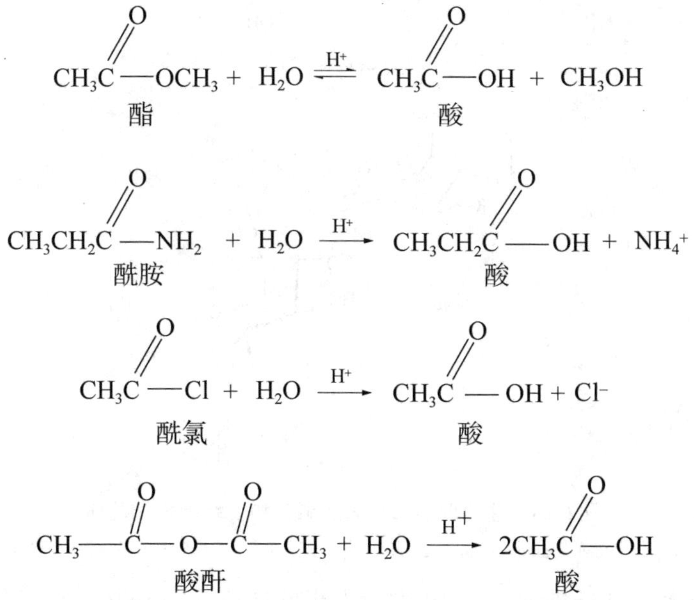

2.7 高分子化学

聚合物是大分子，分子质量通常在 10000 ~ 500000g/mol。聚合物的名称(polymer)来源于希腊语，“poly”的意思是多、聚，“mer”代表链节、基体，合起来翻译成由很多链节组成的物质。聚合物通常由小分子形成的链段(building blocks)构成，这些小分子被称为单体(monomers，“mono”在希腊语中翻译为单体)。连接单体和聚合物的键是共价键，这就是为什么通过离子键连接在一起的盐不被认为是聚合物的原因之一。聚合物的另一个术语是基于拉丁语的大分子(macromolecule)，意思是大分子，常用于学术界。大多数聚合物主要包含碳原子和氢原子，因此把它们归入前面讨论过的有机化合物类别中。

聚合物存在于自然界中，例如棉花中的纤维素或羊毛中的多肽。纤维素是葡萄糖的聚合物。葡萄糖还可形成另一种常见的聚合物，如淀粉。这些天然聚合物的结构如图 2.28 所示。在纤维素中，葡萄糖分子通过 β-糖苷键结合，而在淀粉中，这些分子通过 α-糖苷键结合。因此，淀粉可以被人类消化，而纤维素则不能。我们身体中形成皮肤、头发和内部组织部分的蛋白质就是氨基酸的聚合物。DNA(脱氧核糖核酸)是一种聚合物，存在于每一种生命形式中，携带着每一种生物的遗传信息。在整个人类文明过程中，天然聚合物被用作布料等材料。这些类型的聚合物最近作为能源资源变得越来越重要。例如，玉米淀粉和干草正被认为是替代燃料的来源。

这些天然聚合物也比相应的合成材料更环保，因为它们更容易被土壤吸收。

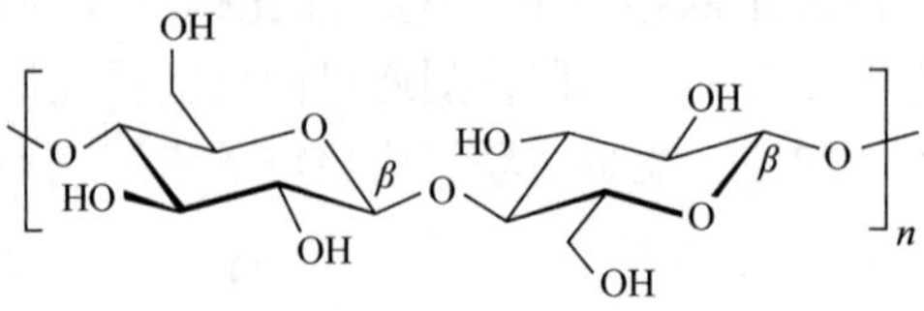

纤维素

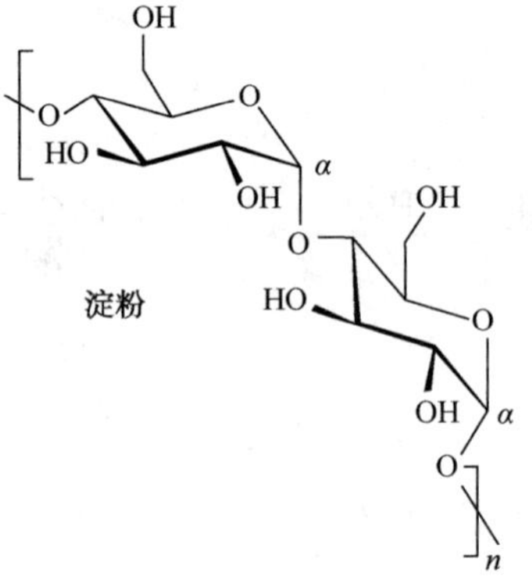

淀粉

图 2.28　葡萄糖的两种天然聚合物：纤维素和淀粉

［来源：Olmsted and Williams(2006)[103]，经 John Wiley & Sons 公司许可转载］

天然聚合物，如纤维素，在 19 世纪下半叶研究人员对其进行了化学改性，例如，用醋酸对其改性形成醋酸纤维素。然而，在 Leo N. Bakeland 用苯酚和甲醛这两种单体合成酚/醛树脂时，第一个真正人工合成的聚合物才出现，时间不会早于 1907 年。这种既硬又脆的聚合物，有时也会以其发明者的名字命名为 Bakelite，用于生产电话、收音机外壳和转盘唱片。它现在仍然是电子工业中使用的重要聚合物，例如，用于生产光刻胶以生产微芯片，并用作家具和汽车中的仿木塑料。

合成聚合物代表了人造材料，在我们的现代生活中非常重要。不论是在家里还是在工作中，我们都被合成聚合物所包围，并且已经习惯了它们。聚合物被用作消费品，例如服装、汽水瓶、食品容器、塑料袋、信用卡和 CD 磁盘等。现代汽车中由聚合物制成的零部件多于金属，甚至包括齿轮和车身。聚合物在工业中用于许多产品的生产，包括电缆绝缘层、玻璃制品、黏合剂、油漆和隔热罩等。某些合成聚合物被用作燃料电池中的质子交换膜。其他一些类型的聚合物具有导电性，适合储存电力。由于某些聚合物对氢燃料电池的转化很重要，我们将在介绍完合成聚合物的基础知识后，在本章末尾对其进行更详细的讨论。

2.7.1　聚合物的结构式和名称

有几种方法可以用于命名聚合物以及书写聚合物的结构。由于聚合物是非常大的分子，因此无法有效地显示整个分子。对于大多数聚合物，单体连接形成了线性聚合链(见第 2.7.2 节)。有时，给出聚合物链的一段就可以表示出其结构。图 2.29 给出了最简单的聚合物聚乙烯的几种表示方式。在这四种表现形式中，球棍模型是最真实的；然而，把重复单元写出来通常是表达聚合物信息最有效的方式。

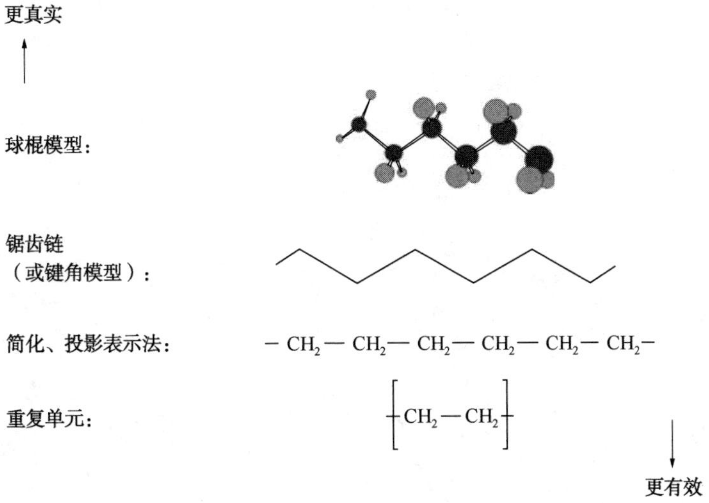

图 2.29　聚乙烯的四种表示方式

表 2.9 给出了一些简单聚合物的分子式和名称。最常见的是使用聚合单体来源的名称，即使用聚合物所用单体的名称，并在来源名称前加上前缀“聚”(“poly-”)。例如，聚(乙烯)[poly(ethylene)]由单体乙烯制备(结构已在第 2.6 节中进行了介绍)。在单体名称两边加括号是可以的，但经常被省略掉。少数几种聚合物的单体的名称是特殊的，在这些聚合物的命名中不使用前缀“poly”，而是添加了一个词，例如，在“酚/醛树脂(phenol/formaldehyde resin)”或某些类型的橡胶中，例如“异丁基橡胶(isobutyl rubber)”[也称为聚异丁烯(polyisobutylene)]。

由于大多数聚合物是“有机的”，我们也可以采用 IUPAC 方法来命名它们。在这些更系统的命名中，我们仍然以“poly”开头，但将重复单元中的每个结构片段命名。聚乙烯的 IUPAC 名称就是简单地称其为聚(亚甲基)[poly(methylene)]，因为可代表其自身结构的最小重复单元就是亚甲基(methylene)。然而，聚合物的 IUPAC 名称在工业中或消费者中并不常用，它们更多的是被科学家和技术人员使用。它们经常出现在有关聚合物的参考书中。

另一种表示聚合物的方法是根据其来源名称使用首字母缩略词或缩写来表示，例如，pp 代表聚丙烯(polypropylene)。许多聚合物还具有商业名称或商标名称，在某些情况下，这些名称比它们常用的来源名称更受欢迎，例如，尼龙(Nylon)或特氟龙(Teflon)。

2.7.2　聚合物中的整体链结构

图 2.30 给出了聚合物整体结构或拓扑结构的主要类型。如前所述，许多聚合物基本上都具有链的结构。虽然它们沿着主链呈之字形结构，但通常都被称为线性结构。最简单的线性聚合物就是高密度聚乙烯(HDPE，如表 2.9 所示)。如果任何原子(氢原子除外)或原子基团连接到主链上，则称它们为侧链原子或基团。例如，氯

在聚氯乙烯中形成侧链原子，而苯基则代表着聚苯乙烯中的侧链基团(表 2.9)。

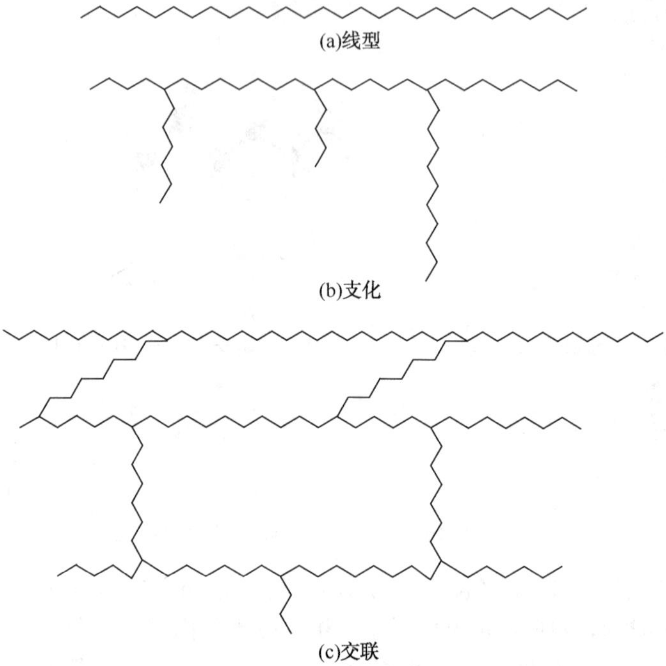

图 2.30　聚合物可以形成三种类型的整体结构

表 2.9　一些简单聚合物的分子式和名称

单体		聚合物				
结构	名称	结构	按来源命名	按首字母缩略命名(回收编号)[a]	IUPAC 名称	商业名称举例
$CH_2{=}CH_2$	乙烯	$-[CH_2-CH_2]_n-$	高密度聚(乙烯)或低密度聚(乙烯)	HDPE(2)或 LDPE(4)	聚(亚甲基)	Marlex Dowlex
$CH_2{=}CH-CH_3$	丙烯	$-[CH_2-CH(CH_3)]_n-$	聚丙烯	PP(5)	聚(1-甲基乙烯)	Hostanlen
$CH_2{=}CH-Cl$	氯乙烯	$-[CH_2-CH(Cl)]_n-$	聚氯乙烯	PVC 或 V(3)	聚(1-氯乙烯)	Geon
$CH_2{=}CH-C_6H_5$	苯乙烯	$-[CH_2-CH(C_6H_5)]_n-$	聚苯乙烯	PS(6)	聚(1-苯基乙烯)	Styron

[a] 回收编号为 1 的聚合物是聚(对苯二甲酸乙二醇酯)，它比较复杂，在后面进行讨论。

聚合物也可以是支化的，这意味着聚合物的重复单元也可存在于连接到主链的侧链中。支化聚合物的一个例子是低密度聚乙烯(LDPE)，其分支点由叔碳原子形成(见第 2.6 节)。支化聚合物通常比其对应的线型聚合物更柔软，也更容易加工。

与线型聚合物类似，它们也是热塑性的，也就是说，它们可以熔化和重塑。此类聚合物很容易回收(见表 2.10 中主要的回收聚合物)。

表 2.10　主要的链加成聚合物概览

聚合物的(来源)名称	重复单元	主要应用(常用商品名称)
低密度聚乙烯	$-CH_2-CH_2-$ (支化)	软塑料袋，玩具
高密度聚乙烯 衍生自取代单体，如一取代乙烯	$-CH_2-CH_2-$	容器，薄杂货袋
聚丙烯	$-CH_2-CH(CH_3)-$	绳索，地毯，食品容器
聚氯乙烯	$-CH_2-CH(Cl)-$	水管，花园软管
聚苯乙烯	$-CH_2-CH(C_6H_5)-$	聚乙烯泡沫保温杯，绝缘材料
聚丙烯腈	$-CH_2-CH(C{\equiv}N)-$	服装(奥纶)
聚醋酸乙烯酯	$-CH_2-CH(O-C(=O)-CH_3)-$	油漆，黏合剂
聚甲基丙烯酸 衍生自取代单体，如 1,1-二取代乙烯	$-CH_2-CH(CH_3)(C(=O)-OH)-$	在共聚物中作为离聚物
聚偏二氯乙烯	$-CH_2-CCl_2-$	食品包装(Saran)
聚偏二氟乙烯	$-CH_2-CF_2-$	压电材料，压电 检波器，扬声器
聚甲基丙烯酸甲酯 衍生自取代单体，如四取代乙烯	$-CH_2-CH(CH_3)(C(=O)-O-CH_3)-$	窗户，家具 (透明合成树脂，有机玻璃)
聚四氟乙烯(特氟龙)	$-CF_2-CF_2-$	不粘锅、电子零件的涂层

第三类可通过其整体结构来加以区分的聚合物，是交联(或网状)聚合物。在这些聚合物中，所有的链都是互相连接的，这限制了聚合物被反复熔化和重塑。因此，

这些类型的聚合物也被称为热固性聚合物(即，你可以加热它们，但它们的形状已经固定)。聚合物的交联可能是因其形成机理导致的。例如，苯酚和甲醛可形成一种紧密交联的聚合物，其网络之间只有几个碳原子发生了交联。由此产生的聚合物既硬又脆。

相比之下，大多数类型的合成橡胶和天然橡胶的聚合链都是在最初或生产时便形成了。然而，人们也可专门向这些聚合物中添加硫或其他交联剂，并加热它们使链发生交联。通过这种方式，橡胶就不会又黏又柔，而是变得可拉伸，且在拉力释放时可恢复到原始形状。这种交联方法被称为“橡胶硫化”[rubber vulcanization，以罗马火神瓦肯(Vulcan)的名字命名]，由查尔斯·古德伊尔(Charles Goodyear)于1835年发现。在这种硫化橡胶里，通常有100~500个碳原子发生了相互交联，这使得它们的交联密度比刚性热固性塑料的交联密度要低得多。

2.7.3 聚合物的机械性能

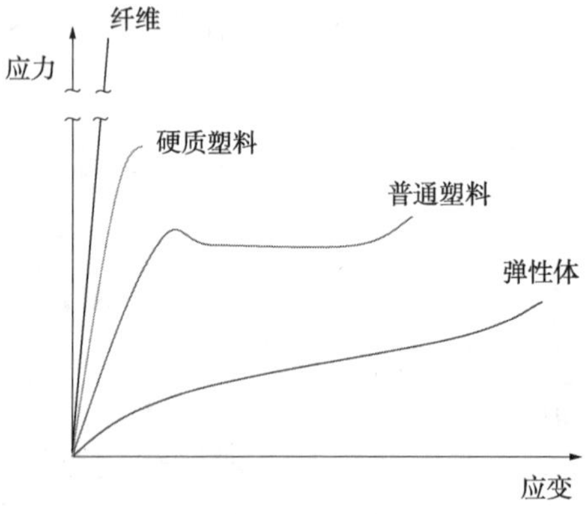

图 2.31 聚合物的应力/应变图

聚合物可根据其机械性能不同分为四大类：纤维、硬质塑料、普通(柔性)塑料和弹性体(即硫化橡胶)。图2.31显示了聚合物的应力/应变图。应力在这里等同于力或强度，而应变意味着伸长或拉伸。相比之下，纤维能以最小的应变承受最大的应力，而弹性体能在最小的应力下发生最大的应变。由聚酰胺(尼龙)纤维制成的绳索可用于救援行动中，可将人从危险环境中拉出来，甚至可用于支撑吊桥。众所周知，(硫化)橡胶在相对较小的作用力下延伸性能确实最好。

普通塑料和硬质塑料介于这两种极端情况之间。热塑性聚合物在被进一步拉扯直到断裂之前往往会“屈服”一点。屈服意味着，当聚合物样品在较大拉伸力下被快速拉动时，样品中会发生软化，因为即便没有达到其熔化温度，聚合物的链段也开始发生流动。对于普通柔性热塑性塑料来讲，比较典型的例子就是聚乙烯和聚丙烯，其玻璃化转变温度(定义见第2.7.8节)低于其典型使用温度，即室温或稍高温度。相反，聚苯乙烯和聚氯乙烯等聚合物是刚性塑料，具有更高的刚度和脆性。这就是为什么当你稍微挤压透明(非发泡)聚苯乙烯杯子时，它们就会发生破裂的原因。相比之下，聚乙烯制成的杯子或瓶子更具弹性。

一些工程塑料，例如聚醚砜(重复单元：$\lbrack O—C_6H_4—SO_2—C_4H_6 \rbrack$)，具有比聚烯烃更高的拉伸强度。通过在聚合物中添加填料，如碳或黏土，这些复合材料可以变得更加坚固，其强度至少可达到塑料正常强度的两倍。在图2.32中，可以看出，与黏土保持堆叠状态不均匀地分布在聚合物中(称为“嵌入”)相比，片状黏土呈分离状态均匀分布在尼龙基体中(称为“剥离”)能更好地增强复合材料的强度。普通尼龙的抗拉强度为 85MPa，而添加约 10%的黏土则可获得 170MPa 的抗拉强度。

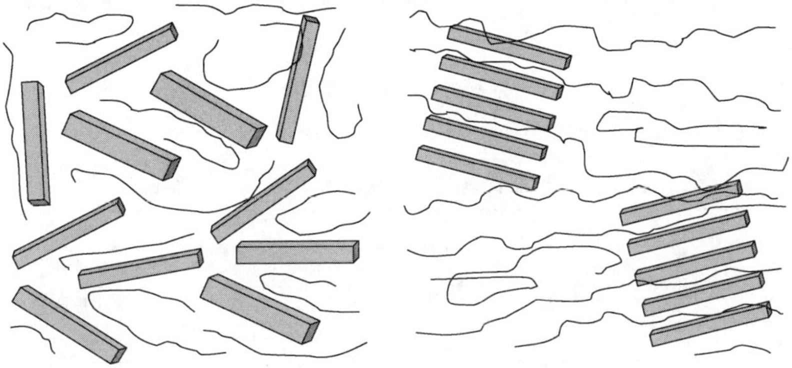

图 2.32　黏土/聚合物复合材料的剥离(左)和嵌入(右)形式。
灰色片代表黏土，而链代表聚合物
[来源：Miri(2006)[51]，经 Pearson 许可转载]

2.7.4　聚合物的合成

聚合物的性能可以通过聚合物的制备方式来控制，也就是说，可以通过选择正确的反应条件来调控聚合物的性能。聚合物的合成也称为聚合。我们将聚合物生成方法分为两大类：链加成聚合(chain-addition polymerization)和逐步聚合(step-growth polymerization)。缩聚反应(polycondensation)是逐步聚合中的一种，其中会有小分子(如水)作为聚合物的副产品而产生。后一类聚合反应原来的术语是缩合反应(condensation polymerization)。

2.7.4.1　链加成聚合物

在链加成聚合中，一次将一种单体添加到不断增长的聚合物链中。通过链加成聚合进行聚合的单体必须至少含有一个双键，或者在少数情况下要有一个三键。由碳碳单键组成的碳氢化合物的反应活性不足以使其发生聚合反应。大多数商业聚合物都是链加成聚合物，其中聚乙烯是产量最大的聚合物。2005 年，美国生产了大约 320×10^8lb(1lb=0.45359237kg)各种类型的聚乙烯。表 2.10 中列出了几种重要的链加成聚合物。该类聚合物还包括大多数合成橡胶，其中 SBR(苯乙烯/丁二烯橡胶，丁苯橡胶)的产量最高。

要通过链加成方式使单体聚合，需要使用引发剂，可能会使用到的四种类型的引发剂有：自由基型、阳离子型、阴离子型或配位化合物引发剂。自由基引发剂是由那些化学键相对容易断裂可产生自由基电子的化合物形成的(见以下段落)。配位化合物引发剂为金属有机催化剂或催化剂组合物，如 $TiCl_4$ 和 $Al(C_2H_5)_3$。它们在催化剂的金属和双键碳原子之间形成配位键。阳离子型引发剂可通过向单体中添加强路易斯酸(如氯化铝)，从而在该单体中形成带正电的碳或“碳正离子”来制备。阴离子引发剂是金属有机化合物，其中的金属(如锂或钠等)与烷基或芳基碳结合，使其带负电，即所谓的碳负离子。对于乙烯的聚合，无论是自由基聚合还是配位聚合都可以很好地进行，前者生成低密度聚乙烯，而后者生成高密度聚乙烯。相比之下，上述四种引发剂中的任何一种都可以用于苯乙烯聚合反应，因为苯乙烯的苯基可以稳定任何类型的相邻碳。

基于电子之间的相互作用，某些引发剂可能更适合于某些单体的聚合。表 2.11 给出了一些优选的链加成聚合单体/引发剂组合。

表 2.11　一些优选的链加成聚合单体/引发剂组合

单体	优选引发剂	引发剂前体示例	聚合物
乙烯	自由基型	过氧化苯甲酰	低密度聚乙烯
乙烯	配位型	$TiCl_4/Al(C_2H_5)_3$	高密度聚乙烯
丙烯	配位型	γ-$TiCl_3/Al(C_2H_5)_2Cl$	聚丙烯
异丁烯	阳离子型	BF_3	聚异丁烯
1,3-丁二烯	阴离子型	Li-C_4H_9	聚丁二烯
苯乙烯	全部	很多	聚苯乙烯

链加成聚合的机理如图 2.33 所示。举例来讲，引发剂可以是一种自由基引发剂，如过氧化物，而氯乙烯可以是聚合单体。乙烯、苯乙烯或丙烯腈都可进行聚合反应。原则上，所有其他的链加成反应都遵循这一机理。拉丁语中的术语引发(initiation)、增长(propagation)和终止(termination)用于描述聚合反应的不同阶段。聚合物科学家实际上也使用其英文对应词以及相应的生物学术语[例如，“活性聚合(living polymerization)”会形成很长的聚合物链，而引发剂失活，或者聚合物链不断增长也会形成“死聚合物(dead polymer)”]。在引发阶段，引发剂必须分裂成自由基，通常每个引发剂分子分裂为两个自由基分子。然后自由基会与一个单体分子发生反应或是将其活化。在链增长阶段，即形成聚合物的主要阶段，活化单体分子可与其他分子开始链式反应，由此该不断增长的聚合物链在其活性端将继续携带自由基电子。该机理所基于的假设是，该不断增长的聚合物链的长度对其反应活性没有显著影响，实验表明这一假设是成立的。

一旦聚合物形成，两条生长链上的自由基电子很可能相遇并反应形成化学键。这意味着聚合反应的结束或终止，因为该活性自由基电子不再能添加到新的聚合单体上。由于两个自由基电子的结合导致的链终止反应使得聚合链的分子量加倍。(这两条聚合链还可以通过其他方式终止，例如，通过歧化反应使得氢从一条生长链转移到另一条链上，而不发生聚合链的结合，未在图 2.33 中显示)

在链聚合反应中还经常会观察到另一种反应的发生，被称为链转移反应，在这种反应中，自由基离开生长链并开始新的链反应。链转移剂存在的最终结果是聚合物分子量被保持在较低水平，而聚合物产率却仍保持增加。通常，氢被用作一种链转移试剂来降低聚合物的分子量。

2.7.4.2　逐步聚合物

逐步聚合反应发生在末端至少有两个官能团的单体上，即使不存在双键或三键也能发生聚合反应。与链加成聚合物相比不同的是，逐步聚合物的主链中总是含有

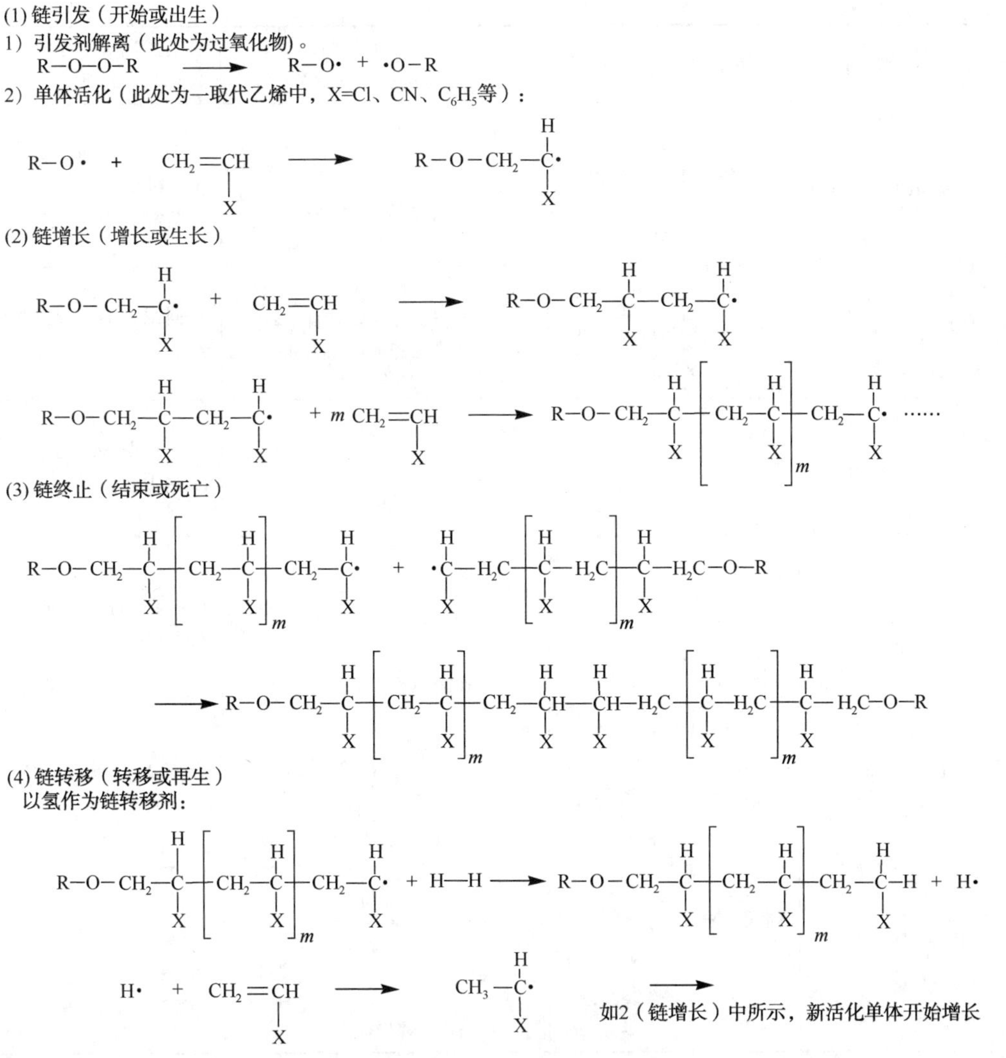

图 2.33　链加成聚合机理

杂原子，即除碳之外的其他原子。逐步聚合反应不需要引发剂。原则上，加热单体足以使之发生聚合反应；但是可以添加催化剂来提高其聚合速率。表 2.12 给出了几种比较重要的逐步聚合物，也给出了其结构及应用。

表 2.12　重要的逐步聚合物

单体 1 通用名	单体 2(如果有)通用名	重复单元通用来源名称(商标名)	主要应用(特定的回收编号，如果有)
聚酯 H-O-CH_2-CH_2-O-H 乙二醇	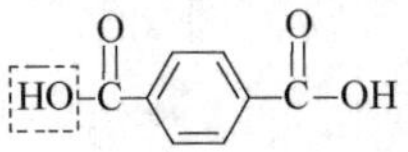 对苯二甲酸	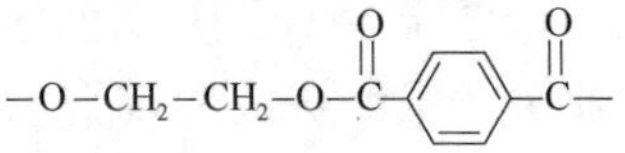 聚对苯二甲酸乙二醇酯（涤纶）	汽水瓶，服装，车身零部件

续表

单体 1 通用名	单体 2(如果有)通用名	重复单元通用来源名称(商标名)	主要应用(特定的回收编号，如果有)
聚酰胺 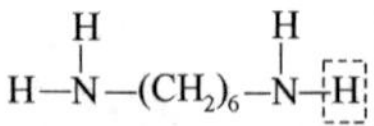 己二胺	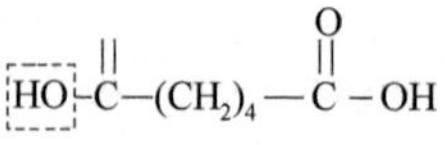 己二酸	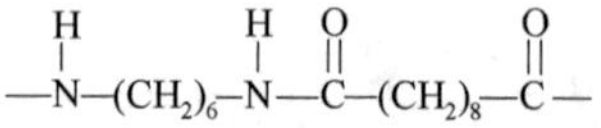 聚己二酰胺己二胺（尼龙66）	纺织品，服装，刷毛，机械零件，绳索，轮胎帘子线
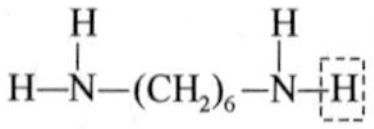 己二胺	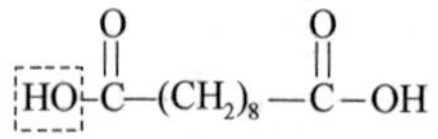 癸二酸	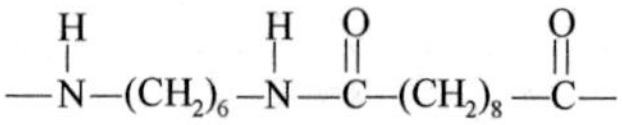 聚癸二酰胺己二胺 尼龙610	同尼龙 66(较少生产)
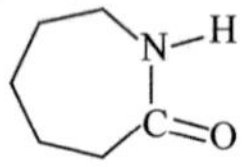 己内酰胺	无	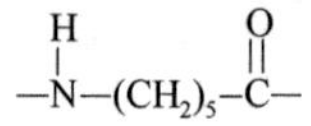 聚己内酰胺	同尼龙 66(比尼龙 66 熔点低)
其他 $H_2C=O$ 甲醛	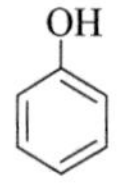 苯酚	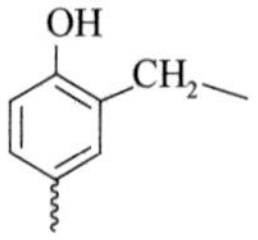 酚醛树脂（Bakelite）	电子零件，光刻胶，仿木塑料
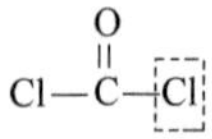 光气	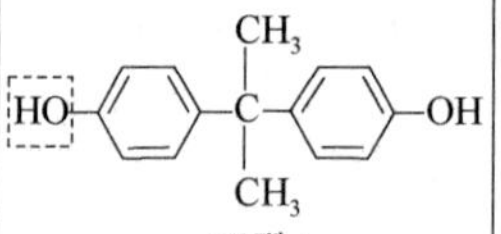 双酚A	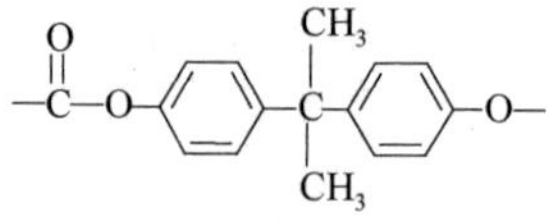 聚双酚A碳酸酯	窗户，眼镜，CD 唱片
HO—$(CH_2)_6$—OH 乙二醇	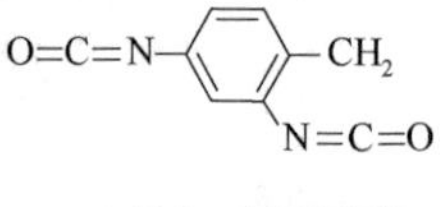 2,4-甲苯二异氰酸酯	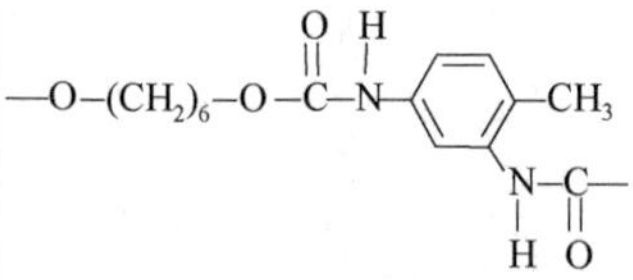 聚氨酯	绝缘泡沫，垫子，鞋

在图 2.34 中，展示了由单体形成重要的逐步聚合物的过程。在最简单的情况下，单体的形式为 X—Y，即它是含有两个不同端基的双官能团且可发生聚合反应的单体(例如，尼龙 6，见表 2.12)。或者，其为两种不同类型的双官能团单体，X-X 和 Y-Y，它们可以发生反应(例如，尼龙 610，见表 2.12)。

在逐步聚合中，单体最初形成较大的链段，通常称为多聚体，例如，由两个单体形成的二聚体或由三个单体形成的三聚体。然后这些多聚体可以在一步反应中结合成更大的多聚体，最终会形成高分子量聚合物。当两个单体在进行逐步聚合反应时，通常在其末端的几个原子会结合生成小分子产物，例如水，而单体剩余的较大部分会连接在一起。小分子最终会成为聚合物的副产品。因此，逐步聚合在以前的术语中也被称为缩聚聚合。然而，一些逐步聚合物，如聚氨酯(见表 2.12)，保留了其单体的所有原子，其聚合过程就被界定为加聚反应。

(1) 双官能团单体的均聚物

AX—YB + AX—YB $\xrightarrow[-AB]{}$ AX—Y—X—YB
二聚体

双官能团单体

AX—Y—X—YB + AX—YB $\xrightarrow[-AB]{}$ AX—Y—X—Y—X—YB
三聚体

AX—Y—X—YB + AX—Y—X—YB $\xrightarrow[-AB]{}$ AX—Y—X—Y—X—Y—X—YB
四聚体

等等

(2) 双官能团单体的共聚物

AX—XA + BY—YB $\xrightarrow[-AB]{}$ AX—X—Y—YB
二聚体

AX—X—Y—YB + AX—XA $\xrightarrow[-AB]{}$ AX—X—Y—Y—X—XA
三聚体

双官能团单体

AX—X—Y—YB + AX—X—Y—YB $\xrightarrow[-AB]{}$ AX—X—Y—Y—X—X—Y—YB
四聚体

等等

图 2.34 双官能团单体的逐步聚合机理

示例：

尼龙 6，加热开环后使用己内酰胺制备形成，X=NH，Y=CO，A=H，B=OH；

尼龙 6，使用 6-氨基己酸制备，X=NH，Y=CO，A=H，B=OH；

尼龙 11，使用 11-氨基十一酸制备，X=NH，Y=CO，A=H，B=OH。

示例：

对苯二甲酸乙二醇酯(PETE)，使用乙二醇和对苯二甲酸单体制备，X=O，Y=CO，A=H，B=OH；

尼龙 66，使用己二胺和己二酸单体制备，X=NH，Y=CO，A=H，B=OH；

尼龙 66，使用己二胺和己二酰氯单体制备，X=NH，Y=CO，A=H，B=Cl。

各种尼龙产品(聚酰胺)的数字编号很好理解。如果该聚合物仅由一种单体聚合形成，例如己内酰胺，则取其中的碳原子数并将其添加到名称中，例如，尼龙 6。在聚己二酰己二胺的情况下，有两种单体，每个单体包含六个碳原子，因此它被称为尼龙 66[Nylon 66，或尼龙 6,6(Nylon 6,6)]。聚癸二酰己二胺则被称为尼龙 610，因为第二单体癸二酸中含有 10 个碳原子。

示例：

由 11-氨基十一酸聚合而成的聚合物的名称应该是什么？11-氨基十一酸分子式为 $H_2N-(CH_2)_{10}-COOH$。

答案：尼龙 11(Nylon-11)。

需要补充一下，用 $H_2N-(CH_2)_5$—COOH 这种氨基酸也可以聚合成与聚己内酰胺具有相同重复单元的聚合物。它将有不同的来源名称：聚(6-氨基己酸)；然而，它的 IUPAC 名称则是相同的，因为后者仅基于重复单元的结构来命名(IUPAC 名称：聚亚胺基己酰基)。

聚芳酰胺是一类特殊的聚酰胺，其最著名的代表性聚合物是凯夫拉(Kevlar)，被用于制作防弹背心和阻燃服装。

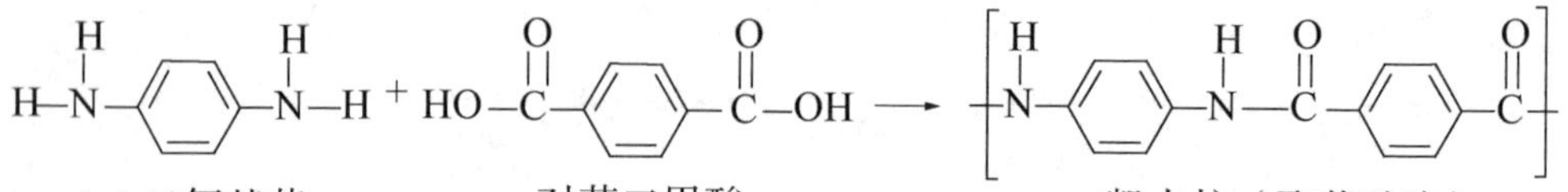

1,4-二氨基苯　　对苯二甲酸　　凯夫拉（聚芳酰胺）

另一种引人注意的逐步聚合物是聚硅氧烷，这是一种主链上只有硅和氧的聚合物。它被用于许多医学领域，如皮肤置换、隐形眼镜和植入物。此外，作为一种密封剂，它在工业上也很重要。

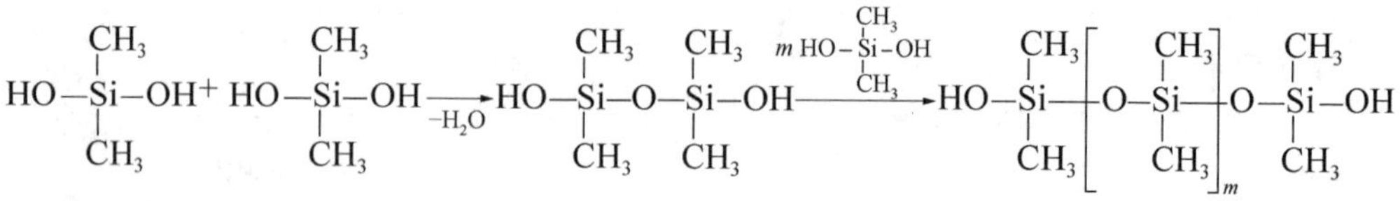

二羟基硅烷　　聚硅氧烷

2.7.5 共聚物

简单聚合物，如表 2.10 中所示的那些聚合物，由于其仅基于一种类型的单体聚合而得，可以认为它是均一的，因此被认为是均聚物。由两种或多种类型单体聚合形成的聚合物被称为共聚物。共聚物有两个重要的基本性质：共聚物的组成及单体序列分布，这实际上意味着共聚物中不同类型重复单元的分布。

具有不同共聚物组成的三种共聚物的代表性序列如下：

B 含量	序 列 分 布
10%	AAABAAAAAA
20%	ABAAAAABAA
50%	AABBBABAAB

具有相同组成(例如，50%)但单体序列分布不同的三种共聚物的代表性序列如下：

单 体 类 型	序 列 分 布
交替	ABABABABAB
无规	ABBABAAABB
嵌段	AAAAABBBBB
接枝	AAAAAAAAAA B　　B B　　B B　　B B　　B B　　B

例如，尼龙 66 可以被认为是一种完美的交替共聚物。由两种单体制备线型逐步生长共聚物相对容易，因为单体的交替是逐步聚合机制作用的结果。对于链加成聚合反应则不同，因为单体序列分布的类型取决于共聚单体和其他聚合条件。如果在共聚物中一种单体的重复单元的含量较少(例如，摩尔百分比为 1%~30%)，则该单体被称为“共聚单体”。例如，线型低密度聚乙烯(LLDPE)，如果共聚体系中除乙烯外还存在摩尔分数为 1%~5%的 1-己烯重复单元，则可获得 LLDPE。这种共聚物是通过将 1-己烯作为共聚单体加入与高密度聚乙烯聚合相同的过程中，使用催化剂作为引发剂来制备的。共聚单体 1-己烯的剩余四个碳(未聚合到主链中)形成丁基支链，导致密度较低，这与低密度聚乙烯中的情况非常类似，在低密度聚乙烯中，支链是由自由基引发剂产生的。此过程的示意图如下所示：

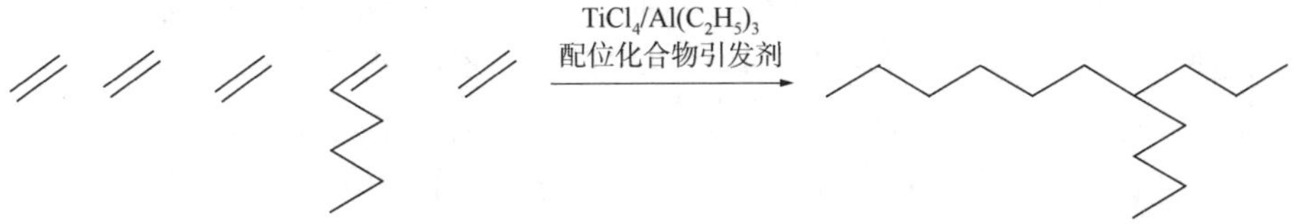

乙烯　　1-己烯　　乙烯/1-己烯共聚物（一种LLDPE）

大多数合成橡胶都是共聚物，如 EPR(乙/丙橡胶)，它们的单体分布接近随机分布。SBR(丁苯橡胶)具有典型的随机分布特点，但也可作为嵌段型共聚物和接枝共聚物生产。

2.7.6 聚合物的分子量及分子量分布

如前所述，聚合物因其大分子尺寸和高分子量而与“普通”化学物质不同。如果给定特定类型聚合物的分子量，我们就可以确定该聚合物样品中典型聚合链中包含了多少重复单元。除了重复单元的数量，也可以使用聚合度(degree of polymerization)这个术语来表示重复单元的数量。请注意，对于聚合物来讲，通常使用分子量(molecular weight)这个术语，尽管严格来说，根据一般化学中的定义，并以 g/mol 为单位，它应被称为摩尔质量。

$$\overline{M}=\overline{X}\times M_0 \tag{2.126}$$

其中，$\overline{M}$ 是聚合物的平均分子量(单位：g/mol)，$\overline{X}$ 是聚合度或典型聚合物链中重复单元的数量，M_0 表示重复单元的摩尔质量(单位：g/mol)。

示例：

对于一个聚丙烯样品，当摩尔质量为 280000g/mol 时，其典型聚合链中包含多少个重复单元？我们可以把聚合物比作一串珠子。如果我们知道这串珠子的总重量和单个珠子的重量，那我们就可以确定珠子的数量。对于聚合物这个问题，我们首先需要确定聚合物中重复单元的摩尔质量(如表 2.10 所示)。然后，我们按元素周期表给出的数值将所有原子的重量相加，四舍五入，不带小数。对于具有重复单元 $\left[CH_2—CH(CH_3) \right]$ 的聚丙烯，我们得到 $M_0=(3\times12g/mol)+(6\times1g/mol)=42g/mol$。

那么，重复单元的数量即为 $X=\overline{M}/M_0=280000\text{g/mol}/42\text{g/mol}=6667$ 个重复单元。（如果聚乙烯样品具有相同的分子量，则其将包含 10000 个重复单元。可通过计算聚乙烯重复单元的摩尔质量来验证这一结果）

在平均分子量为数万的情况下，大多数聚合物的强度都会相对较高，足以满足其主要应用场合的要求，例如尼龙纤维或聚乙烯塑料袋。一般来说，对于聚合物，分子量越高，机械性能越稳定，也就是说，其硬度将更高。分子量超过 1000000g/mol 的聚乙烯，可用于人工髋关节部件，植入后当人体四处走动时，它们可以更长时间地承受来自髋部的恒定压力。这种 UHMPE（超高分子量聚乙烯）也可以用作溜冰场的人造冰，节省天然冰的冷却成本。

聚合物不仅大小和分子量不同于小分子，而且其分子量也不均匀。对于典型的合成聚合物，只能定义其平均分子量。然而，许多链可能低于该平均值，而一些链则可能超过该平均分子量。不同聚合物样品之间，其不同于平均分子量的链的相对数量也可能不同。例如，两个聚合物样品可能会具有相同的平均分子量 40000g/mol。一个样品可能包含 20%的小于平均值的链和 15%的大于平均值的链，而另一个样品可能仅包含 2%的小于平均值的链和 1%的大于平均值的链。这两种聚合物样品的宏观性质会有所不同，后者通常比前者更硬。

因此，聚合物的另一个重要特性就是其分子量分布（MWD），即所谓的多分散性。它可以使用 PDI（多分散指数）来定义：

$$\text{PDI}=\overline{M}_\text{w}/\overline{M}_\text{n} \qquad (2.127)$$

其中，$\overline{M}_\text{w}$ 是聚合物的重均分子量，$\overline{M}_\text{n}$ 是聚合物的数均分子量。后一个平均值是样品中所有聚合物链分子量的简单算术平均值，我们在之前使用式（2.126）计算时使用了它。特别需要知道的是，通常情况下，具有较小 PDI 或较窄分子量分布的聚合物会更硬，能抵抗更大的冲击。例如，对于某一给定的平均分子量，具有较窄分子量分布的聚合物具有更强的抗冲击性，而具有较宽分布的聚合物则更易于加工。图 2.35 给出了三种聚合物样品的分子量分布情况。

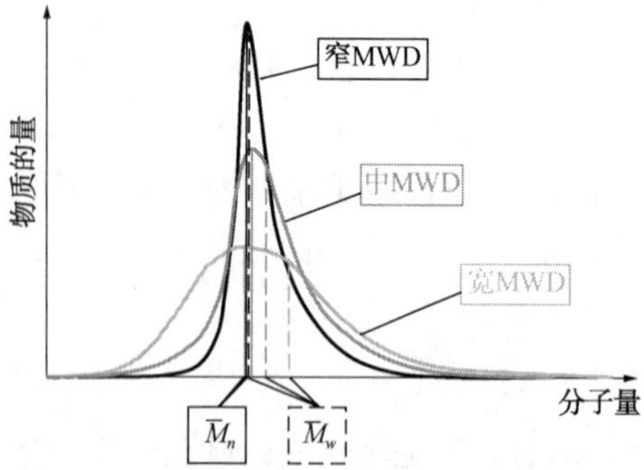

图 2.35　三种聚合物样品的分子量分布（MWD）

为简单起见，如果某聚合物仅由两个具有不同分子量的主要（单分散）部分组成，分别为：分子量为 10000g/mol，5mmol；分子量为 100000g/mol，1mmol，则：

$$\overline{M}_\text{n}=\frac{(5\times10^{-3}\text{mol}\times10000\text{g/mol})+(1\times10^{-3}\text{mol}\times100000\text{g/mol})}{5\times10^{-3}\text{mol}+1\times10^{-3}\text{mol}}=25000\text{g/mol}$$

重均分子量可以通过将每个分子量按重量分数计算相加得到，分子量在聚合物样品中是可以确定的。如在已经提到的用于计算只有两个主要部分的 $\overline{M}_\text{n}$ 的示例中，样品中 33.3%(质)分子量为 10000g/mol，66.7%(质)分子量为 100000g/mol，则：

$$\overline{M}_w=(0.333\times10000\text{g/mol})+(0.667\times100000\text{g/mol})=70030\text{g/mol}$$

该示例中，多分散指数 PDI $=\overline{M}_w/\overline{M}_n=$ 70300g/mol/25000g/mol = 2.8。

对于更实际的情况，当一个聚合物中的几个单分散组分(不是前面描述只有两个组分的简单情况)确定，我们可以使用这两个公式来计算 $\overline{M}_n$ 和 $\overline{M}_w$：

$$\overline{M}_n=\frac{\sum N_i\times M_i}{\sum N_i}\qquad \overline{M}_w=\frac{\sum N_i\times M_i^2}{\sum N_i\times M_i} \tag{2.128}$$

其中，N_i表示具有某一特定分子量 M_i的物质的量。

在上面比较简单的例子中(其中 N_i以毫摩尔表示)，我们已经应用了该公式来计算 $\overline{M}_n$。可以使用方程式(2.128)中给出的 N_i和 M_i这两个值重新计算 $\overline{M}_w$，那样就可以看到将会得到与使用质量分数(33.3%和 66.7%)计算时非常相似的 $\overline{M}_w$结果。

其他平均分子量，例如黏度平均分子量和 z 平均分子量，有时也会用到；然而，我们不会进一步详细介绍这些平均分子量的定义。

2.7.7 聚合物结晶度

聚合物不同于典型的固体，因为它们通常较软。大多数无机固体是盐，其中离子相互吸引。纯元素也会形成固体，如占所有元素大多数的金属，或非金属固体，如硫。这些非聚合物的固体通常是高度有序的或为晶体材料。然而，聚合物只是部分结晶，它们还包含一部分非晶态，或是无定形态。聚合物由于含有无定形部分而柔软，我们可以对其加以利用，例如用于生产汽车内部零件或玩具。重要的宏观性质，如刚度和强度，也取决于聚合物的结晶度：结晶度较高的聚合物通常更硬、更坚固。

图 2.36 给出了聚合物的缨状胶束模型(也称两相结构模型)，其中显示了聚合物高度结晶的区域和其他非结晶区域。当交叉偏振光穿过聚合物薄膜时，可以观察到马耳他十字出现在圆圈中，而在这些圆圈中间，我们通常可以观察到较暗的区域。这些圆形区域大部分代表聚合物中的结晶区域，而其余部分则构成了聚合物的非晶态部分。此类图像显示了聚合物的横截面，结晶区域形成球体，被称为球晶。在其他条件下，聚合物中的结晶部分可以形成其他有序的棒状结构(称为轴晶)。

如果可以获得某特定类型聚合物的另外两个常数，则聚合物样品的结晶度可以通过其密度来间接确定，这两个常数分别为 100%结晶时的聚合物密度以及 100%无定形时的聚合物的密度。方程如下：

$$\text{结晶度}=\frac{\rho_{\text{样品}}-\rho_{100\%\text{无定形}}}{\rho_{100\%\text{结晶}}-\rho_{100\%\text{无定形}}}\times100\% \tag{2.129}$$

其中，ρ 代表密度。

例如，当聚对苯二甲酸乙二醇酯样品的密度为 1.420g/mL 时，让我们以百分比形式来确定其结晶度。PETE 在 100%结晶时密度为 1.515g/mol，在 100%无定形时密度为 1.335g/mL。则：

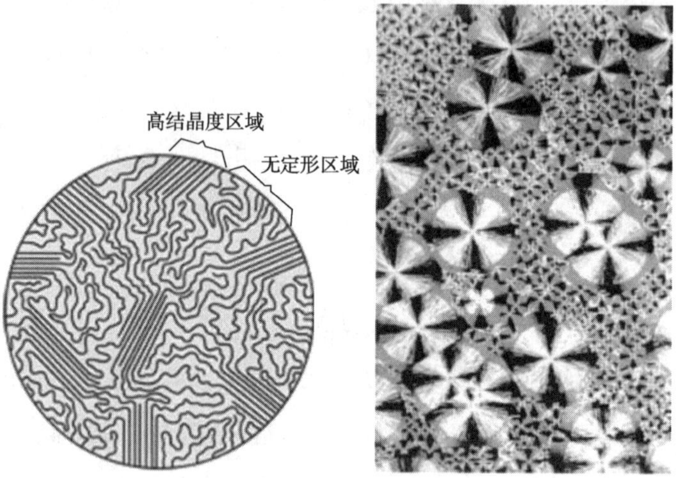

图 2.36　代表聚合物中有序、结晶和无序、无定形区域的缨状胶束模型

[资料来源：(左图) Haydem(1965)[106]，经 John Wiley&Sons 许可转载；(右图) Painter and Coleman(2004)[107]，经 DEStech Publications 公司许可转载]

$$结晶度=\frac{1.420-1.335}{1.515-1.335}\times 100\% =47.2\%$$

2.7.8　聚合物的热性质：玻璃化转变温度及熔融温度

测量固体结晶度的另一种方法是测定其熔融行为，即加热聚合物样品。与大多数单体材料不同，聚合物没有明显的熔点，有些甚至根本没有熔点。为了了解聚合物样品在温度变化时的行为，我们需要将其冷却到足够低的温度。对于 HDPE，我们需要将样品温度降低到大约-150℃。在这种低温下，聚乙烯将变得非常脆，并且处于类似玻璃的玻璃态下。事实上，若我们用锤子去砸温度足够低的聚乙烯，它会像玻璃一样碎成碎片。在微观水平上，聚乙烯链中的原子与任何固体中的原子一样只能进行振动运动(要记得物质在温度 0K 以上时其内部会存在一些运动形式)。

当 HDPE 样品被加热至约-120℃时，它开始缓慢软化并变得柔软，这正如我们在日常应用中所知道的那样。这种从玻璃态到柔性态的转变温度被称为玻璃化转变温度，以符号 T_g 表示。当温度高于 T_g 时，聚合物链中较短的链段可以移动，它们环绕着聚合链主轴。因此，我们称这种发生在微观层面的运动为链段运动。图 2.37 展示了这种类型的运动。

当我们将聚乙烯进一步加热到大约 130℃时，我们会得到一种黏稠性液体形式的熔体，该温度相当于是该聚合物的熔化温度 T_m。与单分子化合物不同，聚合物没有明显的熔点，因为它们不均匀，并且由于链段间部分缠绕(缠结)，它们具有更高的黏度。然而，在微观层面上，整个聚合物链可以彼此自由滑动，这种运动称为平移运动。使用两条交缠在一起但仍可分离的蛇来类比，这种运动也称为“爬行运动”。在 400℃以上，HDPE 聚合物链中的共价键与大多数碳氢化合物基聚合物的类似，将会断裂，导致聚合物发生分解。图 2.37 给出了聚合物在融化过程中的状态。线型和支化聚合物可以有明显的玻璃化转变和熔化温度；然而，正如我们前面解释的那样，热固性橡胶和交联橡胶是不能熔化的。由于后一种材料中的交联，使得聚合物链不能自由移动或分离，因此不能发生熔化。

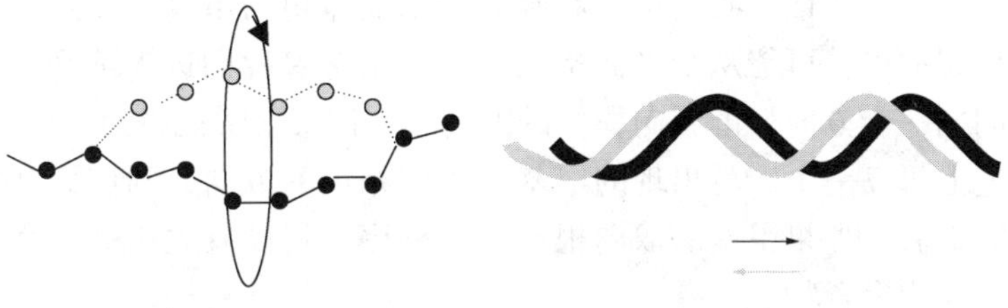

图 2.37　聚合物链在聚合物玻璃化转变温度和熔融温度下的微观行为示意图

［来源：Miri(2006)[51]，经 Pearson 许可转载］

玻璃化转变温度和熔化温度都与聚合物链移动的能力有关，或以链段形式或以整个链的形式运动。这种运动又取决于聚合物的结晶度。高度有序或结晶聚合物的柔韧性较差，并且具有较高的玻璃化转变温度和熔化温度。因此，可以使用聚合物的量热测量法来确定两个转变温度 T_g 和 T_m，以及测量熔化焓(热值)及其逆过程结晶过程的焓。这种方法被称为差示扫描量热法(DSC)。

2.7.9　聚合物微观结构对其结晶度的影响

聚合物的结晶度取决于聚合物分子之间的吸引力，即所谓的聚合物分子间作用力。这些力反过来又取决于两个因素，按递减顺序排列：化学组成(重复单元的分子式)和聚合物链的整体结构。此外，特定聚合物的结晶度还取决于温度和暴露的时间。后面我们将讨论这些与温度相关的方面。

我们现在知道，与线型高密度聚乙烯(HDPE)相比，低密度聚乙烯(LDPE)是支化的。LDPE 密度较低的原因是支链起到障碍物的作用，导致主聚合物链排列紊乱，从而导致结晶度较低。相比之下，HDPE 中的线型聚合物链可以整齐排列以形成更紧密的堆积。因此，LDPE 的熔点通常比 HDPE 低 10~20℃。通常用作橡胶的聚合物，如果只是想获得更好的弹性，则需要具有非常低的结晶度。紧密交联的热固性树脂，如酚/醛树脂，是很脆的；然而，如果想通过调整结晶度来控制它的脆性是不可行的。

重复单元的化学组成对聚合物的结晶度有非常重要的影响。例如，由于甲基之间的分散力比氢原子之间的分散力强，因此聚丙烯链之间的分子间吸引力强于聚乙烯链之间的吸引力。出于同样的原因，在具有较大苯基(每个包含六个碳原子)的聚苯乙烯中，聚合物链之间的吸引力甚至更高。聚酰胺(尼龙)也具有相对较高的转变温度，因为它们的重复单元中含有可允许聚合物链之间形成氢键的官能团，如图 2.38 所示。

所有由单取代和一些双取代乙烯形成的聚合物，都可以形成三种主要结构，这三种结构具有不同有序度和结晶度。它们产生一种通常被称为“立构规整度”的现象。我们以聚丙烯为例，在聚丙烯中，如前所述，可看成是乙烯的一个氢被甲基取代。图 2. 39 给出了这些结构。由于这些主链中的原子组成和化学键仍然相同，我们称这是聚丙烯立体异构体的三种形式。在图 2. 39 中，如果对这些聚合物链进行更真实的非投影结构表示的话，我们可以看到具有四面体角的单键，以及聚合物链中每隔一个碳就出现的甲基可能从纸平面指向我们或是背着我们进入纸平面。如果所有的甲基都指向同一个方向，即朝向我们的方向，则该聚丙烯被称为等规立构聚合物。如果聚丙烯链上每隔一个碳就出现的甲基都指向相反的方向，则该聚合物称为间规立构聚合物。最后，如果甲基的取向根本没有顺序，就没有立构规整度，则该聚合物被称为无规立构聚合物。

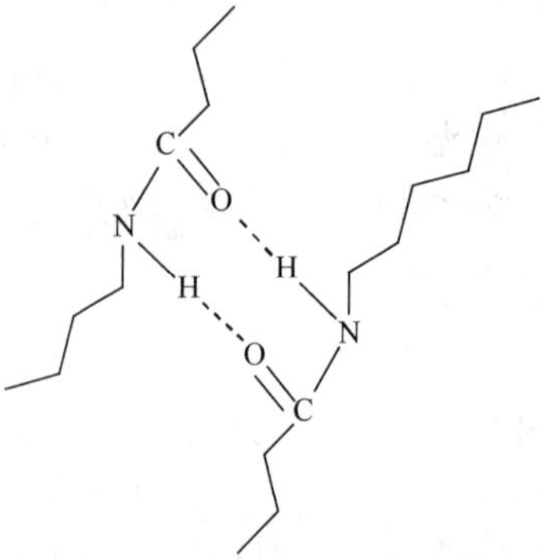

图 2. 38　聚酰胺(尼龙)中两条聚合链之间形成的氢键(见虚线)

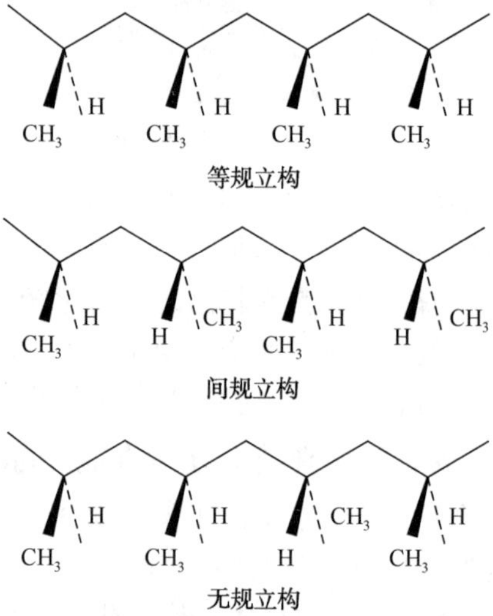

图 2. 39　立构规整度的三种类型，可出现在单取代乙烯的聚合物中，例如此处所示的聚丙烯

表 2. 13 给出了上述几种聚合物的玻璃化转变温度和熔化温度。通过添加软化剂或“增塑剂”，可以降低聚合物的玻璃化转变温度，使其不那么容易脆化。通常，可将碳氢化合物添加到碳氢化合物基聚合物中，例如，将邻苯二甲酸二辛酯(DOP)添加到 PVC 中。如果添加 10%的 DOP，则 PVC 的 T_g 下降 21℃(从 81℃降至 60℃)。

表 2. 13　上述几种聚合物的玻璃化转变温度和熔化温度[55]

聚合物	T_g/℃	T_m/℃	聚合物	T_g/℃	T_m/℃
HDPE	-120	135	PP，无规立构	20	无
LDPE	-125~130	110~120	PS	95	195
PP，等规立构	-10	165	尼龙 6	47	220
PP，间规立构	15	155			

注：PP=聚丙烯，PS=聚苯乙烯。

2.7.10 与聚合物相关的环境和能源问题

越来越多地使用聚合物导致的主要问题是废物的处理。如果食品容器和塑料袋等消费品被丢弃在环境中，它们可能需要数百年的时间才能分解。我们将讨论用于解决聚合物废物处理问题的几种不同方法，最优选的方法将最先讨论。聚合物的废物处理问题以及其他相关的环境问题，例如与其生产相关的问题，都应与我们的能源问题联系起来统一考虑。聚合物的生产不仅需要能源，而且还增加了原材料的价值，也就是说，从本质上讲，聚合物是由石油制成的。以下许多选择方案也可以被视为所谓的废物-能源转化方案。

2.7.10.1 源头减排

避免聚合物废物产生最简单的方法就是减少它们的使用。现在的许多消费品都比几十年前的同类产品更薄或更小。例如，超市的塑料袋现在都是用 HDPE 制成的，而不再用 LDPE，这是因为在承载同样重量的杂货时，较小厚度的 HDPE 便可提供所需的抗拉强度。

2.7.10.2 重复利用

另一种处理聚合物废物问题的环保方法就是重复使用消费品和商业物品。在野餐后不把所用的塑料盘子、杯子和“银器”扔掉，而应该去清洗它们并将它们重新用于其他场合。一些用于送货上门的塑料奶瓶现在已被清洁并重复使用。一些公司也在从事墨盒再利用业务。

2.7.10.3 回收

回收与再利用不同，回收时材料会被分解。我们从 1988 年开始回收塑料，当时的塑料工业协会(SPI)制定了通用的树脂回收识别代码，如图 2.40 所示。这 6 种可回收聚合物都是热塑性塑料商品，可较容易被熔化和重塑。例如，众所周知，PETE 可被用于生产汽水瓶，也可被回收后用于服装(例如羊毛织物)或生产车身部件(例如车门)。塑料回收的一个问题是要找到一种将废塑料分选为这六类废物的有效方法，以及解决工业上再使用这些材料所面临的一些阻力，比如，有些废料只发生了轻微降解，只影响材料的物理性能。另一个问题是，还有许多废聚合物不属于这 6 个分类，它们属于第 7 类，是无法回收的废物。尽管这些聚合物也是热塑性的，可以熔融，但不同类型的聚合物是不相容的，不能形成均匀有用的共混物。目前，只有不到 20%的塑料被回收利用。

图 2.40 通用树脂识别码

2.7.10.4 聚合物的解聚和生物降解

通过逐步聚合形成的聚合物有可能在适当温度下发生解聚，这本质上是单体聚合的逆反应。聚合物解聚的一个例子是：

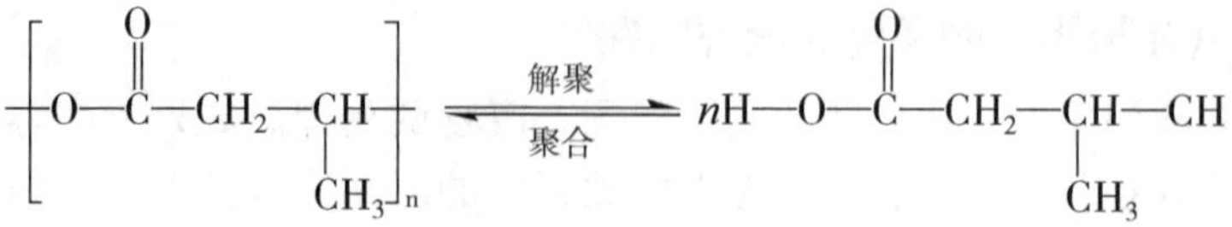

聚-3-羟基丁酸酯(PHB)

PHB 在堆肥条件下的解聚速度相对较快，即土壤中的细菌可以打开酯键。因此，PHB 是可生物降解和可堆肥聚合物的一个例子，它不会向环境释放任何有害产物。聚合物逐步降解会产生有毒产物的一个例子是基于 2,4-甲苯二异氰酸酯的聚氨酯。生物降解可以在有氧的情况下进行，也就是说，生物降解可以是需氧的，也可以在没有氧气的情况下进行，即厌氧的。通常更多是在有氧情况下进行堆肥降解，其中微生物以聚合物为食并使其矿化，即将有机材料转化为无机化合物。目前已经应用基因工程来提高这些细菌的效率。最近，已有几家公司进行了研究，寻找更好的方法来生产 PHB。

聚乳酸或聚丙交酯，$[C(CH_3)—COO]$，也是可堆肥的，尽管速度较慢。但它的优势是，可以由可再生作物(如玉米淀粉)作为起始材料来生产聚乳酸。聚乳酸可用于生产各种消费品，如塑料刀叉或食品包装。聚乳酸的解聚特性也使得它可作为缝合线应用于医疗手术中，在患者伤口愈合后它发生溶解并被人体吸收。

PETE 也可以被解聚。但它需要更苛刻的化学条件才能分离成原始单体，而这样的过程是不能自然发生的。例如，医院使用的由 PETE 制成的 X 射线胶片经过解聚，然后再聚合，可以生产出目标特性比回收的 PETE 更好的新聚合物。

还有几种方法可以使现有的商品聚合物发生部分生物降解。一种相对简单的方法就是将固体填料掺入聚合物中，这在聚合物加工过程中经常被采用。淀粉可以用于这一目的，这可使聚合物具有一定的氧气和水渗透性，这种聚合物适用于某些食品的包装，可以防止食品(如水果和蔬菜)变质。然而，在土壤中只有淀粉会分解，而聚乙烯部分还将保持不变。一种可使聚乙烯废物发生生物降解的方法是在批次生产中分散上少量铁或钴化合物，这将加速土壤中的降解过程(称为“可氧化生物降解”的聚乙烯)。

可堆肥性无疑是一种解决聚合物造成的废物问题的高度可持续解决方案，因为它对环境的危害最小。而解聚的主要优点是单体可以被回收，并且通常会生产出比它们的原材料具有更高价值的产品。但它的一个缺点是对于许多聚合物，包括所有的链加成聚合物来讲，解聚是需要一定条件的，不能在温和的条件下发生。对于可生物降解聚合物来讲，一个主要问题就是必须对产品进行设计，以使所预期的降解在产品使用期内不会对产品的理想性能产生干扰。

2.7.10.5 热解

在接近 500℃的温度下，聚合物可以进行热解，也就是说，此时有足够的热量来打破聚合物主链中的一些键。然而，热解不会像解聚反应那样必然获得单体作为产物。例如，对于 HDPE 热解，生成芳香苯及其两种衍生物甲苯和二甲苯比生成乙烯更具有热力学优势。热解似乎最适合硫化橡胶(如轮胎)废物的处理，因为前面提到的废物处理方法都无法使用。但它的缺点是热解需要相对较高的能量成本，且所得产品价值相对较低。

2.7.10.6 焚烧

焚烧的目的是将聚合物废物加热到很高的温度，使其完全燃烧，产物主要是二氧化碳和水。这只能在接近1000℃或更高的温度下才能实现。塑料的高燃料价值使得它们对焚烧更具有吸引力；例如，燃烧聚苯乙烯产生的能量大约是燃烧木材的2.5倍。然而，许多塑料含有杂原子(氢和碳原子以外的原子)，这会导致形成氯化氢或氮氧化物等有毒气体，因此，需要控制焚烧厂的排放。此外，大多数聚合物废物含有一些有毒重金属，例如在加工过程中添加的镉和汞，它们一般用作彩色颜料等，或者是在其使用过程中混入的重金属。这些有害金属将作为残留物留在焚烧过程产生的灰烬中，需要特殊处理。焚烧还有另一个缺点，就是它会增加 CO_2 排放，也会导致全球变暖。有些人认为焚烧是一种可再生能源利用方法；然而，必须考虑到合成聚合物主要是由石油制成的，石油是不可再生的。

2.7.10.7 垃圾填埋

目前，大多数聚合物最终都进入垃圾填埋场，在那里它们主要暴露在厌氧条件下。塑料约占垃圾填埋场废物的20%。典型的塑料至少需要几个世纪才能在垃圾填埋场中分解，这使其成为处理聚合物废物最不理想的方法。聚合物在环境中的相对惰性，即低反应性，被一些人认为是一件好事，因为这些材料将向环境中释放较少的有害毒物。然而，从长远来看，塑料的数量会不断增加，垃圾填埋场的规模也会随之不断增加。

2.7.11 导电聚合物

虽然到目前为止我们讨论的大多数聚合物都是电绝缘体，但导电聚合物是半导体，其中一些的导电性几乎与金属一样。这些类型的聚合物具有离域电子，通常是连接在聚合物主链的共轭双键，即一个双键与一个单键交替，包括芳族基团。这种结构允许电子或正电荷(空穴)沿链移动。在图2.41中，给出了几种导电聚合物的重复单元。反式聚乙炔的导电性略高于顺式聚乙炔。聚合物的形态必须合适，大多数导电聚合物都是以薄膜的形式制备的，例如，通过旋涂，这是一种将聚合物溶液倒在快速旋转的圆盘上，使其借助离心力的作用而发生铺展的过程。

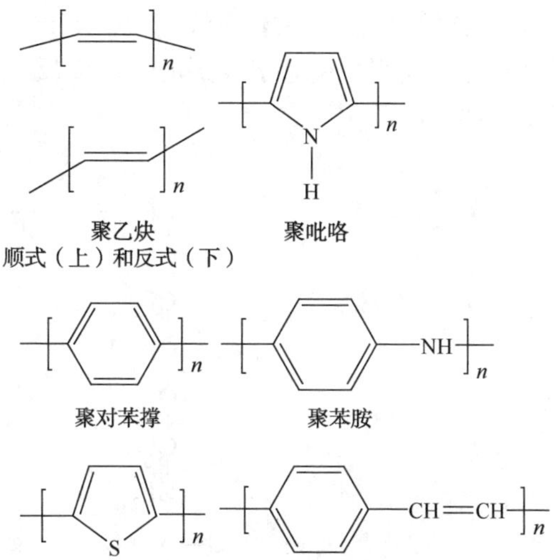

图2.41 导电聚合物实例

电导性很少出现在整个聚合链

上，而是出现在被称为极化子和孤子的较短的链段上。在分离的聚合物链之间也会有一些导电性。为了达到更高的电导率并减小带隙，需要对聚合物进行掺杂。导电聚合物可以掺杂电子供体(n-掺杂剂)，例如碘，或者是掺杂电子受体(p-掺杂剂)，例如 Li^+或 As^{5+}。前者(n-掺杂剂)不是优选方案，因为暴露于空气中的氧气会导致该过程发生逆转，效率降低。当聚乙炔掺杂 AsF_5 时，测得其电导率为 10^5S/cm，达到了铜的电导率水平。为了增加某些导电聚合物的溶解度，可以添加烷基作为取代基。这些侧基还会改变聚合物的形态，并可能导致发光二极管(PLED，聚合物发光二极管)应用中电导率或颜色波长发生变化。

举例来讲，用于手机和笔记本电脑的现代电池是用锂聚合物制成的。在这些情况下，可以使用聚合物来代替盐作为电解质，例如聚偏二氟乙烯或聚丙烯腈(图2.10)。在锂聚合物电池中，电极可以简单地层叠。这些基于聚合物的电池有几个优点：首先，它们比金属外壳的同类产品更轻。它们可以做成任何形状，简化了产品的设计，并且在充电周期方面使用寿命更长。混合动力聚合物电池基于充当长期电容器的聚合物制成。与传统电容器相比，它们可以更慢地释放电荷，从而起到电池的作用。聚吡咯已用于此类应用。最近，研究表明，涂有钛等金属的聚乙炔具有优异的储氢性能。

2.7.12 离聚物及燃料电池膜：Nafion

离聚物是一种离子共聚单体含量高达15%(摩)的共聚物。离子基团通常用于在聚合物链之间产生更大的吸引力，并起到可逆交联的作用，从而提高聚合物的机械性能。例如，乙烯与甲基丙烯酸的共聚物(见表2.10中聚甲基丙烯酸的重复单元)用作防切割高尔夫球的涂层(商品名SURLYN)。

对于用于氢燃料电池的膜材料，经常使用的是Nafion膜(全氟磺酸树脂)。Nafion是聚四氟乙烯单体(见表2.10)和磺化全氟(烷基乙烯基醚)作为共聚单体的共聚物，通过使用自由基引发剂的链加成反应聚合而得。形成Nafion膜的单体及其重复单元如下所示：

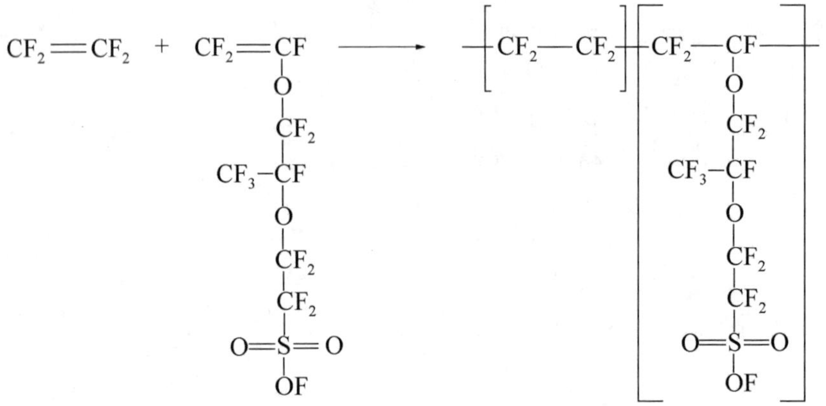

Nafion

为了活化用作质子交换的 Nafion 膜，可以通过以下方式获得游离酸：

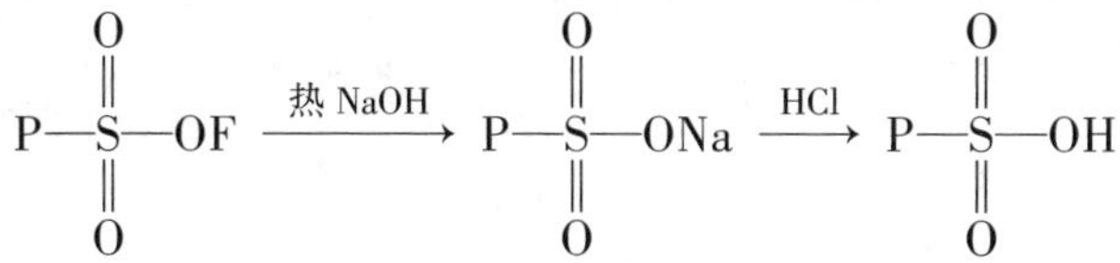

Nafion

（P＝聚合物基）

Nafion 可被优选用作氢燃料电池中的 PEM（质子交换膜），因为它仅可渗透阳离子，包括质子，但不可渗透阴离子或电子。在氢燃料电池中，它允许质子移动到氧气中并形成水。质子可以通过从一个酸基团“跳跃”到下一个酸基团而沿着聚合物链移动。它是一种相对稳定的聚合物，可在接近 200℃ 的温度下使用。Nafion 膜的分子量由于其不溶性而不易确定，分子量估计在 100000～1000000g/mol 之间。Nafion 膜的主要缺点是价格相对昂贵，多孔聚乙烯（Solupor）可作为较便宜的替代品。除了用作 PEM 和其他电化学电池（如氯碱工艺）的膜以外，Nafion 还用作传感器和制动器材料有机合成中的超强酸。

2.8 光化学

2.8.1 引言

地球以太阳辐射的形式从太阳接收大量的能量，太阳辐射在 1h 内提供给地球的能量超过人类一整年消耗的所有能量之和。如果仅将照射在美国的太阳辐射的 0.2%转化为可用能源，那么它也将满足美国的能源总需求。本节旨在介绍太阳辐射与“非含碳（碳中性）”材料之间相互作用将太阳的光能转换为氢燃料的基本原理。

2.8.2 电磁波谱

光不仅具有类似波的特性，可以发生衍射，而且还具有粒子特性。光可以被认为是由特定频段的能量“粒子”组成的，称为量子流或光子流。单个能量“粒子”被称为量子或光子，其所含能量（E）与辐射频率（ν）成正比。

$$E=h\nu$$

其中，比例常数 h 被称为普朗克常数，其值等于 $6.626\times10^{-34}\text{J}\cdot\text{s}$。由于光速 c（$2.998\times10^{8}\text{m/s}$）等于光的频率和波长（$\lambda$）的乘积，因此能量与波长成反比。

因为 $c=\nu\lambda$，所以 $E=hc/\lambda$。

波长通常以纳米（$1\text{nm}=10^{-9}\text{m}$）、埃米（$1\text{Å}=10^{-10}\text{m}$）或微米（$1\mu\text{m}=10^{-6}\text{m}$）为单位表示。从上面的方程式可以看出，短波辐射比长波辐射具有更高的能量，该光子的能量也与 $1/\lambda$ 成正比，$1/\lambda$ 被称为波数。

电磁辐射光谱由一系列波长、波数、频率以及特定频段的波段组成，这些波段被称为无线电波、微波、远红外、近红外、可见光、紫外线、真空紫外线、X 射线和 γ 射线（见表 2.14），它们对材料具有各种化学和物理效应。

表 2.14 电磁波辐射能

种类介绍	波长范围	波数/cm^{-1}	频率/Hz	能量	
				kJ/mol	eV
	3×10^{3} m	3.33×10^{-6}	10^{5}	3.98×10^{-8}	4.12×10^{-10}
无线电波(射频)					
	0.30m	0.0333	10^{9}	3.98×10^{-4}	4.12×10^{-6}
微波					
	0.0006m (600μm)	16.6	4.98×10^{11}	0.191	2.07×10^{-3}
远红外					
	30μm	333	10^{13}	3.98	0.0412
近红外					
	0.8μm (800nm)	1.25×10^{4}	3.75×10^{14}	149.8	1.55
可见光					
	400nm	2.5×10^{4}	7.5×10^{14}	299.2	3.10
紫外					
	150nm	6.06×10^{4}	19.98×10^{14}	795	8.25
真空紫外					
	5nm	2×10^{6}	6×10^{16}	2.39×10^{6}	247.8
X 射线和 γ 射线					
	10^{-4} nm	10^{11}	3×10^{21}	1.19×10^{9}	1.24×10^{7}

2.8.3 光化学定律

光化学第一定律指出，只有被分子吸收的辐射才能使分子发生光化学变化。辐射仅通过材料传输并不会引起光化学变化。

光化学第二定律指出，分子吸收一个量子辐射激发一个粒子。许多涉及强光源(如激光)的光化学过程都有一个以上的量子被单个分子吸收。这些多光子过程并不违反第二定律，因为它们涉及电子被连续激发到分子更高能级的过程，而每一次激发都需要一个光子。

2.8.4 辐射的吸收

比尔-朗伯定律描述了单色光束吸光度 A 与浓度 c(mol/L)、光程 b(cm，光束由此穿过)和比例常数 a[1/mol/(L·cm)，摩尔消光系数或摩尔吸收率]之间的关系：

$$A=abc$$

吸光度与入射强度(I_0)和透射强度(I)的关系定义如下：

$$A=\log_{10}(I_0/I)$$

该定律的指数形式通常表述如下：

$$I_0/I=10^{abc} \text{或者} I/I_0=10^{-abc}$$

使用自然对数 e 表示该定律：

$$I/I_0=e^{-\sigma nl}$$

其中，n 是浓度，以分子/cm^3 为单位，l 是光程，以 cm 为单位，σ 是光吸收截面，以 cm^2/分子为单位。

2.8.5 吸收光谱、阈值波长以及光解的量子产率

以摩尔吸收率 a 或光吸收截面 σ 为 y 轴，以波长 λ 为 x 轴作图得到的谱图被称为分子的吸收光谱。通过试验，紫外/可见光及红外分光光度计可提供分子的紫外/可见光和红外光吸收光谱。

图 2.42 是测量得到的水蒸气吸收光谱。水蒸气是无色的，因此对于可见光波长是透明的；但是，它在紫外区内的 190nm(1900Å)附近开始吸收光。水蒸气在该较长的波长吸收带边缘的光吸收截面在表 2.15 中列出。连续吸收一直延伸到更短的真空紫外(VUV)波段区域，其中在 145nm 时吸收最弱，在 165nm 处吸收最强(图 2.42)。在 145nm 和 69nm 之间，吸收光谱由漫反射带组成。

表 2.15　水蒸气光吸收截面

λ/nm	$10^{20}\sigma$/(cm^2/分子)	λ/nm	$10^{20}\sigma$/(cm^2/分子)
189.3	0.7	182.5	23.0
187.5	1.6	180.0	78.1
186.0	3.1	177.5	185.4
185.0	5.5	175.5	262.8

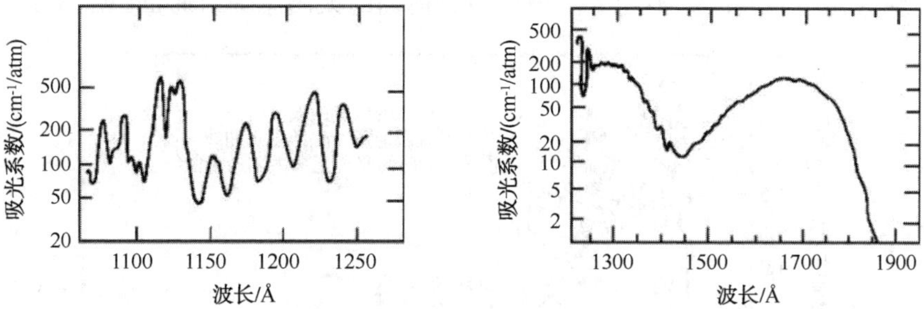

图 2.42　水蒸气吸收光谱

发生光解反应的阈值是光子刚好有足够的能量来打开化学键时所需的波长。对于气态水的光解，所吸收光子应当能够打开 HO—H 键，这通常是水分解过程中涉及的一个步骤。

$$HO—H(g) \longrightarrow H(g)+OH(g)$$

$$hc/\lambda=\Delta_f H^\circ(H)+\Delta_f H^\circ(OH)-\Delta_f H^\circ(H_2O)$$

在 298K 时，H(g)、OH(g) 和 H_2O(g) 的生成热分别为 217.965kJ/mol、38.95kJ/mol 和−241.818kJ/mol，因此可计算 HO—H 键能为 498.745kJ/mol，其对应的波长为 240nm。因此，如果水蒸气吸收了波长为 240nm 或更短的光子，则将有足够的能量来打开 HO—H 键，并可能通过下列反应来生成 H_2(g)：

$$H_2O+h\nu \longrightarrow H+OH \qquad \lambda \leqslant 240nm$$

$$H+H_2O \longrightarrow H_2+OH$$

$$OH+OH \longrightarrow O_2+H_2$$

$$2H_2O+h\nu \longrightarrow 2H_2+O_2$$

由于水蒸气不吸收波长范围 190nm<$\lambda \leqslant$240nm 的光子(图 2.42)，因此若发生分解需要吸收波长小于 190nm 的太阳辐射并通过上述化学反应来生成氢。在上述光化学反应中，若使用波长在 175~190nm 之间的其他辐射源，每吸收一个光子会产生一个 H 和一个 OH。因此，对于那些每吸收一个光子打开一个键的波长来讲，其引发的光化学反应具有一致的量子产率。一般来说，量子产率被定义为每吸收一个光子

所消耗的反应物分子数。在 105nm 和 145nm 之间的更短波长范围，H_2 和 O 也作为初级产物生成，其量子产率报道为 0.11。

2.8.6 太阳辐射

描述太阳辐射通量的方法之一是用每单位波段单位面积的能量(W/m^2nm)来表示。地球表面上太阳通量的大小取决于许多因素，例如太阳辐射所穿过的大气层中的气体、颗粒物以及云层的组成和浓度，还取决于太阳的角度、每天的时刻、纬度和季节。图 2.43 给出了大气层外以及太阳天顶角为 0°时(此时为正午，太阳在头顶处)海平面上的不同波长的太阳通量示例。大气层外的太阳通量与 6000K 时的黑体辐射接近。在图 2.43 中的阴影区域内通过绘制一些天然产生的物质 O_3、O_2、H_2O 和 CO_2 的光吸收曲线来阐释太阳辐射衰减的过程。由于臭氧吸收紫外线，所以水蒸气发生光分解所需的紫外线很少能到达地球表面。表 2.16 给出了具有代表性的夏季中纬度地区在不同波段和不同太阳天顶角时地面的太阳总辐射通量(W/m^2)。

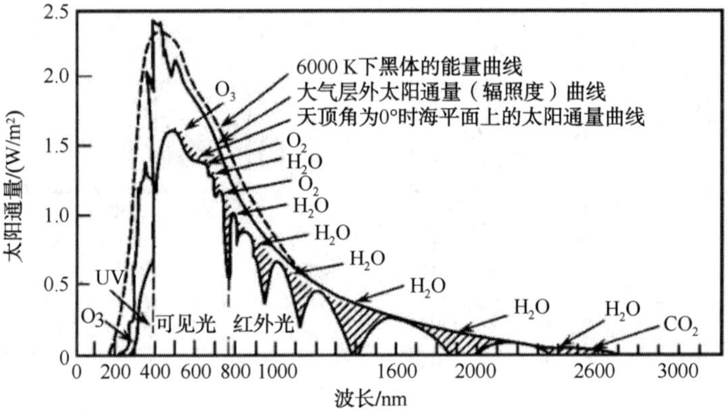

图 2.43 大气层外及海平面的太阳通量曲线。作为对比，图中还给出了黑体在 6000K 时的能量曲线。图中还列出了不同区域主要发生光吸收的物质(如 O_3、H_2O 等)

表 2.16 特定波段内不同太阳天顶角时地球表面太阳辐射通量估值[a]

波段/nm	太阳天顶角[b]/(°)			
	20	40	60	80
	太阳通量/(W/m^2)			
280~300	0.0	0.0	0.0	0.0
300~320	3.0	2.0	0.8	0.1
320~340	14.5	10.8	5.6	1.1
340~360	16.8	12.8	7.0	1.6
360~380	17.4	13.4	7.4	1.7
380~400	21.5	16.6	9.4	2.2
400~420	26.1	20.3	11.6	2.7
420~440	24.7	19.3	11.1	2.6
440~460	33.5	26.3	15.3	3.6
460~480	33.6	26.4	15.5	3.7

续表

波段/nm	太阳天顶角[b]/(°)			
	20	40	60	80
	太阳通量/(W/m²)			
480~500	34.1	26.8	15.9	3.7
500~520	32.7	25.8	15.3	3.6
520~540	32.1	25.4	15.0	3.5
540~560	31.6	24.9	14.8	3.4
560~580	30.5	23.9	14.0	3.0
580~600	28.4	22.2	12.9	2.7
600~620	29.6	23.4	13.9	3.1
620~640	28.5	22.6	13.5	3.0
640~660	27.6	21.8	13.2	3.2
660~680	27.3	21.8	13.7	3.4
680~700	24.1	19.1	11.5	2.8

[a] 在使用耦合海洋大气辐射传输(COART)模型进行计算时，Dave Rutan 给予了协助，作者对其提供的帮助表示感谢。该模型(Jin, Z, Charlock, TP, Rutledge, K, Stamnes, K, Wang, Y. Appl. Optics 2006; 45: 7443)可在如下网址查到：http://www-cave.larc.nasa.gov/jin/rtset.html。

[b] 天顶角是太阳光入射方向与垂直方向之间的夹角。因此，正午太阳直射时天顶角为 0°，而日落和日出时天顶角约为 90°。以夏季中纬度地区、Modtran 模型采用乡村气溶胶层情景、地表反射率 0.2(地表反照率)为计算基础。

图 2.44 给出了太阳处于正午时，不同原子及分子物质在不同波长下发生最大光吸收时距离地球表面的高度值。因此，如果水直接光解产氢，则须在<190nm 波长存在的高海拔区域进行。

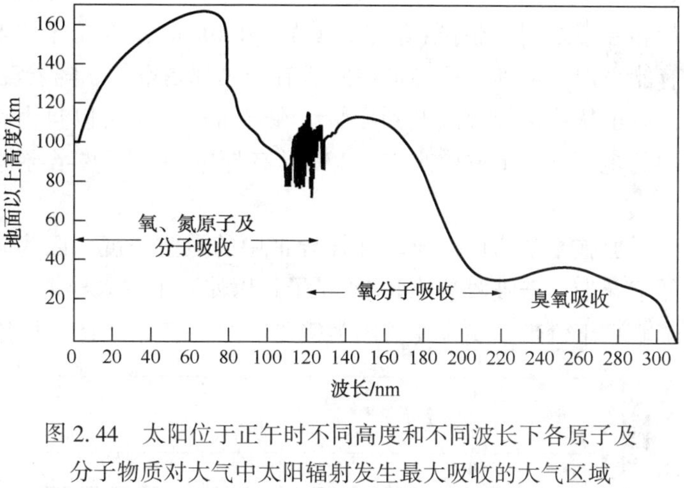

图 2.44 太阳位于正午时不同高度和不同波长下各原子及分子物质对大气中太阳辐射发生最大吸收的大气区域

高空大气层的水主要被来自激发态氢原子释放的真空紫外线光解，这部分射线被称作莱曼-阿尔法线(Lyman-alpha line)，波长为 121.6nm。

2.8.7 太阳光光敏剂及半导体

由于纯水在海平面上不会吸收到能直接将水转化为氢的光子，因此若要生成氢则可能需要一种由敏化剂参与的光化学过程，该敏化剂是由一种能吸收太阳光并将其中部分能量转移给水的分子组成。图 2.45 给出了水的光化学分解示意简图，其中 S 就是光敏剂，它可引发氧化还原反应生成氢气。

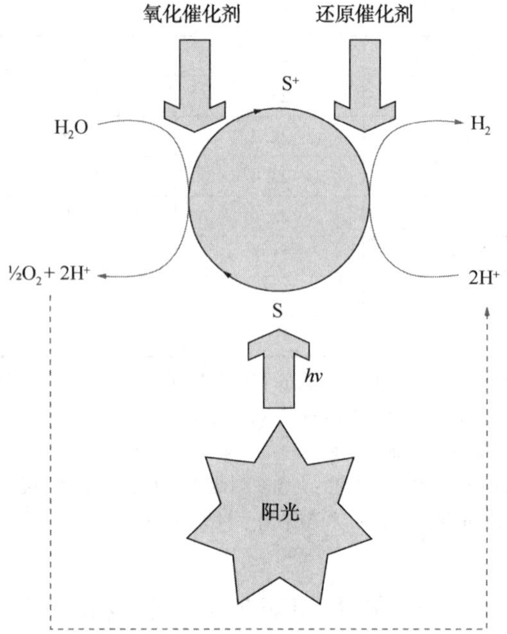

图 2.45　使用光敏剂 S 的水光解反应示意简图

太阳辐射也可以被水中的半导体催化剂吸收，图 2.46 给出了它的能级图，该图标出了介于价带和导带之间的带隙(禁带，E_g)。在 0K 时，半导体的电导为零，因为价带中的所有能级都被填满，而导带中的所有能级都是空的。随着温度的升高和/或光子被吸收，电子从价带中被激发到导带，在导带中电子可以自由移动。导带中的电子和价带中的电子空位(被称为空穴)都具有导电性。一些半导体的禁带在表 2.17 中列出。

在半导体中添加施主杂质可以显著增加导带中的电子浓度，因为施主杂质在禁带中的能级略低于导带，若吸收热能和/或光子足以使电子进入导带。也可以添加受主杂质，其禁带略高于价带。受主原子因为接受电子，使价带上产生空穴。

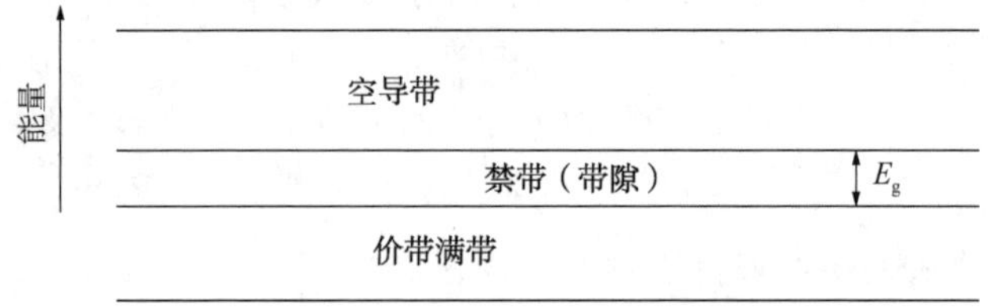

图 2.46　半导体本征导电能带图

表 2.17　半导体价带与导带之间的带隙宽度

晶体	E_g/eV		晶体	E_g/eV	
	0K	300K		0K	300K
金刚石	5.4		PbS	0.286	0.34~0.37
Si	1.17	1.11	PbSe	0.165	0.27
Ge	0.744	0.66	PbTe	0.190	0.29
αSn	0.00	0.00	CdS	2.582	2.42
lnSb	0.23	0.17	CdSe	1.840	1.74
lnAs	0.43	0.36	CdTe	1.607	1.44
InP	1.42	1.27	ZnO	3.436	3.2
GaP	2.32	2.25	ZnS	3.91	3.6
GaAs	1.52	1.43	AgCl		3.2
AlSb	1.65	1.6	AgI		2.8
SiC	3.0		Cu_2O	2.172	
Te	0.33		TiO_2	3.03	
ZnSb	0.56	0.56			

半导体与液体电解质接触时，其电能是固定的，电荷载流子进入溶液的数量取决于半导体/电解质界面的化学性质、表面性质以及电解质组成。对于自发的水光解反应，氧和氢生成反应(见第 2.5 节)必须位于价带和导带边缘之间，禁带宽度必须小于 2.0eV 才能有效吸收太阳光，而这几乎是不可能的。对于从中制取氢气，目前正在积极研究开发可吸收可见光并具有较高光催化活性的水制氢材料。

光敏化的困难之一是吸收一个光子只能使一个电子发生转移，因此，需要催化剂诱导来产生更多的电子，因为氢分子需要两个电子，每个质子需要一个电子，而氧气需要产生四个电子来完成氧化还原反应。很少有光化学体系能直接达到 10%以上的效率，该方法存在诸多技术挑战，例如光敏剂和催化剂不能发生光降解，而且生成的氢气和氧气需要分离。

H_2S 的光催化分解制氢被认为是水分解制氢的替代方案，因为 H_2S 在许多工业过程中很容易作为废物产生，并且产生氢气所需的能量比水分解制氢要少。形成的多硫化物和元素硫可通过水热过程再次转化为 H_2S。

2.8.8　太阳辐射制氢技术简介

尽管在海平面上很难利用太阳辐射直接或是使用敏化剂、催化剂间接进行水的光解产氢，但是对于许多光解水制氢的替代途径来讲，前面所述的基本原理也是十分重要的。

2.8.9　太阳能热化学制氢

如图 2.47 所示，在电磁光谱的红外区域，大量的太阳辐射被液态水吸收，导致水被加热。太阳能热化学过程是以太阳辐射集热作为高温热源来驱动吸热化学转化反应的过程。太阳能可以通过抛物面反射器进行集热，产生超过 2000K 的温度，从而通过热化学循环用水制氢。大型太阳能集热系统的平均通量集热率用 $\check{C}$ 来表示，其定义如下：$\check{C}=Q_{太阳}/(IA)$，其中，$Q_{太阳}$是每目标面积A在单位面积波束能量为I时接收的太阳能量。当$I=1kW/m^2$时，$\check{C}$常以“suns”为单位，其值可能高达10000suns。在大规模(MW级)中试和商业装置中已经验证这些集热系统技术是可行的，其旨在用太阳能加热流体(通常为空气、水、合成油、氦、钠或熔盐)来生产电力。所产生的高温已被验证可用来生产氢气，例如利用金属氧化物的氧化还原反应通过以下两步热化学循环反应来生产氢气：

$$(太阳能)：M_xO_y \longrightarrow xM+y/2O_2$$
$$(非太阳能)：xM+yH_2O \longrightarrow M_xO_y+yH_2$$
$$yH_2O \longrightarrow yH_2+y/2O_2$$

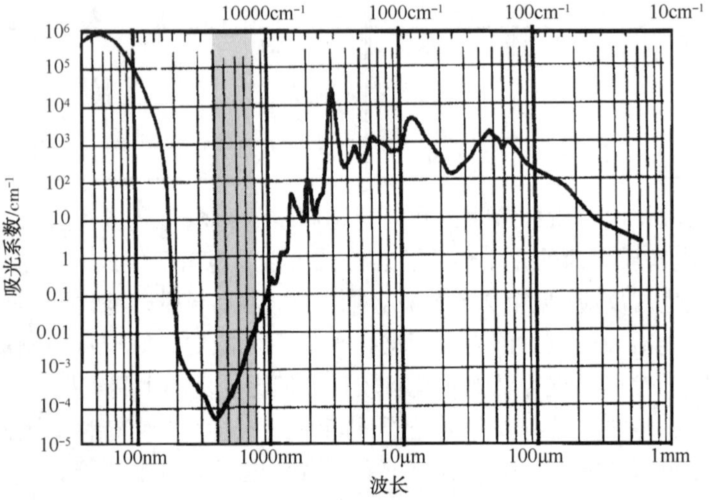

图 2.47 液态水的吸收光谱

(资料来源：经 Martin Chaplin 教授许可转载)

由于H_2和O_2在不同阶段中生成，因此无需进行高温气体分离。

2.8.10 太阳能光电化学制氢

长久以来，人们一直希望能够以水为原料利用太阳光的光电化学反应高效制氢。在1972年，Fujishima和Honda通过水的光电解反应将氢气作为一种清洁可再生能源进行制备。当将半导体TiO_2安装在铟板上，连通铂电极并暴露于阳光时，电子(e^-)和空穴(p^+)形成，使得阴极上产生氢气：

$$TiO_2(s)(+2h\nu) \longrightarrow TiO_2(s)+2e^-+2p^+$$
$$2p^++H_2O(l) \longrightarrow 1/2O_2(g)+2H^+$$
$$2H^++2H_2O(l) \longrightarrow 2H_3O^+(l)$$
$$2e^-+2H_3O^+(l) \longrightarrow H_2(g)+2H_2O(l)$$
$$H_2O(l)(+2h\nu) \longrightarrow H_2(g)+1/2O_2(g)$$

德国和沙特进行合作，于1986年到1996年的十年期间在太阳能制氢

(HYSOLAR)领域进行了深入研究，其研究集中在光伏制氢方面。该项目安装并运行了功率范围为 2kW、10kW 和 350kW 的光伏-电解测试装置。利用有机光电材料捕集光能为大规模发电提供了长期的潜力。

最近有一篇论文调研了太阳能电解水制氢领域中，利用纳米结构材料来提高光阳极和光阴极光活性的电催化剂和光催化剂的最新进展，这些催化剂将有助于满足理想半导体所需的条件：①导带和价带电位适当，可跨越析氢和析氧反应电位(导带电位需比析氢电位更负，价带电位需比析氧电位更正)。②带隙宽度相对较小，可吸收可见光。③在酸/碱水溶液中对阳光辐射具有高稳定性。④电荷转移高效。⑤水的氧化/还原反应过电位低。在开发太阳能诱导的水分解反应所用催化剂时，推荐使用二元或三元合金作为辅助材料，这可能有助于满足反应对催化剂的所有要求。

限制水分解效率的一个重要因素是吸收可见光形成的激发态电子会和正电荷(空穴)发生复合。科学家也因此设计了一种基于纳米颗粒的光催化系统以使电荷保持分离状态，从而实现了 100% 的光子制氢效率。也有科学家采用一种光捕获 CdS 量子棒，其一端是 CdSe 量子点，另一端是 Pt 尖端。当它在水中暴露于可见光时，该 CdS 棒吸收光子并释放电子。然后，CdS 棒将电子转移到 Pt 尖端，在那里质子被还原为氢，而在 CdSe 量子点中形成了带正电荷的空穴。通过调整 pH 值并向水中添加异丙醇，电荷复合被阻止，并打破了效率纪录。

使用廉价且地质储量丰富的材料作为未来电化学和光电化学水分解反应催化剂的探索也在进行。

2.8.11 太阳能光合生物制氢

太阳能驱动的生物制氢过程包括以下步骤：

① 直接生物光解，其中光合装置捕集光，并使用所回收的能量将水分解过程与低电位还原剂还原氢化酶的过程进行耦合(图 2.48)；

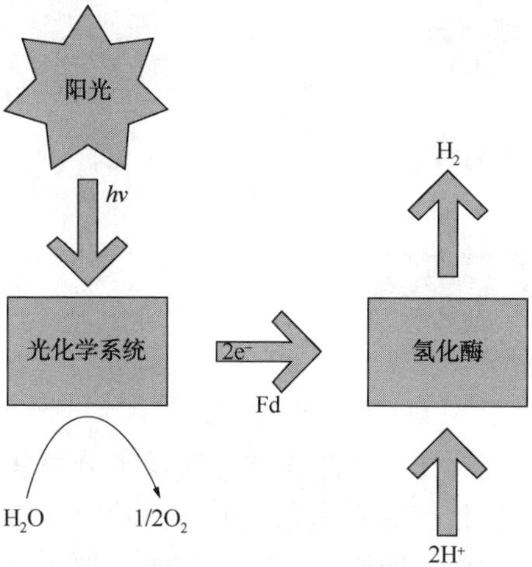

图 2.48 直接生物光解

② 间接生物光解，将太阳辐射引发的析氧过程与析氢过程分离(图 2.49)；

③ 使用光合细菌的光发酵过程(图 2. 50)。

本书后面部分将介绍这些关于太阳能制氢方法的更多细节。

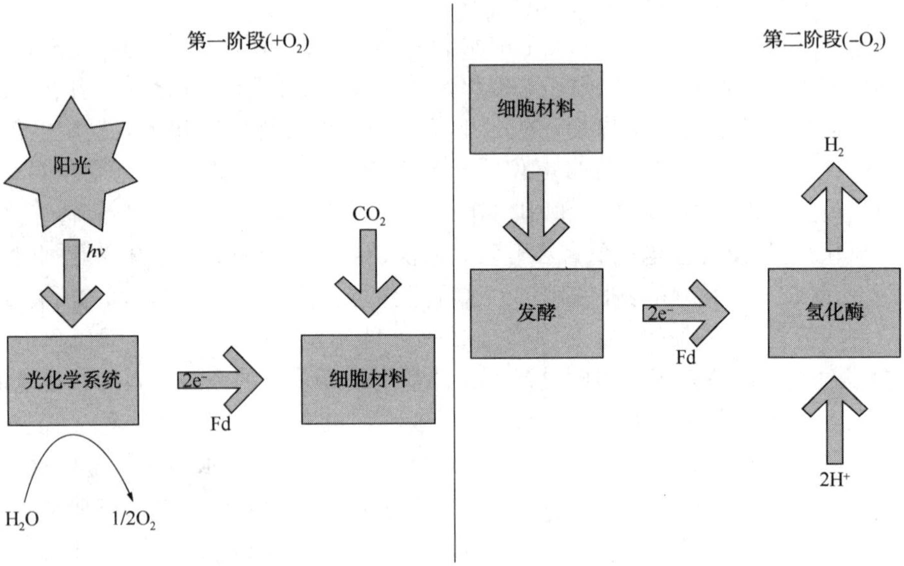

图 2. 49　间接生物光解

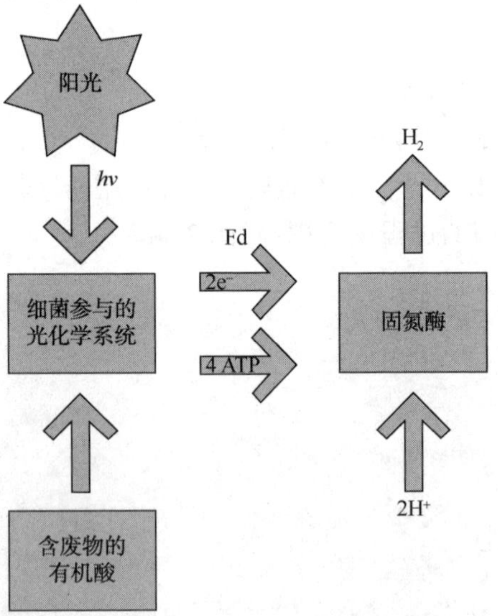

图 2. 50　光发酵

目前正在进行积极研究利用太阳能光催化实现水分解并将太阳能储存在氢的化学键中。直接作用于水的催化剂需要具有电荷分离功能，可以使用某些类型的膜材料来解决，这样电池阳极侧产生的质子就可以被输送到阴极侧。替代方法还包括使X—H(X=C、N)键发生氧化断裂，如在有机金属化学反应中，以及将 CO 转化为 CO_2 的水煤气变换反应中。

2.9 等离子体化学

2.9.1 简介

20 世纪 20 年代，欧文·朗缪尔(Irving Langmuir)和利维·唐克斯(Levy Tonks)首次使用“电浆(plasma)”一词来命名等离子体，这是因为气体中放电产生的振荡辉光使他们联想起了运输血细胞的淡黄色液体(血浆，plasma)。然而，气态等离子体态和液态血浆之间并没有真正的联系。

2.9.2 物质的第四形态

根据“大爆炸宇宙论”假说，我们的整个宇宙在(100~200)亿年前非常小，它在非常高的温度下爆炸，使得所有物质都以等离子体的形式存在。宇宙膨胀形成了恒星、地球以及太阳。在宇宙膨胀过程中发生了冷却，产生了其他的物质形态：气态、液态，最终还形成了固态。尽管等离子体实际上是物质的第一形态，但是等离子体通常被称为物质的第四形态，其由电子、离子和中性带电粒子的电离气体组成。通常认为宇宙中 99%以上的物质都是等离子体，因为宇宙包括恒星和大气、气态星云以及星际氢。在地球大气层中通常被称为电离层的较高位置处，等离子态物质便存在于范艾伦辐射带和太阳风中。在地球上，等离子体状态通常不是自然形成的，但在闪电、北极光、火箭尾气电离、霓虹灯或荧光管中导电气体的释放以及等离子体电视屏幕中可以观察到这种状态。

为了在地球上形成等离子体，必须给予中性气体足够的能量，例如使分子受到紫外线、X 射线、放电或高热处理。该能量必须能够将电子从气体分子和原子中移除以产生带正电的原子核。可以说气体被电离形成等离子体，该等离子体由运动的带负电的电子和带正电的离子组成。当离子与电子之间足够近，会在静电引力吸引下重新复合形成中性原子或分子，这时电离过程被正、负离子的复合所抵消。等离子体可以完全电离，此时分子完全被电离成为离子和电子；或者也可以是部分电离，即仅有一部分分子被电离，而其余仍为电中性分子。电离程度可小到如辉光放电、大到如核反应堆反应。

2.9.3 等离子体形成的判断标准

等离子体中电子和离子的浓度几乎相等，可被称为准中性(正负电荷几乎相等)体系，表现出集体行为。电子和离子的浓度通常被称为等离子体的数密度，即每单位体积(cm^3)带电粒子的数量。可通过研究等离子体中离子的行为来了解等离子体的集体行为。在库仑静电力的吸引下，一组带负电的电子包围在带正电的离子周围。最靠近离子的电子会形成屏蔽效应，使得离子对其他电子的库仑力变小。离子和电子之间的吸引力只在一个有限的空间尺度内存在，该空间尺度被称为德拜半径或德拜长度。德拜长度用 λ_D 表示，它是温度和数密度的函数。温度越高，粒子运动的能量越大，屏蔽效应越差，德拜长度相应增加。因此，判断等离子体的第一个标准是，等离子体系的空间尺度必须远远大于德拜长度。等离子体中离子和电子的集体行为使它们以相似的方式运动，这种行为被称为双极性扩散现象。

随着等离子体数密度的增加，屏蔽效应变得更加明显，德拜长度减小。少量离子化并不意味着有等离子体存在。因此，形成等离子体的第二个判断标准就是带电粒子的数密度要大到可以产生屏蔽效应。

2.9.4 等离子体区

图 2.51 给出了不同温度和数密度下的各种等离子体范围。等离子体区具有确定的边界，在边界之间尚未发现存在等离子体。与太阳产生太阳能以及与工业等离子体加工相关的等离子体区内容，将在氢能相关技术部分进行讨论。

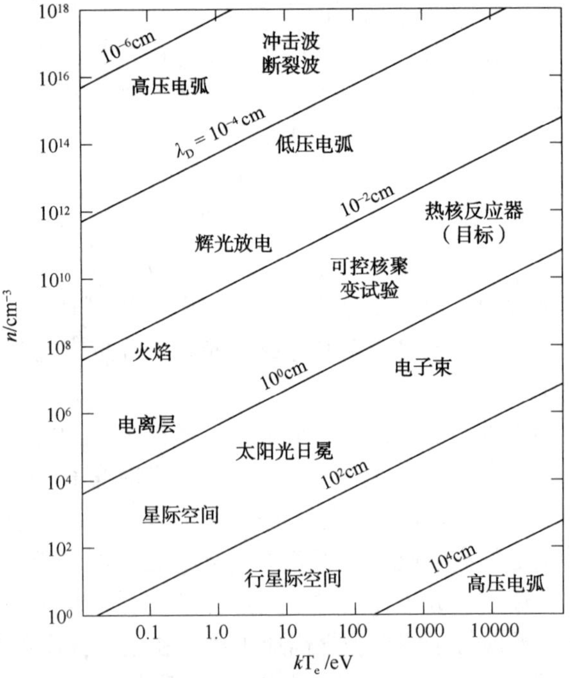

图 2.51 以数密度、电子能量和德拜长度表征的典型等离子体

2.9.5 太阳可被视为等离子体发生器

可以说地球上所有的生命都依赖于等离子体提供的能量，因为太阳就是一个等离子体能量发生器。太阳通过一种被称为热核聚变的反应过程不断地将四个氢原子核转化为一个氦原子核，在这个过程中，质量较小的氢原子核发生聚变生成质量较大的氦原子核。在太阳的核聚变过程中，氦原子核(产物)比四个氢原子核(反应物)的总重轻了 0.7%。减少的这部分质量即被转化成了能量，其中的部分能量以太阳辐射的形式释放。如下所示，质子-质子反应机理产生了太阳中大部分的能量，其中 H^1、H^2、He^3 和 He^4、ν 和 γ 分别代表氢原子核(质子)、氘原子核(氘核)、氦-3 和氦-4 原子核、中微子以及 γ 射线。

$$H^1+H^1 \longrightarrow H^2+e+\nu$$

$$H^2+H^1 \longrightarrow He^3+\gamma$$
$$He^3+He^3 \longrightarrow He^4+2H^1$$

在上一节光化学反应中，我们介绍了来自太阳的等离子体产生的辐射，如何通过太阳能光热化学、光电化学、光生物化学和光催化化学过程在地球上产生氢气。关于这些过程的更多细节将在第 4.5 节“可再生能源制氢”中进行介绍。

2.9.6　与制氢技术相关的工业等离子体工艺过程

为了在实验室中获得等离子体，通常将减压气体密封在含有阳极和阴极两个金属电极的管状容器中。使用直流电(DC)电池，将阳极连接到电池的正极端，阴极连接到电池负极端。当打开开关时，密封管内发生电流放电，将导电性差的气体转变为导电性好的等离子体，最终使得直流电通过该等离子体。图 2.52 给出了几种不同的放电过程，按其电流大小和阴阳极之间的电位差(V)进行分类。其中，电晕放电产生的电流非常低，但电压却非常高，在电线周围可经常观察到有这种放电现象。辉光放电的电流小于 1A，电压约为几百伏。电弧放电的电流范围很宽，可在 1～100000A 之间，但电压低，约为 10V。对于工业等离子体化学来讲，辉光放电和电弧放电是最让人感兴趣的两个过程。辉光放电和电弧放电之间还有一个区别，那就是辉光放电被称为非平衡等离子体，因为辉光放电的数密度低，电子温度 T_e 和气态离子温度 T_g 之间难以形成平衡，如图 2.53 所示。气态离子温度接近环境温度，而高能电子与分子键相互作用，推动了化学反应的发生。在电弧放电(也称为高温等离子体)中，电子温度和气态离子温度之间存在平衡。电弧等离子体温度非常高($>5\times10^3$K)，可被用于加工多种材料。

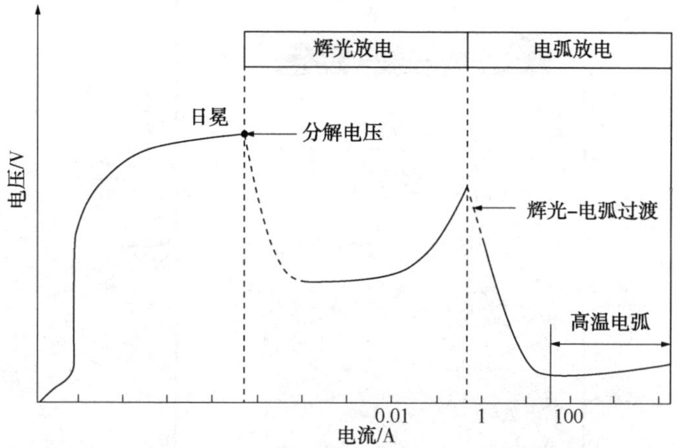

图 2.52　直流放电的电压-电流特性曲线

[资料来源：Eliezer and Eliezer(2001)[86]，经 Taylor 和 Francis 许可转载]

使用高频交流(AC)电也可发生放电过程，例如，通常使用无线电频率(RF)，其频率为 13.56MHz，或者使用微波(MW)，其频率为 2.45GHz。在这类放电系统中，没有真正的阳极或阴极，因为在上一个半循环中积累的负电荷会被下一个半循环中的正电荷中和。当使用高频电时，电子更容易迁移，更容易获得几乎连续的高能离子流。

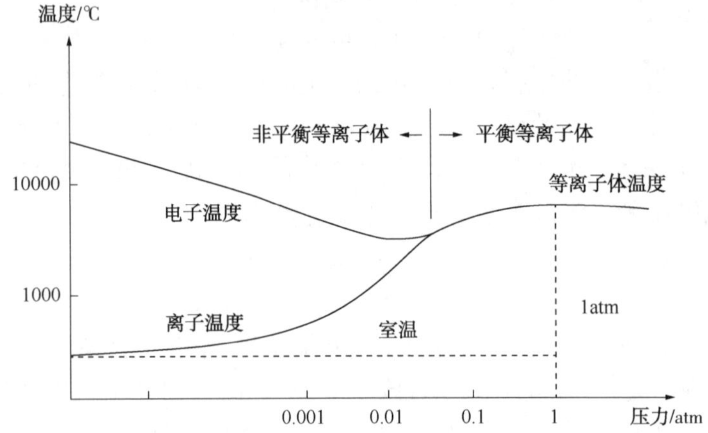

图 2.53　直流放电时平衡和非平衡等离子体的温度和压力分布

［资料来源：Eliezer and Eliezer(2001)[86]，经 Taylor 和 Francis 许可转载］

当使电极放电时，高能电子形成并与气体分子发生碰撞，最终导致气体分解和电离，以及电子和离子的复合和失活，如图 2.54 所示。图 2.54 还显示，当把基板放置在电极上时，等离子体可通过溅射、注入、沉积和蚀刻等工艺过程对基板进行修饰。此外，在等离子体中可形成各种激发态，为了有助于理解，可参见表 2.18，在表 2.18 中所列的能量转移、化学反应、电离和辐射过程中，就可看到氢原子的各种激发态(H^*)。

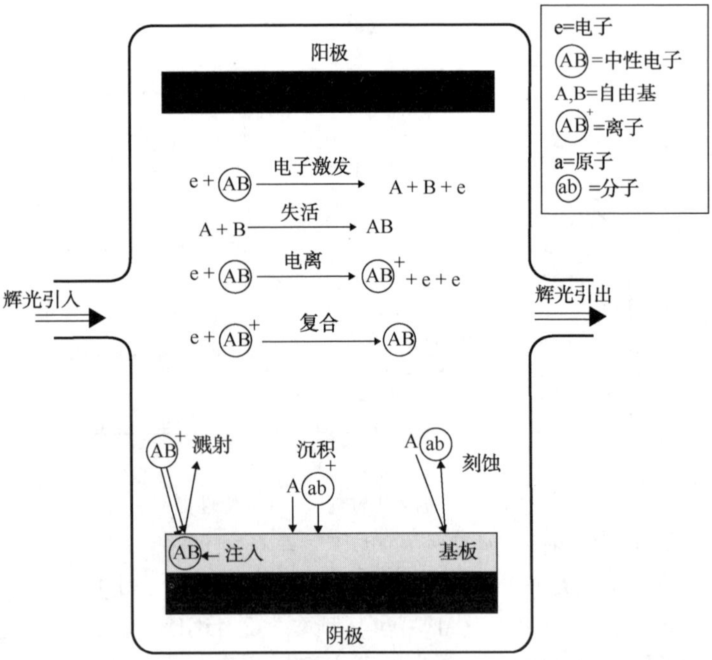

图 2.54　等离子体工艺反应器中发生的反应

［资料来源：Eliezer and Eliezer(2001)[86]，经 Taylor 和 Francis 许可转载］

表 2.18 产生各种激发态氢原子(H^*)的物理化学过程

能量转移		离子化	
共振转移	$H^*+H \longrightarrow H+H^*$	潘宁电离	$H^*+M \longrightarrow H+M^++e^-$
电子激发	$H^*+M \longrightarrow H+M^*$	离解电离	$H^*+M \longrightarrow HE^++F+e^-$
能量积聚	$H^*+M^* \longrightarrow H^{**}+M$	缔合电离	$H^*+M \longrightarrow HM^++e^-$
振动、旋转或转移激发	$H^*+M \longrightarrow H+M^+$	碰撞电离	$H^*+M \longrightarrow H^++M+e^-$或$H^++M$
化学反应		辐射	
解离	$H^*+M \longrightarrow H+E+F$	自发辐射	$H^* \longrightarrow H+h\nu$
夺取反应或碎片化反应	$H^*+M \longrightarrow A+B$	碰撞诱导辐射	$H^*+M \longrightarrow H+M+h\nu$
加成反应或插入反应	$H^*+M \longrightarrow HM$	受激辐射	$H^*+h\nu \longrightarrow H+2h\nu$

无线电射频(RF)和微波(MW)等离子体具有特殊的意义，因为它们可以在不使用电极的情况下诱导等离子体的形成，而电极则可能与气相等离子体发生反应，或是有可能将杂质引入到等离子体内。图 2.55 介绍了几种 RF 和 MW 耦合放电的方法。对于无线电射频，通常采用电感耦合或电容耦合，而对于微波放电，则采用波导。

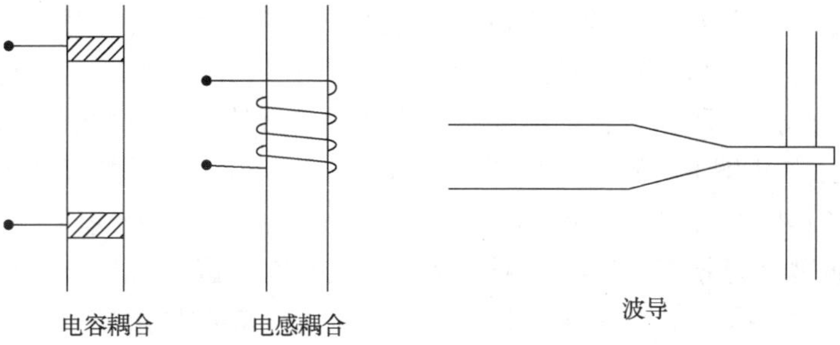

图 2.55 一些诱导高频放电的方法

可以通过改变外部操控条件来改变等离子体的性质，这些外部条件包括气体流量、气体组成、反应器压力、电源功率及频率、用于限定或引导等离子体的外加磁场的大小及方向、基板温度以及反应器的几何形状等。这些外部参数对于等离子体的工业应用是非常重要的，它们会影响反应器的内部特性，如电子和离子的数密度及通量、电子及离子温度、中性和激发态分子的浓度以及质子通量。

以下列举了与制氢技术相关的一些等离子体工艺过程。

2.9.7 利用等离子体将燃料重整转化为富氢气体

由于等离子体是物质的一种高能状态，具有高温和高电离度的特点，因此燃料重整过程或部分氧化过程中涉及的化学反应会被大大加速。燃料甲烷蒸汽重整过程中发生的一些相关化学反应如下所示：

$$CH_4+H_2O \longrightarrow 3H_2+CO\text{(水蒸气重整平衡反应式)}$$

$$CO+H_2O \longrightarrow CO_2+H_2\text{(水煤气变换反应)}$$

$$CH_4+2H_2O \longrightarrow 4H_2+CO_2\text{(水蒸气重整总反应式)}$$

在等离子体反应器中可经常观察到积炭或烟炱生成的情况，其中三种重要的积炭反应如下：

$$CH_4 \longrightarrow 2H_2+C$$

$$2CO \longrightarrow C+CO_2$$

$$H_2+CO \longrightarrow C+H_2O$$

下列三个化学反应显示，随着氧气数量的增加，CH_4 氧化深度不断增加。第一个反应显示甲烷发生部分氧化反应生成了氢气。

$$CH_4+1/2O_2 \longrightarrow CO+2H_2$$

$$CH_4+3/2O_2 \longrightarrow CO+2H_2O$$

$$CH_4+2O_2 \longrightarrow CO_2+2H_2O$$

使用等离子体技术时，甲烷在空气中的氧化机理非常复杂，因为在反应体系内存在许多具有反应活性的中性物质、带电粒子以及各种激发态。例如，使用空气微波等离子体进行甲烷转化过程中，其反应模型中已经写出了 50 多个基元反应步骤，每个反应又有自己的化学动力学特性。在许多反应步骤中都会形成氢分子。

对于 O_2、空气和水与各种燃料的部分氧化/重整反应，其中燃料包括生物燃料(玉米油、菜籽油、大豆油、乙醇)、天然气、柴油、CH_4、甲醇、丙烷以及异辛烷(汽油代表性组分)，研究人员采用等离子体增强的方法，对各种燃料参与的均相气相(非催化)反应以及非均相(催化)反应进行了大量研究。采用辉光放电对气态乙醇-水混合物进行处理，产生了 70%的氢气，其制氢成本约为 0.6W · h/L。未反应的乙醇和水可通过冷凝分离，与会产生大量 CO 的甲烷水蒸气重整技术相比，该技术看似更容易开发，因为甲烷水蒸气重整技术需要对反应产物做进一步处理，如还需进行水煤气变换反应。目前正在使用隔膜放电系统来研究液体乙醇-水混合物体系的反应。等离子体工艺过程产生的富氢气体可用于燃料电池、固定式发电系统以及车辆的内燃机系统。对于如第 5 章所述的高效燃料电池，就可采用车载紧凑型等离子体重整反应器，可将碳氢燃料转化为所需的富氢气体。因为燃料重整反应后会得到能量较高的富氢气体，因此可以考虑从系统中回收一小部分电能为等离子体反应器提供动力。此外，采用该技术后，NO_x、CO_x、含硫化合物、烟炱和碳氢化合物的排放将大幅减少，因此还可带来环境效益。

2.9.8 金属等离子体沉积

如图 2.54 所示，通常，当 Ar 等离子体中的 Ar^+ 离子在电势作用下向金属靶向方向加速移动时，溅射过程即开始进行。Ar^+ 离子所具有的动能将靶材上的金属原子溅射到气相中，可让这些金属原子以薄膜的形式沉积到给定的基板上。对于氢能技术领域来讲，被溅射出的金属原子已被用于：①催化 1,3-丁二烯低温加氢反应(25℃)；②强化烃类的高温部分氧化反应，用于生产合成气；③改善燃料电池电极的性能和质子交换膜的性能，如用于改进 Nafion 膜的性能；④生产氢气分离用膜。

等离子体技术已被用于开发固体氧化物燃料电池，借此将氢气的化学能转换为电能(见第5章)。在电池的制造过程中，通过多步真空等离子体喷涂工艺，可将阳极、电解质和阴极层连续沉积到金属基板上。直流等离子喷涂技术采用沉积粉末的方法来制备陶瓷层，而射频喷涂法则采用沉积液体前驱体的方法来制备多孔固体阴极层。

2.9.9 采用等离子体的水分解反应

在大气压力下，在等离子体与催化剂技术集成的反应器中，采用介质阻挡放电和交流电放电，可将 H_2O 分解成氢气，氢气浓度为0.33%(摩)。

此外，等离子体还被用于辅助其他的水分解方法中。利用等离子体法制备镍负载的 Ta_2O_5 和 ZrO_2 半导体，可获得更高的光解水效率。在采用钙-溴热化学水分解循环制氢过程中，采用等离子体技术可将 HBr 回收为 H_2 和 Br_2，该体系所需能量比蒸汽电解体系更低。

2.9.10 采用等离子体技术对质子交换膜进行改性

采用等离子体处理，是聚合物膜表面修饰和性能改善最常用的方法之一。等离子体处理可进行聚合物蚀刻以形成聚合物沉积层，还可通过增强交联和引入不同化学官能团对表面进行改性。蚀刻过程可能导致聚合物表面粗糙化，使得孔径增大。而聚合物沉积层有助于堵塞孔隙。改变化学官能团有助于控制膜表面的亲水性(喜水性)和黏附性。等离子体技术形成的聚合材料薄膜通常具有较高的交联度，即使膜厚度只有几百纳米也不会含针孔。因此，等离子体薄膜加工技术，如等离子体聚合和溅射技术，是制造微型燃料电池膜电极组件的优质技术。

研究人员采用等离子体技术对 Nafion 膜和全氟磺酸膜进行了一些改性研究，其中包括氩等离子体处理技术，还包括使芳烯和己烷/氢混合物进行等离子聚合来制备碳氢化合物涂层。用含氟利昂116的含氟气体对多孔聚丙烯膜进行等离子处理后，用 Nafion 溶液浸渍该多孔膜，可对膜进行改性。采用等离子体技术，可使多孔聚四氟乙烯(PTFE)基质与聚丙烯酸发生接枝共聚反应，制备孔填充电解质膜。采用离子束辅助的方法，使 PTFE 与各种可形成磺酸基的含硫组分(SO_2、CF_3SO_3H 或 $ClSO_3H$)进行等离子体聚合，可形成质子导电薄膜。等离子体聚合也被用于合成电解质膜，可将四氟乙烯、1,3-丁二烯、苯乙烯、卤代烃和六氟丙烯聚合得到离子导电膜的聚合物骨架，同时可在该聚合物中引入可提高膜的质子导电性的物质，如乙烯基膦酸、三氟甲烷磺酸(CF_3SO_3H)和三氟酸等含酸性官能团的物质。通过等离子聚合还可增加基质的疏水性，进行防水处理，这已被应用于气流通道以及多孔集电器碳纸的防水处理中，在碳纸与聚合物电解质燃料电池组件中的 Nafion 膜贴合之前，采用六氟丙烯单体与之进行等离子聚合，对其进行防水处理。作为微型燃料电池的质子交换膜，与未掺杂的 SiO_2 膜相比，用等离子体增强的化学气相沉积技术制备的 p 掺杂的 SiO_2 膜，其功率密度至少提高一个数量级。

2.9.11 用等离子体技术处理城市固体废物

全世界每年会产生巨大数量的城市固体废物，这些废物通常被送往垃圾填埋场进行填埋。采用等离子体工艺可使固体废物气化，产生富含氢气和一氧化碳的合成气，净化后可用于发电和产热。与传统的废物处理技术和焚烧相比，气化工艺和等离子体工艺具有更好的环保优势。

问答题(2.5节)

1. 电化学研究氧化–还原反应，什么是氧化反应？请写出一个典型的氧化反应。什么是还原反应？请写出一个典型的还原反应。

2. 请使用氧化数原理来确定氧化物质和还原物质。

3. 什么是半反应？请写出硫酸锌溶液中金属锌的半电池反应。

4. 如果将 Cu/Cu^{2+} 和 Pb/Pb^{2+} 两个半电池组合在一起，该电池的期望电压是多少？

5. 由于无法测量单个电极的电势，如何获得几个不同半电池的电势？

6. 什么是参比电极？写出两个参比电极。

多　选　题

热动力学部分问题

1. 氢作为理想气体氢的状态方程是(　　)。

(a) $PT=nRV$　　(b) $nPV=RT$　　(c) $PT=nRV$　　(d) $PV=nRT$

2. 功不是(　　)。

(a) $W=mgh$　　(b) $W=-P\Delta V$

(c)由于温差而流过边界的量　　(d)在力的作用下移动了一段距离

3. 下列哪项不是热力学第一定律的表述？(　　)

(a)宇宙的能量是一个常数

(b)能量的变化取决于状态变化期间经过的路径

(c)能量不能被创造或毁灭

(d)能量守恒

4. 吉布斯自由能的变化不是(　　)。

(a)温度不变时，$\Delta G=\Delta H-T\Delta S$

(b)自发变化时，ΔG 大于零

(c)与自发反应的倾向有关

(d)与电化学电池中电子转移的摩尔数有关

5. 当“n”是电子转移摩尔数时，能斯特方程将298K时的电动势定义为(　　)。

(a) $E=H+nPV$　　(b) $H=H°-(0.059/n)\log Q_p$

(c) $E=E°-(0.059/n)\log Q_p$　　(d) $E=E°+(0.059/n)\log Q_p$

光化学部分问题

1. 光子的能量(　　)。

(a)随着光速的变化而变化　(b)在物质的四种形态中是不同的

(c)与频率成正比　(d)在等离子体状态下是一个常数

2. 红外辐射通常会导致(　　)。

(a)离子化　(b)振动激发

(c)等离子体的形成　(d)将电子激发到导带中

3. 电磁波谱中哪一部分能量最少?(　　)。

(a)X射线　(b)可见光辐射　(c)射频辐射　(d)真空紫外辐射

4. 光化学反应可由下列哪种情况导致(　　)。

(a)高能光子在材料中传输　(b)有许多激光光子穿过样品

(c)一个光子激发多个分子　(d)单光子吸收

5. 辐射吸收不与下列哪项成正比(　　)。

(a)样本的路径长度　(b)样本的浓度

(c)辐射波长　(d)材料的摩尔消光系数

等离子体化学部分问题

1. 物质的第四种形态是(　　)。

(a)等离子体　(b)固态　(c)液态　(d)气态

2. 高能离子与固体表面碰撞并使物质进入气相的过程称为(　　)。

(a)溅射　(b)复合　(c)离子化　(d)等离子体激发

3. 具有最低数密度的等离子体为(　　)。

(a)电子束　(b)火焰　(c)热核反应堆　(d)行星际空间

4. 下列哪种机理代表潘宁电离?(　　)

(a)$H^* + M \longrightarrow H + M^+ + e^-$

(b)$H^* + M \longrightarrow HE^+ + F + e^-$

(c)$H^* + M \longrightarrow HM^+ + e^-$

(d)$H^* + M \longrightarrow H^+ + M + e^-$或者$H^+ + M^-$

5. 以下哪种机制代表能量积聚?(　　)

(a)$H^* + H \longrightarrow H + H^*$　(b)$H^* + M \longrightarrow H + M^*$

(c)$H^* + M^* \longrightarrow H^{**} + M$　(d)$H^* + M \longrightarrow H + M^\dagger$

6. 以低电流和高电压为特征的直流(DC)放电是(　　)。

(a)电弧放电　(b)微波放电　(c)电晕放电　(d)辉光放电

7. 等离子体用于以下哪种制氢技术(　　)。

(a)燃料重整　(b)水分解　(c)燃料电池膜改性

(d)城市垃圾处理　(e)以上所有

化学平衡反应部分

1. 反应式 $2CO(g)+O_2(g) \rightleftharpoons 2CO_2(g)$ 的平衡表达式是(　　)。

(a) $\frac{[CO_2]}{[CO]+[O_2]}$　　(b) $\frac{[CO_2]^2}{[CO]^2[O_2]}$

(c) $\frac{[CO][O_2]}{[CO_2]}$　　(d) $\frac{2[CO_2]}{2[CO][O_2]}$

(e) $\frac{[CO]^2[O_2]}{[CO_2]^2}$

2. 对于一个 $K=3.7\times10^{-14}$ 的反应体系，该反应的平衡位置可被描述为有利于向________移动；产物浓度相对________。(　　)

(a) 向右；较大　　(b) 向右；较小

(c) 向左；较大　　(d) 向左；较小

(e) 不向任何方向；较大

3. 该反应体系发生下列哪种变化时会导致平衡向右移动？(　　)

$$N_2(g)+3H_2(g) \rightleftharpoons 2NH_3(g)+热$$

(a) 加入催化剂　　(b) 加入 $NH_3(g)$

(c) 移除 $H_2(g)$　　(d) 加热

(e) 降温

4. 请看下列反应：

(a) $2CO_2(g) \longrightarrow 2CO(g)+O_2(g)$

(b) $N_2(g)+O_2(g) \longrightarrow 2NO(g)$

(c) $Si(s)+2Cl_2(g) \longrightarrow SiCl_4(g)$

当增加压力打破反应平衡时，反应产物的浓度是增加、减少还是保持不变？

答：

(a) 减少　　(b) 保持不变　　(c) 增加

5. 请看下列反应：

$$H_2(g)+I_2(g) \longrightarrow 2HI(g) \quad \Delta H=-2.2\text{kcal/mol}$$

该反应是放热反应还是吸热反应？

答：放热反应

写出该反应的平衡表达式：

答：$K_c=\frac{[HI]^2}{[H_2][I_2]}$

在下列情况下，HI 的平衡浓度会增加还是减小？(　　)

(a) 如果加入了 I_2，HI 的平衡浓度将增加

(b) 如果移除了 H_2，HI 的平衡浓度将减小

(c) 加入催化剂，不会改变平衡位置

(d)如果温度升高，HI 的平衡浓度将减小

6. 计算该反应的平衡常数：$3H_2(g)+N_2(g) \rightleftharpoons 2NH_3(g)$，当该反应处于平衡状态时，气体混合物温度为 500℃，H_2 分压为 0.928atm，N_2 分压为 0.432atm，NH_3 分压为 2.24×10^{-3}atm。

答：$K_p=1.45\times10^{-5}$。

酸碱化学反应部分

1. 你认为下列哪一个是布朗斯特-劳里酸？(　　)

(a)Ca^{2+}　(b)H_2CrO_4　(c)NH_3　(d)NO_2^-

2. 你认为下列哪一个是布朗斯特-劳里碱？(　　)

(a)HNO_2　(b)NH_4^+　(c)Ni^{2+}　(d)PO_4^{3-}

3. 下面列出了一些弱酸和 pK_a 值，哪种酸最强？(　　)

(a)氢氰酸，pK_a=9.31　(b)抗坏血酸，pK_a=4.10

(c)甲酸，pK_a=3.74　(d)丙酸，pK_a=4.89

(e)乙酸，pK_a=4.74

4. HCN 是一种弱酸。哪个方程式最能代表其水溶液的化学性质？(　　)

(a)$HCN+H_2O \rightleftharpoons CN^-+H_3O^+$　(b)$HCN+H_2O \rightleftharpoons H_2CN^++OH^-$

(c)$HCN \rightleftharpoons H^++CN^-$　(d)$HCN \rightleftharpoons H^-+CN^+$

(e)$H_2O \rightleftharpoons H^++OH^-$

5. $CH_3NH_2+HCl \rightleftharpoons CH_3NH_3^++Cl^-$

在该反应中共轭酸-碱对为________和________。(　　)

(a)CH_3NH_2 和 HCl　(b)CH_3NH_2 和 Cl^-

(c)$CH_3NH_3^+$和 Cl^-　(d)HCl 和 Cl^-

(e)HCl 和 H_3O^+

6. $[H_3O^+]=4.1\times10^{-2}$mol/L 的水溶液，其 pH 值为多少？(　　)

(a)12.61　(b)1.39　(c)1.10　(d)12.90

(e)4.10

7. 下列哪个组合不会制成缓冲溶液？(　　)

(a)100mL 1.0mol/L HCN+100mL 1.0mol/L NaCN

(b)100mL 1.0mol/L HNO_3+50mL 1.0mol/L KNO_3

(c)50mL 1.0mol/L HCO_2H+25mL 1.0mol/L KOH

(d)50mL 1.0mol/L CH_3CO_2Na+25mL 1.0mol/L HCl

8. 写出下列酸的共轭碱的分子式：(a)H_2O，(b)CO_3^{2-}和(c)$H_2PO_4^{1-}$。

答：(a)OH^-

(b)因为 CO_3^{2-}不含 H，所以它不是酸

(c)HPO_4^{2-}

9. 写出下列碱的共轭酸的分子式：(a)H_2O，(b)CO_3^{2-}，(c)NH_3 和(d)$H_2PO_4^{1-}$。

答：(a)H_3O^+　(b)HCO_3^-　(c)NH_4^+　(d)H_3PO_4

10. 写出(a)HBr 和(b)HSO_4^{1-} 作为一元酸与水的反应方程式，标记出下列反应的共轭酸和共轭碱。

答：$HBr+H_2O \rightleftharpoons Br^{1-}+H_3O^{1+}$

(a)酸　碱　共轭碱　共轭酸

$HSO_4^{1-}+H_2O \rightleftharpoons SO_4^{2-}+H_3O^{1+}$

(b)酸　　　碱　共轭碱　共轭酸

11. 写出(a)I^-和(b)CO_3^{2-} 作为一元质子接受碱与水的反应方程式。标记出下列反应的共轭酸和共轭碱。

(a)$I^-+H_2O \rightleftharpoons HI+OH^-$

碱　酸　共轭酸　共轭碱

(b)$CO_3^{2-}+H_2O \rightleftharpoons HCO_3^-+OH^-$

碱　　酸　共轭酸　共轭碱

12. 预测该酸-碱反应的平衡反应位置：$HCN+OH^- \rightleftharpoons CN^-+H_2O$。

答：有利于向右进行

动力学部分

1. 以下哪项对化学反应速率没有影响？(　　)

(a)温度　(b)催化剂　(c)表面积

(d)焓　(e)浓度

2. 对于丙烷燃烧反应：$C_3H_8+5O_2 \longrightarrow 3CO_2+4H_2O$，如果水蒸气的生成速率为 0.00258mol/(L·s)，则二氧化碳的生成速率为(　　)。

(a)0.00344　(b)0.00194　(c)0.00258　(d)0.00430

(e)0.00323

3. 某反应物的反应级数为 3。如果该反应物的浓度增加一倍，则速率将如何变化？(　　)

(a)速率将增加 2 倍　(b)速率将增加 3 倍

(c)速率将增加 6 倍　(d)速率将增加 8 倍

(e)速率将增加 9 倍

4. 对于过氧化氢的分解反应(一级反应)，如果初始浓度为 0.750M，则在 14h 后 H_2O_2 的摩尔浓度是多少？以 10h 作为 H_2O_2 分解的半衰期进行计算。(　　)

(a)0.122　(b)0.284　(c)0.375　(d)0.505

(e)0.813

5. 下列哪个条件改变会导致化学反应活化能改变？（　　）

(a) 催化剂　(b) 浓度　(c) 熵　(d) 温度

(e) 时间

6. 以下哪项表述不正确？（　　）

(a) 对于恒温下给定的反应，其反应速率取决于其速率常数

(b) 最慢的基元反应是速控步

(c) 大多数化学反应都是双分子化学反应

(d) 对于基元反应，可以通过平衡反应式确定它的速率方程

(e) 速率常数随温度变化而变化

有机化学部分

1. 以下哪一种物质是有机化合物？（　　）

(a) H_2O　(b) NaOH　(c) HNO_3　(d) $CaCl_2$

(e) CH_4

2. 下列哪种化合物含有 C≡C 键？（　　）

(a) 苯　(b) 丙烷　(c) 乙烯　(d) 乙炔

(e) 环己烷

3. 以下哪一种物质是含有 4 个碳原子的碳氢化合物？（　　）

(a) 丁烷　(b) 乙烷　(c) 甲烷　(d) 戊烷

(e) 丙烷

4. 下列哪种化合物不是烷烃？（　　）

(a) C_2H_6　(b) C_4H_{10}

(c) CH_4　(d) C_3H_6

(e) C_5H_{12}

5. $H_5C_2—O—C_2H_5$ 属于下列哪类化合物？（　　）

(a) 醇类　(b) 醛类　(c) 醚类　(d) 羧酸类

(e) 酯类

6. 目前制氢的主要原料是什么？（　　）

(a) 海水　(b) 金属氢化物　(c) 天然气　(d) 纤维素

(e) 氨

聚合物部分

1. 以下哪一个不是链加成聚合物？（　　）

(a) 聚乙烯　(b) 聚丙烯　(c) 聚氯乙烯　(d) 聚苯乙烯

(e) 聚对苯二甲酸乙二醇酯

2. 典型的聚合物没有下列哪种性质？（　　）

(a) 高分子量　(b) 结晶及非结晶部分

(c) 玻璃化转变温度　(d) 沸点

(e) 分子量分布

3. 一份聚苯乙烯样品的平均分子量为155000g/mol。其聚合度(每条链上重复单元的平均数)为多少?(　　)

(a)1476　　(b)1490　　(c)1505　　(d)3690

(e)5536

4. 目前对于废弃聚合物的处理使用最多，但不可持续的方法是什么?(　　)

(a)堆肥　　(b)焚烧　　(c)填埋　　(d)热解

(e)回收利用

5. 100%完全结晶态的聚乙烯的密度为1.000g/mL，而完全非晶态聚乙烯的密度为0.850g/mL。若一个LDPE样品的密度为0.930g/mL，则其结晶度以%表示应为多少?(　　)

(a)42.4　　(b)44.7　　(c)46.6　　(d)53.3

(e)58.1

6. 对于用作燃料电池质子交换膜的Nafion膜，哪种说法不正确?(　　)

(a)它是一种共聚物　　(b)其活化形式含有酸性基团

(c)相对便宜　　(d)也可用作制动器

(e)类似于聚四氟乙烯

参考文献

1. Kauffman, G.B. (1988) The Brønsted–Lowry acid–base concept. *Journal of Chemical Education*, **65**, 28–31.
2. Kolob, D. (1978) Acids and bases. *Journal of Chemical Education*, **55**, 459–464.
3. Adcock, J.L. (2001) Teaching Brønsted–Lowry acid–base theory in a direct comprehensive way. *Journal of Chemical Education*, **78**, 1495–1496.
4. Fainzilberg, V.F. and Karp, S. (1994) Chemical equilibrium in the general chemistry course. *Journal of Chemical Education*, **71**, 769–770.
5. Van Driel, J.H., de Vos, W., and Verloop, N. (1999) Introducing dynamic equilibrium as an explanatory model. *Journal of Chemical Education*, **76**, 559–561.
6. Treptow, R. (1980) Le Chatelier's principle. *Journal of Chemical Education*, **57** (6), 417.
7. Howard, R.A. (1999) The fizz keeper, a case study in chemical education, equilibrium, and kinetics. *Journal of Chemical Education*, **76**, 208–209.
8. De Lange, A.M. and Pogieter, J.H. (1991) Acid and base dissociation constants of water and its associated ions. *Journal of Chemical Education*, **68**, 304–305.
9. Ault, A. (1999) Do pH in your head. *Journal of Chemical Education*, **76**, 936–938.
10. Silverstain, T.P. (2000) Weak vs strong acids and bases: the football analogy. *Journal of Chemical Education*, **77**, 849–850.
11. Brown, T.L., LeMay, H.E. Jr., Bursten, B.E., and Burdge, J.R. (2003) *Chemistry. The Central Science*, 9th edn, Prentice-Hall, Inc., NJ.
12. Kotz, J.C., Treichel, P.M., and Weaver, G.C. (2006) *Chemistry & Chemical Reactivity*, 6th edn, Thomson Brooks/Cole, CA.
13. Miri, M.J. (2006) *Aspects of Chemical Reactions and Chemistry of Materials*, 3rd edn, Pearson Custom Publishing, MA.

14. McMurry, J. and Castelion, M.E. (2007) *Fundamentals of General, Organic, and Biological Chemistry*, 5th edn, Prentice-Hall, Inc., NJ.
15. Silbey, R.J., Alberty, R.A., and Bawendi, M..G. (2005) *Physical Chemistry*, Wiley, Hoboken, NJ.
16. Goswami, D.Y., Mirabel, S.T., Goel, N., and Ingley, H.A. (2003) *A review of hydrogen production technologies*. Int. Conf. Fuel Cell Science, Engineering and Technology, Rochester, NY; pp. 61–74.
17. Hess, G. (2006) Incentives boost coal gasification. *Chem. & Eng. News,* January 16. p. 22.
18. Steinfeld, J.I., Francisco, J.S., and Hase, W.L. (1999) *Chemical Kinetics and Dynamics*, 2nd edn, Prentice Hall, Upple Saddle River, NJ.
19. Miri, M.J. (2006) *Aspects of Chemical Reactions and Chemistry of Materials*, 3rd edn, Pearson Custom Publishing, Massachusetts.
20. Moore, J.W. and Pearson, R.G. (1981) *Kinetics and Mechanism*, 3rd edn, Wiley, New York.
21. Pilling, M.J. and Seakins, P.W. (1995) *Reaction Kinetics*, University Press, Oxford.
22. Dawson, B.E. (1973) *Kinetics and Mechanisms of Reactions*, Methuen Educational Ltd, London.
23. Espenson, J.H. (1995) *Chemical Kinetics and Reaction Mechanism*, 2nd edn, McGraw-Hill, New York.
24. Laidler, K.J. (1987) *Chemical Kinetics*, 3rd edn, Harper and Row, New York.
25. Entelis, S.G. and Tiger, R.P. (1976) *Reaction Kinetics in the Liquid Phase*, Wiley, New York.
26. Nicholas, J. (1976) *Chemical Kinetics*, Wiley, New York.
27. Eyring, H. and Eyring, E.M. (1963) *Modern Chemical Kinetics*, Reinhold, New York.
28. Chorkendorff, I. and Niemantsverdriet, J.W. (2003) *Concepts of Modern Catalysis and Kinetics*, Wiley, New York.
29. Morrison, R.T. and Boyd, R. (1992) *Organic Chemistry*, 6th edn, Prentice Hall, Englewood, NJ.
30. Solomon, T.W.G. and Fryhle, C.B. (2003) *Organic Chemistry*, 8th edn, Wiley.
31. McMurry, J. (2000) *Organic Chemistry*, 5th edn, Brooks/Cole, Pacific Grove.
32. Carey, F.A. (2008) *Organic Chemistry*, 7th edn, McGraw-Hill, New York.
33. Hanson, J.R. (2002) *Functional Group Chemistry*, Wiley, New York.
34. Cahn, R.S. (1979) *Introduction to Chemical Nomenclature*, 5th edn, Butterworths, Boston.
35. Bruice, P.Y. (2004) *Organic Chemistry*, 4th edn, Prentice-Hall, NJ.
36. Vollhardt, K.P.C. and Schore, N.E. (2003) *Organic Chemistry. Structure and Function*, 4th edn, W. H. Freeman and Company, New York.
37. Miri, M.J. (2006) *Aspects of Chemical Reactions and Chemistry of Materials*, 3rd edn, Pearson Custom Publishing, Boston, MA.
38. Klein, D.R. (2006) *Organic Chemistry 2 as a Second Language*, John Willey & Sons, Inc., New York.
39. McMurry, J. and Castelion, M.E. (2003) *Fundamentals of General, Organic, and Biological Chemistry*, 4th edn, Prentice-Hall, Inc., Englewood, NJ.
40. Doyle, E. (1997) Trans fatty acids. *Journal of Chemical Education*, **74**, 1030–1032.
41. Seymour, R.B. (1989) Alkanes: abundant, pervasive, important, and essential. *Journal of Chemical Education*, **66**, 59–63.
42. Flory, P.J. (1953) *Principles of Polymer Chemistry*, Cornell University Press, Ithaca, NY.
43. Campbell, I.M. (2000) *Introduction to Synthetic Polymers*, Oxford University Press, Oxford, UK.
44. Painter, P.C. and Coleman, M.M. (1997) *Fundamentals of Polymer Science*, 2nd edn, CRC Press, Lancaster.

45. Odian, G. (2004) *Principles of Polymer Science*, 4th edn, Wiley Interscience, Hoboken, NJ.
46. Sperling, L.H. (2001) *Physical Polymer Science*, 3rd edn, Wiley, New York.
47. Allcok, H.R. and Lampe, F.W. (1990) *Contemporary Polymer Chemistry*, 2nd edn, Prentice Hall, Englewood Cliffs, NJ.
48. Morawetz, H. (1985) *Polymers – The Origins of a Science*, Wiley, New York.
49. Billmeyer, F.W. (1984) *Textbook of Polymer Science*, 3rd edn, Wiley-Interscience, New York.
50. Elias, H.G. (2005/2006) *Macromolecules*, Vols 1 and 2, Wiley, New York.
51. Miri, M. (2006) *Aspects of Chemical Reactions and Chemistry of Materials*, 3rd edn, Pearson/Prentice Hall, Boston.
52. Tonelli, A.E. (2001) *Polymers from the Inside Out*, Wiley-Interscience, New York.
53. Strobl, G. (1996) *The Physics of Polymers*, Springer-Verlag, Berlin.
54. Bassett, D.C. (1981) *Principles of Polymer Morphology*, Cambridge University Press, Cam-bridge.
55. Polymer Processing, Scott BE, ed. Data on polymers. Available at: http://www.polymerprocessing.com/polymers/PA6.html (accessed 14 June 2017)
56. Physics web, Top hydrogen storing polymer revealed; August 24, 2006. Available at: http://physicsweb.org/articles/news/10/8/15/1 (accessed 14 June 2017)
57. Mauritz, K.A. and Moore, R.B. (2004) State of understanding Nafion. *Chemical Reviews*, **104**, 4535–4585.
58. Alberty, R.A. (1983) *Physical Chemistry*, 6th edn, John Wiley & Sons, New York, p. 433.
59. Silbey, R.J., Alberty, R.A., and Bawendi, M.G. (2005) *Physical Chemistry*, John Wiley & Sons, Inc., NJ, p. 870.
60. Watanabe, K. and Zelikoff, M.J. (1953) Absorption coefficients of water vapor in the vacuum ultraviolet. *Journal of the Optical Society of America*, **43**, 753.
61. NIST chemistry webBook. NIST standard reference database, No. 69, March 2003. Available at http://webbook.nist.gov/chemistry.
62. Finlayson-Pitts, B.J. and Pitts, J.N. Jr. (1986) *Atmospheric Chemistry: Fundamentals and Experimental Techniques*, John Wiley & Sons, New York, p. 96.
63. Howard, J.N., King, J.I.F., and Gast, P.R. (1960) Thermal radiation, in *Handbook of Geophysics* (eds C.F. Campen Jr., A.E. Cole, T.P. Condron *et al.*), Macmillan, New York.
64. Finlayson-Pitts, B.J. and Pitts, J.N. (2000) *Chemistry of the Upper and Lower Atmosphere*, Academic Press, New York.
65. Lewis, N.S. and Nocera, D.G. (2006) Powering the planet: chemical challenges in solar energy utilization. *Proceedings of the National Academy of Sciences*, **103**, 15729–15735.
66. Esswein, A.J. and Nocera, D.G. (2007) Hydrogen production by molecular photocatalysis. *Chemical Reviews*, **107**, 4022–4047.
67. Friedman, H. (1960) The Sun's Ionizing Radiations, in *Physics of the Upper Atmosphere* (ed. J.A. Ratcliffe), Academic Press, New York, pp. 133–218.
68. Bolton, J.R. (1996) Solar photoproduction of hydrogen: a review. *Solar Energy*, **57**, 37.
69. Bolton, J.R. (1996) "Solar photoproduction of hydrogen." Int. Energy Agency Technical Report; IEA/H2/TR-96.
70. Kittel, C. (1986) *Introduction to Solid State Physics*, 6th edn, John Wiley & Sons, New York.
71. Omar, M.A. (2000) *Elementary Solid State Physics*, Addison-Wesley, Delhi, India.
72. Khaselev, O. and Turner, J.A. (1998) A monolithic photovoltaic-photoelectrochemical device for hydrogen production via water splitting. *Science*, **280** (5362), 425–427.
73. Materials Research Society Symposium; Nov. 28–Dec. 2, 2005; Boston, MA.
Maggard, P., Porob, D., and Luo, J. (2005) Multicomponent metal-oxide photocatalysts for hydrogen generation from solar energy. Materials Research Society Symposium; Nov. 28–Dec. 2, 2005; Boston, MA.

Van de Krol, R., Lloyd, D.A., Damen, M.R., Enache, C.S., and Schoonman, J. (2005) Synthesis and characterization of thin film $InVO_4$ photocatalysts. Materials Research Society Symposium; Nov. 28–Dec. 2, 2005; Boston, MA.
Yu, Z.G., Pryor, C.E., Lau, W.H., Berding, M.A., MacQueen, D.B. (2005) Core–shell nanorods for efficient photoelectrochemical hydrogen production. Materials Research Society Symposium; Nov. 28–Dec. 2, 2005; Boston, MA.
Kim, H.-J. and Misture, S.T. (2005) Structure and stability of protonated aurivillius ceramics for photocatalysis applications. Materials Research Society Symposium; Nov. 28–Dec. 2, 2005; Boston, MA.
Fujii, K., Ono, M., Ito, T., Ohkawa, K. (2005) Characteristics of H_2 gas generation using GaN photoelectrolysis. Materials Research Society Symposium; Nov. 28–Dec. 2, 2005; Boston, MA.

74. Goswami, D.Y., Mirabel, S.T., Goel, N., and Ingley, H.A. (2003) A review of hydrogen production technologies. Int. Conf. Fuel Cell Science, Engineering and Technology, Rochester, NY; 2003. pp. 61–74.
75. Materials Research Society Symposium; 2005 Nov. 28- Dec. 2; Boston, MA.
Tohji, K., Arai, T., Sato, Y., Jeyadevan, B., Hongfei, L., and Yamasaki, N. (2005) Hydrogen production using sulfur circulation. Materials Research Society Symposium; Nov. 28–Dec. 2, 2005; Boston, MA.
Senda, S., Arai, T., Sato, Y., Shinoda, K., Jeyadevan, B., and Tohji, K. (2005) Influence of Cu on the photocatalytic activity of ZnS nanoparticles. Materials Research Society Symposium; Nov. 28–Dec. 2, 2005; Boston, MA.
Matsumoto, H., Arai, T., Sato, Y., Jeyadevan, B., Tohji, K. (2005) Hydrogen generation from hydrogen sulfide using a two-compartment photoelectrochemical cell with the stratified CdS nanoparticles. Materials Research Society Symposium; Nov. 28–Dec. 2, 2005; Boston, MA.
Ishiyama, T., Arai, T., Sato, Y., Shinoda, K., Jeyadevan, B., Tohji, K. (2005) The role of film morphology on the photocatalytic efficiency of CdS film synthesized by CBD method. Materials Research Society Symposium; Nov. 28–Dec. 2, 2005; Boston, MA.
Hirayama, M., Arai, T., Sato, Y., Shinoda, K., Jeyadevan, B., Tohji, K. (2005) Synthesis of $Zn_xCd_{1-x}S$ photocatalyst thin film by dip-coating method and its photoreactivity. Materials Research Society Symposium; Nov. 28–Dec. 2, 2005; Boston, MA.
76. Steinfeld, A. (2005) Solar thermochemical production of hydrogen – a review. *Solar Energy*, **78**, 603–615.
77. Bard, A.J., Whitesides, G.M., Zhare, R.N., and McLafferty, F.W. (1995) Holy Grails of chemistry. *Accounts of Chemical Research*, **28**, 91.
78. Penner, S.S. (2006) Steps toward the hydrogen economy. *Energy*, **31**, 33–43.
79. Murphy, A.B., Barnes, P.R.F., Randeniya, L.K. *et al.* (2006) Efficiency of solar water splitting using semiconductor electrodes. *International Journal of Hydrogen Energy*, **31** (14), 1999–2017.
80. Abaoud, H. and Steeb, H. (1998) The German-Saudi HYSOLAR program. *International Journal of Hydrogen Energy*, **23** (6), 445–449.
81. Shaheen, S.E., Ginley, D.S., and Jabbour, G.E. (2005) Organic-based photovoltaics: toward low-cost power generation. *MRS Bulletin*, **30**, 10–15.
82. Hallenbeck, P.C. and Benemann, J.R. (2002) Biological hydrogen production; fundamentals and limiting processes. *International Journal of Hydrogen Energy*, **27**, 1185–1193.
83. Chen, S., Thind, S.S., and Chen, A. (2016) Nanostructured materials for water splitting – state of the art and future needs: a mini-review. *Electrochemistry Communications*, **63**, 10–17.
84. Kalisman, P., Nakibli, Y., and Amirav, L. (2016) Perfect photon-to-hydrogen conversion efficiency. *Nano Letters*. **16** (3), 1776–1781.

85. Roger, I., Shipman, M.A., and Symes, M.D. (2017) Earth-abundant catalysts for electrochemical and photoelectrochemical water splitting. *Nature Reviews Chemistry*, **1**(003): 1–13.
86. Eliezer, S. and Eliezer, Y. (2001) *The Fourth State of Matter: An Introduction to Plasma Science*, 2nd edn, Institute of Physics (IOP) Publishing, Philadelphia.
87. Vukanovic, V. (1995) *Science and Faith*, Light and Life Publishing, Minneapolis.
88. Bova, B. (1971) *The Fourth State of Matter: Plasma Dynamics and Tomorrow's Technology*, St. Martin's Press, New York.
89. Chen, F.F. (1974) *Introduction to Plasma Physics*, Plenum Press, New York.
90. Venugopalan, M. (1971) The plasma state, in *Reactive Plasma Conditions* (ed. M. Venugopalan), Interscience Publisher, New York, pp. 1–34.
91. Chapman, B. (1980) *Glow Discharge Processes: Sputtering and Plasma Etching*, John Wiley & Sons, New York.
92. Boenig, H.V. (1982) *Plasma Science and Technology*, Cornell University Press, Ithaca, NY.
93. Hollahan, J.R. and Bell, A.T. (1974) *Techniques and Applications of Plasma Chemistry*, John Wiley & Sons, New York.
94. Bell, A. (1967) The physical characteristics of electric discharges, in *The Applications of Plasma to Chemical Processing* (eds R.F. Baddour and R.S. Timmons), The MIT Press, Cambridge, MA.
95. J. Mostaghimi, T.W. Coyle, V.A. Pershin, and H.R. Salimi Jazi (2005) *Proceedings 17th International Symposium on Plasma Chemistry*; 2005 Aug 7–12; Toronto, Canada.
96. Khot, A., Lu, F., Debies, T., and Takacs, G.A. (2012) Surface activation of perfluorosulfonic acid membrane used in fuel cells with vacuum UV photo-oxidation. *Journal of Adhesion Science and Technology*, **27**, 309–323.
97. Wang, H., Song, L.-J., Li, X.-H., and Yue, L.-M. (2015) Hydrogen production from partial oxidation of methane by dielectric barrier discharge plasma reforming. *Acta Physico-Chimica Sinica*, **31** (7), 1406–1412.
98. Valincius, V., Grigaitiene, V., Valatkevicius, P., and Tamosiunas, A. (2013) The simultaneous synthesis of hydrogen-rich gas and oxidation of fine metal particles in water vapour plasma. *Problems of Atomic Science and Technology, Series: Plasma Physics*, **19**, 160–163.
99. Maccato, C., Barreca, D., Carraro, G. *et al.* (2013) Photoassisted H_2 production by metal oxide nanomaterials fabricated through CVD-based approaches. *Surface & Coatings Technology*, **230**, 219–227.
100. Zhang, H., Zhu, F., Li, X., and Cen, K. (2016) Rotating gliding arc assisted water splitting in atmospheric nitrogen. *Plasma Chemistry and Plasma Processing*, **36**, 813–834.
101. Evangelisti, S., Tagliaferri, C., Clift, R. *et al.* (2015) Life cycle assessment of conventional and two-stage advanced energy-from-waste technologies for municipal solid waste treatment. *Journal of Cleaner Production.*, **100**, 212–223.
102. Evangelisti, S., Tagliaferri, C., Clift, R. *et al.* (2015) Integrated gasification and plasma cleaning for waste treatment: a life cycle perspective. *Waste Management*, **43**, 485–496.
103. Olmsted, J. and Williams, G.M. (2006) *Chemistry—The Molecular Science*, 4th edn, John Wiley & Sons, Inc., p. 688.
104. Malone, L.J. (2004) *Basic Concepts of Chemistry*, 7th edn, John Wiley & Sons, Inc., New York.
105. Brady, J.E. (2004) *Chemistry: Matter and Its Changes*, 4th edn, John Wiley & Sons, New York.
106. Haydem, H.W., Moffatt, W.G., and Wulff, J. (1965) *The Structure and Properties of Materials, Vol. III, Mechanical Behavior*, John Wiley & Sons.
107. Painter, P. and Coleman, M. (2004) *Painter and Coleman on Polymers*, DEStech Publications, Inc., Lancaster, PA.
108. Bard, A.J. and Faulkner, L.R. (2001) *Electrochemical Methods*, Wiley, New York.

第 3 章　氢气制备

本章介绍了最新的氢气制备技术，通过讨论不同制氢路径的特点和效率，探索未来制氢技术的发展方向。之后的第 4 章继续探讨不同制备方法制得氢气的特性。

3.1　电解法

与其他方法相比，电解法具有许多明显优势，例如可以简单地将水电解成氢气和氧气。式(3.1)展示了电解水的过程：

$$H_2O \longrightarrow H_2 + 1/2O_2 \qquad (3.1)$$

由于电解水反应需要外界提供电能，因此我们需要关注电力来源的问题，即我们现有的电力获取方式是否能打造更清洁的能源系统。现今我们获得的电力主要来自不可再生能源，如若我们使用它来分解水，无疑是在助长环境污染和温室效应。使用可再生能源可以解决上述问题，这种方法的优点是可以使用已经建设好的基础设施。梳理电解水制氢的方法可知，现有三种电解槽的研究和发展较为成熟。图 3.1 是配备膜的单个电解槽装置图。这种电解槽为聚合物电解质膜电解槽。如图 3.1 所示，氢离子获取电子后在阴极生成氢气。第二种电解槽是碱性电解槽，它以氢氧化钠或氢氧化钾配成的碱性溶液为电解质。这种类型的电解槽已经投入商业使用长达数十年。第三种电解槽是固体氧化物电解槽，以固体陶瓷材料作为电解质，在 700～800℃下运行。在电解产生氢气的过程中不排放温室气体，同时制氢效率高[1-6]，符合商业化生产的需求。

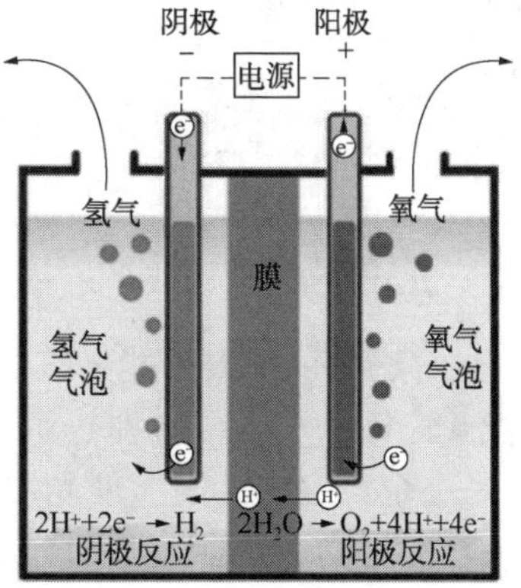

图 3.1　单个电解槽

（来源：http://energy.gov/eere/fuelcells/hydrogen-production-electrolysis）

示 例 练 习

电解槽是如何产生氢气的，为什么要在电解槽中使用膜？

电解槽中，水以 H^+ 离子和 OH^- 离子的形式存在。当直流电(DC)通过电解槽时，会发生以下反应。在阳极，水被氧化：

$$2H_2O \longrightarrow O_2 + 4H^+ + 4e^-$$

在阴极，氢离子被还原成氢气：

$$2H^+ + 2e^- \longrightarrow H_2$$

电解槽中，膜用于分隔电解槽的阳极室和阴极室，从而隔离来自阳极和阴极的气体。它可以防止电解槽中发生逆反应。

计算将2A电流通入电解池1h会产生多少体积的氢气，假设反应条件为常温常压。

根据法拉第定律计算，假设电流效率为100%(阴极仅发生氢离子还原反应)，通过1F的电流(1F=96494C/mol)将产生H_2物质的量=$Q/2F$，其中，Q是电量[$Q=I(A)\times t$]。

1mol气体在常温常压下体积为22.4L。氢气的体积=氢气物质的量×22.4L/mol。

题中，$I=2A$，$t=1h$，

$Q=2A\times 10\times 3600s$

H_2物质的量=2×3600/2×96494=0.0373mol

H_2的体积=0.0373mol×22.4L/mol=0.83L

效率：在实际实验中，如果电解产生0.50L的氢气，则电解过程的效率为η=(0.50L/0.83L)×100%=60.24%。

无法得到理论氢气量的原因有以下几点：①电解不能100%将氢离子转化为氢；②部分电流被用于加热电解池；③电子转移过程中存在副反应；④存在测量误差。

3.2 热解法

热解法是采用太阳能、核能或化学催化剂在达到500~2000℃的超高温条件下分解水制氢气的方法。这种热解法制氢仅排放少量，甚至完全不排放温室气体。图3.2是一个典型的太阳能聚光器示意图，运用定日镜将太阳能收集到太阳能接收器上。图3.2(a)为太阳光通过定日镜直接投射到太阳能接收器上；图3.2(b)为通过抛物面碟式聚光器收集太阳光线。

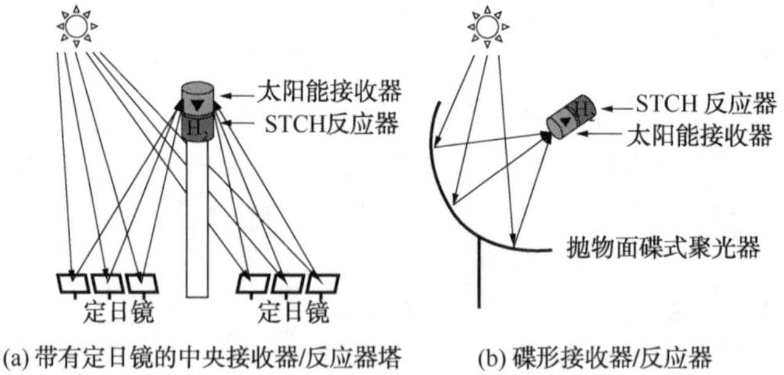

图3.2 太阳能聚光器示意图

桑迪亚实验室[7]报道了碟式聚光器的最高温度可达到1125℃。水的热化学分解效率将在下一节讨论，这里介绍了使用化学催化剂热分解水。通常，分解是在氧化铈或铜氯化物催化剂的协助下完成的，反应器中发生下列化学反应。

热化学法如图3.2(a)所示，使用STCH(solar thermal chemical，太阳能热化学)反应器，催化剂是CeO_2。当温度达到2000℃时，

第1步：

$$2CeO_2 \longrightarrow Ce_2O_3+\frac{1}{2}O_2 \tag{3.2}$$

完成上述反应后，在400℃下将水注入反应器，反应(3.3)发生。

第2步：

$$Ce_2O_3+H_2O=\!=\!=2CeO_2+H_2 \tag{3.3}$$

该方法被称为两步式热化学循环分解水制氢法。值得注意的是，如图3.3所示，Ce_2O_3 生成 CeO_2的反应是在2000℃太阳能热源条件下完成的。如图3.3(b)所示，为热电化学法，在STCH反应器中氯化亚铜(CuCl)是催化剂，依次进行水热解和电解，制氢反应见式(3.4)。

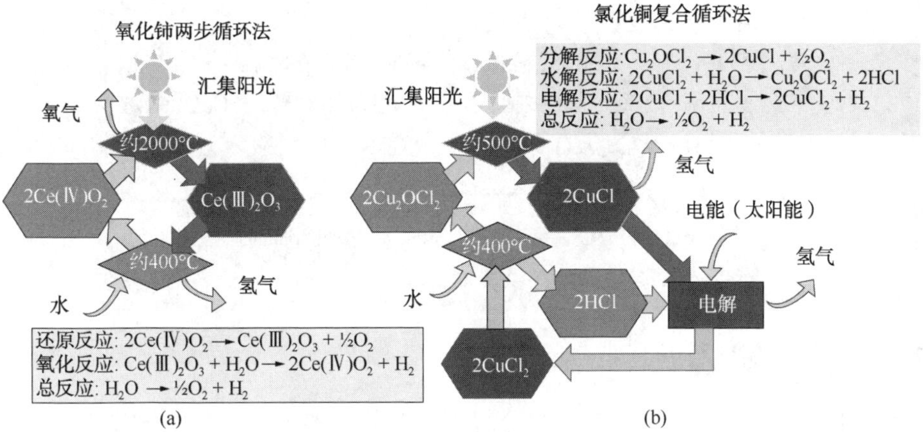

图3.3　使用化学催化剂生产氢气的热化学方法

(来源：https://energy.gov/eere/fuelcells/hydrogen-production-thermochemical-water-splitting)

$$2CuCl+2HCl=\!=\!=2CuCl_2+H_2 \tag{3.4}$$

图3.3(b)显示了使用上述化学催化剂的热化学产氢路径。

示例练习

定日镜在热化学法中的用途是什么？

定日镜是一种由平面镜组成的装置，可将太阳辐射反射到预定目标(太阳能接收器)上。考虑太阳的运动优化，装置可得到最大反射率。镜子设定垂直于太阳和目标之间角度的平分线。它是由威廉·格雷夫桑德发明的。在图3.2(a)中，定日镜将辐射反射到目标太阳能接收器上。STCH反应器即太阳能热化学反应器。图3.3所示的反应是在该反应器中进行的。

热化学法收集太阳能的替代方案是什么？图3.2(b)展示了另一种太阳能收集器，太阳辐射被抛物面碟式聚光器反射到目标(太阳能接收器)上，太阳能接收器环绕着热化学反应器。

在热电化学法中，如何制备用于催化电解水所需的CuCl？

在STCH反应器放入起始材料$CuCl_2$(氯化铜)水溶液。在400℃时，它经过下列反应分解成HCl：

$$2CuCl_2+H_2O=\!=\!=Cu_2OCl_2+2HCl$$

HCl 通过以下反应电解产生 H_2 和 $CuCl_2$：

$$HCl \longrightarrow H^+ + Cl^-$$

在阴极：

$$2H^+ + 2e^- = H_2$$

阳极：

$$Cl^- = Cl^{\cdot} + e^-$$

$$CuCl + Cl^{\cdot} = CuCl_2$$

至此，起始材料重新生成，形成循环。

问题：写出以氧化铈为催化剂制备氢气的化学反应路径。

这是一个两步过程。在阳光照射下，温度达到 2000℃，CeO_2 水溶液发生热分解。它经过以下反应转化为 Ce_2O_3 和 O_2：

$$2CeO_2 = Ce_2O_3 + 1/2O_2$$

$$Ce_2O_3 + H_2O = 2CeO_2 + H_2 \quad (400℃时)$$

伴随着 CeO_2 的再生，催化循环得以实现。CeO_2 被认为是一种热化学法催化剂。

3.3 光伏电解法

光伏电解法是利用太阳能电化学分解水制备氢气的方法。虽然该技术目前在经济上没有竞争力，但近期报道了一个耦合系统（图 3.4）可以显著提升制氢效率，太阳能转化氢气的效率最高可达 30%，该系统包括两个聚合物电解质膜水电解槽和一个三结合太阳能电池。图 3.4 中使用的太阳能电池是面积为 0.316cm^2 的三结合太阳能电池。该电池使用 InGaP、GaAs 和 GaInNAsSb，并按照以下方式组合：

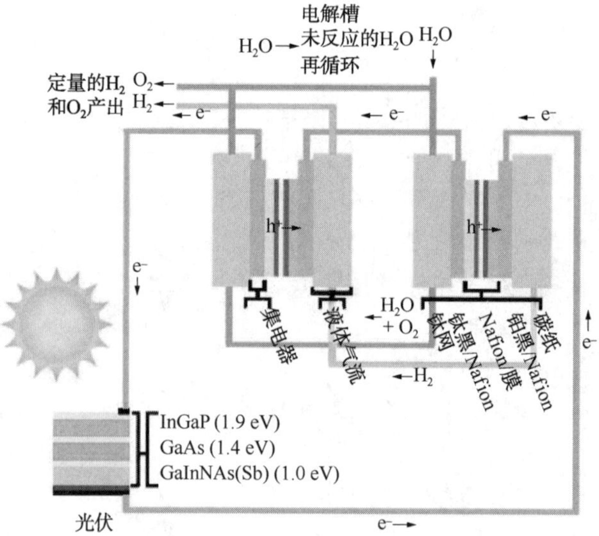

图 3.4　光伏电解水制氢

（来源：Jia et al. 2016[8]，https://www.ncbi.nlm.nih.gov/pmc/articles/PMC5095559/，获得 CC BY 4.0 许可转载）

$$InGaP/GaAs/GaInNAsSb \quad (3.5)$$

式(3.5)中,"/"表示两个半导体之间的边界。三结合太阳能电池的两端分别连接着装备有 Nafion 膜的聚合物电解质膜水电解槽,其中一端作为阴极,膜上有 $0.5mg/cm^2$ 铂黑;另一端作为阳极,膜上有 $2mg/cm^2$ 铱黑催化剂。两个电解槽串联在上述电池中,其中一个电解槽设有水循环系统。第一个电解槽的输出(水和氧气)会进入第二个电解槽的阳极室。同样,来自阴极室的氢气也进入第二个电解槽。总反应是:

$$\text{太阳能电池}+\text{太阳光}(h\nu) = \text{DC(直流)输出} \quad (3.6)$$

$$\text{DC 输出}+H_2O\ \text{电解} = H_2+O_2 \quad (3.7)$$

图 3.4 描述了电解质、氧化剂(h^+)和还原剂(e^-)的流动:

$$2H^+ + e^- = H_2 \quad (3.8)$$

同时,

$$2H_2O + 4H^+ = O_2 + 4H^+ \quad (3.9)$$

据悉该系统在 48h 内可保证 30% 的效率,电池 GaInNAsSb 和 InGaP 充当阳极,发生氧化反应产生 O_2 气体。电池 GaAs 为阴极,氢离子被还原生成 H_2 气体。

3.4 等离子体电弧分解法

等离子体电弧分解法制氢是以化石燃料为原料制备氢气,可将天然气分解成氢气和碳。

$$CH_4 \longrightarrow C + 2H_2(g) \quad (3.10)$$

反应过程中一般不会产生二氧化碳。

示 例 练 习

常温常压下,生产 1gal 氢气需要多少升甲烷气体?

1gal = 3.7854118L

1mol CH_4 = 2mol H_2

常温常压下,1mol = 22.4L。

22.4L CH_4 = 2×22.4L H_2

CH_4 = (3.7854118L/2×22.4L)×22.4L CH_4 = 1.8927L

3.5 热化学法(利用除太阳能以外的热分解反应)

通过化学循环反应可以将水分解成氢气,研究者研究了众多氧化还原对来实现这一目标,其中,研究发现氧化还原对 Fe_3O_4/FeO 和 ZnO/Zn 适用于两步法分解水,反应过程如下:

$$XO \longrightarrow X + \frac{1}{2}O_2$$

$$X + H_2O \longrightarrow XO + H_2$$

XO 是金属氧化物，当氢化物经过热化学过程时，会发生以下反应：

$$XH_2 \longrightarrow X+H_2$$

$$X+H_2O \longrightarrow XH_2+\frac{1}{2}O_2$$

其中，XH_2 代表金属氢化物，当氢氧化物经过热化学过程时，会发生以下反应：

$$2XOH \longrightarrow 2X+H_2O+\frac{1}{2}O_2$$

$$2X+2H_2O \longrightarrow 2XOH+H_2$$

其中，XOH 代表金属氢氧化物，X 代表金属。生产氢气的热化学步骤的探索充满挑战，寻求与太阳能的有机结合可以打开新的思路(表 3. 1)。

表 3. 1　热化学法制氢

样品	循环反应次数	氢气平均产量/(10^{-4}g/g 材料)	铁氧体转化率/%
未掺杂	6	5. 7	33
MnO_4	6	3. 9	26
MnO_7	6	6. 7	41
Mn_{10}	4	4. 7	28
MnO_2	4	6	40
MnO_6	4	5. 1	29
CoO_2MnO_5	6	7	42
CoO_4MnO_1	6	4. 3	30
CoO_4MnO_3	6	5. 9	44
CoO_4MnO_5	6	4. 6	34
CoO_6MnO_2	6	6. 5	42
CoO_4	6	5. 6	39
CoO_7	6	8	46
Co_{10}	6	8. 7	51
Ni_{10}	6	11	69
Fe_3 YSZ	7	4. 5	26
Fe_8 YSZ	6	4. 7	31
Fe_{10} YSZ	6	4. 6	31

注：使用氧化物 ZrO_2 或以氧化钇稳定的氧化锆(YSZ)载体负载铁氧体。表中的铁氧体转化率表示在热处理过程中 Fe^{3+} 转化为 Fe^{2+} 的比例。

资料来源：Kodama(2007)[9a]，经美国化学学会许可转载。

3. 6　光催化法

光催化剂是指催化光子引发化学反应的材料。研究发现，许多半导体材料有光催化属性，可以将水催化分解产生氢气。图 3. 5 是光催化法制备氢气示意图。

半导体材料吸收太阳辐射(光)后价带(VB)上的电子被激发到导带(CB)。金属涂层可以实现水到氢气的转化。在半导体表面，水被空穴(h^+)氧化成氧。上述在半导体表面产生氢和氧的方法被描述为短路微电池法[9b]。

TiO_2、CdS、$CuAlGaO_4$和 3d 过渡金属掺杂的 $In_{1-x}M_xTaO_4$(M = Sc、Ti、V、Cr、Mn、Fe、Co、Ni、Cu、Zn)是较为常见的光催化剂。表 3.2 分别列出了在紫外线和可见光照射下光催化剂催化反应产生的氢气量。除上述半导体外，$CuAlGaO_4$也被用于催化产氢。实验使用 pyrex 耐热玻璃光反应器，紫外线通过石英窗口，照射到 250mL 0.5mol/L KOH 溶液中，溶液含有 0.5g 光催化剂($CuAlGaO_4$)，在恒定速率搅拌下，H_2S 以 2.5mL/min 的速率注入 KOH 溶液产生氢气。催化过程持续 1h，光源由氙灯(450W)提供[10]。

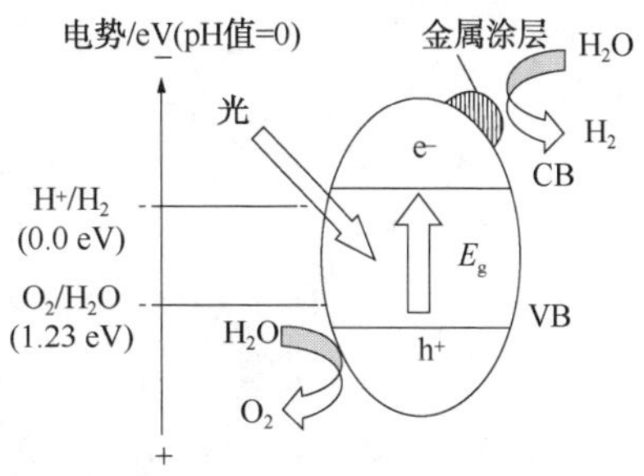

图 3.5 光催化水分解

(来源：Ye and Zou 2005[9b]，获得爱思唯尔许可转载)

表 3.2 光催化剂制备氢气

催化剂	[a]表面积/(m^2/g)[c]	紫外线照射/(μmol/h)	[b]可见光照射/(μmol/h)[c]
$InTaO_4$	1.35	270	1.2
$In_{0.8}Sc_{0.2}TaO_4$	1.2	250	无
$In_{0.8}Ti_{0.2}TaO_4$	0.82	70	无
$In_{0.8}V_{0.2}TaO_4$	0.93	110	<0.1
$In_{0.8}Cr_{0.2}TaO_4$	0.97	95	<0.1
$In_{0.8}Mn_{0.2}TaO_4$	0.95	310	0.5
$In_{0.8}Fe_{0.2}TaO_4$	0.82	80	无
$In_{0.8}Co_{0.2}TaO_4$	0.93	370	0.6
$In_{0.8}Ni_{0.2}TaO_4$	0.97	470	3.1
$In_{0.8}Cu_{0.2}TaO_4$	0.81	100	无
$In_{0.8}Zn_{0.2}TaO_4$	0.81	220	无

[a]光源：400W 高压汞灯。样品量：1.0g 粉末。

[b]光源：300W 氙弧灯。使用 420mm 截止滤波器。样品量：0.5g。

[c]助催化剂：0.1%Pt(质)。

Ye and Zou(2005)[9b]，经爱思唯尔许可转载。

表 3.3 列出了不同半导体催化剂产出的氢气量和表观量子效率(apparent quantum yield，AQY)。图 3.6 是光催化制氢的示意图。

表 3.3 光催化 H_2S 析氢

催化剂	带隙/eV	H_2/(μmol/h)	AQY/%
$CuAlGaO_4$	1.87	3214	10.8
NiO-$CuAlGaO_4$	1.87	3616	12.7
$CuAlGaO_4$(再利用)	1.87	3169	10.7
NiO-$CuAlGaO_4$(再利用)	1.87	3571	12.6

注：催化剂，0.5g；250mL0.5mol/L KOH 水溶液；H_2S(2.5mL/min)；450W 氙灯(Oriel)，截止滤光器($\lambda \geqslant 420$nm)。

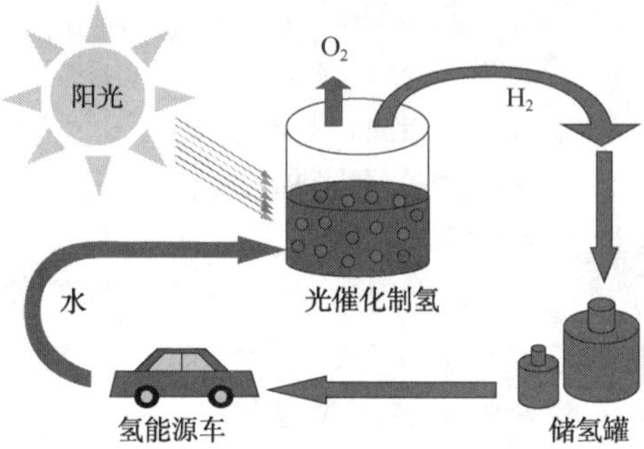

图 3.6　光催化产氢

［来源：Chen et al.（2010）[17]，经美国化学学会许可转载］

光催化剂制氢的效果如图 3.7 所示。不同组分的光催化剂被命名为 TS_2［由 TiO_2-SnO_2 制成（Ti：Sn=98：2）］、TS_5［TiO_2-SnO_2（Ti：Sn=95：5）］和 TS_{10}［TiO_2-SnO_2（Ti：Sn=90：10）］。Pd-TS_2、Pd-TS_5、Pd-TS_{10}是指钯镀在 TS_2、TS_5、TS_{10}材料上。图 3.7 表明，相较于普通催化剂，拥有钯镀层的催化剂催化效果显著提升。产氢量随着时间变化，经过 8h 的催化反应，氢气产量可达 500μmol/g（g 为光催化剂质量）。如图 3.7 所示，镀钯后的半导体产氢量明显提高[12]。

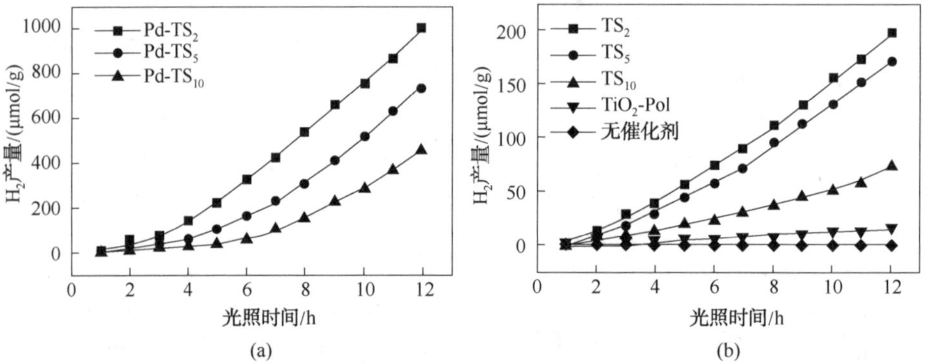

图 3.7　不同催化剂制氢效果 TS_2=TiO_2-SnO_2（Ti：Sn=98：2）、

TS_5=TiO_2-SnO_2（Ti：Sn=95：5）、TS_{10}=TiO_2-SnO_2（Ti：Sn=90：10）。

比率以原子重量计算。Pd-TS_2、Pd-TS_5和 Pd-TS_{10}是指有钯涂层的光催化剂

（来源：Sasikala et al. 2009[12]，经爱思唯尔许可转载）

近期有研究发现，Zn 掺杂的 $K_2La_2Ti_3O_{10}$在可见光照射下具有高光催化活性。Cr^{3+}掺杂的 $Bi_4Ti_3O_{12}$是另一种在可见光范围内可以将水分解为氢气的光催化材料。

含硫化物的光催化剂显示出高产氢率。在光催化分解水的过程中，氢气以气泡的形式出现在液体中。反应过程中使用的光催化剂是有铂镀层的硫化镉，固溶体由 $CuInS_2$、$AgInS_2$、ZnS 和 Ru/$Cu_{0.25}Ag_{0.25}In_{0.5}ZnS_2$组成。图 3.8 显示了在太阳光辐射（AM-1.5）下，含有硫化钾和硫化钠的溶液中产生了氢气泡。

在该催化剂的作用下，氢气以 8L/（m^2·h）的速度释放，硫化物溶液可以利用波长高达 700nm 的可见光[14]。镀有碳纳米管的半导体材料也被证明有光催化活性，此类材料与石墨涂层二氧化硅（GS）相比表现出更可观的氢气产量。

如图 3.9 所示，镀有单壁碳纳米管的二氧化钛(TiO_2)的性能接近于有贵金属铂镀层的 TiO_2 光催化剂。

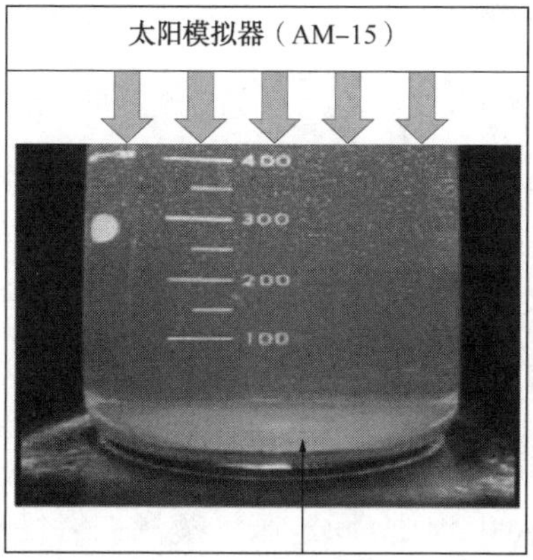

图 3.8　光催化剂 $Ru/Cu_{0.25}Ag_{0.25}In_{0.5}ZnS_2$ 制氢。水溶液为 K_2SO_3 和 Na_2S 的混合液。使用太阳模拟器(AM-1.5)，溶液中产生气泡

[来源：经国际纯粹与应用化学联合会(IUPAC)[14] 许可转载]

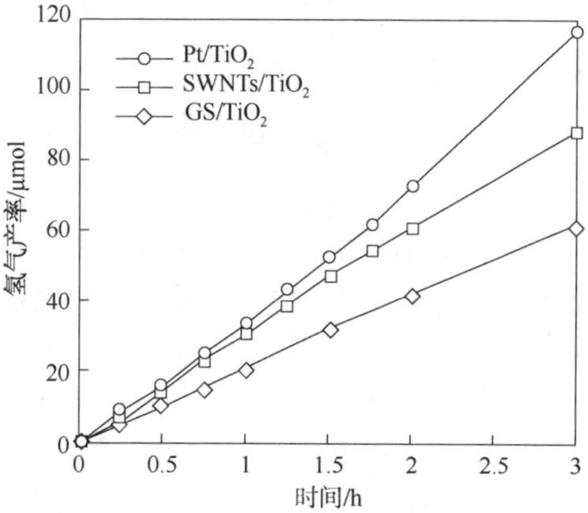

图 3.9　镀有单壁碳纳米管 TiO_2 光催化剂的产氢效率。Pt/TiO_2，镀铂二氧化钛；$SWNT/TiO_2$，单壁碳纳米管包覆 TiO_2；GS/TiO_2，即石墨-二氧化硅包覆 TiO_2

(来源：数据来自 International Journal of Chemical, Molecular, Nuclear, Materials and Metallurgical Engineering, 8, No: 1, 2014，经 WASET 许可转载)

3.7　生物质转化法

该方法涉及生物质和水，通过微生物或细菌的作用将水分解生成氢气。当光能(光子)也参与该分解反应时，这一过程可称为生物光解。生物质总产量超过 1000×10^8t/a，约相当于当前世界能源需求量的 150×10^3TW·h。

世界生物质年能量当量为 16.7~33.4TW·h。

世界能源年消耗量为 17.7TW·h。生物质能量值平均约为世界能源消耗量的 1.4 倍。

生物质的转化有多种途径，其中包括化学、生物化学、电化学和热转换法。生物质可以直接或通过燃料电池间接发电。使用生物质作为燃料通常会产生 CO、CO_2、NO_x 和挥发性有机化合物，继而造成空气污染。生物燃料中的黑炭被认为是造成温室效应的第二大杀手。

图 3.10　用于生物质转化的热解装置

(https://energy.gov/eere/fuelcells/hydrogen-production-biomas-gasication)

预计到 2017 年，以生物质生产燃料的成本将提升[16]，比天然气的获取成本高出两倍，甚至高于核电。但与太阳能相比，生物质能源还是有其可取之处。图 3.10 是生物质热解产

氢装置。美国环境信息局数据显示，2025 年，美国政府计划可再生能源占 25%，预计将有 5.98×10^8t 生物质可以利用。但生物质能源的发展还存在含水量高，含有复杂的多组分转化效率低下的问题。

3.8 气化法

煤通过气化过程转换成合成气，化石燃料转化为二氧化碳和氢气。煤是一种复杂且有价值的物质，可以转化出多种不同的物质。煤气化可以发电、生产液体燃料以及包括氢气在内的化学品。在高温高压条件下，煤与氧气和蒸汽反应，生成含有一氧化碳和氢气的混合物。该反应一般表示为：

$$CH_{0.8}+O_2+H_2O \longrightarrow CO+CO_2+H_2+\text{其他产物}$$

混合物经过分离得到氢气。图 3.11 显示了四种气化方法。

逆流式固定床气化炉(上吸式)使用碳质原料(生物质)固定床，蒸汽、氧气和/或空气以逆流方向流过该床。干燥去除灰分。由于气体的出口温度保持在最低水平，系统热效率很高。焦油和甲烷的产生量高。在 1000℃的气化炉中，稻壳作为生物质原料生成氢气和一氧化碳。图 3.11 展示了一种并流进气/料的并流式固定床气化炉(下吸式)。使用外部加热或其他热源，炉体上侧部分可被加热。该法获得的焦油量偏低。流化床气化炉反应器使用氧气与蒸汽或燃料混合的空气。灰分经干燥后去除。与固定床气化炉相比，此法原材料加工量更大，但转化效率低。同时反应过程中会形成高浓度腐蚀性灰烬。气流床气化炉使用干燥的粉状固体，与含氧的雾化液体燃料形成并流发生气化，产生非常细的颗粒产物。

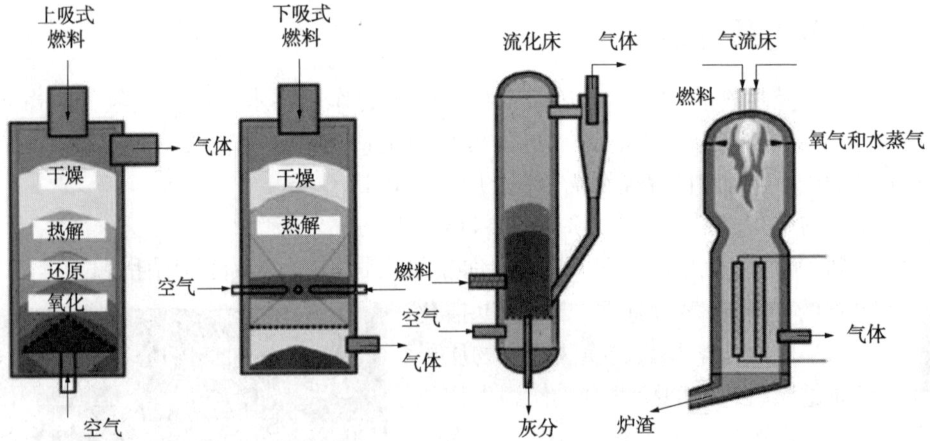

图 3.11　四种气化方法

[来源：https：//en. wikipedia. org/wiki/Gasi cation. 获得 CC BY SA 3. 0(https：//creativecommons. org/licenses/by-sa/3. 0/.)许可]

如果气化过程中依旧产生温室气体，为什么还要考虑它？这是由于美国国内煤炭资源丰富，依靠这种方法，可以减少对石油进口的依赖。此外，该产业可以为美国创造就业机会。当与用于发电、碳捕获和储存的煤气化方面的先进技术相结合时，气化法环境效益好。这种集成有助于捕获 SO_2、NO_x、Hg、温室气体和其他污染物。

3.9 高温电解法

该法集成了电能和热能将水分解为氢。图 3. 12 是典型的高温电解装置图。水的电解反应是在高温下进行的，它比室温电解更加有效。电解的温度设定在 100~800℃。当温度达到 2500℃时，水的热分解占据主导地位，分解水所需的电力会减少。因此，在高温下进行电解，会减少分解水所需的电力从而降低成本。

$$所需热能 = 141.86\times10^6 J/kg\ H_2$$

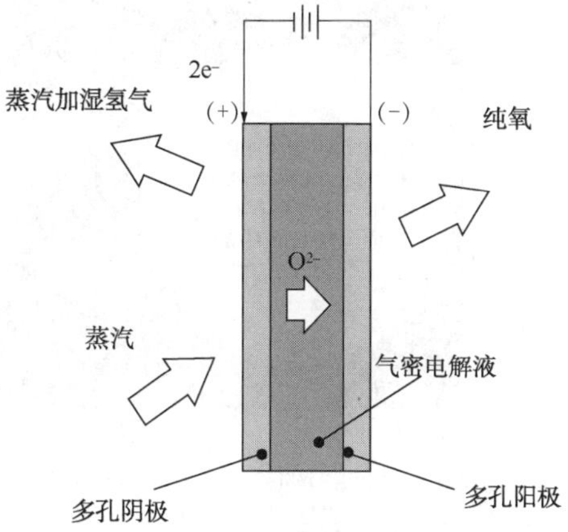

图 3. 12 多孔电极高温电解槽，电解质为氧化钇稳定的氧化锆

高温电解槽经过改造可以用于生产氧气。该过程利用高温固体氧化物燃料电池将二氧化碳转化为氧气：

$$2CO_2 \longrightarrow 2CO + O_2$$

由于火星的大气层由 95%的二氧化碳组成，计划在 2020 年的火星任务中采用这项技术，将二氧化碳转化为氧气。图 3. 13 是名为 MOXIE 的漫游车，每小时可生产 22g 纯度为 99. 6%的氧气。如图 3. 14 所示，MOXIE 有五种功能。

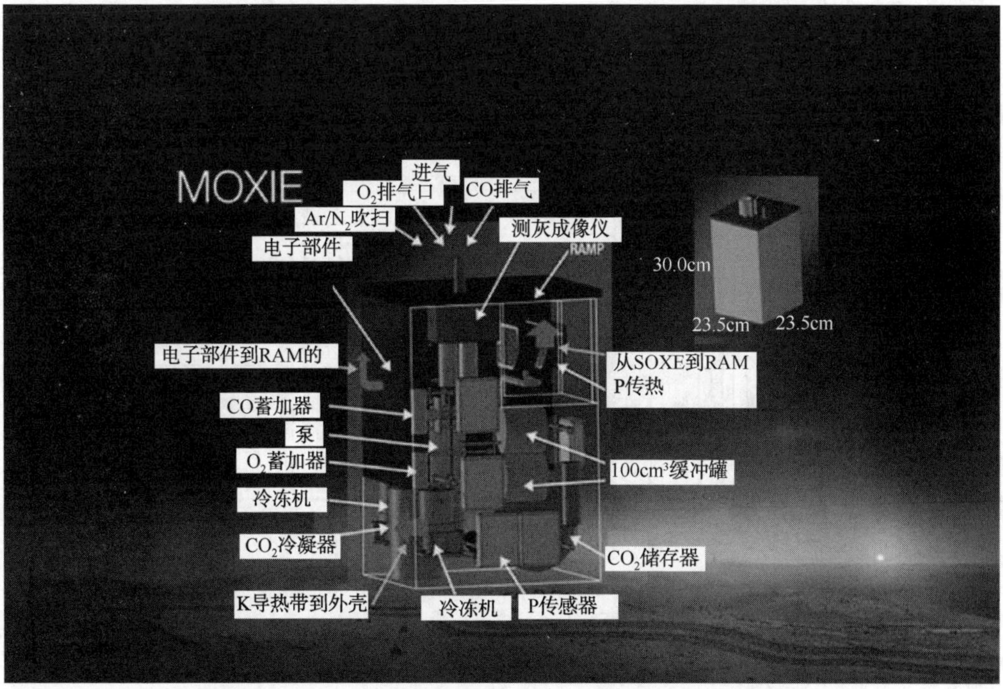

图 3. 13 MOXIE 中的高温燃料电池转化二氧化碳产生氧气

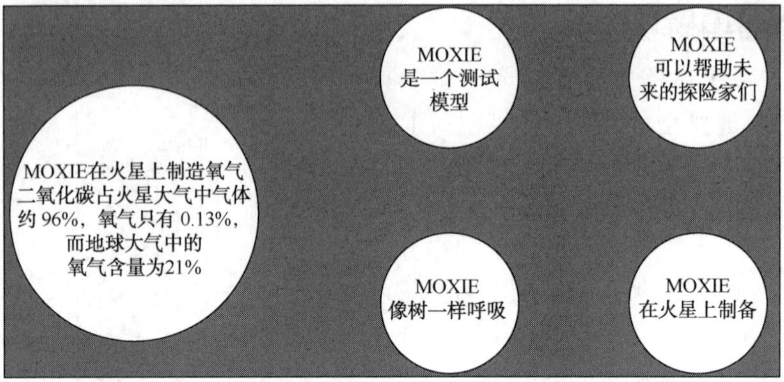

图 3. 14　MOXIE 及其功能

（来源：http://mars.nasa.gov/mars2020/mission/instruments/moxie/经美国宇航局许可转载）

3. 10　其他方法

还有许多制氢方法列举如下：

① 暗发酵(在没有光照的情况下生物反应制氢)；

② 化石燃料重整；

③ 光发酵；

④ 人工光合作用(采用化学方法发生光合作用和产生氢气)。

3. 11　效率对比

图 3.15 总结了不同制备方法的产氢效率，也比较了一些本章未提及的制备方法。重点讨论可以被工业化的方案，那些还处于实验室研究阶段的成果则归纳在图 3. 15 中。

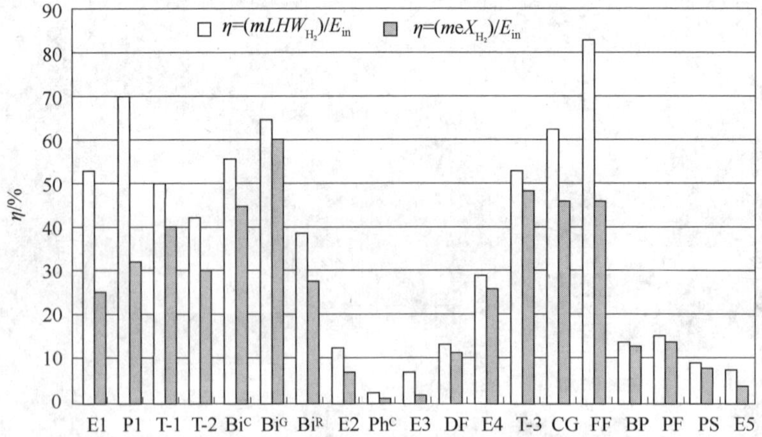

图 3. 15　制氢效率

[来源：取自 Int. J. Hydrogen Energy，40，11095(2015)[1]，经爱思唯尔许可转载]

E1—电解法；T-1—热解法；E2—光伏电解法；P1—等离子体电弧分解法；T-2—热化学过程；Ph^C—光催化；Bi^C—生物质转化法；Bi^G—气化法；Bi^R—重整法；E3—光电化学方法；DF—暗发酵；E4—高温电解法；T-3—复合热化学法；CG—煤气化；FF—化石燃料重整；BP—生物光解；PF—光发酵

能源效率定义为：

$$\eta=[m\ LH\ W_{H_2}]/E_{in} \tag{3.11}$$

其中，m 是氢气的质量流量，LH 是氢气的低位热值(121MJ/kg)，W_{H_2}是氢气的质量，E_{in}是能量输入。化学效率定义为：

$$\eta_{ch}=[m\mathrm{ex}_{H_2}]/E_{in} \tag{3.12}$$

其中，ex_{H_2}是氢的化学能。

如图 3.15 所示，化石燃料(FF)制氢能源效率大于 80%。等离子电弧和复合热化学方法也具有相当的效率。然而，这些方法均会产生温室气体。相比之下，电解法(E1)的效率为 52%，但不会产生温室气体。因此，目前研究人员着力于提升电解法的效率。为此，研究人员定义了三个衡量环境不受温室气体影响的效率值。首先是环境污染因子(Environment Polluing Factor，EPF)：

$$\mathrm{EPF}=\frac{\text{产生的二氧化碳质量}}{\text{使用的燃料质量}} \tag{3.13}$$

示例练习

FF 法制氢气，反应为：

$$CH_4+H_2O=\!=\!=CO+3H_2 \tag{3.14}$$

$$CO+H_2O=\!=\!=CO_2+H_2 \tag{3.15}$$

总反应式为：

$$CH_4+2H_2O=\!=\!=CO_2+4H_2 \tag{3.16}$$

在 FF 蒸汽重整器中，甲烷气体 5L，压力为 508psi，温度为 815℃，计算 EPF。1psi=0.068046atm，R=82.057atm/(K · mol)。CO_2 的摩尔质量=44g/mol，CH_4的摩尔质量=16g/mol。

$$508\mathrm{psi}\times0.068046\mathrm{atm}/1\mathrm{psi}\times5000\mathrm{cm}^3=n\times82.057\mathrm{cm}^3\ \mathrm{atm}/(\mathrm{K}\cdot\mathrm{mol})\times1088\mathrm{K}$$

$$CH_4\text{的物质的量}=1.9355$$

$$1\mathrm{mol}\ CH_4=1\mathrm{mol}\ CO_2$$

$$CO_2\ \text{的物质的量}=1.9355$$

产生 CO_2 质量=1.9355mol×44g CO_2/1mol CO_2=85.162g×1kg/1000g=0.08516kg

使用燃料质量=1.9355mol×16g/1mol CH_4=30.968g×1kg/1000g=0.03096kg

$$\mathrm{EPF}=\frac{0.08516\mathrm{kg}}{0.03096\mathrm{kg}}=2.746$$

也可以用类似的方法计算其他制氢方法的 EPF，如图 3.16 所示，由于 E1 方法是将水简单地分解成氢气和氧气，过程不产生二氧化碳，故其 EPF 值为零。

在制氢反应中考虑的另外两个重要因素是绿色因子(Greenization Factor，GF)和氢含量因子(Hydrogen Content Factor，HCF)。这些参数定义如下：

$$\mathrm{GF}=(\mathrm{EPFmax}-\mathrm{EPF})/\mathrm{EPFmax} \tag{3.17}$$

$$\mathrm{HCF}=(\text{燃料产出 }H_2\mathrm{kg})/\mathrm{kg}\text{ 燃料} \tag{3.18}$$

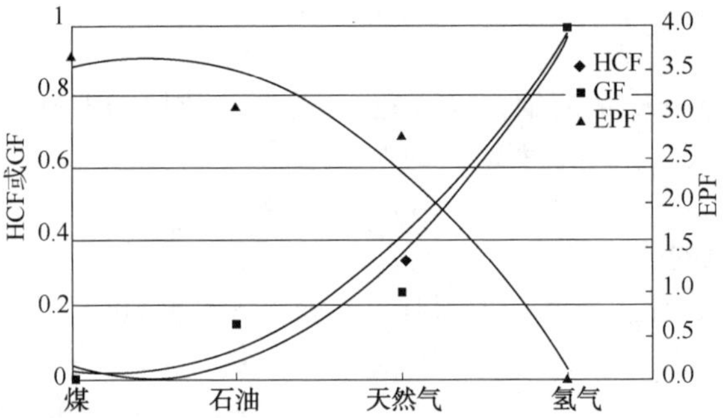

图 3.16　燃料氢含量与环境污染因子的相关性

［来源：取自 Int. J. Hydrogen Energy，40，11094(2015)[1]，经爱思唯尔许可转载］

其中，EPFmax 是产生最大量温室气体时的环境污染因子；由于煤产生最多的温室气体，所以 EPFmax 取煤炭 EPF 值 3.6。图 3.16 显示了燃料的氢含量与 GF 之间的关系。如图 3.16 所示，燃料从煤转变为氢气的过程中污染系数逐渐降低。

表 3.4 列出了七种制氢方案的优势和挑战。其中 FF 方法可实施性强，但它成本高昂有较高的 EPF。与其他方法相比，光电化学方法在经济成本方面具有显著优势。

表 3.4　制氢——主要优势与挑战

方法	优势	挑战
1. 化石燃料重整	最可行的方法 当前成本最低 现有基础设施	运维成本高 可靠性
2. 热化学法	耐用，且材料成本低 易于制造 可持续 可回收的化学品	可靠性 高传热效率
3. 煤和生物质气化	低成本合成气 储量高、价格低	成本高、对杂质的容忍度和效率问题
4. 光电化学法	制造成本低 清洁可持续	系统效率低 有效的光催化材料，低成本材料
5. 电解法	可再生能源无污染 现有基础设施与燃料电池耦合	系统效率低 投资成本高 耐用材料
6. 生物燃料重整	可行性高 现有基础设施	投资成本高、氢气产量和效率
7. 生物法	清洁可持续 自主维持运行	可持续生产的高效微生物，新生物

习　题

1. 解释用电解法和热化学法时如何计算制氢效率。
2. 实验过程中，接通 5A 电流 1h 电解得到 1.8L 氢气，计算制氢效率。

3. 光伏法和光催化法制备氢气有什么区别？

4. 与 TiO_2 涂覆的半导体相比，为什么 Pd 涂层的 TS 具有更高的氢产率？

5. FF 蒸汽重整器中有 50L 甲烷气体，压力为 600psi 和 815℃，计算 EPF。[1psi = 0.068046atm，R = 82.057atm/(K · mol)，CO_2 的摩尔质量 = 44g/mol，CH_4 的摩尔质量 = 16g/mol]

6. 热化学法制氢，CeO_2 转化为 Ce_2O_3 的温度是多少？反应中用了多少热能？

7. 在什么温度下，使用 Ce_2O_3 可以实现热化学法分解水制氢？写出化学反应式。

8. $CuCl_2$ 催化分解水制备氢，电解槽中如何产生 HCl？

9. 解释光催化的氢气生成机理。

10. 使用带隙为 1.8eV 且绝对量子效率为 10.8%的 $CuAlGaO_4$ 制备氢气，估算生产 1gal 氢气所需的时间。相关数据见表 3.3。

11. 图 3.16 中，以天然气为燃料时 EPF 值为 2.7，而氢气 EPF 值为 0，请解释 EPF 值不同的原因。

12. 采用氢气作为燃料的优势和挑战是什么？

参 考 文 献

1. Dincer, I. and Acar, A.C. (2015) *International Journal of Hydrogen Energy*, **40**, 1094.
2. Santhanam, K.S.V. (2015) *ECS Transactions*, **66** (30), 23–34.
3. Marcelo, D. and Dell'Era, A. (2008) *International Journal of Hydrogen Energy*, **33**, 3041.
4. Herring, J.S., O'Brien, J., Stoots, C.M. *et al.* (2007) *International Journal of Hydrogen Energy*, **32**, 440.
5. Munoz, L.d., Bergel, A., Feron, D., and Basseguy, R. (2010) *International Journal of Hydrogen Energy*, **35**, 8561.
6. Rosen, M.A. and Scott, D.S. (1998) *International Journal of Hydrogen Energy*, **23**, 653459.
7. http://energy.gov/sites/prod/files/2014/03/f9/solar_thermo_h2.pdf (accessed 26 May 2017).
8. Jia, J., Seitz, L.C., Benck, J.D. *et al.* (2016) *Nature Communications*, 7.
9. (a) Kodama, T. and Gokan, N. (2007) *Chemical Reviews*, **107**, 4059;
   (b) Ye, J. and Zou, Z. (2005) *Journal of Physics and Chemistry of Solids*, **66**, 266.
10. (a) Biswas, S.K., Baeg, J., Kale, B.B. *et al.* (2011) *Catalysis Communications*, **12**, 651;
    (b) Esswein, A.J. and Nocera, D.G. (2007) *Chemistry Review*, **107**, 4022–4047.
11. Sasikalaa, R., Chen, A.X., Shen, S. *et al.* (2010) *Chemistry Review*, **110**, 6503–6570.
12. Sasikalaa, R., Shirolea, A., Sudarsana, V. *et al.* (2009) *International Journal of Hydrogen Energy*, **34**, 3621.
13. Esswein, A.J. and Nocera, D.G. (2007) *Chemistry Review*, **107**, 4022–4047.
14. Kudo, A. and IUPAC (2007) *Pure and Applied Chemistry*, **79**, 1917–1927.
15. Ahmmad, B., Kanomata, K., and Hirose, F. (2014) *International Journal of Chemical, Molecular, Nuclear, Materials and Metallurgical Engineering*, **8** (1), 24–29, World Academy of Science, Engineering and Technology.
16. U.S. Energy Information Administration (2010). *Annual Energy Outlook 2010* (PDF). Report no. DOE/EIA-0383(2010), Washington, DC.
17. Chen, X., Shen, S., Guo, L., and Mao, S.S. (2010) *Chemistry Review*, **110**, 6503.

第 4 章　氢的特性

4.1　氢的定义、性质和用途

4.1.1　氢的基础特性和物理性质

氢[拉丁语：hydrogenium，来自希腊语 hydro(水)和 genes(形成)]是元素周期表中原子序数为 1 的化学元素。它是由英国化学家和物理学家 Henry Cavendish 于 1766 年发现并认定的。然而，早在 1671 年，Robert Boyle 将铁溶解在稀盐酸中时，就发现并收集了一种独特的气体，即我们现在认为的氢气。

氢是最简单的元素，氢原子由一个带正电荷的原子核和一个电子组成。电子结构为 $1s^1$(壳层一个电子)。氢原子的大部分质量都集中在原子核上：质子的质量是电子的 1800 多倍；中子的质量几乎与质子相当。其电子轨道的半径大约是原子核半径的 100000 倍。由于电子轨道的半径决定了原子的大小，氢原子实际上有大量无物质的空间部分。

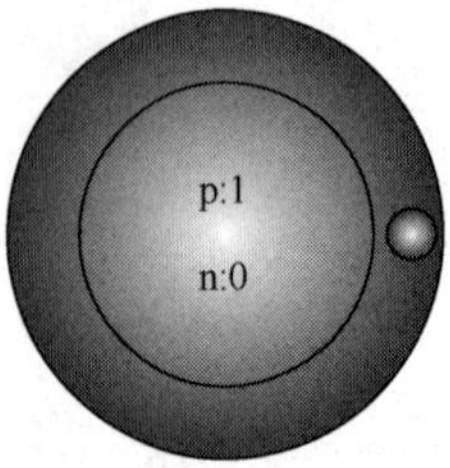

图 4.1　氕的原子结构

氢是唯一一种具有不同同位素名称的元素，有以下三种主要同位素：

① 氕(^1_1H)：相对原子质量 1，原子核由一个质子组成，自然界中含量超过 99.985%(图 4.1)。

② 氘(^2_1H，常写成 D_2)：相对原子质量 2，是氢稳定的重同位素，原子核由一个质子和一个中子组成，在自然界中含量约 0.015%，1931 年由美国化学家 Harold Urey 发现。

③ 氚(^3_1H，有时用符号 T 表示)：相对原子质量 3，原子核由两个中子和一个质子组成，自然界含量较少，但可以通过各种核反应堆人工生成。它不稳定且具有放射性，半衰期为 12.32 年。由于宇宙射线和大气气体的相互作用，氚在自然界中天然存在。氚与氧气反应会在大气中形成放射性水 T_2O，这种微放射性物质以雨的形式进入地球的海洋和湖泊；然而，较短的半衰期阻止了该危险放射性物质的输入和留存。

氢原子核外只有单电子围绕排布，故氢原子极具活性，仅以氢分子 H_2 的形式存在于自然界中。氢分子的键能为 436kJ/mol，低于两个独立氢原子的能量和。此外，氢分子的每个原子核都有一个与自旋相关的场，于是产生了两种氢分子。两个原子核具有相同的自旋方向的被称为“正氢”，两个原子核自旋方向相反的被称为“仲氢”。室温条件下，超过 75%的氢分子以正氢形式存在，25%以仲氢形式存在；然而，当温度很低时，正氢不稳定并转化为更稳定的仲氢，释放热量，这会使一些低温制氢技术过程复杂化。由于两种形式的氢能量不同，它们的物理性质也不同。

常温常压下，氢气是一种无色、无臭、无味、无刺激性、无毒的气体。同时它也是最轻的元素，大约是空气质量的 1/15，在空气中会迅速上升和消散。氢气有很强的吸附能力，很容易附着在某些物质上。它易溶于水、乙醇和乙醚。

极端压力下，例如，在气态巨行星的中心，氢会变成金属态，氢分子失去了它们的特性。而在接近真空的极低压力下，我们可以观察到相反的情况即因为原子无法结合，只有单个氢原子存在。

当冷却至氢气沸点-252.7℃时，氢气会变成透明、无味的液体。液态氢的质量是水的1/14，没有腐蚀性，性质特别活泼。氢气从液态转化为气态时体积约膨胀840倍。表4.1和表4.2列出了氢的一些原子和物理特性。

表4.1 氢原子的性质

氧化态两性氧化物	原子半径/pm	原子半径（计算）/pm（波尔半径）	共价半径/pm	范德华半径/pm	电离能/（kJ/mol）	电子亲和能/（kJ/mol）	电负性鲍林量表
1，-1	25.0	53.0	37.0	120	1st：100	72.8	2.2

表4.2 氢气的物理性质

性质		值
摩尔质量		2.016g/mol
固态	熔点	-259℃
	熔化潜热（1.013bar，三相点）	58.158kJ/kg
液态	液体密度（沸点，1.013bar）	70.973kg/m^3
	液体/气体当量（1.013bar和15℃）	844（体积比）
	沸点（1.013bar）	-252.8℃
	汽化潜热（沸点，1.013bar）	454.3kJ/kg
临界态	临界温度	-240℃
	临界压力	12.98bar
	临界密度	30.09kg/m^3
三相点	三相点温度	-259.3℃
	三相点压力	0.072bar
气态	气体密度（沸点，1.013bar）	1.312kg/m^3
	气体密度（1.013bar，15℃）	0.085kg/m^3
	压缩系数（Z）（1.013bar，15℃）	1.001
	相对密度（空气=1）（1.013bar，21℃）	0.0696
	比热容[1.013bar，21℃（70℉）]	11.986m^3/kg
	恒压比热容（C_p）（1bar，25℃）	0.029kJ/（mol·K）
	恒容比热容（C_v）（1bar，25℃）	0.021kJ/（mol·K）
	比热容比（Gamma：C_p/C_v）（1bar，25℃）	1.384259
	黏度（1.013bar，15℃）	0.0000865P
	导热系数（1.013bar，0℃）	168.35mW/（m·K）

续表

性　质		值
其他	水中溶解度(1.013bar，0℃)	0.0214(体积比)
	空气中的浓度	0.00005%(体)
	自燃温度	560℃
	扩散系数	1.697m^2/h
	火焰温度	2318℃
	可燃范围	空气中体积占比4%~74%
	按质量计的燃烧热	28670kcal/kg
	点火能量	0.02mJ
	体积能量密度	57.8kcal/(kg·mol)
	熔化热(H_2)	0.117kJ/mol

4.1.2 氢的出现

氢是宇宙中最丰富的元素，约占原子数的90%，宇宙质量的75%。氢是恒星和星系(包括地球的太阳)中所有可见物质等离子体的主要成分。每一种比氢重的化学元素都是由恒星制造并释放到太空中的。

正如所有普通的恒星一样，太阳由核聚变提供动力——氢核在核反应中相互结合，形成氦原子，之后形成更大的原子。太阳核心极高的温度(15000000℃，27000000℉)和压力(海平面上地球气压的3400亿倍)提供了核反应的条件。太阳以及其他恒星反应时产生巨大的能量并向太空中释放大量光和热。许多恒星终其一生都在将氢和氦转变为更重的元素。而行星主要是由数十亿年前消失的恒星(或恒星们)的物质聚集组成的。我们亦是由最初的氢变成的星尘尘埃组成的!

氢是木星的主要组成元素，科学家认为，在该行星中由于行星内部的巨大压力，氢气转化为金属氢。

氢占地球总质量的1%。然而在我们的星球上，以单质形式存在的氢并不常见，它仅在火山气体和一些天然气中以游离状态存在。形成这种现状有两个原因：氢是最轻的元素，可以摆脱地球引力；氢具有极强的活性，可以形成多种化合物。

作为众多化合物的组成部分，氢在地球元素丰度中排名第十。含氢的化合物主要有水、矿物质和包括石油和天然气在内的碳氢化合物(由氢和碳组成的化合物)。水是由氢和氧组成的化合物(H_2O)，约占地球的三分之二，也是最常见的氢来源。空气中含有水蒸气：在潮湿的地方含量约为6%，在沙漠中约为0.1%。水对生命是必不可少的，它存在于所有生物体中，我们人类身体的70%是水。氢也是所有有机物，包括植物、动物和化石物质的重要组成部分。它存在于提供能量的食物分子中，如脂肪、蛋白质和碳水化合物。氢是生物质的主要组成部分，占其总质量的14%。遗传信息分子DNA中也有氢的存在。

4.1.3 氢的化学性质

氢可以与除稀有气体外的所有已知元素形成化合物。氢的电负性为2.2，因此它要么作为一种非金属元素形成如NaH或CaH_2(它们是被称为离子盐型氢化物，其中氢以H^-离子形式存在)的化合物，要么作为一种金属性元素与非金属如S、N和卤素形成共价键。如HCl、H_2SO_4和HNO_3的强酸属于这类氢化和物。在这种情况下，H^+离子露出原子核，具有将电子拉向自身的强烈趋势。

氢还可以与碳形成多种化合物，即有机化合物。含碳的有机化合物包括碳氢化合物燃料：如甲烷(CH_4)、乙烷(C_2H_6)、丙烷(C_3H_8)和丁烷(C_4H_{10})；以及各种醇类如甲醇(CH_3OH)和乙醇(C_2H_5OH)等。有机化合物则包括酸、胺以及多种含有杂原子(如硫、卤素和磷)的化合物。

想要了解为什么氢可以与众多元素组合并构成众多不同的化合物，氢原子独特的$1s^1$电子结构可以给我们提供线索。由于氢原子核外电子层仅有一半填上，这使得氢有可能获得一个电子以形成氦构型$1s^2$的完整壳层并成为H^-(氢阴离子)，也可以失去一个电子成为质子H^+。此外，为了填充壳层，氢可以与其他原子共享电子，形成共价键。

4.1.3.1 氢键

氢能够产生非常强的分子间作用力——氢键。当氢直接与较小且高负电性的原子，如氧、氮或氟结合时，氢键形成。氢键是一种极性很强的键，在它的作用下，部分氢带正电荷(δ^+)，另一个原子(O、N或F)带部分负电荷(δ^-)。当分子靠在一起时，如图4.2所示，两个分子的正负区域会被附近相反电荷的区域吸引。δ^+H原子被吸引到F、O或N原子的孤对电子上，而不会与原子形成共价键。这是因为氢原子没有内壳层电子来充当其原子核周围的屏障。此外，它的尺寸很小，因此可以近距离接触其他原子。

通常称含有氢键δ^+H原子的分子为氢键供体，供体吸引的δ^-原子称为氢键受体。我们使用虚线来表示氢键。氢键是一种偶极-偶极强效相互作用的特例；它以类似于偶极-偶极相互作用的方式影响物质，但影响程度更为深广。典型的氢键键能在15~20kJ/mol的范围内，比其他偶极-偶极相互作用的能量大四到五倍。

与其他具有相似分子量和分子几何形状的化合物相比，氢键是使得水、醇和氨等化合物具有异常高熔点和沸点的原因。

单个氢键的强度只有共价键的5%左右。然而，当两个分子之间可以形成许多氢键时，由此产生的结合能量就非常大了。因此，从各个角度来看，氢键是地球上生命存在的原因。例如，多重氢键决定了蛋白质和核酸等生物重要分子的形状：

① 将两条DNA双螺旋链固定在一起；

② 协助酶与底物结合；

③ 协助抗体与抗原结合。

4.1.3.2 氢气的化学反应

在常温下，氢气不是一种非常活泼的物质，除非有合适的催化剂将其活化。在高温下，氢气变得非常活泼，双原子氢分子分解成自由原子。在原子状态下，氢是一种强效还原剂，即使在室温下它也有较好的还原性。

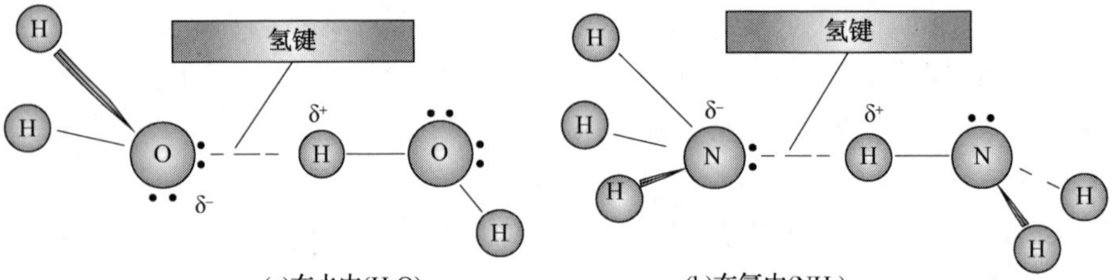

图 4.2　氢键(虚线)

氢气的一些重要反应如下：

① 氢气与元素周期表中ⅠA 和ⅡA 族的高活性金属直接反应生成盐，这种盐又叫金属氢化物：

$$H_2(g)+2Na(l)\longrightarrow 2NaH(s)$$

$$H_2(g)+Ca(l)\longrightarrow CaH_2(s)$$

② 氢气可以还原许多金属氧化物，如银、铜、铅、铋和汞，以制备金属，例如，下列反应可用于工业上生产钨：

$$3H_2(g)+WO_3(s)\longrightarrow W(s)+3H_2O(g)$$

③ 氢气与卤素反应生成卤化物：

$$H_2(g)+Cl_2(g)\longrightarrow 2HCl(g)$$

④ 工业上用氢气催化还原氮生产重要的化肥原料氨，这是哈伯法的基础。该反应在 450~500℃ 的温度和 35000~40000kPa 的压力下运行：

$$3H_2(g)+N_2(g)\rightleftharpoons 2NH_3(g)$$

⑤ 原子氢与不饱和烃、烯烃和炔烃反应生成饱和烷烃。一个例子是与乙烯的反应：

$$H_2(g)+H_2C=CH_2(g)\longrightarrow H_3C-CH_3(g)$$

⑥ 氢气与氧气反应生成水：

$$H_2(g)+O_2(g)\longrightarrow 2H_2O(g)$$

该反应在室温下异常缓慢；然而，如果使用铂催化剂或单个电火花等加速，反应十分剧烈。氢气的最重要特性之一就是可以在空气中燃烧。

常用材料中，氢气的单位质量燃烧能量最高，故是一种高效的燃料，可用于航空航天发动机。表 4.3 列出了 1kg 氢气与氧气反应生成水的能量。

表 4.3　1kg 氢气与氧气反应生成水的能量

高位热值	39.3kWh	141600kJ	33800kcal
低位热值	33.2kWh	119600kJ	28560kcal

4.1.4 氢气对健康的影响

氢气存在一定的危害和风险：

① 由于氢气与空气或氧气混合时极易燃烧，加热可能引起剧烈燃烧或爆炸，存在一定的危险性。氢气在空气中燃烧时呈淡蓝色，几乎看不见，同时肉眼很难看到氢气。

② 氢气与卤素和强氧化剂发生剧烈反应，容易引起二次爆炸。金属催化剂，如铂和镍，会增强这些反应。

③ 氢气无毒，没有致突变作用。

④ 氢气可以通过吸入的方式进入体内阻碍身体获取氧气导致缺氧。吸入氢气时，可能会出现头痛、头晕、嗜睡、意识不清、恶心、呕吐和抑郁，高浓度的氢气甚至会导致人死亡。由于氢气无色无味，因此当氢气浓度过高时人不会察觉，应控制氢气浓度并使用合适的气体检测器进行测量。

4.1.5 氢气的使用

氢气在许多行业都有需求，最重要几个列举如下：

1）食品饮料行业。不饱和植物油(脂肪酸)被大量氢气催化加氢后转化为固体脂肪。例如，当植物油中三分之二的双键被氢化时，变为人造黄油。

2）合成氨。哈伯法合成氨是氢气最重要的用途。

3）化合物的制备。氢气被广泛用作合成甲醇、过氧化氢、盐酸、聚合物和溶剂的原料。

4）医药行业。氢气可用于制造维生素以及其他医药产品。

5）玻璃、水泥和石灰。在浮法玻璃工艺中，氢气与氮气作为还原剂，防止大锡槽氧化。作为氢氧化合物的成分之一，氢气也用于玻璃预制件的热处理。

6）金属工业。氢气与惰性气体混合作为还原气体热处理制钢。

7）石油和天然气。氢气在燃料精制中被广泛地应用：燃油和汽油的脱硫和氢气条件下的裂解(加氢裂化)将重质和不饱和化合物转化为更轻、更稳定的化合物。

8）焊接、切割和涂覆。氢气被用于各种金属的热处理，如不锈钢合金和磁钢合金的退火、烧结，铜钎焊等。

9）电子产业。经氮气稀释过的氢气被用于高温半导体，包括集成电路半导体层的制造中，尤其是在硅沉积或晶体生长时充当保护气消除系统中的氧气。

10）实验操作与分析。氢气在包括气相色谱在内的各种分析仪器中充当载气，是电离和火焰光度检测器中燃料的组分。

11）航天航空。大量的氢以液态的形式充当火箭燃料和由核能推进的火箭推进剂。

12）汽车和运输。氢可以作为无碳绿色能源在内燃机中燃烧。

13）其他作用：

① 氢气比空气轻得多，可用于填充气球。

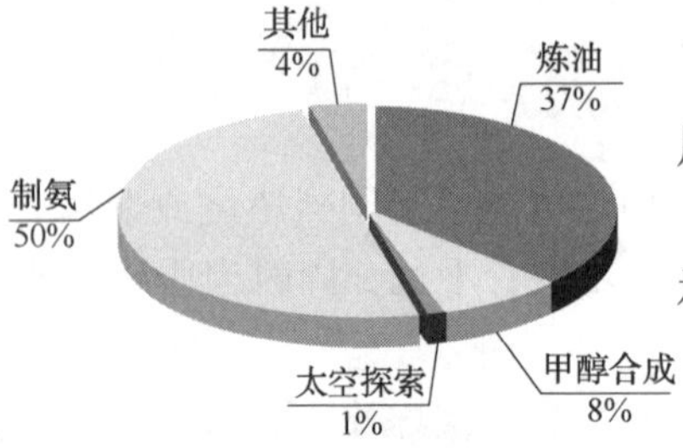

图 4.3　当今主要使用氢气的领域

② 氢用于质子-质子反应和碳-氮循环。

③ 液态氢的熔化点接近于绝对零度，可被用于超导研究。

④ 氘可以作为减缓中子速度的减速剂以及示踪剂。

⑤ 氚用于生产氢(聚变)弹。

⑥ 氚还被用于制造发光涂料和示踪剂。

如图 4.3 所示，当今最大的氢气消耗产业是氨和甲醇的生产以及石油炼化。但是随着时代的发展，由于氢有理想的储量与性质，人们对氢气是“未来燃料”的说法充满信心。考虑到氢气的物理和化学特性，用作燃料时它有以下特性：

① 氢与氧结合生成水，释放热量和能量。

② 氢气的单位质量能量密度很高(几乎是汽油的 3 倍)。

③ 氢气高度易燃：仅需少量能量即可点燃，氢气是所有已知物质中最易燃的。

④ 它具有较大的可燃范围：当空气中的氢气体积占比为 4%~74%时，它可以燃烧。

⑤ 氢气燃烧不会产生二氧化碳、酸雨或任何排放物，因此不会对环境产生影响。

⑥ 通过在接近绝对零度时形成液态，现代技术使运输大量氢气成为可能。氢气也可以通过金属氢化物吸收来运输。

⑦ 氢气可以从可再生资源中获得，例如乙醇重整或水电解。

4.2　作为能量载体的氢

与电类似，氢不是一种能源，而是一种由自然存在物质生产的能量载体。能量载体是将能量以可利用的形式从生产地转移到使用地的物质。电力是能源载体的典型例子，它将化石、核能和其他来源的能量从生产地点转移到工业和消费者处使用。将能源转换成电使用比以原始的形式使用要便捷得多。而与电力不同的是，氢气可以大量的储存以备将来使用或转移到使用的地点。

为了评估常用燃料的能量含量，我们可以认为 1gal 汽油能量相当于 380SCF H_2 (10Nm^3)或 113 SCF(3Nm^3)天然气或 8.3lb 煤。

与其他燃料相比，氢气的特性决定了需要重点关注其储存和运输。同样的能量，氢气的体积远远超过汽油、天然气和其他具有相同能量的任何可能燃料。表 4.4 展示了不同燃料的主要物理参数。表 4.5 列出了各种压缩气体和汽油的能量值。

由表 4.5 可知，与其他燃料来源相比，单位体积的氢气能量含量表现不尽如人意。例如，压力为 1000psi 的氢气仅提供汽油能量的 2.5%。在 5000psi 管道压力下，氢气将携带约 114285Btu/ft^3，这大约是 1000psi 时的 5 倍。但是在管道中如此高的压力和氢气量将需要更大的管道直径。此外，我们还必须考虑与城市地区管道安装相关配套工程的复杂性以及高昂的设备成本。

表 4.4 燃料特性比较

物质	密度	主要成分/%(质)	沸点/℃	气化潜能/(kJ/kg)	比热值/(MJ/kg)	点火温度/℃	点火下限(空气中气体体积占比)/%	点火上限(空气中气体体积占比)/%
普通汽油	0.715~0.765kg/L	86C 14H	25~215	380~500	42.7	约 300	约 0.6	约 8.0
柴油	0.815~0.855kg/L	86C 13H	180~360	约 250	42.5	约 250	约 0.6	约 6.6
原油	0.70~1.0kg/L	80~83C 10~14H	25~360	222~352	339.8~46.1	约 220	约 0.6	约 6.5
乙醇(C_2H_5OH)	0.79kg/L	52C 13H 35O	78	904	26.8	420	3.5	15
甲醇(CH_3OH)	0.79kg/L	38C 12H 50O	65	1110	19.7	450	5.5	26
天然气	约 0.83kg/m^3	76C 24H	-162		47.7			
氢气(H_2)	0.09kg/m^3	100H	-253		120	560	4	77
甲烷(CH_4)	0.72kg/m^3	75C 25H	-162		50	650	5	15
丙烷(C_3H_8)	2kg/m^3	82C 18H	-43		46.3	470	1.9	9.5

表 4.5 压缩气体和汽油的能量比较

燃料	Btu/ft^3(常温常压)	Btu/ft^3(1000psi)	Btu/ft^3(5000psi)	Btu/ft^3(10000psi)
氢气	320	22857	约 114300	约 230000
甲烷	985	70357		约 680000
丙烷(气)	2450	约 175000		
丙烷(不可压缩液体)	782000	782000	782000	782000
汽油(不可压缩液体)	894740	894740	894740	894740

4.3 氢气储存

如果想要大规模使用氢气，解决氢气的储存输送和转移的问题是关键。如果氢气能够以安全、高效、紧凑和经济的方式储存，燃料电池技术将会迈向实用化。

氢气的储存之所以困难，是因为尽管氢气具有最高的质量能量密度(每千克能量)，但其密度非常低：它是最低的体积能量密度(每立方米能量)燃料之一。90g 氢气的体积是 1m^3(图 4.4)。出于这个原因，现有的化学和石油工业大多在其制造点附近使用氢气，并且氢气总是以压缩或冷凝的气体或液体的状态运输。显然，现在

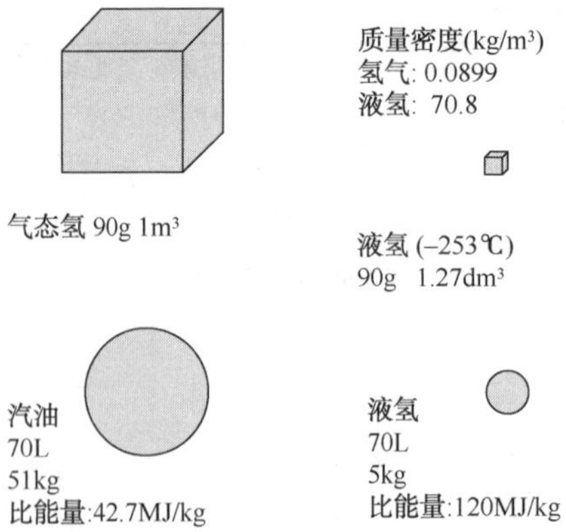

图 4.4 氢气/汽油性质

使用的小型氢分配基础设施无法支持氢经济的分配或扩展需求。

国家用于运输汽油、天然气或丙烷的管道基础设施是否可以用于运输压缩氢气？除此之外，还可以找到哪些替代方案？表 4.5 比较了通过管道运输的各种燃料的性能，氢气性能不理想，容积效率最低，同时需要最多的热量和压力完成运输。即使在 5000psi 的压力下，氢气管道输送的能量也仅仅相当于汽油管道的 12.8%。

有建议指出，与其在全国范围内输送氢气，不如在生产地点建设加氢站。氢气可以作为压缩气体储存在地下压力罐中，也可以以液态状态储存在超绝缘罐中。除了压缩气体和液态氢之外，下一个段落会进一步探讨氢气储存的方式。实现在生产工厂或加氢站储存氢气显示出储存其他类型能源，例如太阳能、风能、生物燃料、核能和化石燃料，以备后用的可能性。当地生产工厂可以通过油罐车分配氢气。通过在车辆(例如汽车或公共汽车)上加装氢气罐，加氢站可以实现为车辆直接供应氢气。

氢动力汽车的行驶里程需超过 300mile(1mile = 1609.344m)才能满足客户需求并与其他汽车技术相竞争。要达到这样的行驶距离需要在车上储存大约4~5kg 的氢气。考虑到车辆的重量、体积和系统，存储如此数量的氢气受成本限制，同时也面临着重大的科学和工程挑战。开发轻量型储氢系统对氢能源汽车的应用至关重要。

有三种基本的储氢方案：①氢气压缩储存于压力罐中；②氢气冷却到液态并在隔热储罐中低温储藏；③通过化学方法将氢气储存在固体化合物中。

4.3.1 压缩气体储氢

在加压下储存氢气的技术已经发展了很多年，并且被广泛地应用于少量气体的运输。不同尺寸的气瓶供应给了成千上万的企业和科研机构，它可以用于储存电解槽产生的氢气。图 4.5 所示为轻量型聚合物储氢罐。装满压缩氢气的储罐可以安装在车辆中，通常放置在公共汽车的车顶或家用汽车的后备厢中。

图 4.5 轻量型聚合物储氢罐

图 4.6 为高压储氢系统的装置图。高压压缩气体系统包含圆柱形气瓶和压力调节器，压力调节器可以将压缩氢气的压力调整至较低的值，以便将氢气输送到推进系统(燃料电池或 ICE)，气流控制阀、管道组成、安装支架，一些环保装置也是系统中必不可少的部分。

对于远程运输，储氢系统应由成本低且质量轻的容器构成。制造压力容器所需的材料是需要解决的关键问题之一。氢气是一种非常小的分子，具有很高的扩散速

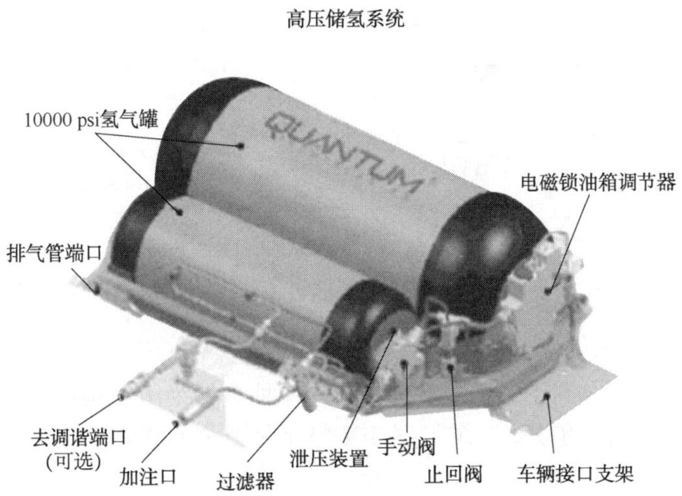

图 4.6　典型的高压储氢系统

(来源：Roadmap on Manufacturing R&D for the Hydrogen Economy. Based on the Results of the Workshop on Manufacturing R&D for the Hydrogen Economy Washington, D. C. July 13-14,2005 and http://www. 1. eere. energy. gov/hydrogenandfuelcells/storage/hydrogen_ storage. html)

度，并且能够扩散到其他气体不可渗透的材料中去。渗入的氢会与钢中的碳反应导致内部起泡，致使容器壁强度降低(称为氢致开裂)。为了解决这个问题，特定的富铬钢和合金被研发出来。复合材料强化塑料也被用于制作较大的储氢罐。目前使用的高压储氢系统大多在350bar(5000psi)的压力下运行，一些由先进碳复合材料制成的储氢罐可以在700bar(10000psi)的压力下，-30~50℃的温度范围内工作。氢气储量通常为45m^3。

三种主要的储氢材料为：①钢；②玻璃纤维、碳纤维、芳纶纤维包裹铝芯复合材料；③玻璃纤维、碳纤维、芳纶纤维包裹塑料芯复合材料。

在复合材料中，纤维经过树脂浸渍形成连续的基体。正如所有的燃料一样，在高压下储存氢气有一定的安全隐患，需要谨慎操作。但过程的危险性并不高于现今使用的其他可燃气体。综合考虑可知，以压缩气体的方式储存氢气的突出优势是方法简单，有几乎无限的储存时间和循环使用次数。

4.3.2　液体储氢

氢气可以在20K(-253℃)和数bar的压力下以液体(通常称为LH_2)的形式储存在超绝热罐中。在各种工业中，氢气以LH_2的形式生产和运输的历史长达七十余年。将LH_2用作长途运输和航天器及飞机的燃料有一定的优势。NASA几十年来在太空计划中一直使用氢气。图4.7列出了LH_2和汽油储存参数比较。

LH_2的储存需要特殊设备。储存液氢的容器通常是圆柱形的，目前大多是以金属合金制成柱壁相对薄的容器。保证外部环境到液体的热量输入尽可能低是至关重要的。为了实现这一目标，罐体外设有与储氢容器同心但直径较大的圆柱体隔

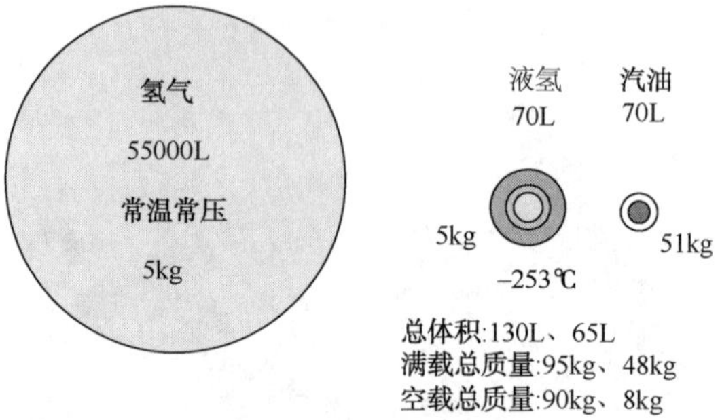

图 4.7　液氢和汽油储存数据比较

热装置，在圆柱体壁之间设有真空绝热层。这种多层绝缘结构由数层金属箔构成，金属箔之间附有薄薄的玻璃纤维。图 4.8 显示了典型的液氢储罐。

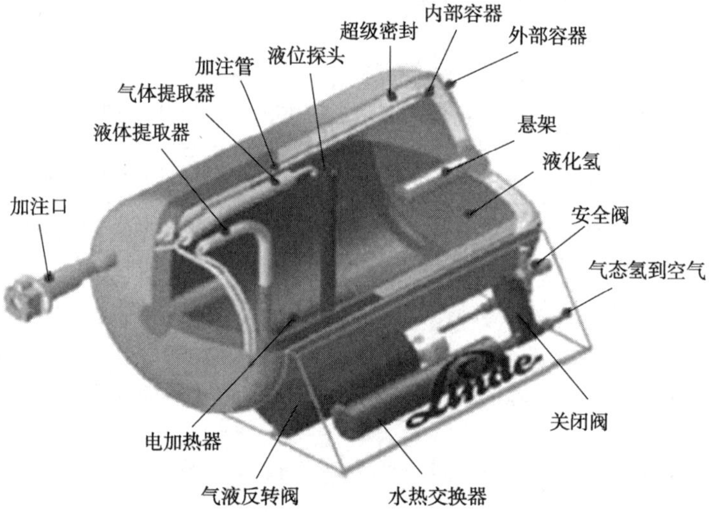

图 4.8　液氢储存系统

（来源：http://www.1.eere.energy.gov/hydrogenandfuelcells/storage/hydrogen_ storage.html.）

LH_2 储罐的设计和尺寸最终决定了它的用途，即装载在飞机、公共汽车、卡车还是客车上。下表是用在氢能源汽车中梅塞尔液氢储存系统的一些参数：

氢气含量	5kg	净体积(液氢)	71L
温度	20K	罐质量	50kg
最大压力	0.6MPa	辅助设施质量	40kg
总体积	130L	冷却液流量	100L/h

要为车辆提供 LH_2 就需要有合适的加氢站。该站需连接到 LH_2 储存装置，同时加装有控制和分配系统才能将燃料从储存容器加注到车辆。对于氢能源汽车来说，需在 2min 内加满 100L LH_2。

目前 LH_2 储存还存在一些问题：

1）冷却过程需要消耗大量的能量，相当于所需燃料的30%~40%，因此开发新型高效冷却工艺以减少能源损耗至关重要。目前，LH_2是最昂贵的氢聚集形态。

2）储氢罐制造成本过高。

3）气体外放过程中存在以下问题：

① 需要采取额外措施防止 H_2 外溢到周围环境中。

② 停车期间燃料的消减(每天4%；满箱在4周内可排空)。如此则汽车需要被拖到加氢站，给热的储罐注入燃料需要花费更长的时间并且伴随着能量损失。

4）需要大量的资金来完成基础设施建设以实现安全便捷的燃料加装。LH_2 的输送需要充分绝热的特殊管线，管线的绝热要求与储氢系统一致。

5）燃料的加注和回收过程要制定额外的安全操作规范：在 LH_2 罐加注和取用时，不能让空气进入系统，否则可能会形成爆炸性混合物。在加注之前，应用氮气吹扫储罐。

LH_2 存储系统与压缩氢气储存系统相比，在氢质量与车辆质量比方面显现出了优势。例如，一辆总质量为40t的 LH_2 车辆装载氢气3370kg，而相同总质量40t的压缩氢气车在20MPa下装载氢气仅为530kg。

4.3.3 固体储氢(化学方法)

氢气也可以通过化学方法运输，该方法尤其适合氢气的储存。以化学试剂和固态储氢为基础的方法是采用可以存储氢气的材料，之后通过加热或化学反应释放氢的方法。已知有超过1000种化合物可以容纳大量的氢。为了达到使用标准，化合物必须满足以下条件：

① 它们必须非常容易释放氢。

② 系统制造过程需满足简洁和低能耗以避免高昂的成本。

③ 系统操作必须安全可靠。

换句话说，要实现固体储氢，就要满足许多重要的指标，包括：高质量百分比和高体积密度的氢储存(尤其是在移动式交通工具上)，在适宜压力和温度下理想的氢吸收(或吸附)和解吸，以及价格低廉且易获取的材料。能够长时间抵抗氢气流中的微量杂质对系统的损伤也非常关键。表4.6中列举了一些有望实现化学方法储氢的化合物。

表4.6 储氢材料

名称		化学式	氢百分比/%	相对密度	储存1kg H_2 体积/L	备注
简单氢化物	液氢	H_2	100	0.07	14	低温，-252℃
	氢化锂	LiH	12.68	0.82	6.5	苛性碱
	氢化铍	BeH_2	18.28	0.67	8.2	剧毒
	乙硼烷	B_2H_6	21.86	0.417	11	有毒

续表

名称		化学式	氢百分比/%	相对密度	储存 1kg H_2 体积/L	备注
简单氢化物	液态甲烷	CH_4	25.13	0.415	9.6	低温，-175℃
	氨	NH_3	17.76	0.817	6.7	有毒，100μL/L
	水	H_2O	11.19	1.0	8.9	
	氢化钠	NaH	4.3	0.92	25.9	苛性碱，价格低
	氢化钙	CaH_2	5.0	1.9	11	
	氢化铝	AlH_3	10.8	1.3	7.1	
	硅烷	SiH_4	12.55	0.68	12	有毒，0.1μL/L
	氢化钾	KH	2.51	1.47	27.1	苛性碱
	氢化钛	TiH_2	4.40	3.9	5.8	
复杂氢化物	硼氢化锂	$LiBH_4$	18.51	0.666	8.1	轻度毒性
	硼氢化铝	$Al(BH_4)_3$	16.91	0.545	11	轻度毒性
	氢化铝锂	$LiAlH_4$	10.62	0.917	10	
	肼	N_2H_4	12.58	1.011	7.8	有毒，10μg/g
	氢吸收剂					
	氢化钯	$PdH_{0.7}$	0.471	10.78	20	
	氢化铁钛	$TiFeH_2$	1.87	5.47	9.8	

4.3.3.1 可逆金属氢化物储氢

金属如钛、铁、锰、镍、铬，以及它们的混合物(合金)可以与氢气反应生成金属氢化物。以金属钯为例，氢气与钯反应的特性已被用于制造氢传感器；钯可以非常高效和稳定地吸收氢气。金属氢化物可用于生产镍氢电池，该产品已经用在手机和电脑中。一些金属和合金也被研究用作大规模储氢。得益于其高体积密度，金属氢化物在燃料电池驱动的汽车储氢方面展现出潜力。

金属或金属合金吸氢的反应是可逆的，用下面方程表示：

$$AB_z+xH_2 \rightleftharpoons AB_zH_{2x}+\Delta Q$$

其中，A 和 B 是金属(AB_z 是合金)，ΔQ 是吸收氢气时放出的热量。热量 ΔQ 通常由焓 ΔH 表示，由压力-组分-温度等温线确定。在右侧，反应轻微放热。为了释放氢气，必须提供少量热量，反应变为吸热。

氢气与合金的吸氢反应通常是在加压容器中进行的，整个过程需要几分钟的时间。装有金属氢化物的容器应保持密封，并与耗氢设备相连。燃料加注通常在加氢站中进行：氢气会像汽油一样泵入汽车，并在几分钟内填充到储存材料中。在汽车内可以使用加热系统，例如使用温水，以增加氢气供应率。经典的金属氢化物-高温金属水合物氢储存系统架构如图 4.9 所示。

表 4.7 列出了适合气态氢储存的金属氢化物的主要性能。通常，金属 A 是早期过渡金属、稀土金属或镁，它们可以形成稳定的二元氢化物。合金中的第二种金属 B(例如 Ni、Co、Cr、Fe、Mn 或 Al)，它可能有助于在吸附过程中解离 H_2 分子，但不会形成稳定的氢化物。表 4.7 列出了来自 5 种金属氢化物家族的代表性氢化物：A、A_2B、AB、AB_2 和 AB_5。

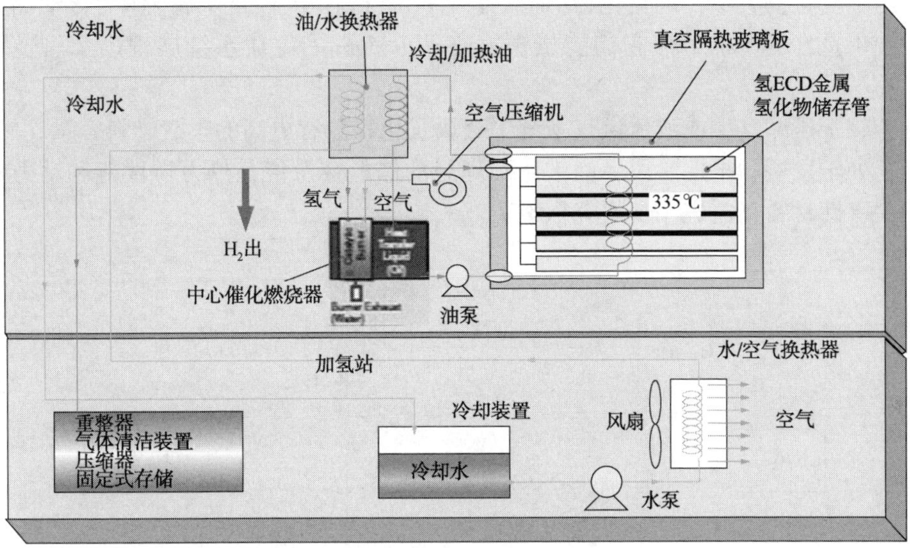

图 4.9　金属氢化物储氢系统

表 4.7　用于储存气态氢的金属氢化物主要性质

氢化物	最大氢气容量/%(质)	可逆氢气容量/%(质)	解吸压力/bar	T/K	焓/(kJ/molH_2)
MgH_2	7.66	<7.0	~10^{-6}	552	74.5
VH_2	3.81	1.9	2.1	285	40.1
$MgNiH_4$	3.59	3.3	~10^{-5}	528	64.5
$TiFeH_2$	1.89	1.5	4.1	265	28.1
$ZrNiH_3$	1.96	1.1	约 5×10^{-6}	573	68.6
$TiMn_{1.4}V_{0.62}H_{3.4}$	2.15	1.1	3.6	268	28.6
$ZrMn_2H_{3.6}$	1.77	0.9	0.001	440	53.2
$LaNi_5H_{6.5}$	1.49	1.28	1.8	285	30.8
$LaNi_{4.8}Sn_{0.2}H_{6.0}$	1.40	1.24	0.5	312	32.8

储氢的关键特性、总储氢容量和氢气可逆转化通常以氢质量百分比的形式表示。另外几个评估金属氢化物作为燃料储存的重要参数是释放氢气所需的压力和温度。人们普遍认为，氢化物应在 1~10bar 和 270K 至 360~600K 的温度范围内释放氢气，具体数值取决于可获得的热源。研究目标是开发可在大气压或大约大气压和室温下运行的金属氢化物。

有几种复杂的金属氢化物和氢化镁(MgH_2)都是储氢的最佳选择。$LaNi_5H_7$ 和 Mg_2NiH_4 都是满足商业要求的最有效的存储介质。最吸引人的化合物是将碱金属氢化物掺入金属铝中,例如 $LiAlH_4$ 和 $NaAlH_4$(它们称为铝氢化物)。这些化合物自 20 世纪 50 年代以来便作为有机加氢反应的氢载体使用。图 4. 10 展示了 $NaAlH_4$ 的分解-合成循环。

与铝氢化物类似,硼氢化物(通式是 $M+BH_4$,其中 M 是金属)作为化学储存介质展现出良好的潜能,但它们能量密度略差。Metal-N-H 系统展现出了可逆储氢能力。

相较于压缩气体或液体氢气系统,金属氢化物具有更高的车载燃料容量。然而,它们仍处于发展的早期阶段,尚未达到理想的储氢容量值,热力学性能和动力学特性的关键性材料仍需进一步研究探索。

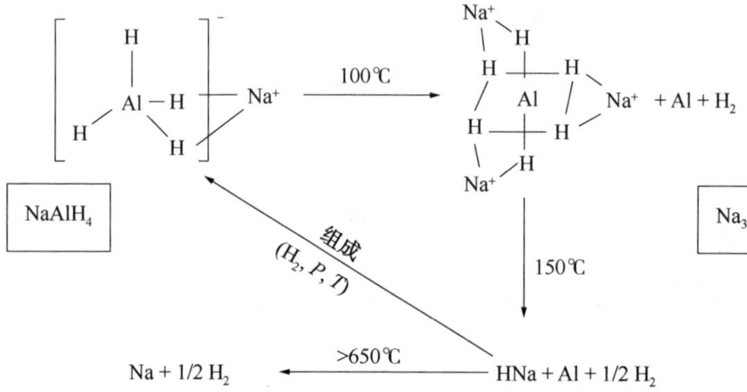

图 4. 10　$NaAlH_4$ 的分解-合成循环

4. 3. 3. 2　碱金属氢化物

与水反应释放出氢气并产生金属氢氧化物的碱金属氢化物是可逆金属氢化物的备选材料。表 4. 6 中列出了一些此类化合物。使用氢化钙的反应(该方法在 1990 年提出)方程式如下:

$$CaH_2+2H_2O \longrightarrow Ca(OH)_2+2H_2$$

氢化钠与水反应制氢是工业上使用的方法:

$$NaH+H_2O \longrightarrow NaOH+H_2$$

氢化钠被制成直径约 3cm 的聚乙烯包覆球,这些球被命名为 PowerBall,储存在水下,在反应之时被切成两半,氢化钠与水反应产生氢气;微处理器可以控制切割过程,以保证在需要时提供氢气。

迄今为止,在所有想到的方法中,上述方法可以简洁高效地生产高能量密度的氢气。氢化钠价格不贵,与其他方法相比,此法有更高储氢潜能,所以非常适合为车载燃料电池供氢,但是最主要的问题是如何处理氢氧化物和水的腐蚀性混合物。

4. 3. 3. 3　碳纳米结构

研究表明,碳基纳米材料(碳纳米管、碳纤维)有多种孔径、形状和分布方式,是具有前景的储氢材料。利用分子工程改变碳的孔隙结构和表面化学性能为碳材料开辟了新的应用。在室温下，仅仅提供适当的压力和加热条件便可实现氢气的吸收，这使得纳米管技术成为焦点，吸引众多研究者参与探讨研发。

依据美国能源部数据，要实现燃料电池在汽车上的应用，碳材料需要储存其自重6.5%的氢气。MIT研究人员研发出纳米管簇，可储存其自重4.2%的氢气。1997年，美国国家可再生能源实验室(NREL)研究人员发现单壁碳纳米管(SWNT)能够储存5%~10%(质)的氢气。而NREL新的研究发现，当存在金属催化位点时，SWNT可以吸收高达8%的氢。一些研究人员表示，单壁碳纳米管等材料表现出约5%~10%甚至更高的氢吸附速率。

碳纳米管通常由质量轻的管束构建而成，单独的纳米管上分布着均匀且高密度的圆柱形孔。SWNT由单个石墨层构成，多壁纳米管(MWNT)由多个同心石墨层组成。碳纳米管的特性包括高表面积(范围从$50m^2/g$至超过$2000m^2/g$)以及高导电能力(类似金属或半导体)。

从机械性能来看，碳纳米管坚硬如钢，质轻如铝，兼有类似高分子聚合物的弹性。它们的长径比可以超过一亿。SWNT的直径在0.671~3nm，而MWNT的直径通常为30~50nm。与碳纳米管相比，碳纤维有不同内部结构：碳纤维由堆叠在一起的石墨片组成，中间间距为0.3355nm。图4.11和图4.12展示了SWNT和MWNT的结构图。

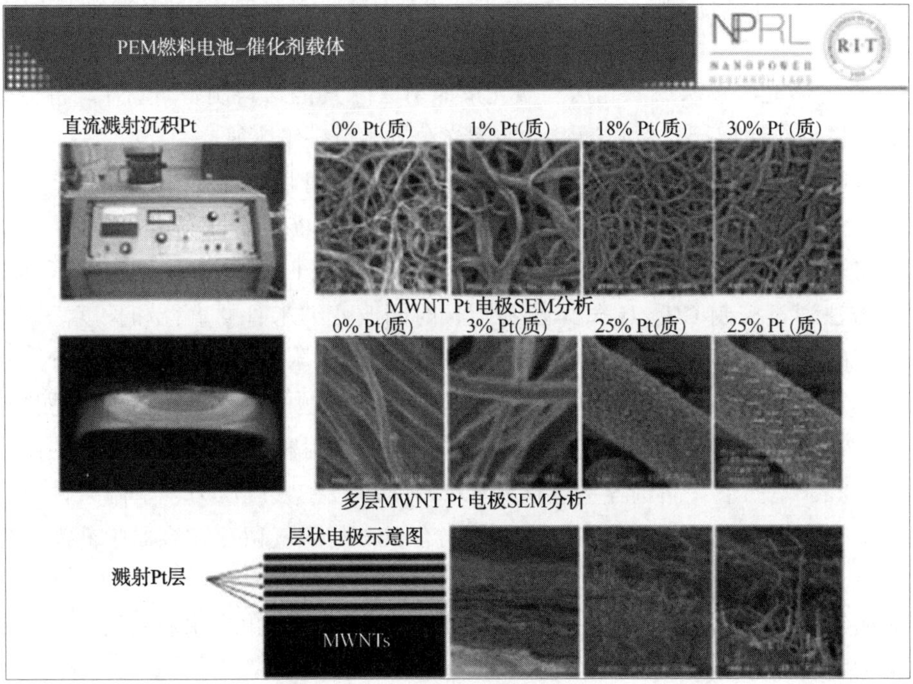

图4.11　多壁纳米管结构

制备碳纳米管的方法包括：

① 放电法生产SWNT和MWNT。运用含有少量催化剂的碳蒸气制备碳纳米

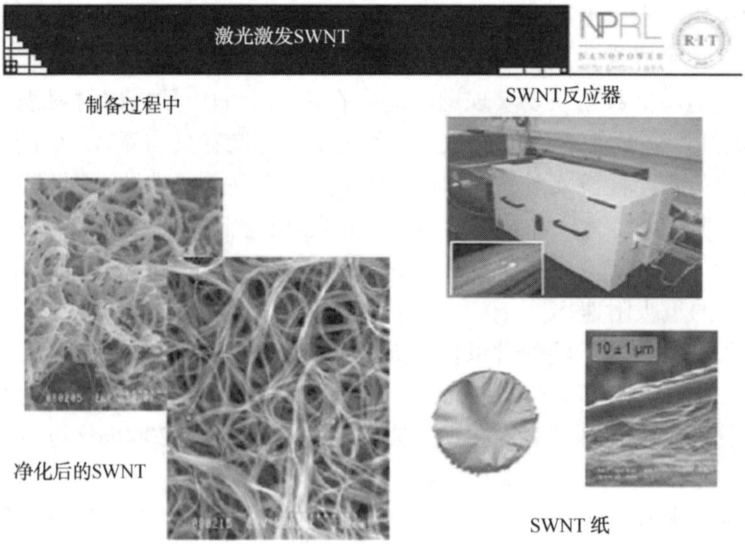

图 4.12　单壁纳米管结构

（来源：经 RIT Nanopower Lab 许可转载）

管。整个过程在低压[500Torr(1Torr = 133.3224Pa)]氦气填充的不锈钢反应器内进行。

② 脉冲激光蒸发法或激光法。激光束照射去除其他材料制备 SWNT。将金属催化剂和石墨混合制成靶材后，通过脉冲激光蒸发生成碳纳米管。

③ 高压 CO 合成转化(HiPCO)。制备单壁碳纳米管。

④ 化学气相沉积法(CVD)。在真空或大气压下催化分解烃类气体可以制备 SWNT 和 MWNT。CVD、热 CVD 和微波等离子体增强 CVD 均被用于碳纳米管的制备。该方法通过控制 CH_4/H_2气体比和生长时间改变纳米管的直径和长度。

氢与碳质材料的相互作用是基于范德华力(物理吸附)，或是碳的最高分子轨道与氢电子重叠突破其活化能垒(化学吸附)实现的。问题的关键是：能否在适当的条件下储存和释放氢气？许多研究机构探索了氢气的吸附和解吸。来自 MIT 的研究表明在 10MPa、室温下，储氢容量可达到 4.2%(质)。在大气压力、室温条件下，吸附氢气中的 78.3%会被释放出来，解吸后仍有 20%的氢气留存在容器中，需要额外的加热将其释放。

碳质纳米结构如图 4.13 所示，该材料在储氢领域展现出光明的前景，是未来非常有潜力的研究方向。

4.3.3.4 新技术

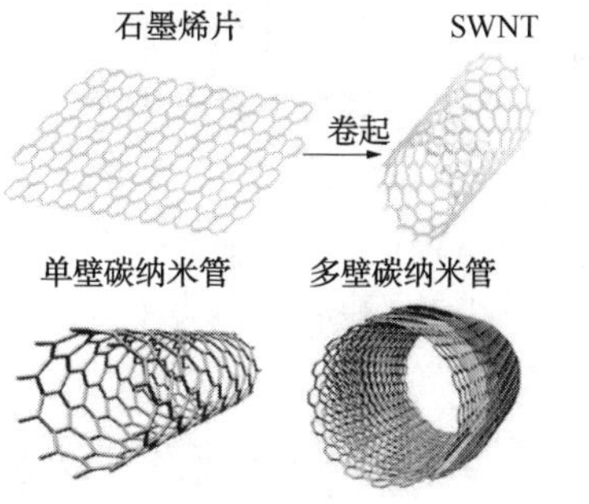

图 4.13 SWNT 与 MWNT 是碳的同素异形体

近年来，许多新型储氢技术蓬勃发展，有理想质量或体积吸附比，且可以反复吸附和释放氢气的吸附性材料进入人们的视线。由于氢-碳之间的相互作用很弱，室温下金属-氢之间的相互作用力过强致使氢气无法完成可循环储存。具有人工结构的新型材料应运而生，旨在解决上述困难。

有前景的新型吸附材料列举如下：

① 纳米管。经由碳纳米管中的合金颗粒“激活”，相较于没有添加金属的情况，纳米管吸收了更多的氢。金属，例如钛，被证实可以作为催化剂提升氢的吸收效果。

② 纳米多孔金属有机框架。这是由金属簇通过有机配位体连接而成的三维结构。这类固体材料有极高的比表面积和可控的孔径，被认为是有潜力的储氢材料。以 $ZnO(BDC)_3$(BDC 是 1，4-苯二羧酸盐)为例，该化合物在 30K 时的吸氢量接近 10%(质)。

③ 纳米卷轴。它是由卷成螺旋状的石墨片组成的新型纯碳纳米结构。与传统的纳米管相比它展现出很大的优势，部分原因是因为它们有很大的比表面积和内部体积。

虽然各项工作都取得了一定的进展，但是目前还没有找到一种非常理想的储氢技术。

多 选 题

4.1 节

1. 一个中性氢原子有几个价电子?

(a)2　　(b)0　　(c)1　　(d)3

2. 最能描述氢形成化学键的说法是：(　　)。

(a)电子从氢转移到金属，由此产生的带电粒子形成晶体网络

(b)电子从金属转移到氢，由此产生的带电粒子形成晶体网络

(c)氢和另一个原子共享电子，形成离散分子

(d)以上所有

3. 什么物理状态的氢可以存在?(　　)

(a)气体　　(b)液体　　(c)等离子　　(d)金属

(e)以上所有

4. 氢作为一种元素有什么特性?(　　)

(a)它就在我们身边。

(b)在原子结构中只有一个质子和一个电子

(c)仅以气态存在

5. 地球上的氢主要以什么形式存在？(　　)

(a)双原子分子　　(b)单个原子

(c)气体　　(d)化合物的成分

4.2 节

1. 为什么用液态氢可以为火箭提供动力？(　　)

(a)其被液氧氧化时可以达到非常高的温度

(b)燃烧每单位质量氢气释放的能量最高

(c)易于在火箭燃料箱中运输

(d)是唯一一种可以在太空中燃烧的材料

2. 液氢和汽油在正常情况下的大概比能比是多少？(　　)

(a)12.3　　(b)8.6　　(c)2.8　　(d)1.3

4.3 节

1. 哪种储氢类型具有最高的质量密度(即 H_2 质量与储氢后装置质量比值)？(　　)

(a)液氢储存　　(b)压缩氢气储存

(c)碱金属氢化物储存　　(d)可逆金属氢化物储存

2.“可逆金属氢化物储氢”中储存和释放氢需要什么能量？(　　)

(a)微波　　(b)加热　　(c)电　　(d)辐射

3. 高压压缩储氢采用什么先进材料？(　　)

(a)钢瓶　　(b)封装在碳纤维外壳中的铝芯

(c)厚壁塑料圆柱体　　(d)端部焊接钛管

4. 压缩储氢气的主要优点是什么？(　　)

(a)简单　　(b)无限的存储时间

(c)理想的循环次数　　(d)以上所有

5. 长期储存液态氢(LH_2)的主要缺点是什么？(　　)

(a)极低的温度

(b)复杂的双壁储罐

(c)由于“蒸发”造成的氢气损失(储存时 LH_2 沸腾，气体必须排出)

(d)复杂的运输系统和加氢罐

6. 在可逆金属氢化物储氢中放出氢气时会发生什么类型的反应？(　　)

(a)放热　　(b)吸热　　(c)化学　　(d)以上都不是

7. 商业上碱金属氢化物储氢(Powerball)是采用什么化学反应?(　　)

(a)氢化钠与水反应　　(b)钠与酸反应

(c)金属氢化物与钠的反应　　(d)氢化钠与醇的反应

8. 需要在碳基纳米材料(碳纳米管、碳纤维)中储存多少百分比的氢才能实现在汽车中的应用?(　　)

(a)自身重量的1%~2%　　(b)自身重量的50%~60%

(c)自身重量的34%　　(d)自身重量的6.5%

9. 选择金属氢化物储存氢气时必须考虑的主要标准是什么?(　　)

(a)它们必须很容易地释放氢

(b)制造过程必须简单且耗能少,因此价格不高

(c)它们必须能够安全处理

(d)以上所有

参 考 文 献

1. Rigden, J.S. (2002) *Hydrogen: The Essential Element*, Harvard University Press, Cambridge, MA.
2. Newton, D.E. (1994) *The Chemical Elements*, Franklin Watts, New York.
3. Stwertka, A.A. (2002) *Guide to the Elements*, Oxford University Press, New York.
4. Krebs, R.E. (1998) *The History and Use of Our Earth's Chemical Elements: A Reference Guide*, Greenwood Press, Westport, CT.
5. Brown, T.L., LeMay, H.E. Jr., Bursten, B.E., and Burdge, J.R. (2003) *Chemistry. The Central Science*, 9th edn, Prentice-Hall, Inc, NJ.
6. Kotz, J.C., Treichel, P.M., and Weaver, G.C. (2006) *Chemistry & Chemical Reactivity*, 6th edn, Thomson Brooks/Cole, Belmont, CA.
7. Cammack, R., Frey, M., and Robson, R. (2001) *Hydrogen as Fuel: Learning from Nature*, Taylor and Francis, London.
8. John Wilson, J., Burgh, G. *The Hydrogen Report.* TMG/The Management Group. Winsor, Canada.
9. Larmine, J. and Dicks, A. (2002) *Fuel Cell Systems Explained*, John Wiley & Sons., Chichester, England.
10. Schlapbach, L. and Editor, G. (2002) Hydrogen as a fuel and its storage for mobility and transport. *MRS Bulletin*, **27** (9), 675–676.
11. Dagani, R. (2002) Tempest in tiny tube. *Chemical Engineering News*, January 14, 2002. 4.
12. Zuttel, A. and Orimo, C. (2002) Hydrogen in nanostructured, carbon-related, and metallic materials. *MRS Bulletin*, **27** (9), 705–710.
13. Bowman, R.C. and Fultz, B. Jr. (2002) Metallic hydrides I: hydrogen storage and other gas-phase applications. *MRS Bulletin*, **27** (9), 688–691.
14. A.C. Dillon, K.E.H. Gilbert, P.A. Parilla, J.L. Alleman, G.L. Hornyak, K.M. Jones, and M.J. Heben (2002) Hydrogen Storage in Carbon Single-Wall Nanotubes, National Renewable Energy Laboratory Golden, CO 80401–3393 Proceedings of the 2002 U.S. DOE Hydrogen Program Review NREL/CP-61032405.

15. A.C. Dillon, P.A. Parilla, K.E.H. Gilbert, J.L. Alleman, T. Gennett, and M.J. Heben (2003) Hydrogen Storage in Carbon Nanotubes. National Renewable Energy Laboratory, Rochester Institute of Technology 2003 DOE HFCIT Program Review Meeting DOE Office of Energy Efficiency and Renewable Energy DOE Office of Science.
16. http://www.whitehouse.gov/infocus/energy/ (accessed October 2007).
17. http://en.wikipedia.org/wiki/Hydride (accessed September 2007).
18. http://www.nrel.gov/hydrogen/proj_storage.html. http://www.eoearth.org/article/Hydrogen_storage (Accessed February 2007).
19. Cammack, R., Frey, M., and Robson, R. (2001) *Hydrogenase Fuel: Learning from Nature*, Taylor and Francis, London.
20. Hydrogen as a Future Energy Carrier by A. Züttel, A. Borgschulte, L. Schlapbach, Wiley, March 2008
21. http://www.afdc.energy.gov/fuels/fuel_properties.php (Accessed 10 June 2017)
22. Hydrogen Compared with Other Fuels https://h2tools.org/bestpractices/h2properties (accessed 10 June 2017).
23. Larmine, J. and Dicks, A. (2003) *Fuel Cell Systems Explained*, John Wiley & Sons.
24. Zuttel, A. and Orimo, C. (2002) Hydrogen in nanostructured, carbon-related, and metallic materials. *MRS Bulletin*, **27** (9), 705–710.
25. Bowman, R.C. and Fultz, B. Jr. (2002) Metallic hydrides I: hydrogen storage and other gas-phase applications. *MRS Bulletin*, **27** (9), 688–691.
26. Hydrogen storage in carbon nanotube based materials: Solid state reversible hydrogen storage by D. Silambarasan, V. Vasu, K. Iyakutti LAP LAMBERT Academic Publishing, (accessed 20 December 2016).
27. Hydrogen Storage in Carbon Single-Wall nanotubes – NREL. www.nrel.gov/docs/fy02osti/32405b28.pdf 2002
28. Adsorption of Hydrogen Molecules on Carbon Nanotubes http://pubs.acs.org/doi/abs/10.1021/acs.jpca.5b12574 (accessed 28 July 2016)
29. Schlapbach, L. (2002) Hydrogen as a fuel and its storage for mobility and transport. *MRS Bulletin*, **27** (9), 675–676.
30. DOE Carbon-based Hydrogen Storage Center of Excellence by *NREL* Team, Rochester Institute of *Technology*, Rice University, May 2006; www.nrel.gov/docs/fy06osti/41726.pdf (accessed 10 June 2017).
31. http://en.wikipedia.org/wiki/Hydride (accessed 10 June 2017).
32. http://www.nrel.gov/hydrogen/proj_storage.html (accessed 10 June 2017).
33. https://energy.gov/eere/fuelcells/hydrogen_storage (accessed 10 June 2017).
34. Larmine, J. and Dicks, A. (2000) *Fuel Cell Systems Explained*. John Wiley & Sons, page 213.

第 5 章　氢能基础设施和技术

氢能基础设施，包括下述在经过验证的安全规范和标准基础之上运行的设施、服务和装置：氢气生产、氢气储存、氢气运输、氢气分配、氢气应用。

图 5.1 显示了利用不同方法制备的氢气，如从煤炭、天然气和生物质中制备氢气。这些氢气经储存和分配后用于各种用途。图 5.1 中给出了从 2001 年到 2023 年氢气的逐年成本预测。储氢方法，从压缩氢气到低温液态储存，因采用的技术而异。分配系统含有运输需要的内置氢气安全装置。使用氢气作为公共汽车、船舶等的动力，已经开始创造更清洁的环境。本章讨论了氢能基础设施方面。

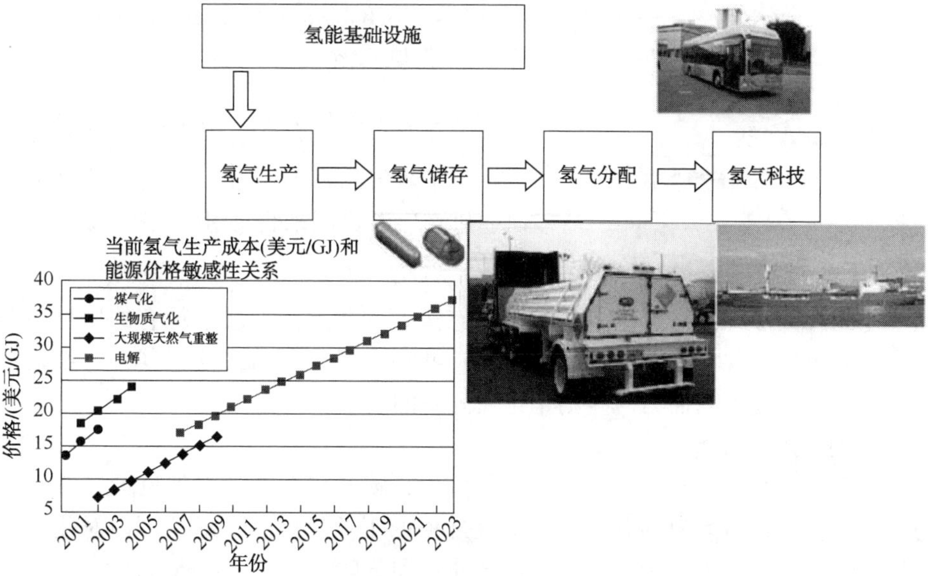

图 5.1　氢能基础设施

氢能技术基于有商业应用价值的氢气。尽管宇宙中游离态氢含量并不丰富，但化合态氢广泛存在。地球上约 70%的地方被水(如海洋、湖泊和水井等)所覆盖。第 3 章讨论了制氢领域的最新进展及效率，以及计算制氢效率所采用的方法和这些制氢方法带来的环境影响。然而，除了上述方法之外，通过化学方法制氢已有几百年的历史，并且这些方法也用于技术目的。在讨论氢能技术之前，本章将首先回顾这些传统方法。

5.1　氢气的生产

尽管在宇宙中储量独一无二的丰富，氢气却出人意料地难以大规模生产。由于地球上只有微量的游离态氢，氢气必须从其化合物中制备。

在此对氢气的制备方法进行简单评述，包括实验室方法、工业方法和可再生能源制氢。

5.1.1 实验室方法

要制备少量氢气有几种非常便利的方法：

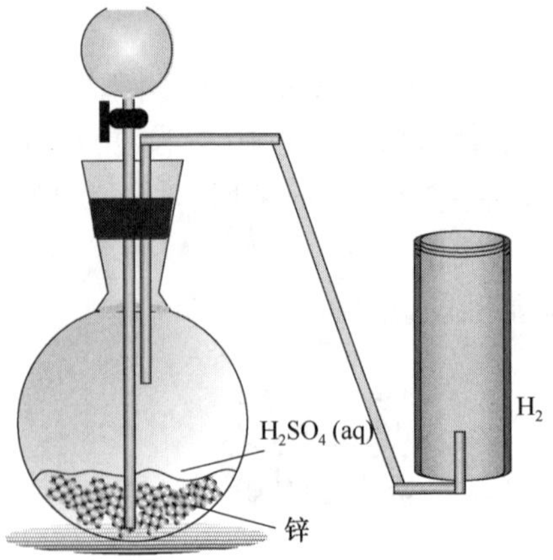

图 5.2 利用空气置换收集氢气

① 金属氢化物(如 Ca 或 Ba 的氢化物)与水反应：

$$CaH_2(s)+2H_2O(l)\longrightarrow Ca(OH)_2(s)+2H_2(g)$$

$$BaH_2(s)+2H_2O(l)\longrightarrow Ba(OH)_2(aq)+2H_2(g)$$

② 某些金属，如锌、铝或铁粉，与稀硫酸或盐酸反应：

$$Fe(s)+H_2SO_4(aq)\longrightarrow FeSO_4(aq)+H_2(g)$$

$$2Al(s)+6HCl(aq)\longrightarrow 2AlCl_3(aq)+3H_2(g)$$

③ 强碱水溶液和铝反应：

$$2Al(s)+3OH^-(aq)\longrightarrow Al_2O_3(s)+\frac{3}{2}H_2(g)$$

由于氢气的密度不及空气的十分之一，可以通过空气置换法来收集氢气(图 5.2)。

5.1.2 工业方法

工业上有许多方法可以制备气态或液态氢。这些方法取决于现有的原材料和所需原材料的数量等现实因素。下文介绍了一些最常见的制氢方法，其中一些是经过充分验证的商业技术，而另一些则是正在开发的技术。

5.1.2.1 化石原料制氢

化石燃料，如煤、石油和天然气，是指含有碳氢化合物的自然资源。它们也被称为矿物燃料。化石燃料的利用促进了大规模的工业发展。全球范围内对化石燃料的依赖程度很高，这也成为现代社会地区冲突和全球冲突的主要原因。

5.1.2.1.1 煤气化和天然气蒸汽重整

最广泛使用的制氢方法是在催化剂作用下用水蒸气加热焦炭、天然气、甲烷或其他低碳烃(乙烷或丙烷)：

$$C(焦炭)+H_2O\xrightarrow{(1100\sim1300℃)}CO+H_2$$

$$CH_4+H_2O\xrightarrow{(700\sim925℃)}CO+3H_2$$

反应过程吸热，反应热由化石燃料燃烧提供。

上述反应产生的 CO 和水蒸气在高温(400℃)下通过氧化铁或氧化钴，可以产生额外的氢气。该反应称为水煤气变换反应：

$$CO+H_2O\longrightarrow CO_2+H_2$$

最后，H_2 和 CO_2 的混合物被送到气体净化器，在那里通过变压吸收、湿法洗涤或膜分离等方法将 H_2 与 CO_2 分离。

两种煤气化工艺可供商业使用；一种在常压下运行，另一种在 5.5MPa 左右的压力下运行。煤气化后剩余的无机材料作为熔渣在反应器底部被去除。

蒸汽重整是目前最便宜的制氢方法，制备出的产品约占世界氢气产量的一半。然而，这种方法的副产品（主要为 CO 和 CO_2）会对环境产生负面影响。此外，原料中的硫会生成硫氮化合物，这些化合物必须以环境友好的方式妥善处理。

5.1.2.1.2　烃类部分氧化

烃类部分氧化是指使用过热蒸汽和较少量的氧气将重质烃（原料，例如天然气、石脑油、石油焦或煤）转化为 H_2、CO 和 CO_2 的混合物。反应过程所需的外部能量，可以通过原料本身的燃烧提供。为了增加 H_2 含量，H_2、CO 和 CO_2 的混合物经水煤气变换反应，最终产物是 H_2 和 CO_2。该过程的总效率约为 50%。

5.1.2.1.3　甲烷的热分解或热裂解

该过程是一个高温（>700℃）吸热反应，甲烷分解为碳和氢气：

$$CH_4 \longrightarrow C(s) + 2H_2$$

热分解发生在反应炉中。甲烷-空气火焰将反应炉加热到约 1400℃ 后熄灭火焰，甲烷分解成炭黑和氢气，直至炉温下降至 800℃ 左右。炭黑作为反应副产品，可从氢气中分离，用作燃料、汽车轮胎生产中的填料或冶金工业中的还原材料。与天然气蒸汽重整相比，该过程的主要优点是可大幅减少 CO_2 排放，且有可能更具经济效益。

5.1.2.1.4　石油炼制工业

氢气可从各种炼油厂和化工气流中（吹扫气、尾气和燃料气等）回收。例如，当正己烷（低辛烷值的烃）转化为苯（高辛烷值的烃）时，氢气可以作为重要的副产品之一获得。

$$C_6H_{14} \longrightarrow C_6H_6 + 4H_2$$

正如我们所知，所有工业上使用的基于化石原料的传统制氢技术都会对健康和环境产生诸多影响，包括空气和水污染、臭氧消耗和温室气体排放等。因此，科学家们致力于研究不会对环境产生负面影响的制氢新方法。

5.1.2.2　氨分解

氨分解是将氨（NH_3）分解成氢气和氮气的过程。该过程在催化剂的作用下在 1000℃ 左右发生。所得产物由 75%的氢和 25%的单核氮（N 而不是 N_2）混合而成，可直接用作金属工业应用（如钎焊或光亮退火）的保护气氛。

5.1.2.3　电解水

1839 年，英国科学家威廉·罗伯特·葛洛夫爵士（Sir William Robert Grove）进行了首次电解水实验。他用电流将水分解成氢和氧。同时，他还进行了与电解相反的试验，即以氧气和氢气反应来发电。

电解水是利用电流将水转化为氢气和氧气的过程。水合氢离子从阴极捕获电子，生成氢气。水分子在阳极失去电子，生成氧气：

$$\text{阳极氧化反应：} 6H_2O(l) \longrightarrow O_2(g) + 4H_3O^+(aq) + 4e^-$$

$$\text{阴极还原反应：} 4H_3O^+(aq) + 4e^- \longrightarrow 2H_2(g) + 4H_2O(l)$$

$$\text{总反应：} 2H_2O(l) \longrightarrow 2H_2(g) + O_2(g)$$

根据电解池中使用的电解质不同，电解水反应有不同类型的电解槽：

① 碱性电解槽。碱性电解槽通常使用25%的氢氧化钾溶液作为电解质。

② 聚合物电解质膜电解槽。聚合物电解质膜电解槽使用聚合物膜作为电解质。

③ 固体氧化物电解槽。固体氧化物电解槽使用陶瓷材料作为电解质并以隔膜隔离氢和氧。

④ 海水电解槽。海水是自然界中最丰富的水源，是电解水制氢的理想介质。然而，由于它含有高含量的氯化钠(NaCl)，反应过程中几乎所有使用的负极材料上都会生成有毒的氯气。

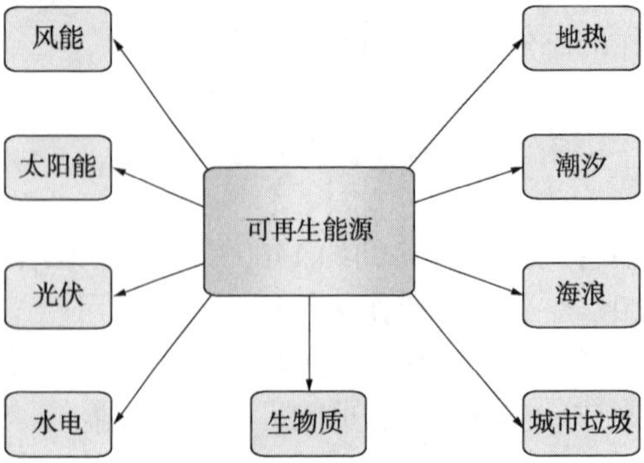

图 5.3　可再生能源

5.1.3　可再生能源制氢

急剧上涨的能源价格使人们对使用可再生资源生产更便宜的替代能源产生了极大兴趣。由于目前尚未开发出地热或海洋可再生能源的商业制氢技术，我们将专注于利用风能、水电、太阳能和生物质进行制氢或储能技术的评述(图 5.3)。

5.1.3.1　可再生风能制氢

美国有许多风力充沛的地区，特别是在中西部地区。将风能视为一种资源是美国能源政策的重要组成部分。某些地区实施了联邦生产税收抵免和净计量电价等激励措施。例如，纽约州能源研究与发展局(New York State Energy Research and Development Authority，NYSERDA)正在积极支持在纽约州多风地点为农业、市政和商业部门安装 100kW 以下的小型风力装置。这些 NYSERDA 项目的潜在总功率预计不低于 60MW，很有可能超过 100MW。

任何能源的生产都会以某种方式影响环境，风能也不例外。

众所周知，电力存在巨大的缺点，即用电与发电须在同一时间内。因此，电力所需生产的速度要基于供需平衡，因白天和黑夜而异。风能由于其不可预测性，所生产的电并不能完全利用。基于此，将风能等可再生能源发电的生产和消费脱钩可以使其更具竞争力。

虽然电力难以直接储存，但能够转换为其他形式储存，例如以电池组、飞轮、气动或液压储存。这些方法都消耗大量能量进行能量转换，并通常会在随后的分配过程中带来环境风险。

通过专用电解系统和 PEM 燃料电池技术以氢的形式存储产生的能量，可以成为一种有经济吸引力的风能存储方案。目前，风力发电机主要在有风时(特别是夜间)发电，并将电力输送到电网。通过储能技术在非高峰时段储存多余的电力并在消费高峰时段释放，可以将这种不可控的电力变为可调度的高价值产品。

为了做到这一点，以风力涡轮机的电力供给 PEMFC 电解槽制氢。产生的氢气和氧气分别储存在压力罐或其他储存介质中，例如金属氢化物或中压气体储存装置，或者用混合器将这些气体注入天然气气流中，作为柴油发电机或微型燃气轮机的原料发电和供热。

电解水的副产品是有限的热量，它可以和发动机或微型燃气轮机产生的热量一起为建筑物内部供暖。热量也可用于各种其他加热需求，包括温室加热、通道供热、工艺流程，以及锅炉补充燃烧。经此转化生产的产物一方面可以为燃机提供燃料，另一方面可以为氢动力汽车加注氢气(图 5.4)，能量的双重利用会带来更高的经济效益。

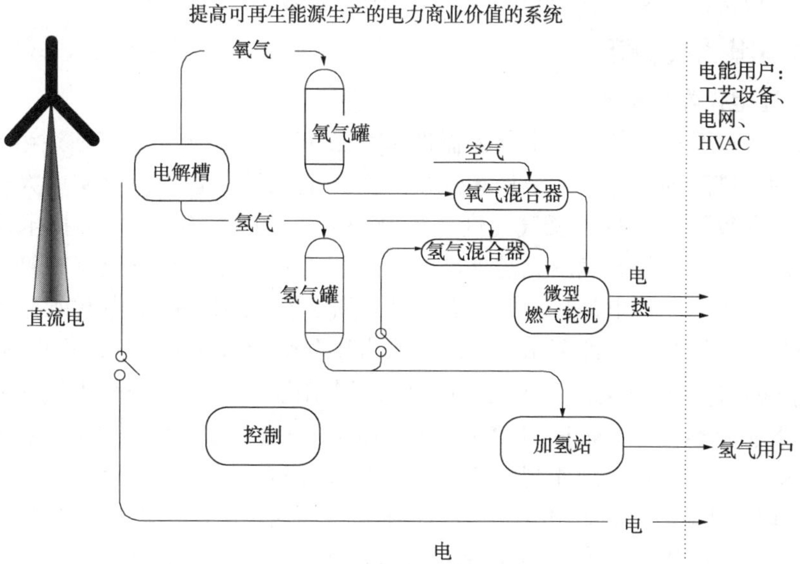

图 5.4　风力发电转换为商业级氢气和氧气

5.1.3.2　水电制氢

美国的水电总量，包括抽水蓄能电站，约为 95000MW。水电是目前最大的可再生能源，其发电量占美国用电量的近 10%。水电的电力是最有前途的制氢能量来源之一。可惜的是，大型水电资源已经被利用。然而，小型水利资源，如河流和小溪，可以用于分布式电力/氢气生产。值得一提的是，为减少水电产生的不良环境影响，如鱼类通过涡轮机时的伤害，需要开发新型的水电设备。

在纽约州，水电作为一种古老而成熟的电力来源，可以追溯到 19 世纪 80 年代。1998 年，纽约州水电占发电量的 19%。尽管该州很少有新的水电站投入使用，但通过改造现有设施或在已开发的水电基地增加涡轮机，仍有可能增加发电量。以下示例说明了水电制氢的可能性。

尼亚加拉大瀑布水电站发电量：

24000000kW×24h=57600000kWh(纽约电力局资料)

假定将 25%的非高峰时段电力用于制氢，则有 14400000kWh。

平均每辆车的氢气消耗：

每次加注 20lb H_2，约等于 BMW 745H 10.7gal 的汽油当量；

假定 H_2 总的制备效率为 50%，则有效的能量输出为 7200000kWh（包括电解、抽水、储存和分配过程中的能量损失）。

以 H_2 当量计算，相当于每天 400000lb H_2，或者以加注次数计算：400000/20 = 20000；以里程数计算：3600000mile（每次加注里程 180mile）。

假定每辆车每日行驶 36mile，每日可加注 100000 辆车。

纽约有 883 万辆“标准系列”汽车，尼亚加拉县有 13 万辆“标准系列”汽车，则整个尼亚加拉县约 75%的汽车可以使用 H_2 作为燃料。

5.1.4 太阳能直接制氢

5.1.4.1 光电化学分解水

因光伏行业而开发的多结半导体器件正被 Tandem Cell 公司用来建造半导体电池模块化阵列，该阵列可经放大至任意规模。在光电化学过程中，只使用太阳能将水分解成氢气和氧气，制得的氢气纯度达到 99.99%。在对太阳能相关技术研究的基础之上，研究者们已经开发出无需外部电源就能将水直接分解成纯氢和氧气的设备和方法。与其先用光伏电池将太阳能转换为电能，然后用电解槽电解水制氢，不如将这两个步骤合二为一：即利用太阳能将水直接分解为氢气和氧气。光电化学（photoelectrochemical，PEC）集光系统技术可以利用太阳能将水分子分解为氢和氧。美国国家可再生能源实验室（National Renewable Energy Lab，NREL）的 PEC 系统将太阳光转换为电能，该装置太阳能制氢的转换效率达到 12.4%。

许多其他机构，包括通用电气全球研究公司、加州大学圣巴巴拉分校，都在进行光电化学制氢的研究。加州理工学院化学教授 Nathan Lewis 表示，光电化学转换太阳能的集成系统比目前大量研究的电解水技术更有前景。在他看来，使用纳米金属氧化物光电化学材料制氢可以将氢气生产成本大约降低到 1/4～1/10。来自 NREL 的 John Turner 致力于研发光电化学制氢材料，他表示，“可见光有足够的能量来分解水”。光电化学制氢的一个严重缺陷是浸泡在水中的纳米材料容易受到腐蚀。目前研究人员正在致力于开发更有效的、成本更低的组件和系统，这些组件和系统在水的环境中可以持久和稳定地抗腐蚀。

5.1.4.2 甲烷太阳能热解

高度汇聚的太阳光可产生几百至超过 2000℉ 的温度，足以将甲烷分裂成氢和碳。在此温度下，甲烷可通过热化学反应循环生产氢气。这种高温、高流量和太阳能驱动的热化学过程为环境友好的氢气制备提供了一种新方法。在这种高温条件下，反应速率非常快，大大地提高了氢气生产速率，足以弥补太阳能资源的间歇性缺点。

5.1.4.3 微生物光解水

某些光合微生物在其代谢活动中会利用光能将水变成氢气。光生物技术具有很大的前景，但由于氧气是与氢气一起产生的，该技术必须克服析氢酶系统对氧气敏感的限制。研究人员正在通过筛选更耐受氧气的自然生物体，以及通过创造可在氧气下析氢的生物体基因来解决这个问题。一个新的系统也正在开发中，该系统使用一个代谢开关（缺硫）使藻类细胞在光合生产期和氢气生产期之间循环。

5.1.4.4 先进水解技术

2016年，美国能源部宣布对HydroGEN－先进水分解材料联盟（Hydrogen Advanced Water splitting Materials Consortium，HydroGEN）提供财政支持。该联盟将依托国家实验室的能力，加速开发商业可行的可再生能源制氢途径。HydroGEN重点研究用于光电化学、太阳能热化学以及低温和高温电解水技术的先进水解材料。

5.1.5 核能制氢

由于可以减少石油进口依赖和温室气体排放，以及政治安全的原因，核电再次吸引人们的注意。在非电力消费高峰时段，核电站产生的电力比消费所需的要多，因此该时段的电力是最便宜的。这些多余的电力可以用来生产氢气。

目前核能制氢的方法是利用非高峰期产生的电力来生产氢气，包括电解、高温蒸汽电解和热化学水分解循环等方法。与煤炭或蒸汽甲烷重整制备的氢气不同，轻水核反应堆（light water nuclear reactors，LWRs）制备的氢气不需要提纯除去杂质。在美国，目前有103座轻水核反应堆，位于31个不同州的64个地点，生产的电力大约占美国电力需求的20%。非高峰期的核电为氢气生产提供了良好的能量来源。值得一提的是，核能在发电、制氢和海水淡化的联用上也展现出一定的前景。

5.1.6 生物质制氢

生物质是由植物和动物组成的有机物质。生物质储存有来自太阳的能量。植物经过光合作用吸收太阳能，植物中的化学能量被传递给吃它们的动物和人。生物质是一种可再生能源，因为我们总是可以种植更多的树木和农作物，并且永远会存在生物废弃物。常见的生物质燃料包括木材、农作物、粪便和一些垃圾等。生物质燃烧时，储存的化学能以热量的形式释放出来。废木料或垃圾可以通过燃烧来发电，为工业和家庭供热。

生物质资源（图5.5）包括农业残留物（玉米秸秆、小麦和稻草等），森林残留物（树木、树桩和树叶），能源作物（蒿草和快速生长的树木），城市固体废物（municipal solid waste，MSW）和污水。生物质资源可以通过种植能源作物来补充，如快速生长的树木和草。在美国，生物质能源约占总能源使用的3%。最常见的生物质原料是木材。几千年来，人们一直燃烧木材取暖和做饭。但在今天，美国燃烧的木材中只有约20%用于取暖和做饭，其余的都被工业界使用。

图5.5 用于转化为燃料的生物质类型

与其他可再生能源不同，生物质可

以直接转化为液体燃料，以满足运输需要。最常见的两种生物燃料是乙醇和生物柴油。这些燃料通常与石油、汽油和柴油混合使用，但它们也可以单独使用。乙醇，即酒精，是通过发酵含有高碳水化合物的生物质(如玉米)，以类似于啤酒酿造的过程制成的。生物柴油是用植物油、动物脂肪、海藻，甚至是回收的食用油脂制成的。近年来，许多特殊装备的车辆使用E85(一种由85%的乙醇和15%的汽油组成的燃料)作为燃料。

将生物质转化为氢气的方法有很多，包括化石燃料的所有转化方法。生物质可以直接燃烧，为电力生产或制造过程提供蒸汽，或者生产热量。

生物质也可经气化系统在高温下转化为气体，用于发电等。该气体主要由CH_4、H_2和CO组成。通过引入蒸汽，可以将CH_4转化为H_2和CO，CO可以经水煤气变换过程产生更多的H_2。该过程的副产品是CO_2，但它并不会增加大气中的CO_2浓度，因此，在温室气体排放方面可被认为是“中性”的。

另一种生物质制氢的方法是生物质热解，利用热量将生物质转化为可以像石油一样燃烧的燃油。这种燃油可以通过重整转化为H_2和CO_2。生物油可以被储存起来，并在需要时被转化为H_2。在没有天然气基础设施的地方，用生物质生产氢气在经济上可能比用天然气生产氢气更具竞争力。

生物质的另一来源是我们的垃圾(也被称为MSW，Municipal Solid Waste)。城市垃圾和生物质指的是物品中可生物降解的部分，如农业、食品工业、草木修建、林业和相关行业产生的废物和残留物，以及工业和城市废物中可生物降解的部分。由玻璃、塑料和金属制成的材料不属于生物质，因为它们是由不可再生的材料制成的。城市固体废物可以通过在垃圾焚烧发电厂中燃烧，或通过制备沼气来提供能量。在垃圾焚烧发电厂，垃圾经燃烧产生蒸汽，可用于建筑物供热或发电(图5.6、图5.7)。在垃圾填埋场，生物质腐烂并释放出垃圾填埋气(Land Fill Gas，LFG)，可作为燃料来源。一些奶农把牛棚里的泥土和粪便放在被称为“沼气池”的容器里来收集沼气。

图5.6 典型的垃圾填埋气发电站

图5.7 典型的垃圾填埋场

城市固体废物和生物质是世界上最大的人为甲烷排放来源。通过可控厌氧分解将其减小到最小程度已经是一项成熟的技术。在任何大城市周围都可以由城市固体垃圾和生物质获得 LFG[1-3]。与太阳能和风能相比，LFG 的生成时间更容易预测控制。LFG 由各种气体混合而成，包括大约 50%的甲烷、45%的二氧化碳、3%的氮、1%的氧和 1%的非甲烷有机蒸气，其热值约与 50%压缩天然气(Compressed Natural Gas，CNG)的热值相当。现有三种不同的 LFG 制备方法：

① 细菌分解。有机废物被存在于废物和用于覆盖垃圾场的土壤中的细菌分解。

② 挥发。某些液体或固体形式的有机化合物变成蒸气。在填埋场处置的某些化学品可能会导致非甲烷有机化合物(Nonmethane Organic Compound，NMOC)的产生。

③ 化学反应。LFG(包括 NMOC)，由废物中可能存在的氯漂白剂和氨的化学反应产生，这同时会产生有害气体。

在现今的高产气区，LFG 通常用钻入废弃物堆深处的垂直井(约 1 口/acre)来收集。每个垂直井上安装一个井口，以控制气流，并可用于气体采样。这些井通过穿孔塑料管连接在一起，然后与吸气泵相连，通过吸气泵从井场中抽取气体。自 20 世纪 80 年代中期以来，美国有超过 350 个 LFG 项目在运行。北美一些大型公司和机构，包括通用汽车公司、劳斯莱斯公司、乔治亚太平洋公司、雀巢公司、通用电气公司、福特汽车公司、美国宇航局、国际纸业公司和朗讯公司，以及许多学术机构，都已成功地将 LFG 用于锅炉、熔炉和窑炉之中。

罗切斯特理工学院对 Mill Seat 垃圾填埋场产生的管道气体作为可能的热电联产厂的燃料进行了技术和经济可行性分析。该项目由 NYSERDA 资助，审查了垃圾填埋场目前的气体生成潜力，并总结了垃圾填埋场气体利用项目的资本投资和年度运营成本，其中包括一条专用管道来运输部分处理的、高质量的、中等 BTU 的 LFG。通常情况下，垃圾填埋场将在几十年内提供丰富的可再生能源。在图 5.8 中详细说明了 Mill Seat 垃圾填埋场的预期气体生产周期。

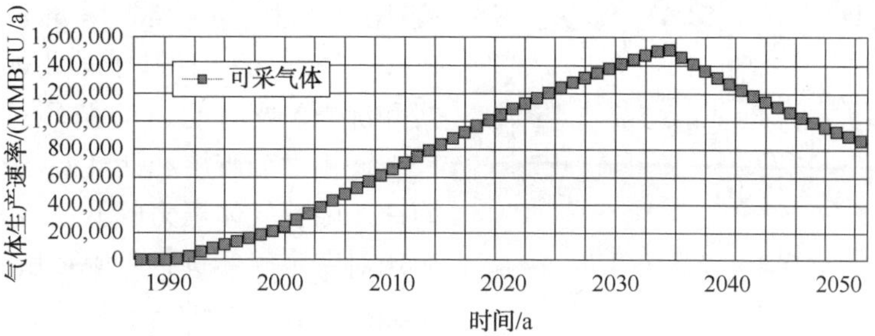

图 5.8 典型的垃圾填埋气产量(由废弃物管理公司提供)

除了热电联产之外，也可以开发适合的无需化石能源的制氢系统。氢气生产由生成的 LFG 不断补充，收集并储存在高压储罐中，然后运输到使用地点(图 5.9)。

该技术的技术方法是建立一个氢气生产厂，以专用的 LFG 重整工艺制备氢气。工厂的产出将有以下两部分：

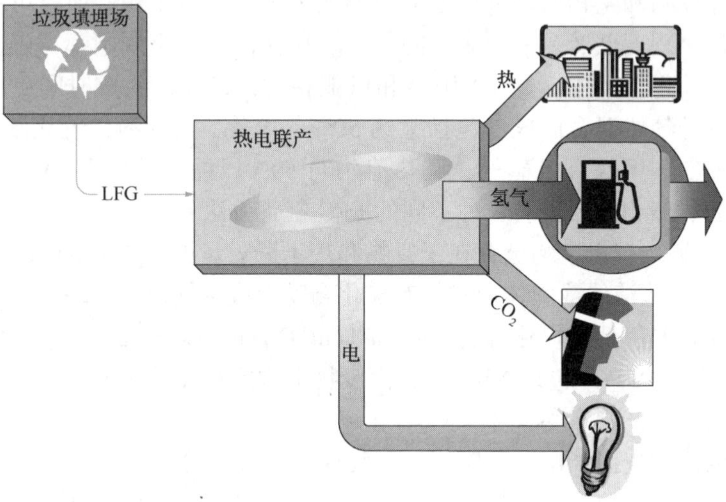

图 5.9　与制氢耦合的 LFG 热电联产厂

① 高压储存的清洁、压缩氢气。

② 满足一系列潜在应用需求(如用于干冰制造、焊接、软饮料碳酸化和商业温室)的高压二氧化碳。

垃圾填埋场的 LFG 将由电网驱动的主压风机来提取。LFG 将通过杂质去除过滤器和热交换器，并利用专用工艺冷却器提供的冷却水将气体的露点降低至约 35℉。LFG 需进行两段脱硫，以避免制氢区的催化剂中毒，之后继续被压缩和再次过滤。

图 5.10　氢气加注站

(来源：经 Fuel Cells today 许可转载)

生产厂将与一个加氢站整合在一起。生产厂的气体输出将用配有加注和分配端口的设备长期高压储氢(图 5.10)。

从富氢气体中回收纯氢的常用技术是变压吸附(pressure swing adsorption，PSA)。PSA 是一种基于某些材料(如活性炭和沸石)吸附能力的循环过程。通常，PSA 使用由硅胶层和活性炭层组成的双吸附床。随着气体压力的升高或降低，双吸附床对特定气体进行吸附或解吸。与双吸附床连接在一起的含有吸附材料的容器经过连续的加压和减压循环，产生连续的净化气体流。使用 PSA 方法获得的氢气产品符合高纯度要求(高达 99.999%)。PSA 技术的特点在于操作成本低，操作简单。

另一种得到美国能源部大力支持的氢气提纯方法是使用高压气体分离膜(High-Pressure Gas Separation Membrane，HPGSM)。

5.1.7 生物制氢方法

生物制氢方法是有机化合物和微生物参与作用的方法。生物系统的低转换效率可以通过低能量需求得以平衡。目前，生物制氢有细菌发酵和生物光解两种方法。

5.1.7.1 细菌发酵

细菌发酵是一个厌氧过程，在无需阳光和氧气的条件下，将有机物转化为 H_2 和 CO_2。淀粉、纤维素、蔗糖和木糖等物质的发酵还会产生其他代谢物，如丁酸、乳酸和乙酸；在发酵废液排放之前，需将这些产物进行处理以免引起水污染。

5.1.7.2 生物光解

生物光解是利用微藻-蓝藻和绿藻在阳光和水的存在下产生氢气的过程。光合作用是地球上几乎所有生命的基础。光合作用的第一步是将水分解成氧和氢，是地球上最常见的生物化学过程。一般情况下阳光并不能直接分解水，但在能够进行光合作用的微生物中的特殊色素作用下，可以利用阳光中的能量分解水。

从理论上讲，藻类可以生产氢气，效率高达 25%。但问题是在这个过程中同时也会产生氧气。氧气会抑制析氢酶的活性，因此实际上只能生成少量的氢气。

5.2 氢气运输、储存和分配

假设氢能基础设施已经存在，我们可在此前提下考虑如何确定氢气生产和储运方案。

粗略计算表明，仅 10 万辆燃料电池汽车就需要 30×10^6kg/a 的液态氢。要生产、储存和运输这么多的氢气，需要建立新的基础设施。在“氢燃料基础设施发展蓝图”中，J. Ohi 建议可以考虑以下生产方案：

① 在加氢站外以天然气为原料进行蒸汽甲烷重整制氢，用油罐车将液态氢运送到加氢站，现场储存液态氢和气态氢。

② 站内现场电解水制氢，现场储存气态氢。

③ 站内现场天然气重整制氢，现场储存气态氢。

目前，氢气来源中 48%来自天然气，30%来自石油，18%来自煤炭，电解水只占 4%。小型可再生能源在不直接连接到电网或化石燃料重整的情况下就地制氢的可能性也存在。未来可能也会考虑利用核反应堆和煤炭液化产生的过度热量来生产氢气。

5.2.1 氢气分配物流

发展氢能经济的主要障碍是发展氢气生产、储存和分配所需的工业和运输系统。这些设施和系统将需要多年的建设和大量的资本投入。但如果在未来不可再生燃料供应的经济性不好，那么向氢能经济过渡是可行的。

制氢的成本评估并不完善，因为它取决于产品质量、所选技术和资本投资等。氢气的物理特性要求为氢气储存和运输提供新的科学和工程解决方案。很难预测在未来十年内，氢气是否能成为可接受的、有经济性的长距离能源运输替代品。此外，电解水和其他氢气生产技术仍未解决基本的成本问题。

5.2.2 运输、储存和分配

氢气以压缩气体或冷凝液体的形式储存和运输。运输、储存和分配给用户终端的每个步骤都会导致额外的能源消耗和成本增加。

5.2.2.1 液化氢气

对于液体形式的氢气输送，工业上使用配备有大型隔热杜瓦瓶或真空容器的车辆。Eliasson 和 Bossel 指出，氢气的液化过程是非常耗能的，其卡诺效率只有 7%。实际的工厂经验表明，即使在最有效的、非常大的工厂规模下，也需要约 30%的气体热值来液化氢气。液化氢气所需的运输温度非常低，因此需要同时加压和制冷以防止液体沸腾。受环境加热的影响，液氢在任何长管道上都需要大量的再制冷，运输过程的能量损失可能与氢气本身提供的能量相当。

5.2.2.2 压缩氢气

由于其体积能量密度非常低，氢气在通过管道运输之前必须被压缩。压缩氢气不能利用现有的天然气输送系统输送，因为钢材会因氢脆加速开裂。此外，通过管道输送氢气所需压力更高，这需要更昂贵的材料、装配成本、计量阀门、更先进的防漏接头和更高的维护成本。Eliasson 和 Bossel 分析认为，将氢气从 1bar 压缩到 800bar 需要消耗约 10%的氢气能量。与运输汽油相比，运输压缩氢气也需要更多的车辆。

5.2.2.3 管道氢气

燃料管道输送能量的能力是指在管道工作压力下输送的每单位体积燃料的能量。由于氢气物理特性带来的工程限制，直接利用现有的天然气设施进行氢气输送是不现实的，需要重新设计涵盖能量损失、材料科学和安全性的氢气陆地传输系统。与天然气输送设施一样，氢气输送管道需要经压缩机站补偿传输过程的压力损失。采用 5000psi 的管道压力将提高单位体积的能量比；然而，这需要增加管道的直径，会产生额外的工程和制造成本，并且可能不适用于人口稠密的地区。

氢气输送还存在其他关键问题。高压氢气很容易通过微小的孔洞泄漏，甚至穿过很多对天然气不透气的材料。此外，氢气能够使金属脆化，特别是用于管道建设的低碳钢。氢气输送管道的建设也需要不同的焊接程序、管道和设备材料、垫圈、密封件以及在天然气管道输送系统使用的许多其他部件。并且，使用非常高的压力来输送足够数量的氢气，需要对阀门、泵、传感器和安全装置进行不同的设计，以防止由于使用高压带来的其他故障和泄漏。类似于用于其他可燃气体的处理程序，氢气的储存、运输和利用也需要特殊的预防措施和规定。

5.2.3 集中式氢气站

在这种方案中，高效的氢气生产装置与一个分配系统相结合。这个系统将类似于今天的天然气分配系统，但需要改建以解决氢气带来的系列的挑战，如通过密封圈的扩散和管壁的脆化。小型用户终端(如燃料电池汽车)在不使用时可以连接到当地配电系统的热电联产装置进行发电。

5.2.4 分布式氢气站

简化全国范围内的气体管道建设的一个有吸引力的选择是通过电解或重整站内现场制氢。目前，利用可再生能源制氢的分布式氢气站采用电解水的方法。太阳能电解水制氢站的典型系统包括太阳能电池、电源转换器、水净化器、电解槽、管道、氢气净化部件、压缩机、压力罐和加氢机。

为了提高氢气生产的效率，太阳能供电系统可以与风力涡轮机和天然气重整器结合。多余的电力可以输送到电网，小型的、分散的氢气系统将成为为当地用户提供电力的分布式发电系统单元之一。

5.2.5 加氢站设计

车辆加氢站(图 5.10)主要由氢气生产模块、带控制的存储系统和计量加氢机组成。这种结构并不复杂，与目前的汽油加油站或 CNG 加气站非常相似。加装额外的高压易燃气体分配调度后，大多数 CNG 加气站的安全标准和规定都可以适用于氢气系统。

每个现场制氢模块需要特定的电气元件，用于电力转换、交流-直流转换和电解过程本身。在加氢站的规划中，必须注意氧气处理和大量水资源消耗的可行性，以及因此带来的环境挑战。当燃料电池车需要的高压氢气为液体形式时，需要一种特殊类型的加氢机来保持适当的加气速度，以及提供一个安全的环境。为此，一些公司甚至尝试使用机器人手臂为车辆加氢气。

5.3 氢气安全性

任何燃料本质上都是不稳定的。氢作为元素周期表中的一种元素为人所周知，但它作为一种广泛使用的能量载体需要进一步研究。充分保障消费者的实际安全和感知安全是氢气成为商业市场燃料和能量载体的前提。多年来，氢气已经获得了一个具有非常高能、可能具有威胁性的物质的形象。直至现在仍然有一些人可以回忆起 1937 年兴登堡号的经历，以及冷战时期的氢弹(H-bomb)的威胁。当然，氢弹所涉及的核聚变反应与氢气作为内燃机(Internal Combustion Engines，ICE)以及氢燃料电池的燃料所涉及的化学反应毫无关系。实际上，氢气已经被工业界使用了多年，其安全纪录值得称赞。在某些方面，氢气的特性使其比汽油或其他燃料更安全。

5.3.1 氢气的相关安全特性

氢气是一种无色、无味、比空气轻的气体。它是无毒的，不会产生烟雾，不会造成地下水污染，而且使用氢气的燃料电池所产生的唯一产物是纯水和电力。其他常见的燃料，如石油和汽油，对人和环境都有特别的毒性或毒害。如果发生石油泄漏，需要进行大规模的清理工作，同时不可控制的石油渗漏也会对环境造成不可弥补的损害。氢是地球上最轻的元素。氢气泄漏将导致氢气挥发，而水是唯一残留的副产品。虽然它的重量很轻，但与其他燃料(如天然气)相比，氢气的能量重量比是所有已知燃料中最高的。

表 5.1 列出了汽油、甲烷和氢气与点火和爆炸危险有关的特性。

表 5.1 火灾危险性特性

性质	汽油	甲烷	氢气
密度/(kg/m^3)	4.40	0.65	0.084
空气中扩散系数/(cm^2/s)	0.05	0.16	0.610
恒压比热容/[J/(g·K)]	1.20	2.22	14.89
空气中的爆炸极限/%(体)	1.0~7.6	5.3~15.0	4.0~75.0
空气中的最小点火能量/mJ	0.24	0.29	0.02
燃点/℃	228~471	540	585
空气中的火焰温度/℃	2197	1875	2045
爆炸能量/(G TNT/kJ)	0.25	0.19	0.17
火焰发射率/%	34~43	25~33	17~25

氢气被认为具有爆炸性，这一点非常值得关注。在4%的浓度下，氢气在大气中确实是不稳定的，有爆炸的可能性。虽然这似乎是一个很低的安全性水平，但与汽油相比，汽油在1%的浓度下就会爆炸，氢气作为燃料的安全性比其他常用的燃料高得多。

实际上，氢气的特性，如小分子尺寸、扩散性和浮力，使其与其他常用的化石燃料相比有许多安全优势。这些特性使它在泄漏时能迅速散布到大气中，更难燃烧。其他化石燃料，如丙烷或汽油，由于其密度高，分散慢，容易聚集在地面附近，从而增加了点火和爆炸的风险。氢气要发生火灾，需要同时具备一定浓度的氢气、一个点火源和适量的氧化剂这些条件。

在低浓度水平下，使氢气点燃所需的能量相当高，与汽油和天然气在其可燃范围内的能量相似，这使得氢气在燃烧下限时更难点燃。

纯氢气罐或氢气容器中不可能发生氢气爆炸，因为爆炸发生需要至少10%浓度的纯氧或41%的空气作为氧化剂。汽油在更低浓度的氧化剂存在下即可能发生爆炸，在纯氧浓度为1%~3%时就有可能爆炸。由于氢气在开放的环境中会迅速上升，其爆炸的可能性随之降低。而汽油烟气在地面附近盘旋，会构成更大的爆炸危险。

当氢气燃烧时，它有几乎看不见的淡蓝色火焰。它具有非常高的火焰传播速度，且由于其快速消散，氢气火灾会很快自行烧尽。氢气火灾产生的热辐射也很少，因此火焰附近的其他材料不太可能着火，减少了火灾蔓延的可能性。汽车中的汽油着火可持续约30min，氢气着火只持续该时间的十分之一。飞机的情况也是如此，液氢被许多人认为是比今天使用的燃料更安全的飞机燃料。

5.3.2 法规和监管安全

虽然自事故发生已过去70多年，1937年的兴登堡号灾难仍然是氢气作为燃料的声誉的一个污点。虽然美国国家航空航天局(NASA)最近证明，氢气并不是导致“空中泰坦尼克号”坠落地面的原因(是覆盖船只的织物高度易燃，并因静电火花而起火)，但几十年来，氢气的神秘感和危险感使公众对氢气有着深深的不信任感。为了确保公共安全，并允许氢气作为能源载体的商业化，必须制定新的示范建筑规范和其他氢气技术标准，并得到地方、州和联邦政府的认可。

美国的知名组织，如 NASA、国家氢能协会(National Hydrogen Association, NHA)、汽车工程师协会(Society of Automotive Engineers, SAE)，以及全球各地的组织都在合作制定标准。储氢设备、电解槽、燃料电池运输和基础设施问题的规范和标准的制定可以帮助克服商业化的障碍，并促进公众理解。标准是制造商及其工程师的技术指南、定义和说明的汇编。它们是通过该领域众多专家的共识过程制定的，为衡量和向消费者、广大公众和政府官员传达产品风险提供了系统而精确的手段。标准通常在自愿的基础上被遵循，以确保兼容性、一致性和安全性。标准一经制定，通常会被纳入法规中，而法规又必须被州和地方管辖区采用，以成为法律和约束。

13 个美国组织和两个国际组织与公共和私营部门合作，正在制定新的标准和规范，为氢燃料系统的发展做准备。同时联邦政府在美国制定法规和标准的自愿过程中发挥了间接作用。为了加快氢能基础设施的发展，美国能源部(DOE)正在协调政府和工业界的全国性合作，以准备、审查和传播氢能法规和标准的范本。

能源部的氢气、燃料电池和基础设施技术计划(Hydrogen, Fuel Cells and Infrastructures Technologies Program, HFCIT)网站公布了所有与氢气和燃料电池有关的现有法规和标准。国内的规范和标准按应用、地理位置和组织列出，国际规范和标准按国家分类列出。

HFCIT 所做的不仅仅是提供一个代码和标准的网站，它已经为几个项目提供了资金，推动氢气的商业化发展。它支持美国国家标准协会开发的氢气法规和标准门户网站，以及支持国家氢能协会每月在氢气和燃料电池安全报告中发布的新闻和信息。

另一份为能源部准备的报告指出，“没有明显的证据表明天然气和城镇燃气引起的结构性破坏爆炸的频率和严重程度有区别”。城镇燃气是一种氢气和一氧化碳的混合物，在天然气供应和基础设施发展之前，在美国被用作加热能源，并且仍在被工业界使用。能源部的报告认为，“没有证据表明氢气作为机动车燃料存在不寻常的安全风险，也没有迹象表明设计合理的氢动力汽车和加氢基础设施会比传统机动车燃料带来更多的风险”。这份报告和来自世界各地的其他研究留下了一个积极的迹象，即氢气作为未来的能源载体和燃料的商业化正朝着正确的方向发展。安全问题虽然是存在的，但并不是不可克服的。

5.4 氢气技术评估

5.4.1 简介

为了发展氢经济，必须开发出从原料制氢、储氢、运氢和输送到终端的整套流程和系统。

氢经济的支持者和反对者数量几乎相当，这些对立立场之间的分歧主要在以氢气为基础的技术取代化石燃料的使用对环境产生的影响，以及要得以广泛应用所需的必要技术发展情况。支持者认为用氢能源替代化石燃料将会减少对化石燃料的依赖，为用于运输的内燃机提供可行的燃料替代物，改善空气质量，从根本上减少温室气体排放，大大降低全球变暖的速度。

氢气的使用将导致不可再生能源被替代，并因此得以保存。在目前的燃料电池系统中，氢气在转化为动力时产生的能量约为汽油燃料、内燃机的两倍。宝马、福特和其他汽车制造商已经证明发动机经过改装，可以将氢气直接作为内燃机燃料。

用氢气取代不可再生的化石燃料会使温室气体排放减少，因为氢气不含碳原子，在燃烧时不会产生二氧化碳或一氧化碳排放。氢气燃烧过程的主要产物是水，没有含碳副产物被排入大气，引起全球变暖的因素就会减少。鉴于众多优点，氢气似乎代表了一种用于运输、发电、家庭供暖和其他类似应用的“理想”燃料解决方案。

支持者还认为，氢气在大规模生产和分配方面没有重大障碍。随着目前燃料电池技术在小型电力和汽车领域的应用，开发大规模生产氢气技术正逐步发展，这佐证了支持者们的观点。然而，反对者们认为，燃料电池技术目前仍只是有限推广，氢气作为燃料的生产、运输和利用，仍有重大且复杂的问题有待解决。由于氢气在常压下是气体形式，可以很容易地从其生产地输送到使用地。但为了满足操作和应用需求，氢气需要被压缩到足够大的体积密度。但压缩过程是高耗能的，而且高压容器不容易被公众接受。在运输和分配之前的液化过程中还存在加工、物流和接收成本方面的问题。

反对者指出，考虑到体积的因素，氢气难以大规模取代化石燃料。所有的燃料在其生产和分配过程中都需要消耗能源。用氢气提供和1gal汽油相当的能量时，氢气的经济性是让人怀疑的。目前的氢气生产和运输技术似乎表明，生产氢气所需的能量可能超过其作为燃料的能量贡献。

5.4.2 化石燃料储备情况

2005年，美国的石油消费总量达到每天2070万桶(Wilson & Burgh)，其中约60%的石油是从不同国家进口的。为了不间断地供应石油，美国必须关注可能影响石油进口的世界事件。

地球物理学家Marion King Hubbert在1956年创建了一个数学模型，描述了石油储量和生产速度之间的相关性。根据Hubbert峰理论，单个油井的石油生产速度遵循一条钟形曲线(图5.11)。该模型显示了如何根据发现率、生产率和累积产量提前计算出最大产量点。在曲线的早期(峰值前)，由于新的油田探明，生产率会增加。下一阶段是石油产量的峰值(Hubbert峰)，伴随着消费量的增加，之后是许多地质区域已经观察到的时间平台。在曲线的后期，(峰后)地球上的石油产量由于资源枯竭而下降，导致石油成本增加。

基于Hubbert曲线的预测，研究人员对石油生产峰值的时间有不同的看法，因为很难预见未来石油资源的发现、可用资源的含量和未来的消费量。例如，Ben

Ebenhack 认为，如果现在流行的 2 万亿桶石油的估计是准确的，那么危机点将在 2030 年出现。人们普遍认为，在能源问题对未来几代人的能源和食品供应构成压倒性问题之前，我们有将近 25~50 年的时间来开发石油化工产品的替代品(图 5.11)。

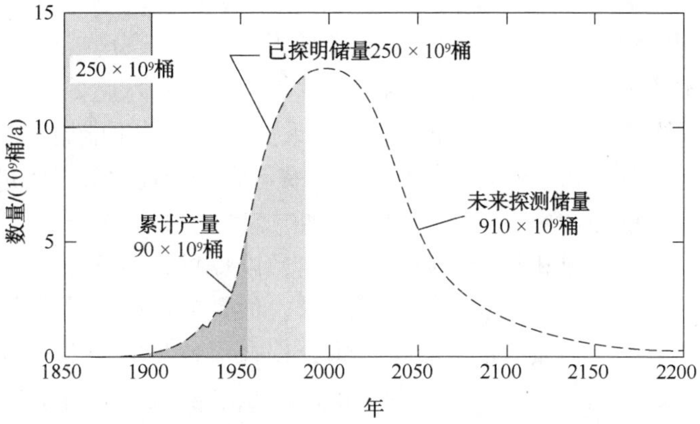

图 5.11 Hubbert 曲线

(来源:http://en.wikipedia.org/wiki/Image:Hubber-fig-20.png.)

由于我们的消费需求，这些供应问题将给美国经济带来特别的麻烦。美国的主要城市之间相距甚远(与欧洲相比)，城镇分散带来了运输系统固有的低效率。美国公民因生活需要而消耗大量的能源，远远超过其他国家的公民。因此，找到一个真正独立的石油和天然气的替代品对美国来说已经是一个紧迫的问题。

5.4.3 氢气生产评估

电解水和石油化工资源的热化学处理是最成熟的大规模商业制氢技术。为了满足美国的消费需求，每年生产近 3.5×10^8gal/d 的汽油。1kg 氢气所含的能量与 1gal 汽油大致相同，要取代美国 50%的汽油消费就需要 17.5×10^4t/d 的氢气。假设现有的电解技术的工艺效率为 75%，氢气的热值为 39.3kWh，生产该数量的氢气需要约为 8600MW 的电力。作为参照，在 2005 年，电力公司产生了 4055MW 的电力。将交流-直流转换、气体压缩或液化、运输、交付和散热形式的能量损失所需的额外能量加在一起，使我们得出结论：现有的能源基础设施无法支持电解制氢。

生产足够的氢气以取代美国很大一部分汽油消费所需的电力，来自传统的发电设施。尽管电解水制氢不会产生温室气体，但传统发电过程产生的 HC、NO_x 和 CO_2 排放使电解制氢与化石燃料一样“肮脏”。只有来自可再生技术的氢气生产才能实现全面的、“从摇篮到坟墓的”、零排放的结果。

此外氢气的使用还会产生其他与温室气体无关的排放源。一个是由于氢气泄漏，平流层中的氢气含量可能增加。这种可能性可能会影响臭氧消耗过程，具体的结果是未知的。

用电解水制氢取代目前汽油消耗量的 50%，将消耗 157.5×10^4t/d 的水。在许多地区，水的供应可能是有问题的。用电解氢替代相同数量的汽油，每天将产生

140×10^4t的副产品氧气。商业上使用如此数量的副产品氧气是不可能的。除了相关的安全考虑和能量损失外，释放到大气中的氧气可能对邻近的动植物造成影响。

热化学重整的废气排放改善和转换效率的提高，使其成为一个可能的制氢路线，热化学工艺(重整)从碳氢化合物(如天然气、甲烷或甲醇)中提取氢气。重整代表了一种技术上可行的替代方案，表明了用氢气取代全球大部分汽油消耗量是可行的，大量相对低成本的氢气可经由此法产生。到目前为止，人们主要关注天然气制氢。

在个种领域的消费上升的驱动下，有限的天然气储备并不能用于制氢。根据美国能源信息署的资料[46]，2005 年美国的天然气消费量为 22. 24Tcf($22.24\times10^{12}ft^3$)，核实的储量为 193Tcf。简单的计算表明，美国的天然气储量用不到 9 年。

目前正在开发生物质和其他甲烷生产工艺，以提供天然气制氢工艺所需的碳氢化合物。虽然甲烷可以从植物和生物质中生产，但是要严格评估这种原料的完整能源循环。尽管光解和生物质技术有改进潜力，但在可预见的未来，两者都不可能具有成本竞争力。氢气生产可以通过一些其他的方法来实现，如将水暴露在高强度的紫外线或其他(可能包括核)辐射下，但这些方法还没有达到中试规模。虽然“突破性”技术是可能的，但在评估氢经济时必须分析技术可行性、可扩展性和适度的环境影响。与重整有关的开发工作非常广泛，并继续集中在氢气纯化、过程减排和使用替代热源方面。

5.4.4 当前问题

5.4.4.1 燃料电池

目前的燃料电池技术已经证明了可以利用氢气发电，以燃料电池作为微动力源在不久将成为现实。然而，氢燃料电池车辆的大规模生产已因亟需解决的许多问题所推迟。除了氢气产能不足、输送基础设施不完善、气体储存的方法有限之外，目前在建造燃料电池电堆时采用的技术也受到了成本困扰。部分是由于用作断裂氢键的贵金属催化剂成本，部分是由于需要开发燃料电池运行所需条件的设施成本。地球上的铂金含量不足以支持完全过渡到氢经济时燃料电池系统的需求。研究者们将继续致力于寻找降低成本、提高可靠性和耐久性的方法，同时使电堆对环境条件(如低于冰点的温度)不那么敏感。目前的消费市场给了我们许多例子，大规模的生产推动了成本的降低，同时也提高了性能。

5.4.4.2 氢气安全性

如第 5. 3 节所述，氢气的储存、运输和利用需要特别的预防措施，并需制定后续的法规。此外，由于对安全的担心，公众对氢气表现出一定的抵触心理。氢气的广泛使用，特别是以压缩形式储存时，需要采取有效的安全措施。

5.4.4.3 运输、储存和分配

氢气是以压缩气体状态或冷凝液体状态储存和运输的。众所周知，运输、储存和分配给最终用户的每一个步骤都会导致额外的能源消耗，因此会造成成本的提高。

5.4.4.4 过渡燃料

探查其他含碳氢化合物的能源，如甲醇、乙醇、甲烷、丁醇、煤和天然气，可

以将它们用于运输或作为向氢经济过渡的燃料。例如，甲醇可以直接用作车辆的燃料，或用于溶解甲醇燃料电池和以甲醇为燃料的固体氧化物燃料电池。与乙醇混合的汽油已经可以在许多加油站获得。与上述燃料相比，氢气易于储存、运输，并且不需要昂贵的基础设施建设。

北美的煤炭储量众多，以目前的消费速度，可供应400年(或更久)。开发近零大气排放的煤炭转化新方法对于生产有经济性的制氢电力是有价值的。

5.4.5 总结

在创建氢经济的同时，应考虑对甲烷或储量大的煤炭资源等替代品进行评估。在交通领域，电池容量的进步使电动汽车的成本比电化学发动机更具吸引力，因为它们不需要大量的基础设施投资。氢气被认为是一种可行的能源，可以取代维持人类文明的大量不可再生燃料，但需要解决以下问题：

① 氢气基础设施建设成本高昂。

② 在目前的氢气生产技术中，(碳和污染)排放只是从使用过程转移到生产过程。

③ 出于安全原因，公众对氢气利用的抵触心理。

④ 电解法制氢需要消耗过多的电力资源。

⑤ 天然气制氢法由于天然气资源有限和消耗增加而受到制约。

⑥ 目前的氢气储存技术效率低下且耗能大。

⑦ 在目前的技术中，催化材料的性能和成本可能是个问题。

⑧ 低温下的燃料电池堆性能。

⑨ 材料(陶瓷)的温度循环。

⑩ 燃料电池堆的耐久性有限。

氢经济的未来取决于与氢气生产、储存和运输所需的能源成本相关经济因素。以上提到的所有负面因素可能会推迟可持续氢经济的引入。基于替代能源的零排放技术的发电，包括核能、基于利用光合作用过程的反应分裂水的直接制氢，以及生物材料转化为氢气的成功研究，可以使氢能社会成为现实。

多 选 题

1. 下列哪些特征能正确描述电解水？(　　)

(a) 这是通过使用电流将水转变为其元素部分的过程

(b) 在该过程中，氢离子在阴极获得电子，产生氢气

(c) 水分子在阳极失去电子，产生氧气

(d) 以上都是

2. 哪种方法在工业上用于氨气(NH_3)生产？(　　)

(a) 加热氮气并与氢气混合

(b) 将氮气和氢气暴露在很高的压力下，持续一段时间

(c) 用氢气催化还原氮气

3. 下列哪些方法用于商用制氢？(　　)

(a) 碳氢化合物的部分氧化　　(b) 煤的气化和天然气的蒸汽重整

(c) 甲烷的热分解或热裂解　　(d) 以上都是

4. 甲烷热分解或热裂解的主要优点是什么？(　　)

(a) 大幅减少二氧化碳的排放

(b) 反应产物之一是黑炭

(c) 反应在相对较低的温度(<1000℃)下进行

(d) 反应易于控制

5. 什么类型的电解槽被用来从水中生产氢气？(　　)

(a) 碱性电解槽　　(b) 聚合物电解质膜电解槽

(c) 固体氧化物电解槽　　(d) 以上都是

6. 哪种类型的能源用于可再生能源制氢？(　　)

(a) 风力、太阳能和水力产生的电力　(b) 直接加热

(c) 施加高剂量的辐射　　(d) 密集的阳光照射

7. 为什么可再生能源对氢气生产如此有吸引力？(　　)

(a) 简单而直接地从一种形式转换为另一种形式

(b) 自然界中丰富的可再生能源

(c) 允许将可再生能源以氢气的形式储存起来，供更远的地方使用

(d) 可再生能源是最清洁的能源形式

8. 太阳能是否可以直接用于制氢而不需要转换为电能？(　　)

(a) 可以，使用基于纳米技术的金属氧化物光电化学材料

(b) 可以，高度集中的太阳光产生高温来分裂甲烷

(c) 可以，利用集中的太阳能产生超过2000℃的温度，在此温度下可使用热化学反应循环来生产氢气

(d) 以上都是

9. 与压缩天然气相比，垃圾填埋气(LFG)的热值大约是多少？(　　)

(a) 100%　　(b) 75%　　(c) 50%　　(d) 25%

10. 哪种燃料的火焰不太明显？(　　)

(a) 甲烷　　(b) 乙醇　　(c) 氢气　　(d) 丙烷

11. 在液态或气态的氢气分配中，最关键的问题是？(　　)

(a) 储存　　(b) 管线　　(c) 压缩　　(d) 液化

(e) 渗透性

12. 哪种燃料的毒性更大？(　　)

(a) 汽油　　(b) 柴油　　(c) 甲烷　　(d) 氢气

13. 氢气的 LEL(爆炸下限)是多少？(　　)

(a) 52%　　(b) 14%　　(c) 4%

参 考 文 献

1. NREL: Hydrogen and Fuel Cells Research - Wind-to-Hydrogen Project www.nrel.gov/hydrogen/proj_wind_hydrogen.html (**accessed** 14 July 2016).
2. https://www.greenoptimistic.com/hydrogen-from-water/#.WIFV5FweMbw (accessed 09 June 2017).
3. NREL: Hydrogen and Fuel Cells Research - Hydrogen Production and ... www.nrel.gov/hydrogen/proj_production_delivery.html.
4. https://energy.gov/eere/office-energy-efficiency-renewable-energy.
5. A 24.4% solar to hydrogen energy conversion efficiency by combining ... https://www.researchgate.net/.../283190008_A_244_solar_to_hydrogen_energy_conver...
6. Towards efficient solar-to-hydrogen conversion: Fundamentals and ... https://www.degruyter.com/view/j/nanoph.2016.5.issue-4/.../nanoph-2016-0027.xml by Chen - 2016.
7. Solar water splitting by photovoltaic-electrolysis with a solar-to-hydrogen efficiency over 30% by 2016 Jieyang Jia, Linsey C. Seitz, Jesse D. Benck, Yijie Huo, Yusi Chen, Jia Wei Desmond Ng, Taner Bilir, James S. Harris, Thomas F. Jaramillo.
8. Solar to Chemical Energy Conversion: Theory and Application. https://books.google.com/books?isbn=3319254006 Masakazu Sugiyama, Katsushi Fujii, Shinichiro Nakamura - 2016 - Science.
9. http://www.popularmechanics.com/science/energy/a19292/were-one-step-close-to-creating-fuel-cells-from-solar-energy (accessed February 2016).
10. Nuclear power plants can produce hydrogen to fuel the "hydrogen .... https://www.acs.org/.../nuclear-power-plants-can-produce-hydrogen-to-fuel-the-hydr... (accessed 09 June 2017).
11. Nuclear Hydrogen Production Technology - International Atomic ... IAEA. https://www.iaea.org/About/Policy/GC/GC57/.../English/gc57inf-2-att1_en.pdf (accessed 09 June 2017).
12. Naterer, G.F., Dincer, I., and Zamfirescu, C. (2013) *Hydrogen Production from Nuclear Energy* Vol. 8, SpringerISBN: 978-1-4471-4937-8.
13. Cheap Hydrogen from Sunlight and Water - MIT Technology Review. https://www.technologyreview.com/s/.../cheap-hydrogen-from-sunlight-and-water/Nov.2013 (accessed 09 June 2017).
14. https://en.wikipedia.org/wiki/Water_splitting (accessed 09 June 2017).
15. Lede, J., Lapique, F., Villermaux, J. *et al.* (1982) Production of hydrogen by direct thermal decomposition of water, preliminary investigation. *International Journal of Hydrogen Energy*, **7** (12), 939–950.
16. Production of hydrogen by direct thermal decomposition of water http://www.eolss.net/sample-chapters/c08/e3-13-03.pdf (accessed 09 June 2017).
17. NREL: Hydrogen and Fuel Cells Research - Wind-to-Hydrogen Project. www.nrel.gov/hydrogen/proj_wind_hydrogen.html (accessed 14 July 2016).
18. "Landfill Gas Utilization at RIT's Campus Feasibility Study" PON No. 732–02 Rochester Institute of Technology, March 2005.
19. Hydrogen from Biomass http://www.nrel.gov/docs/legosti/old/36262.pdf (accessed 09 June 2017).
20. https://en.wikipedia.org/wiki/Biohydrogen (accessed 09 June 2017).
21. http://www.ibtimes.co.uk/bacteria-used-yield-pure-water-produce-hydrogen-fuel-future-1486180 (accessed 02 February 2015).
22. New process harvests hydrogen from plant waste at record speeds. https://www.extremetech.com (accessed 09 June 2017).
23. https://en.wikipedia.org/wiki/Hydrogen_infrastructure.

24. Rifkin, J. (2002) *The Hydrogen Economy*, Tarcher/Penguin, New York, NY.
25. Hydrogen Fueling Infrastructure Analysis - NREL.
26. http://www.nrel.gov/hydrogen/proj_infrastructure_analysis.html (accessed 8 July 2016).
27. http://www.fuelcelltoday.com/analysis/analyst-views/2013/13-11-20-hydrogen-infrastructure-developments-in-the-usa (accessed 20 November 2013).
28. http://www.hit-tent.eu/ (accessed 09 June 2017).
29. https://en.wikipedia.org/wiki/Hydrogen_station (accessed 09 June 2017).
30. http://www.nrel.gov/hydrogen/proj_safety_codes_standards.html (accessed 09 June 2017).
31. ehs.berkeley.edu/sites/default/files/lines-of-services/...safety/80hydrogen.pdf (accessed 09 June 2017).
32. https://en.wikipedia.org/wiki/Hydrogen_safety (accessed 09 June 2017).
33. http://www.arhab.org/pdfs/h2_safety_fsheet.pdf (accessed 09 June 2017).
34. https://www.hydrogen.energy.gov/codes_standards.html (accessed 09 June 2017).
35. www.nfpa.org/codes-and-standards/...codes-and-standards/list-of-codes-and-standards (accessed 09 June 2017).
36. Wilson, J.R., Burgh, G., The Hydrogen Report. *Windsor Canada*: TMG/Management Group. www.tmgtech.com (accessed October 2006).
37. Bossel, U. *Energy and the Hydrogen Economy:* and Eliasson, B., Accessed January 2005 from http://www.methanol.org/pdfFrame.cfm?pdf=HydrogenEconomyReport 2003.pdf (accessed 09 June 2017).
38. Bossel, U., Does a Hydrogen Economy Make Sense? *Proceedings of the IEEE*. Volume 94, No. 10, October 2006.
39. Wise, J., The truth about hydrogen. *Popular Mechanics*, November 2006.
40. Accessed July 2007 from http://www.eia.doe.gov/oil gas/natural gas/info glance/natural gas.html (accessed 09 June 2017)
41. http://maps.unomaha.edu/peterson/funda/sidebar/oilconsumption.html (accessed 09 June 2017).
42. https://www.eia.gov/tools/faqs/faq.cfm?id=50&t=8 (accessed 09 June 2017).
43. http://www.efn-uk.org/l-street/renewables-lib/ren-reports/index_files/H2-economics.pdf (accessed 09 June 2017).
44. Bossel, U., "Does a Hydrogen Economy Make Sense?" Proceedings of the IEEE. Volume 94, No. 10, October 2006.
45. www.iea.org/publications/freepublications/publication/technology-roadmap-hydrogen-and-fuel-cells.html (accessed 09 June 2017).
46. http://www.hubbertpeak.com/midpoint.htmh (accessed 09 June 2017).
47. https://www.eia.gov/dnav/ng/hist/n9140us2A.htm (accessed 09 June 2017).
48. http://www.renewableenergyworld.com/hydrogen/tech.html (accessed 09 June 2017).
49. www.eia.gov/electricity (accessed 09 June 2017).
50. https://en.wikipedia.org/wiki/Natural_gas (accessed 09 June 2017).

第6章 电　池

6.1 介绍

由于如今的技术是基于由电化学原理驱动的能量存储(电池)和能量生产(燃料电池)装置的，因此仔细研究它们所涉及的机理是恰当的。从本质上讲，两者都是电能的来源，其中电池可以在有限的时间内使用，而燃料电池可以在有燃料供应的条件下在较长的时间内使用。但对于这两类装置(电池和燃料电池)来说，它们的能量和功率传递的表达使用的是同一单位。因此，在本章中对电池的介绍将有助于理解第7章中讨论的燃料电池技术。

第2章中涵盖的电化学基本理论内容为电化学奠定了基础，这有助于电池技术的发展。电化学指的是在电极上发生的氧化还原反应，可由下列两种情况引发：外部施加电流(电解槽)，通过电极上发生的自发化学反应[伽伐尼(Galvanic)电池或伏打(Voltaic)电池]。

基于上述定义，如今我们使用的电化学电池分为两类：一种被称为电解槽，用于大量的基础和应用研究。在这一类电池中通过对电极施加各种微扰来进行机械分析研究。第二种类型被称为伽伐尼电池，通过化学反应中的自由能变化转化为电能。因此，这两种电化学电池可以被合理认为，一种通过电流让电能转化为化学能的电池和另一种将化学能转化为电能的电池。对于后一种伽伐尼电池来说，通常使用“电池”这一通用术语。一般来说，化学反应中的自由能变化越大，电池的能量容量就越大，能量转换过程可以从化学反应中涉及的氧化还原电对的标准电位来评估。

如图6.1所示，一块置于锌盐溶液(1.0mol/L $ZnSO_4$)中的锌金属作为一个半电池以及置于铜盐溶液(1.0mol/L $CuSO_4$)的铜金属作为另一个半电池。当用导线连接如电压表这样的电压测试源时，它们显示出1.10V的电压。从图6.1中可以看到在两个溶液之间有一个桥连。基于电荷的移动，离子经由这个桥在两个半电池隔间之间移动。如第2章所述，所有电化学电池都是由两个半电池组成的，在一个半电池中发生氧化(在化学反应中释放电子)，在另一个半电池中发生还原反应。因此，电池的氧化发生在一个半电池中，还原发生在另一个半

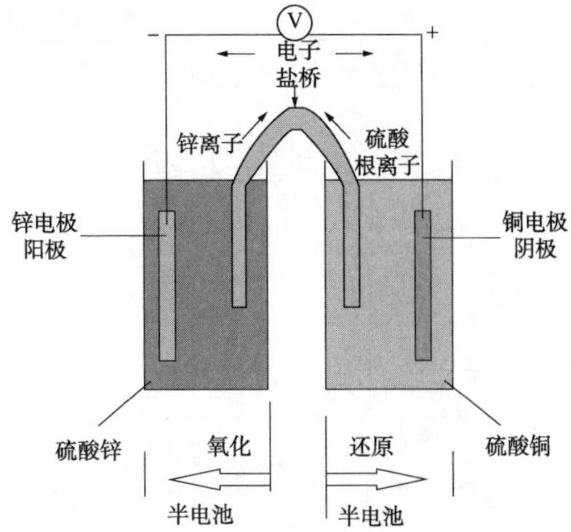

图6.1　由具有电解液的锌、铜金属制成的电池

电池中。表 6.1给出了标准电位用以确定半电池反应。

表 6.1　氧化还原反应的标准电位

半反应			$E°$/V
氧化剂	⇌	还原剂	
$Sr^{+}+e^{-}$	⇌	Sr	−4.101
$Ca^{+}+e^{-}$	⇌	Ca	−3.8
$Pr^{3+}+e^{-}$	⇌	Pr^{2+}	−3.1
$3N_2(g)+2H^{+}+2e^{-}$	⇌	$2HN_3(aq)$	−3.09
$Li^{+}+e^{-}$	⇌	Li(s)	−3.0401
$N_2(g)+4H_2O+2e^{-}$	⇌	$2NH_2OH(aq)+2OH^{-}$	−3.04
$Cs^{+}+e^{-}$	⇌	Cs(s)	−3.026
$Ca(OH)_2+2e^{-}$	⇌	$Ca+2OH^{-}$	−3.02
$Er^{3+}+e^{-}$	⇌	Er^{2+}	−3.0
$Ba(OH)_2+2e^{-}$	⇌	$Ba+2OH^{-}$	−2.99
$Rb^{+}+e^{-}$	⇌	Rb(s)	−2.98
$K^{+}+e^{-}$	⇌	K(s)	−2.931
$Ba^{2+}+2e^{-}$	⇌	Ba(s)	−2.912
$La(OH)_3(s)+3e^{-}$	⇌	$La(s)+3OH^{-}$	−2.90
$Fr^{+}+e^{-}$	⇌	Fr	−2.9
$Sr^{2+}+2e^{-}$	⇌	Sr(s)	−2.899
$Sr(OH)_2+2e^{-}$	⇌	$Sr+2OH^{-}$	−2.88
$Ca^{2+}+2e^{-}$	⇌	Ca(s)	−2.868
$Li^{+}+e^{-}$	⇌	$LiC_6(s)$	−2.84
$Eu^{2+}+2e^{-}$	⇌	Eu(s)	−2.812
$Ra^{2+}+2e^{-}$	⇌	Ra(s)	−2.8
$Ho^{3+}+e^{-}$	⇌	Ho^{2+}	−2.8
$Bk^{3+}+e^{-}$	⇌	Bk^{2+}	−2.8
$Yb^{2+}+2e^{-}$	⇌	Yb	−2.76
$Na^{+}+e^{-}$	⇌	Na(s)	−2.71
$Mg^{+}+e^{-}$	⇌	Mg	−2.70
$Nd^{3+}+e^{-}$	⇌	Nd^{2+}	−2.7
$Mg(OH)_2+2e^{-}$	⇌	$Mg+2OH^{-}$	−2.690
$Sm^{2+}+2e^{-}$	⇌	Sm	−2.68
$Be_2O_3^{2-}+3H_2O+4e^{-}$	⇌	$2Be+6OH^{-}$	−2.63
$Pm^{3+}+e^{-}$	⇌	Pm^{2+}	−2.6
$Dy^{3+}+e^{-}$	⇌	Dy^{2+}	−2.6
$No^{2+}+2e^{-}$	⇌	No	−2.50

半反应			E°/V
氧化剂	$\rightleftharpoons$	还原剂	
$HfO(OH)_2+H_2O+4e^-$	$\rightleftharpoons$	$Hf+4OH^-$	-2.50
$Th(OH)_4+4e^-$	$\rightleftharpoons$	$Th+4OH^-$	-2.48
$Md^{2+}+2e^-$	$\rightleftharpoons$	Md	-2.40
$Tm^{2+}+2e^-$	$\rightleftharpoons$	Tm	-2.4
$La^{3+}+3e^-$	$\rightleftharpoons$	La(s)	-2.379
$Y^{3+}+3e^-$	$\rightleftharpoons$	Y(s)	-2.372
$Mg^{2+}+2e^-$	$\rightleftharpoons$	Mg(s)	-2.372
$ZrO(OH)_2(s)+H_2O+4e^-$	$\rightleftharpoons$	$Zr(s)+4OH^-$	-2.36
$Pr^{3+}+3e^-$	$\rightleftharpoons$	Pr	-2.353
$Ce^{3+}+3e^-$	$\rightleftharpoons$	Ce	-2.336
$Er^{3+}+3e^-$	$\rightleftharpoons$	Er	-2.331
$Ho^{3+}+3e^-$	$\rightleftharpoons$	Ho	-2.33
$H_2AlO_3^-+H_2O+3e^-$	$\rightleftharpoons$	$Al+4OH^-$	-2.33
$Nd^{3+}+3e^-$	$\rightleftharpoons$	Nd	-2.323
$Tm^{3+}+3e^-$	$\rightleftharpoons$	Tm	-2.319
$Al(OH)_3(s)+3e^-$	$\rightleftharpoons$	$Al(s)+3OH^-$	-2.31
$Sm^{3+}+3e^-$	$\rightleftharpoons$	Sm^-	-2.304
$Fm^{2+}+2e^-$	$\rightleftharpoons$	Fm	-2.30
$Am^{3+}+e^-$	$\rightleftharpoons$	Am^{2+}	-2.3
$Dy^{3+}+3e^-$	$\rightleftharpoons$	Dy	-2.295
$Lu^{3+}+3e^-$	$\rightleftharpoons$	Lu	-2.28
$Tb^{3+}+3e^-$	$\rightleftharpoons$	Tb	-2.28
$Gd^{3+}+3e^-$	$\rightleftharpoons$	Gd	-2.279
H_2+2e^-	$\rightleftharpoons$	$2H^-$	-2.23
$Es^{2+}+2e^-$	$\rightleftharpoons$	Es	-2.23
$Pm^{2+}+2e^-$	$\rightleftharpoons$	Pm	-2.2
$Tm^{3+}+e^-$	$\rightleftharpoons$	Tm^{2+}	-2.2
$Dy^{2+}+2e^-$	$\rightleftharpoons$	Dy	-2.2
$Ac^{3+}+3e^-$	$\rightleftharpoons$	Ac	-2.20
$Yb^{3+}+3e^-$	$\rightleftharpoons$	Yb	-2.19
$Cf^{2+}+2e^-$	$\rightleftharpoons$	Cf	-2.12
$Nd^{2+}+2e^-$	$\rightleftharpoons$	Nd	-2.1
$Ho^{2+}+2e^-$	$\rightleftharpoons$	Ho	-2.1
$Sc^{3+}+3e^-$	$\rightleftharpoons$	Sc(s)	-2.077

续表

半反应			$E°/V$
氧化剂	⇌	还原剂	
$AlF_6^{3-}+3e^-$	⇌	$Al+6F^-$	-2.069
$Am^{3+}+3e^-$	⇌	Am	-2.048
$Cm^{3+}+3e^-$	⇌	Cm	-2.04
$Pu^{3+}+3e^-$	⇌	Pu	-2.031
$Pr^{2+}+2e^-$	⇌	Pr	-2.0
$Er^{2+}+2e^-$	⇌	Er	-2.0
$Eu^{3+}+3e^-$	⇌	Eu	-1.991
$Lr^{3+}+3e^-$	⇌	Lr	-1.96
$Cf^{3+}+3e^-$	⇌	Cf	-1.94
$Es^{3+}+3e^-$	⇌	Es	-1.91
$Pa^{4+}+e^-$	⇌	Pa^{3+}	-1.9
$Am^{2+}+2e^-$	⇌	Am	-1.9
$Th^{4+}+4e^-$	⇌	Th	-1.899
$Fm^{3+}+3e^-$	⇌	Fm	-1.89
$Np^{3+}+3e^-$	⇌	Np	-1.856
$Be^{2+}+2e^-$	⇌	Be	-1.847
$H_2PO_2^-+e^-$	⇌	$P+2OH^-$	-1.82
$U^{3+}+3e^-$	⇌	U	-1.798
$Sr^{2+}+2e^-$	⇌	Sr/Hg	-1.793
$H_2BO_3^-+H_2O+3e^-$	⇌	$B+4OH^-$	-1.79
$ThO_2+4H^++4e^-$	⇌	$Th+2H_2O$	-1.789
$HfO^{2+}+2H^++4e^-$	⇌	$Hf+H_2O$	-1.724
$HPO_3^{2-}+2H_2O+3e^-$	⇌	$P+5OH^-$	-1.71
$SiO_3^{2-}+H_2O+4e^-$	⇌	$Si+6OH^-$	-1.697
$Al^{3+}+3e^-$	⇌	Al(s)	-1.662
$Ti^{2+}+2e^-$	⇌	Ti(s)	-1.63
$ZrO_2(s)+4H^++4e^-$	⇌	$Zr(s)+2H_2O$	-1.553
$Zr^{4+}+4e^-$	⇌	Zr(s)	-1.45
$Ti^{3+}+3e^-$	⇌	Ti(s)	-1.37
$TiO(s)+2H^++2e^-$	⇌	$Ti(s)+H_2O$	-1.31
$Ti_2O_3(s)+2H^++2e^-$	⇌	$2TiO(s)+H_2O$	-1.23
$Zn(OH)_4^{2-}+2e^-$	⇌	$Zn(s)+4OH^-$	-1.199
$Mn^{2+}+2e^-$	⇌	Mn(s)	-1.185
$Fe(CN)_6^{4-}+6H^++2e^-$	⇌	$Fe(s)+6HCN(aq)$	-1.16

续表

半反应			E°/V
氧化剂	$\rightleftharpoons$	还原剂	
$Te(s)+2e^-$	$\rightleftharpoons$	Te^{2-}	−1.143
$V^{2+}+2e^-$	$\rightleftharpoons$	$V(s)$	−1.13
$Nb^{3+}+3e^-$	$\rightleftharpoons$	$Nb(s)$	−1.099
$Sn(s)+4H^++4e^-$	$\rightleftharpoons$	$SnH_4(g)$	−1.07
$SiO_2(s)+4H^++4e^-$	$\rightleftharpoons$	$Si(s)+2H_2O$	−0.91
$B(OH)_3(aq)+3H^++3e^-$	$\rightleftharpoons$	$B(s)+3H_2O$	−0.89
$Fe(OH)_2(s)+2e^-$	$\rightleftharpoons$	$Fe(s)+2OH^-$	−0.89
$Fe_2O_3(s)+3H_2O+2e^-$	$\rightleftharpoons$	$2Fe(OH)_2(s)+2OH^-$	−0.86
$TiO^{2+}+2H^++4e^-$	$\rightleftharpoons$	$Ti(s)+H_2O$	−0.86
$2H_2O+2e^-$	$\rightleftharpoons$	$H_2(g)+2OH^-$	−0.8277
$Bi(s)+3H^++3e^-$	$\rightleftharpoons$	BiH_3	−0.8
$Zn^{2+}+2e^-$	$\rightleftharpoons$	$Zn(Hg)$	−0.7628
$Zn^{2+}+2e^-$	$\rightleftharpoons$	$Zn(s)$	−0.7618
$Ta_2O_5(s)+10H^++10e^-$	$\rightleftharpoons$	$2Ta(s)+5H_2O$	−0.75
$Cr^{3+}+3e^-$	$\rightleftharpoons$	$Cr(s)$	−0.74
$Ag_2S(s)+2e^-$	$\rightleftharpoons$	$2Ag(s)+S^{2-}(aq)$	−0.69
$[Au(CN)_2]^-+e-$	$\rightleftharpoons$	$Au(s)+2CN^-$	−0.60
$Ta^{3+}+3e^-$	$\rightleftharpoons$	$Ta(s)$	−0.6
$PbO(s)+H_2O+2e^-$	$\rightleftharpoons$	$Pb(s)+2OH^-$	−0.58
$2TiO_2(s)+2H^++2e^-$	$\rightleftharpoons$	$Ti_2O_3(s)+H_2O$	−0.56
$Ga^{3+}+3e^-$	$\rightleftharpoons$	$Ga(s)$	−0.53
$U^{4+}+e^-$	$\rightleftharpoons$	U^{3+}	−0.52
$H_3PO_2(aq)+H^++e^-$	$\rightleftharpoons$	$P(white)+2H_2O$	−0.508
$H_3PO_3(aq)+2H^++2e^-$	$\rightleftharpoons$	$H_3PO_2(aq)+H_2O$	−0.499
$H_3PO_3(aq)+3H^++3e^-$	$\rightleftharpoons$	$P(red)+3H_2O$	−0.454
$Fe^{2+}+2e^-$	$\rightleftharpoons$	$Fe(s)$	−0.44
$2CO_2(g)+2H^++2e^-$	$\rightleftharpoons$	$HOOCCOOH(aq)$	−0.43
$Cr^{3+}+e^-$	$\rightleftharpoons$	Cr^{2+}	−0.42
$Cd^{2+}+2e^-$	$\rightleftharpoons$	$Cd(s)$	−0.40
$GeO_2(s)+2H^++2e^-$	$\rightleftharpoons$	$GeO(s)+H_2O$	−0.37
$Cu_2O(s)+H_2O+2e^-$	$\rightleftharpoons$	$2Cu(s)+2OH^-$	−0.360
$PbSO_4(s)+2e^-$	$\rightleftharpoons$	$Pb(s)+SO_4^{2-}$	−0.3588
$PbSO_4(s)+2e^-$	$\rightleftharpoons$	$Pb(Hg)+SO_4^{2-}$	−0.3505
$Eu^{3+}+e^-$	$\rightleftharpoons$	Eu^{2+}	−0.35

半反应			$E°$/V
氧化剂	⇌	还原剂	
$In^{3+}+3e^-$	⇌	In(s)	−0.34
Tl^++e^-	⇌	Tl(s)	−0.34
$Ge(s)+4H^++4e^-$	⇌	$GeH_4(g)$	−0.29
$Co^{2+}+2e^-$	⇌	Co(s)	−0.28
$H_3PO_4(aq)+2H^++2e^-$	⇌	$H_3PO_3(aq)+H_2O$	−0.276
$V^{3+}+e-$	⇌	V^{2+}	−0.26
$Ni^{2+}+2e^-$	⇌	Ni(s)	−0.25
$As(s)+3H^++3e^-$	⇌	$AsH_3(g)$	−0.23
$AgI(s)+e^-$	⇌	$Ag(s)+I^-$	−0.15224
$MoO_2(s)+4H^++4e^-$	⇌	$Mo(s)+2H_2O$	−0.15
$Si(s)+4H^++4e^-$	⇌	$SiH_4(g)$	−0.14
$Sn^{2+}+2e^-$	⇌	Sn(s)	−0.13
$O_2(g)+H^++e-$	⇌	$HO_2\cdot(aq)$	−0.13
$Pb^{2+}+2e^-$	⇌	Pb(s)	−0.126
$WO_2(s)+4H^++4e^-$	⇌	$W(s)+2H_2O$	−0.12
$P(red)+3H^++3e^-$	⇌	$PH_3(g)$	−0.111
$CO_2(g)+2H^++2e^-$	⇌	HCOOH(aq)	−0.11
$Se(s)+2H^++2e^-$	⇌	$H_2Se(g)$	−0.11
$CO_2(g)+2H^++2e^-$	⇌	$CO(g)+H_2O$	−0.11
$SnO(s)+2H^++2e^-$	⇌	$Sn(s)+H_2O$	−0.10
$SnO_2(s)+4H^++4e^-$	⇌	$SnO(s)+2H_2O$	−0.09
$WO_3(aq)+6H^++6e^-$	⇌	$W(s)+3H_2O$	−0.09
P(白磷)$+3H^++3e^-$	⇌	$PH_3(g)$	−0.063
$Fe^{3+}+3e^-$	⇌	Fe(s)	−0.04
$HCOOH(aq)+2H^++2e^-$	⇌	$HCHO(aq)+H_2O$	−0.03
$2H^++2e^-$	⇌	$H_2(g)$	0.0000
$AgBr(s)+e^-$	⇌	$Ag(s)+Br^-$	+0.07133
$S_4O_6^{2-}+2e^-$	⇌	$2S_2O_3^{2-}$	+0.08
$Fe_3O_4(s)+8H^++8e^-$	⇌	$3Fe(s)+4H_2O$	+0.085
$N_2(g)+2H_2O+6H^++6e^-$	⇌	$2NH_4OH(aq)$	+0.092
$HgO(s)+H_2O+2e^-$	⇌	$Hg(l)+2OH^-$	+0.0977
$Cu(NH_3)_4^{2+}+e^-$	⇌	$Cu(NH_3)_2^++2NH_3$	+0.10
$Ru(NH_3)_6^{3+}+e^-$	⇌	$Ru(NH_3)_6^{2+}$	+0.10
$N_2H_4(aq)+4H_2O+2e^-$	⇌	$2NH_4^++4OH^-$	+0.11

续表

半反应			E°/V
氧化剂	⇌	还原剂	
$H_2MoO_4(aq)+6H^++6e^-$	⇌	$Mo(s)+4H_2O$	+0.11
$Ge^{4+}+4e^-$	⇌	$Ge(s)$	+0.12
$C(s)+4H^++4e^-$	⇌	$CH_4(g)$	+0.13
$HCHO(aq)+2H^++2e^-$	⇌	$CH_3OH(aq)$	+0.13
$S(s)+2H^++2e^-$	⇌	$H_2S(g)$	+0.14
$Sn^{4+}+2e^-$	⇌	Sn^{2+}	+0.15
$Cu^{2+}+e^-$	⇌	Cu^+	+0.159
$HSO_4^-+3H^++2e^-$	⇌	$SO_2(aq)+2H_2O$	+0.16
$UO_2^{2+}+e^-$	⇌	UO_2^+	+0.163
$SO_4^{2-}+4H^++2e^-$	⇌	$SO_2(aq)+2H_2O$	+0.17
$TiO^{2+}+2H^++e-$	⇌	$Ti^{3+}+H_2O$	+0.19
$SbO^++2H^++3e^-$	⇌	$Sb(s)+H_2O$	+0.20
$AgCl(s)+e^-$	⇌	$Ag(s)+Cl^-$	+0.22233
$H_3AsO_3(aq)+3H^++3e^-$	⇌	$As(s)+3H_2O$	+0.24
$GeO(s)+2H^++2e^-$	⇌	$Ge(s)+H_2O$	+0.26
$UO_2^++4H^++e^-$	⇌	$U^{4+}+2H_2O$	+0.273
$Re^{3+}+3e^-$	⇌	$Re(s)$	+0.300
$Bi^{3+}+3e^-$	⇌	$Bi(s)$	+0.308
$Cu^{2+}+2e^-$	⇌	$Cu(s)$	+0.337
$VO^{2+}+2H^++e-$	⇌	$V^{3+}+H_2O$	+0.34
$[Fe(CN)_6]^{3-}+e^-$	⇌	$[Fe(CN)_6]^{4-}$	+0.36
Fc^++e^-	⇌	$Fc(s)$	+0.4
$O_2(g)+2H_2O+4e^-$	⇌	$4OH^-(aq)$	+0.401
$H_2MoO_4+6H^++3e^-$	⇌	$Mo^{3+}+2H_2O$	+0.43
$CH_3OH(aq)+2H^++2e^-$	⇌	$CH_4(g)+H_2O$	+0.50
$SO_2(aq)+4H^++4e^-$	⇌	$S(s)+2H_2O$	+0.50
Cu^++e^-	⇌	$Cu(s)$	+0.520
$CO(g)+2H^++2e^-$	⇌	$C(s)+H_2O$	+0.52
$I_3^-+2e^-$	⇌	$3I^-$	+0.53
$I_2(s)+2e^-$	⇌	$2I^-$	+0.54
$[AuI_4]^-+3e^-$	⇌	$Au(s)+4I^-$	+0.56
$H_3AsO_4(aq)+2H^++2e^-$	⇌	$H_3AsO_3(aq)+H_2O$	+0.56
$[AuI_2]^-+e^-$	⇌	$Au(s)+2I^-$	+0.58
$MnO_4^-+2H_2O+3e^-$	⇌	$MnO_2(s)+4OH^-$	1.692

续表

半反应			E°/V
氧化剂	$\rightleftharpoons$	还原剂	
$S_2O_3^{2-}+6H^++4e^-$	$\rightleftharpoons$	$2S(s)+3H_2O$	+0.60
$H_2MoO_4(aq)+2H^++2e^-$	$\rightleftharpoons$	$MoO_2(s)+2H_2O$	+0.65
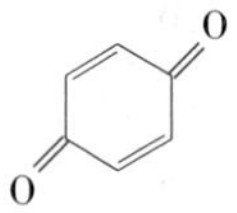 $+2H^++2e^-$	$\rightleftharpoons$		+0.6992
$O_2(g)+2H^++2e^-$	$\rightleftharpoons$	$H_2O_2(aq)$	+0.70
$Tl^{3+}+3e^-$	$\rightleftharpoons$	$Tl(s)$	+0.72
$PtCl_6^{2-}+2e^-$	$\rightleftharpoons$	$PtCl_4^{2-}+2Cl^-$	+0.726
$H_2SeO_3(aq)+4H^++4e^-$	$\rightleftharpoons$	$Se(s)+3H_2O$	+0.74
$PtCl_4^{2-}+2e^-$	$\rightleftharpoons$	$Pt(s)+4Cl^-$	+0.758
$Fe^{3+}+e^-$	$\rightleftharpoons$	Fe^{2+}	+0.77
Ag^++e^-	$\rightleftharpoons$	$Ag(s)$	+0.7996
$Hg_2^{2+}+2e^-$	$\rightleftharpoons$	$2Hg(l)$	+0.80
$NO_3^-(aq)+2H^++e^-$	$\rightleftharpoons$	$NO_2(g)+H_2O$	+0.80
$2FeO_4^{2-}+5H_2O+6e^-$	$\rightleftharpoons$	$Fe_2O_3(s)+10OH^-$	+0.81
$[AuBr_4]^-+3e^-$	$\rightleftharpoons$	$Au(s)+4Br^-$	+0.85
$Hg^{2+}+2e^-$	$\rightleftharpoons$	$Hg(l)$	+0.85
$[IrCl_6]^{2-}+e^-$	$\rightleftharpoons$	$[IrCl_6]^{3-}$	+0.87
$MnO_4^-+H^++e^-$	$\rightleftharpoons$	$HMnO_4^-$	+0.90
$2Hg^{2+}+2e^-$	$\rightleftharpoons$	Hg_2^{2+}	+0.91
$Pd^{2+}+2e^-$	$\rightleftharpoons$	$Pd(s)$	+0.915
$[AuCl_4]^-+3e^-$	$\rightleftharpoons$	$Au(s)+4Cl^-$	+0.93
$MnO_2(s)+4H^++e^-$	$\rightleftharpoons$	$Mn^{3+}+2H_2O$	+0.95
$NO_3^-(aq)+4H^++3e^-$	$\rightleftharpoons$	$NO(g)+2H_2O(l)$	+0.958
$[AuBr_2]^-+e^-$	$\rightleftharpoons$	$Au(s)+2Br^-$	+0.96
$[HXeO_6]^{3-}+2H_2O+2e^-$	$\rightleftharpoons$	$[HXeO_4]^-+4OH^-$	+0.99
$[VO_2]+(aq)+2H^++e^-$	$\rightleftharpoons$	$[VO]^{2+}(aq)+H_2O$	+1.0
$H_6TeO_6(aq)+2H^++2e^-$	$\rightleftharpoons$	$TeO_2(s)+4H_2O$	+1.02
$Br_2(l)+2e^-$	$\rightleftharpoons$	$2Br^-$	+1.066
$Br_2(aq)+2e^-$	$\rightleftharpoons$	$2Br^-$	+1.0873
$IO_3^-+5H^++4e^-$	$\rightleftharpoons$	$HIO(aq)+2H_2O$	+1.13
$[AuCl_2]^-+e^-$	$\rightleftharpoons$	$Au(s)+2Cl^-$	+1.15
$HSeO_4^-+3H^++2e^-$	$\rightleftharpoons$	$H_2SeO_3(aq)+H_2O$	+1.15
$Ag_2O(s)+2H^++2e^-$	$\rightleftharpoons$	$2Ag(s)+H_2O$	+1.17

续表

半反应			$E°/V$
氧化剂	⇌	还原剂	
$ClO_3^- + 2H^+ + e^-$	⇌	$ClO_2(g) + H_2O$	+1.18
$[HXeO_6]^{3-} + 5H_2O + 8e^-$	⇌	$Xe(g) + 11OH^-$	+1.18
$Pt^{2+} + 2e^-$	⇌	$Pt(s)$	+1.188
$ClO_2(g) + H^+ + e^-$	⇌	$HClO_2(aq)$	+1.19
$2IO_3^- + 12H^+ + 10e^-$	⇌	$I_2(s) + 6H_2O$	+1.20
$ClO_4^- + 2H^+ + 2e^-$	⇌	$ClO_3^- + H_2O$	+1.20
$O_2(g) + 4H^+ + 4e^-$	⇌	$2H_2O$	+1.229
$MnO_2(s) + 4H^+ + 2e^-$	⇌	$Mn^{2+} + 2H_2O$	+1.23
$[HXeO_4]^- + 3H_2O + 6e^-$	⇌	$Xe(g) + 7OH^-$	+1.24
$Tl^{3+} + 2e^-$	⇌	Tl^+	+1.25
$Cr_2O_7^{2-} + 14H^+ + 6e^-$	⇌	$2Cr^{3+} + 7H_2O$	+1.33
$Cl_2(g) + 2e^-$	⇌	$2Cl^-$	+1.36
$CoO_2(s) + 4H^+ + e^-$	⇌	$Co^{3+} + 2H_2O$	+1.42
$2NH_3OH^+ + H^+ + 2e^-$	⇌	$N_2H_5^+ + 2H_2O$	+1.42
$2HIO(aq) + 2H^+ + 2e^-$	⇌	$I_2(s) + 2H_2O$	+1.44
$BrO_3^- + 5H^+ + 4e^-$	⇌	$HBrO(aq) + 2H_2O$	+1.45
$\beta-PbO_2(s) + 4H^+ + 2e^-$	⇌	$Pb^{2+} + 2H_2O$	+1.460
$\alpha-PbO_2(s) + 4H^+ + 2e^-$	⇌	$Pb^{2+} + 2H_2O$	+1.468
$2BrO_3^- + 12H^+ + 10e^-$	⇌	$Br_2(l) + 6H_2O$	+1.48
$2ClO_3^- + 12H^+ + 10e^-$	⇌	$Cl_2(g) + 6H_2O$	+1.49
$HClO(aq) + H^+ + 2e^-$	⇌	$Cl^-(aq) + H_2O$	+1.49
$MnO_4^- + 8H^+ + 5e^-$	⇌	$Mn^{2+} + 4H_2O$	+1.51
$HO_2^{\cdot} + H^+ + e^-$	⇌	$H_2O_2(aq)$	+1.51
$Au^{3+} + 3e^-$	⇌	$Au(s)$	+1.52
$NiO_2(s) + 4H^+ + 2e^-$	⇌	$Ni^{2+} + 2OH^-$	+1.59
$Ce^{4+} + e^-$	⇌	Ce^{3+}	+1.61
$2HClO(aq) + 2H^+ + 2e^-$	⇌	$Cl_2(g) + 2H_2O$	+1.63
$Ag_2O_3(s) + 6H^+ + 4e^-$	⇌	$2Ag^+ + 3H_2O$	+1.67
$HClO_2(aq) + 2H^+ + 2e^-$	⇌	$HClO(aq) + H_2O$	+1.67
$Pb^{4+} + 2e^-$	⇌	Pb^{2+}	+1.69
$MnO_4^- + 4H^+ + 3e^-$	⇌	$MnO_2(s) + 2H_2O$	+1.70
$AgO(s) + 2H^+ + e^-$	⇌	$Ag^+ + H_2O$	+1.77
$H_2O_2(aq) + 2H^+ + 2e^-$	⇌	$2H_2O$	+1.78
$Co^{3+} + e^-$	⇌	Co^{2+}	+1.82

续表

半反应			$E°/V$
氧化剂	⇌	还原剂	
$Au^+ + e^-$	⇌	$Au(s)$	+1.83
$BrO_4^- + 2H^+ + 2e^-$	⇌	$BrO_3^- + H_2O$	+1.85
$Ag^{2+} + e^-$	⇌	Ag^+	+1.98
$S_2O_8^{2-} + 2e^-$	⇌	$2SO_4^{2-}$	+2.010
$O_3(g) + 2H^+ + 2e^-$	⇌	$O_2(g) + H_2O$	+2.075
$HMnO_4^- + 3H^+ + 2e^-$	⇌	$MnO_2(s) + 2H_2O$	+2.09
$XeO_3(aq) + 6H^+ + 6e^-$	⇌	$Xe(g) + 3H_2O$	+2.12
$H_4XeO_6(aq) + 8H^+ + 8e^-$	⇌	$Xe(g) + 6H_2O$	+2.18
$FeO_4^{2-} + 3e^- + 8H^+$	⇌	$Fe^{3+} + 4H_2O$	+2.20
$XeF_2(aq) + 2H^+ + 2e^-$	⇌	$Xe(g) + 2HF(aq)$	+2.32
$H_4XeO_6(aq) + 2H^+ + 2e^-$	⇌	$XeO_3(aq) + 3H_2O$	+2.42
$F_2(g) + 2e^-$	⇌	$2F^-$	+2.87
$F_2(g) + 2H^+ + 2e^-$	⇌	$2HF(aq)$	+3.05
$KrF_2(aq) + 2e^-$	⇌	$Kr(g) + 2F^-(aq)$	+3.27

数据来源：https：//en. wikipedia. org/wiki/Standard electrode potential_ （data_ page）. Used under CC BY SA 3. 0 https：//creativecommons. org/licenses/by-sa/3. 0/。

具有较大负值的氧化还原电对(表中的氧化剂和还原剂)在半电池中发生氧化，被称为阳极室。具有较小负值的氧化还原对则在另一边被称为阴极室的半电池中发生还原。

图 6. 1 包含了下列两个氧化还原电对：

$$Zn^{2+} + 2e^- \rightleftharpoons Zn(s) \qquad E° = -0.7618V \tag{6.1}$$

$$Cu^{2+} + 2e^- \rightleftharpoons Cu(s) \qquad E° = +0.3370V \tag{6.2}$$

在这两个氧化还原电对中，锌电对比铜电对有更低的负值。因此，锌金属发生氧化并释放电子。释放电子的半电池被定义为阳极室。电子经由外电路传输到铜电极。另一对组成半电池的则被定义为阴极室。上述电对在下文中表示为 Zn/Zn^{2+} 以及 Cu/Cu^{2+}，表示锌金属与锌离子在溶液中接触，“/”代表固体-溶液边界。基于上述讨论，上述伽伐尼电池为：

$$Zn \longrightarrow Zn^{2+} + 2e^- \tag{6.3}$$

$$Cu^{2+} + 2e^- \longrightarrow Cu \tag{6.4}$$

将两式相加：

$$Zn + Cu^{2+} \longrightarrow Zn^{2+} + Cu \tag{6.5}$$

这个伽伐尼电池是电池的一个示例，通常被称为丹尼尔(Daniell)电池。

在给定的条件下，电池中形成的阴极和阳极的电位差就是电池的电压，即由方程式(6. 6)给出：

$$E = E_c - E_a \tag{6.6}$$

式中，E_c 为阴极电位，E_a 为阳极电位。在图 6.1 中所示的两个 1mol/L 浓度的溶液中，$E_c=0.3370V$，$E_a=-0.7618V$，

$$E=0.3370-(-0.7618)=1.0998(V)=1.10V(近似值)$$

当半电池的两个电极室内的溶液浓度发生变化或不是 1mol/L 时，电池的电压也会发生变化。如果知道浓度变化，则可以估算 E_c 和 E_a 值。这部分内容将在下一节中讨论。

考虑反应式(6.3)所示的反应过程，当电池释放电流，锌金属电极持续溶解直至阳极室内没有锌金属剩余时，至此，电池已被耗尽不能继续使用。这是一个原电池示例。若更换一个新的锌片在阳极室中并重组电路，则可使电池恢复工作状态。在一个原电池中，这种操作是不现实的，因为它需要打开电池并更换阳极材料。若锌金属没有完全氧化(只有一部分金属溶解)，并且反应式(6.1)和反应式(6.2)所示的反应过程颠倒，则会导致溶解的锌金属(Zn^{2+}离子)吸收电子并在剩余的锌金属的再生过程中重新沉积。对于电池来说，若能有放电后再充电的过程，则是一个二次电池。

6.2 定义

6.2.1 电池

原电池是一种伽伐尼电池，它会提供能量和功率输出直到氧化还原反应完全且无法逆转。有时若只强调电压也会称其为原电池为伏打电池。原电池占据了 500 亿美元市场的 90%，全世界大约有 150 亿个电池在使用后被丢弃。

二次电池是一种可充放电的电池，在充电模式下，电能被储存起来以供使用，放电模式下，电能则可以驱动设备。

6.2.2 电池电压

在第 6.1 节中提到可以通过标准电位来估算电池电压的理论值：

$$E=E_c-E_a$$

这是基于假设电池的两个半电池内的氧化还原物的浓度都为 1mol/L，表 6.1 中所示的标准电位才可用于计算 E。当浓度不是 1mol/L 时，则必须使用由能斯特(Nernst)推导出的方程式(通常称为能斯特方程)修正后的E_c和E_a值。如第 6.1 节中的阴极反应：

$$Cu^{2+}+2e^{-}\longrightarrow Cu$$

方程式(6.7)计算了该溶液在非 1mol/L 浓度的电位：

$$E_c=E°-[RT/2F]\ln[a_{Cu}/a_{Cu^{2+}}] \tag{6.7}$$

式中，$E°$为 Cu/Cu^{2+} 的标准电位(溶液中铜离子浓度为 1M)，a_{Cu}和$a_{Cu^{2+}}$分别指溶液中金属铜(固体活性为 1.0)和铜离子的活度，R 是气体常数[8.321J/(mol·K)]，T 是绝对温度，F 是法拉第(Faraday)常数。对于稀溶液，活性系数趋于 1，因此，铜离子的活性和铜离子的浓度相等。方程式(6.7)可改写为：

$$E_c=0.3370-(RT/2F)\ln(1/C_{Cu^{2+}}) \tag{6.8}$$

在温度为25℃并将 ln 从底数 e 转换为10，方程式简化为：

$$E_c = 0.3370-(0.059/2)\log(1/C_{Cu^{2+}}) \quad (6.9)$$

同理，E_a可根据任意指定浓度的锌离子进行修正：

$$E_a = -0.7618-(0.059/2)\log(1/C_{Zn^{2+}}) \quad (6.10)$$

因此，将方程式(6.9)和方程式(6.10)中所得的E_c和E_a替换入(E_c-E_a)则可以得到电池的电压：

$$E=[0.3370-(0.059/2)\log(1/C_{Cu^{2+}})]-[-0.7618-(0.059/2)\log(1/C_{Zn^{2+}})] \quad (6.11)$$

$$E=(0.3370+0.7618)-(0.059/2)\log(C_{Cu^{2+}}/C_{Zn^{2+}}) \quad (6.12)$$

方程式(6.12)表明，电池电压将随 Cu^{2+}和 Zn^{2+}浓度的变化而变化。上述讨论适用于任意电池的性能。

思　考　题

一个伽伐尼电池在 298K 下工作，发生以下反应：

$$Zn(s)+Ni^{2+}(aq)\longrightarrow Zn^{2+}+Ni(s)$$

注：$[Ni^{2+}]=C_{Ni}{}^{2+}$，$[Zn^{2+}]=C_{Zn}{}^{2+}$。

问：(1)在标准条件下，这个电池的电压是多少？

(2)当$[Ni^{2+}]=3.0mol/L$，$[Zn^{2+}]=0.100mol/L$时，电压是多少？

(3)当$[Ni^{2+}]=0.20mol/L$，$[Zn^{2+}]=0.900mol/L$时，电压是多少？

解：(1)在上述反应中使用 1mol/L 浓度的溶液的标准条件下，我们可以使用表 3.1 中的 Zn/Zn^{2+}和 Ni/Ni^{2+}两个氧化还原电对的标准电位：

$$Zn/Zn^{2+} \qquad E^\circ=-0.7618V$$

$$Ni/Ni^{2+} \qquad E^\circ=-0.250V$$

伽伐尼电池由上述两个氧化还原电对组成，由于 Zn/Zn^{2+}的电位比 Ni/Ni^{2+}低，因此它将用作阳极。另一边 Ni/Ni^{2+}则充当阴极。电池电压如下：

$$E=E_c-E_a$$

$$E=-0.250-(-0.7618)=0.512V$$

(2) 对于非理想条件，E_c和E_a则依据题中给定的浓度使用方程式(6.7)计算：

$$E_c=E^\circ-(0.059/2)\log\{1/[Ni^{2+}]\}$$

$$E_c=-0.250-(0.059/2)\log(1/3.0)=-0.250+0.014=-0.236V$$

$$E_a=-0.7618-[0.059/2]\log\{1/0.10\}=-0.791V$$

$$E=E_c-E_a=-0.236-(-0.791)=0.555V$$

(3) $E_c=-0.250-(0.059/2)\log(1/0.20)=-0.229V$

$E_a=-0.7618-(0.059/2)\log(1/0.90)=-0.763V$

$E=E_c-E_a=-0.229-(-0.791)=0.534V$

写出两个半电池的反应，则可得出问题中给出的整体反应。

6.3 单位

6.3.1 比能量

指由法拉第电解定律得到电池的可用能量，即 1F 的电能会带来同等的 1g 物质的溶解。以丹尼尔电池为例：

$$1F=96494C=1g\ 等量的锌$$

锌发生下列反应：

$$Zn \longrightarrow Zn^{2+}+2e^-$$

反应涉及了 $2e^-$，由于 Zn 的相对原子质量为 65. 39g/mol，因此等效质量为：

$$\begin{aligned}等效质量&=原子质量/涉及的电子数\\&=65.39/2=32.69\end{aligned}$$

也就是说 1F=32. 69g 的 Zn 将溶解。

$$96494C=96494As=32.69g;\ 其中[1C=1As\times1s]$$

$$\begin{aligned}电容&=96494As/32.69g=(96494As/3600s)\times(1h/32.69g)\\&=26.8Ah/32.69g=0.819Ah/g\\&=819Ah/kg\end{aligned}$$

根据上述计算，丹尼尔电池中作为阳极的 1kg Zn 在 1h 内预计会产生电流 819A。因此使用通用方程计算，

$$电容=[26.8Ah/等效质量的活性物质(g)] \tag{6.13}$$

$$\begin{aligned}比能量&=电容\times电压\\&=(0.819Ah/g)\times1.10V\\&=0.909VAh/g\end{aligned} \tag{6.14}$$

由于 1W=1V×1A，

$$比能量=0.909Wh/g(丹尼尔电池)$$

6.3.2 能量效率

$$实际可用能量\ \varepsilon_P=\int_0^t(EI)\,dt \tag{6.15}$$

其中，E 是电池电压，I 是电流，t 是累积时间。

$$\eta_{wh}=\varepsilon_P/\varepsilon_T \tag{6.16}$$

其中，ε_T是理论效率，η_{wh}是放电总能量与充电总能量之比。

6.3.3 功率密度

$$P=E^2/R_iW \tag{6.17}$$

其中，W 是电池的重量，包括电极、电解液和辅助部件；R_i是电池的内阻；E 是电池电压。

6.3.4 放电速率

放电速率被定义为电荷从电池中释放的速率。t-h 速率表示$Q_{理论}/t$，其中$Q_{理论}$是可用的理论电量，t 是以秒为单位的时间。

电池容量与放电速率有以下关系：

$$C_P = I^k t \tag{6.18}$$

其中，C_P 是在 1A 的放电速率下的安培小时电容，I 是以安培为单位的放电电流，t 是以小时为单位的放电时间，k 是浦克(Peukert)系数。

6.3.5 库伦效率

$$Q_{理论} = XnF \tag{6.19}$$

其中，X 是电池完全放电反应的物质的量，n 是参与电池反应的电子数，F 是法拉第常数。

实际电容(Q_P)由式(6.20)得出：

$$Q_P = \int_0^t I(t)\,dt = (1/R_e)\int_0^t E(t)\,dt \tag{6.20}$$

其中，R_e 为外部负载，t 是当 $E=0.6\,E_{CO}$的时间，E_{CO}是截止电压。

$$\eta = Q_P/Q_{理论} \tag{6.21}$$

6.3.6 能量效率

能量效率(Energy Efficiency，EF)被定义为电压效率和库仑效率的乘积：

$$EF = (E_D/E_c)(I_D \cdot t_D/I_c \cdot t_c) \tag{6.22}$$

其中，E_D是放电电压，E_c是充电电压，I_D是放电电流，I_c是充电电流，t_D是放电时间，t_c是充电时间。

6.3.7 体积密度

体积密度(Volumetric Density，VD)是通过考虑电池的体积来定义的：

$$VD = Wh/L \tag{6.23}$$

其中，Wh 是指电池提供的瓦时，L 是电池的体积。

6.3.8 电池放电的 C 和 E 速率

C 速率是电池被放电至其最大电容的速率。假设电池能够提供最大 1A 电流，1C 速率表示如果释放 1A 电流，电池将在 1h 内完成放电。

如果电池的电容为 500Ah，则 1C 指其能持续 1h 放出 500A 的电流。这种电池以 2C 速率放电时的电流为 1000A，$C/2$ 速率时电流为 250A。同样，E 速率指放电功率。1E 速率表示整个电池在 1h 内完成放电。

6.3.9 自放电和保质期

由于内部的化学反应，电池往往会随着时间慢慢损失电容。电容随时间的损失与化学反应类型、环境温度、充电状态和充电程度相关。

保质期是指电池在有效的状态下可以储存的时间。在电池的质量管理中，保质期测试是在37℃下释放小电流3个月，并在此期间监控电池电压的变化。如果电压能保持不变，那么电池才能被市场所接受。

6.3.10 循环寿命

一个二次电池要经受多次的充放电过程。在经历循环充电过程中，电池还能够持续提供能量和功率密度的能力被定义为循环寿命。不同的制造商有着不同标注电池寿命的标准，比如，苹果公司将电池充电至满电量的一半，然后放电相同的电量作为一个循环。另一些则将电池完全充电和放电到极限水平作为一个循环。

6.4 经典电池示例

在前几节中，我们讨论过丹尼尔电池。在这一节中，我们讨论几个经典电池的性能。本节说明了阳极处的活性材料(或可称为燃料)在不同的化学环境中的不同性能。丹尼尔电池在弱酸性条件下，在水溶液中使用锌作为阳极。在下列示例中，在碱性条件下工作的锌镍电池展现出不同的性能。

6.4.1 锌-镍电池

阳极 $Zn+2OH^- \longrightarrow Zn(OH)_2+2e^-$

阴极 $2NiOOH+2H_2O+2e^- \longrightarrow 2Ni(OH)_2+2OH^-$

$E_c=0.52V$，$E_a=-1.12V$，因此标准条件下的电池电压的估值为 $E=0.52-(-1.12)=1.64V$。根据前述计算流程，可得下列数据：

比能量：100Wh/kg；

能量密度：280Wh/L；

电池电压：1.64V。

6.4.2 镍-金属氢化物电池

在前面的锌镍电池示例的基础上，构建了用于汽车的镍氢电池：

阳极 $MH+OH^- \longrightarrow M+H_2O+e^-$

阴极 $NiOOH+H_2O+e^- \longrightarrow Ni(OH)_2+OH^-$

其中，MH为金属氢化物；金属合金会使用V、Ti、Zr、Ni、Cr、Co和Fe。$E_c=0.83V$，$E_a=0.52V$，可得电池电压为1.35V。此电池的比能量预计在60~120Wh/kg。

6.4.3 锌-空气电池

锌存在于碱性环境中，并发生以下反应：

阳极 $Zn+2OH^- \longrightarrow Zn(OH)_2+2e^-$

阴极 $1/2O_2+2e^-+H_2O \longrightarrow 2OH^-$

$E_c=0.40V$，$E_a=-1.25V$，预期电池电压为1.65V。此电池的比能量为1370Wh/kg，能量密度为1480Wh/L。此电池可用于收音机、玩具和闪光灯。

表6.2列出了一些电池及其预期电压、比能量、循环寿命和耐久性。没有任何一种电池能达到理论估算出来的比能量。

通常情况下，由于很多因素导致实际可用的比能量要比表 6.2 中给出的理论值低。

表 6.2 电池及其参数

电池系统	Pb/酸	Ni/Fe	Na/S	Zn/Cl_2
阳极	Pb	Fe	Na	Zn
阴极	PbO_2	NiOOH	S	Cl_2
电解质	H_2SO_4	KOH	β-氧化铝	$ZnCl_2$
电池电压/V				
开路电压/V	2.1	1.4	2.078	2.12
额定电压/V	2.0	1.2	1.7	1.9
能量密度(理论值)/(Wh/kg)	25~40(252)	50(340)	120~150(700)	100(830)
能量密度/(Wh/L)	60	100	280	130
运行温度/℃	-40~50	-10~50	210~400	20~60
循环寿命/次	500~1000	2000~4000	1000~4000	
应用	汽车、海军飞机、柴油机	电动汽车	电动汽车、能量储存	电动汽车、能量储存
优点	成本低、储量丰富、高低温皆可运行	坚固、寿命长	功率容量高、材料成本低	能量密度高、寿命长
缺点	能量密度低、循环寿命短	功率、能量密度低	安全问题、易腐蚀	加工困难

6.4.4 碱性电池

文献中已经报道了许多碱性电池，其中最流行的是 $Zn-MnO_2$，它使用 Zn 作为阳极，MnO_2 作为阴极。该电池发生以下反应：

阳极 $$Zn+2OH^- \longrightarrow ZnO+H_2O+2e^-$$

阴极 $$2MnO_2+H_2O+2e^- \longrightarrow Mn_2O_3+2OH^-$$

总反应为：$Zn + H_2O + 2MnO_2 + 2e^- \longrightarrow Mn_2O_3 + 2OH^-$。在标准情况下，$E_c = 0.25V$，$E_a = 1.25V$，预期电池电压为 1.50V。

6.4.5 $Pb-PbO_2$ 酸蓄电池

$Pb-PbO_2$ 酸蓄电池是一种比较特别的电池，用于汽车启动电源已有几十年。表 6.2列出了该电池的特性，其反应如下：

阳极 $Pb+HSO_4^- \longrightarrow PbSO_4+H^++2e^-$

阴极 $PbO_2+HSO_4^-+3H^++2e^- \longrightarrow PbSO_4+2H_2O$

总反应为：$Pb+PbO_2+2H_2SO_4 \longrightarrow 2PbSO_4+2H_2O$，预期电压为2.1V，能量密度为252Wh/kg和60Wh/L，循环寿命在500~1000次之间。该电池能在-40~50℃温度范围内工作。尽管其理论能量密度很高，但实际上仅能实现25~40Wh/kg。

在表6.2~表6.4中，列举了一些常见电池的工作温度及其特性和优缺点。括号中的能量密度值指的是理论估算值，与前面章节中讨论的特定能量相同。

表6.3 二次电池

电池系统	Fe/空气	Zn/空气	Li/空气	Al/空气
阳极	Fe	Zn	Li	Al
阴极	O_2	O_2	O_2	O_2
电解质	KOH	KOH	KOH	KOH
电池电压/V				
开路电压/V	1.3	1.6	3.4	2.78
额定电压/V	1.0	1.2	2.4	1.6
能量密度(理论值)/(Wh/kg)	95(1250)	110~(1320)	250(13124)	150~200(8135)
能量密度/(Wh/L)	110	100	80	
运行温度/℃	50	50~60	环境温度	50~80
循环寿命/次	1000	300~400		
应用	电动汽车、能量储存	电动汽车、能量储存	电动汽车、能量储存	能量储存、备用电源
优点	高比能量密度	能量密度良好	电池电压良好	能量密度高
缺点	效率低	寿命短	锂电极易腐蚀	寿命较短

表6.4 二次电池

电池系统	Ni/Cd	Ni/Zn	Zn/Br_2	Zn/AgO
阳极	Cd	Zn	Zn	Zn
阴极	NiOOH	NiOOH	Br_2	AgO
电解质	KOH	KOH	$ZnBr_2$	KOH
电池电压/V				
开路电压/V	1.29	1.73	1.82	1.85
额定电压/V	1.2	1.6	1.7	1.5

续表

电池系统	Ni/Cd	Ni/Zn	Zn/Br_2	Zn/AgO
能量密度(理论值)/(Wh/kg)	35(210)	70(370)	70(430)	100(440)
能量密度/(Wh/L)	110	100	80	
运行温度/℃	-30~50	-30~60	20~50	-20~70
循环寿命/次	500~2000	200~300		150~300
应用	应急照明、发动机起动装置	电动汽车、军事应用	电动汽车、能量储存	通讯、地雷、卫星、空间探测
优点	非常坚固	能量密度高	能量密度良好	能量密度高、放电速率高
缺点	能量密度低、成本高	循环寿命短	体量较大时有安全问题	成本高、循环寿命短

锂电池被认为是汽车燃料电池的可能替代品。因此，在下面的部分中，我们讨论锂电池。

6.4.6 锂电池

锂电池通常用金属锂作为阳极，阴极有很多种，例如，$Li-MnO_2$、$Li-(CF)_x$、$Li-FeS_2$、$Li-SOCl_2$、$Li-SO_2Cl_2$、$Li-Ag_2CrO_4$、$Li-AgO+V_2O_5$、Li-CuO、$Li-CuCl_2$、$Li-(Al-MnO_2)$、$Li-(Al-V_2O_5)$和 Li-空气。

阳极 $$Li \longrightarrow Li^+ + e^-$$

阴极 $$4Li^+ + 4e^- + 2SOCl_2 \longrightarrow 4LiCl + SO_2 + S$$

总反应 $$4Li + 2SOCl_2 \longrightarrow 4LiCl + SO_2 + S$$

上述反应中，$E_c=0.50V$，$E_a=-3.04V$，预期电池电压为 3.54V。

根据方程式(6.12)和方程式(6.13)计算比能：

$$电容=26.8Ah/6.94g=3.86Ah/g$$

$$\begin{aligned}比能量&=电容\times电压\\&=3.86\times3.54=13.67Wh/g\\&=13670Wh/kg\end{aligned}$$

这些电池充电密度和单位成本高，锂离子电池依靠在电极之间移动的锂离子实现充放电。它们使用嵌锂材料作为电极，这种电池是可充电的，因此被用来替代前述的铅酸电池。设想一个以 $LiCoO_2$ 为阴极、石墨为阳极的锂离子电池。其电压为 3.6V，比能量为 240Wh/kg，可循环充放电 500~1000 次。另一个例子是以 Li_2MnO_4 为阴极、石墨为阳极的锂离子电池，电压为 3.7V，比能量为 100~150Wh/kg，可持续 300~700 次循环。近几年，发现了一种以 $LiNiMnCoO_2$ 为阴极、石墨为阳极的电池，可以循环充放电 1000~2000 次，比能量达到 150~220Wh/kg。图 6.2 展示了不同二次电池的可用比能量。锂离子电池的能量密度是铅酸电池的六倍，可作为铅酸电池的替代品应用于汽车、电力火车、电动工具等。

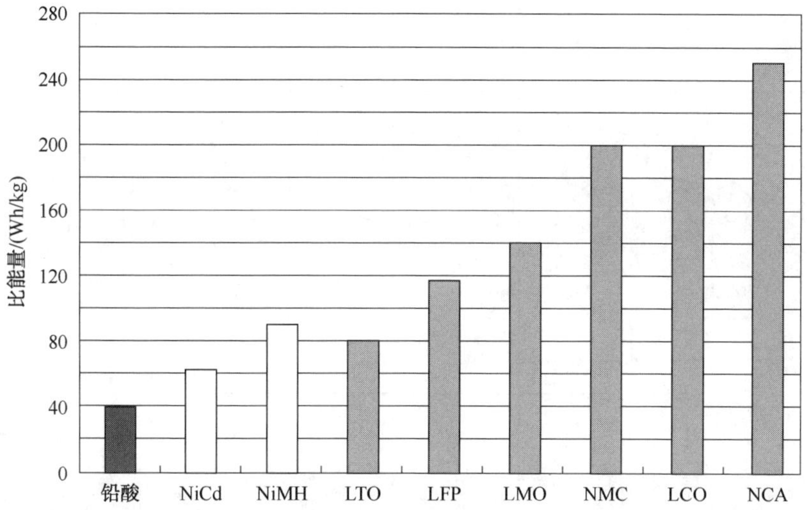

图 6.2　不同的二次电池的可用比能量，NiCd＝镍-镉，NiMH＝镍-金属氢化物，LTO＝钛酸锂，LFP＝磷酸铁锂，LMO＝锂锰氧化物，NMC＝锂镍锰钴氧化物，LCO＝锂钴氧化物，NCA＝锂镍钴铝氧化物

（数据来源：Courtesy Cadex.）

6.5　导电聚合物电池（有机电池）

随着 MacDiarmid、Heeger、Shirakawa 及其同事[7]发现导电聚合物，聚合物科学领域出现了一个新的活跃科研领域。这些聚合物也被称为合成金属，因为它们具有天然金属的一些重要特性，特别是导电性。聚合物的荷电状态带来了一个可变的氧化还原电位，被定义为“浮动氧化还原电位”。前几节中讨论的电池都有明确的氧化还原电位，该电位与他们的充放电状态无关。图 6.3 展示了一个被提出并已测试的有趣的导电聚合物电池。在图 6.3(a)中，Li/Li^+氧化还原电对与 P/P^+A^-导电聚合物氧化还原电对结合。一个简单的例子，在含有锂盐（$LiClO_4$）的溶液［四氢呋喃（THF）］中的锂金属与聚苯胺（P）-涂层石墨电极偶联，电池反应如下：

放电时，

阳极　$Li \longrightarrow Li^+ + e^-$

阴极　$P^+A^- + e^- \longrightarrow P + A^-$

总反应　$Li + P^+A^- \longrightarrow Li^+ + P + A^-$

锂离子从阳极进入溶液，P^+A^-聚苯胺（PANI）处于氧化态，离子与 A^-（ClO_4^-）配对。具有聚苯胺电极的电池电压约为 4V，比能量在 87~539Wh/kg 范围内，很多其他导电聚合物可以替代聚苯胺（表 6.5）。

表 6.5　电池用导电聚合物列表

缩写	名称	分子式 单体单元	单体分子相对分子质量	聚合物中单体单元相对分子质量
Pln	聚吲哚	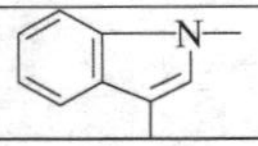	117	115
PT	聚噻吩		84	82
PBT	聚双噻吩 聚噻吩	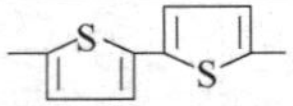	166	164 82
PTT	聚并二噻吩	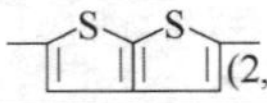 (2,3-b)	140	138
PDTT	聚并三噻吩	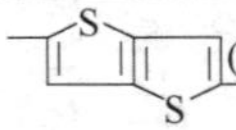 (3,2-b) 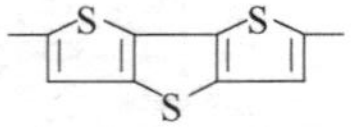 (3,2-b; 2′,3′-d)	140 172	138 170
PMT	聚(3-甲基噻吩)	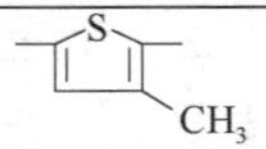	98	96
PAT	聚(3-烷基噻吩)	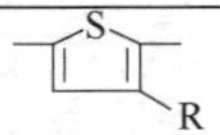	$83+MW_R$	$81+MW_R$
POT	聚(3-正辛基噻吩)	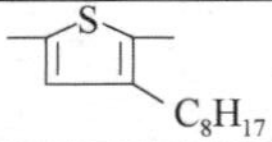	196	194
PMOT	聚(4,4′-二甲氧基双噻吩)	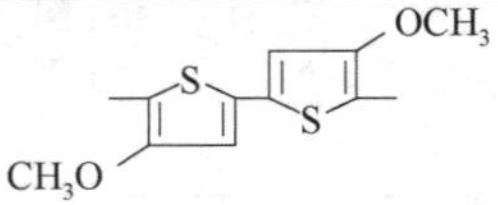	226	224
PEDOT	聚(3,4-乙炔二氧基噻吩)	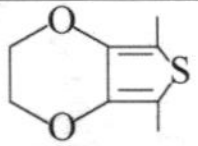	142	140
TTP	四硫卟啉	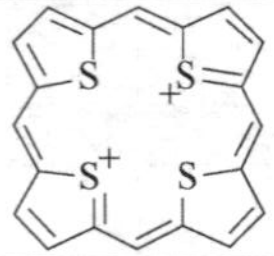	110	108
PPP	聚对亚苯基 聚(1,4-亚苯基) 聚苯		78	76
PTP	聚三亚苯	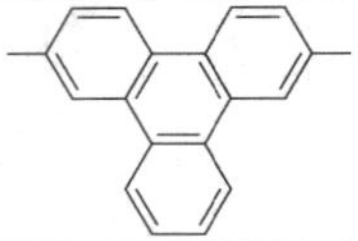	228	226
PAz	聚氮烯 聚(双环(5,3,0)癸烯)	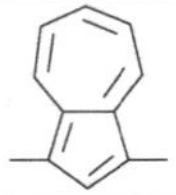	128	126
PFI	聚芴	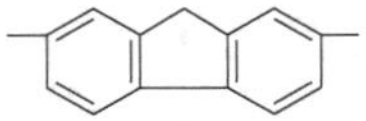	166	164
PFu	聚呋喃		68	66
PCZ	聚咔唑	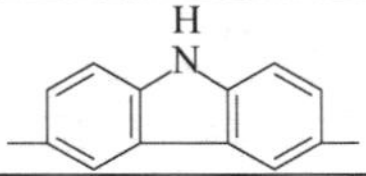	167	165
PECz	聚正乙基咔唑	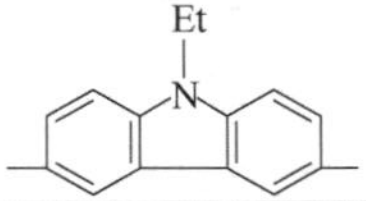	195	193

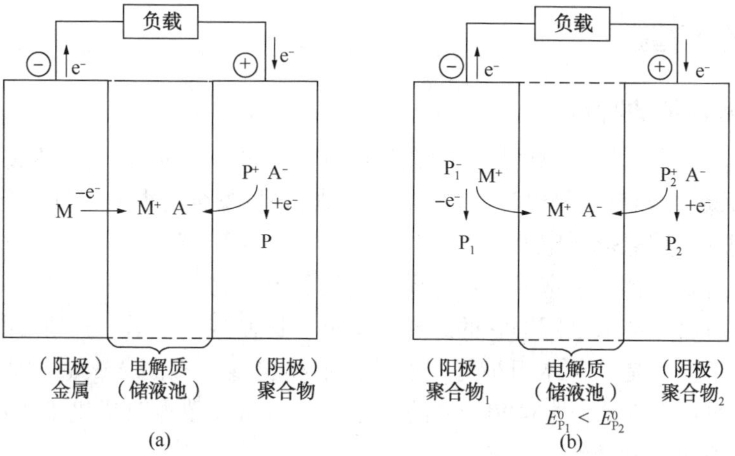

图 6.3　导电聚合物电池，(a)M 为阳极金属(通常是 Li 或 Zn)，M^+A^-是填充阳极和阴极的电解质，P^+A^-表示导电聚合物处于氧化状态，P 是导电聚合物处于还原状态；(b)$P_1{}^-M^+$为导电氧化物的还原态，$P_2{}^+A^-$是导电聚合物的氧化态，P_1 是聚合物的氧化态，P_2 是聚合物的还原态

在充电时，上述的过程是相反的。

在图 6.3(b)中，用两种导电聚合物构建电池：

阳极　　$P_1^-M^+ \longrightarrow P_1+M^++e^-$

阴极　　$P_2^+A^-+e^- \longrightarrow P_2+A^-$

总反应　　$P_1^-M^++P_2^+A^- \longrightarrow P_1+P_2+M^++A^-$

为了使电池能够运行，$P_1^-M^+$的氧化还原电位应小于 $P_2^+A^-$。表 6.5 给出了有机电池中使用的导电聚合物。

图 6.4 为有机电池充放电的示意图。

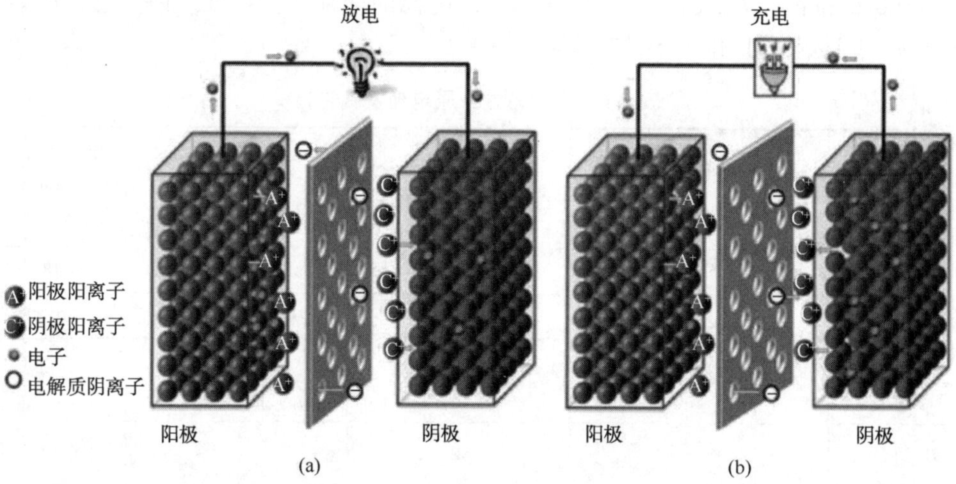

图 6.4　展示了有机电池在充放电过程中，电子和离子的移动路径，阳极室和阴极室由中心板(膜)隔开

6.6 实际问题

6.6.1 选定电池的特点

尽管市场上有大量电池可用，但在实际应用过程中仍面临一些挑战。我们以具有代表性的镍-金属氢化物电池、锌-空气电池和锂-聚合物电池为例进行如下讨论。

6.6.1.1 镍-金属氢化物电池

背景：这是一种基于室温、水介质的电池系统，目前被认为可以替代镍镉电池，因为镉有毒所以不可取。因为它的组件成本低，这使其在市场上有额外的竞争力。

现状：本产品是一种体积小可扩展的商业化电池。美国 Argonne 国家实验室已经证明，它可以在 3h 提供 54Wh/kg 的比能量，在 50%放电时提供 174W/kg 的峰值功率，并且适用于电动汽车(EV)。

关键问题：自放电可能会限制其在电动汽车中的使用以及氢化物的热稳定性。

这些问题已在电动汽车中得到解决。

6.6.1.2 锂-聚合物电池

背景：具有 Li 或 Li/C 阳极的固态聚合物电解质系统。适用于无机嵌入、薄膜制造技术。

现状：目前的技术，一个电池可以达到 100 ~ 200Wh/kg，脉冲功率 250 ~ 400Wh/kg。循环次数可达数百次。

关键问题：高电阻带来的热管理问题，低温性能未知。

6.6.1.3 锌-空气电池

背景：空气作为活性阴极材料的水溶液电池，理论比能量为 560Wh/kg。

现状：由于动力学缓慢，比功率较低。泡沫金属锌也许可以帮助解决该问题。

关键问题：锌和空气电极的使用寿命限制了此种电池的应用。

表 6.6 和表 6.7 给出了一次电池和二次电池的详细性能特征。请注意，比能量单位为 MJ/kg，1MJ 相当于 277.7kW。

表 6.6 电池特性：原电池及其特性

电池	阳极(-)	阴极(+)	最大电压(理论)值/V	标称电压(实际值)/V	比能量/(MJ/kg)	简述	25℃下保质期(80%电容)/月
锌-碳	Zn	MnO_2	1.6	1.2	0.13	价格便宜	18
锌-氯			1.5			也称为“重型”，便宜	
碱性(锌-二氧化锰)	Zn	MnO_2	1.5	1.15	0.4~0.59	中等能量密度，可适用于高负荷和低负荷	30
氢氧化镍(锌-锰氧化物/氢氧化镍)			1.7			中等能量密度，可适用于高负荷	

续表

电池	阳极(-)	阴极(+)	最大电压(理论)值/V	标称电压(实际值)/V	比能量/(MJ/kg)	简述	25℃下保质期(80%电容)/月
锂(锂-氧化铜)	Li	CuO	1.7			已停产，被氧化银电池替代(IEC 型“SR”)	
锂(锂-二硫化铁)	Li	FeS_2	1.8	1.5	1.07	造价高，用作“附加”或“额外”电池	337
锂(锂-二氧化锰)	Li	MnO_2	3.0		0.83~1.01	造价高，仅用于高负荷设备或由于自放电率极低而具有较长保质期的设备 “锂”一词通常指的是这类化学物质	
锂(锂-氟化碳)	Li	$(CF)_n$	3.6	3.0			120
氧化汞	Zn	HgO	1.34	1.2		高负荷且电压恒定，由于健康隐患已被大多数国家禁用	36
锌-空气	Zn	O_2	1.6	1.1	1.59	主要用于助听器	
赞伯尼电堆	Zn	Ag 或 Au		0.8		寿命非常长，极低的电流(nA)	>2000
氧化银(银-锌)	Zn	Ag_2O	1.85	1.5	0.47	造价非常高，仅用于商业纽扣电池	30
镁	Mg	MnO_2	2.0	1.5			40

表 6.7 电池特性：二次(可充式或牵引式)电池及其特性

电池	电池电压/V	比能量/(MJ/kg)	特点
NiCd	1.2	0.14	价格便宜； 可适用于高负荷和低负荷，中等能量密度； 可以承受非常高的放电率，电容损失可忽略不计； 合理的自放电速率； 由于镉对环境有害，目前在欧洲被禁止使用
铅酸	2.1	0.14	中等价格； 中等能量密度； 合理的自放电速率； 较高的放电率会导致相当大的电容损失； 铅对环境有害； 通常用作汽车电池

续表

电池	电池电压/V	比能量/(MJ/kg)	特点
NiMH	1.2	0.36	价格便宜； 在高负荷设备中，表现优于碱性电池； 传统化学品具有较高的能量密度，但也具有较高的自放电速率； 较新的化学品具有较低的自放电速率，但也有较低(约25%)能量密度； 已在一些汽车上使用
NiZn	1.6	0.36	价格较为便宜； 适用于高负荷设备； 低自放电速率； 与其他二次电池相比，电压更接近碱性原电池的电压； 没有有毒成分； 新上市(2009年)，销售状况未知； 尺寸可用性有限
AgZn	1.86 1.5	0.46	体积比同等的锂离子小； 由于使用银，价格非常昂贵； 非常高的能量密度； 可承受非常高的负荷； 多年来由于银价格高而被认为无法使用； 如果搁置不用，电池会被氧化； 涉及反应没有被完全明确； 终端电压非常稳定但会在70%~80%充电时突然下降至1.5V(通常认为是正极板中同时存在的银和银氧化物中的一种会被优先消耗完)； 已被用来代替原电池； 作为锂离子电池的替代品被再次开发
锂离子	3.6	0.46	非常昂贵； 非常高的能量密度； 通常不提供“普通”电池尺寸； 笔记本电脑、中高端数码相机常用

来源：https://en.wikipedia.org/wiki/Battery electricity. Used under CC BY SA 3.0 https://creativecommons.org/licenses/by-sa/3.0/。

6.6.1.4 应用

现代生活高度依赖于能够提供速度和舒适度的新技术。电池被广泛用于笔记本电脑、遥控器、手机、卫星通信、手表等。在移动应用中，根据特定用途需要的能量密度和可充性，电池被分为了两类。除了功率输送能力等的其他几个考虑因素外，输送速度和可持续性将是决定性因素。

非道路车辆应用：

工业卡车，一般使用6~8h，所需电池的能量密度是20~24Wh/kg，电池具备能够进行1000次充放电循环的能力。

此处还有工业清扫车、高尔夫球车、以及花园拖拉机，通常在 2~3acre 的范围内运行，需要电池提供 24~32Wh/kg 的能量密度。

道路车辆应用：

家用轿车预计在 60mile/h 的速度下行驶 200mile，电池能量密度为 160Wh/kg。

通勤车预计在 60mile/h 的速度下行驶 100mile，电池的理想能量密度为 56Wh/kg。

城市出租车以 40mile/h 的速度行驶 150mile，电池的理想能量密度为 120Wh/kg。

城市公共汽车以 30mile/h 行驶 120mile，电池的理想能量密度为 110Wh/kg。

6.7 电力运输

6.7.1 背景信息

本节将讨论电池和电动交通的历史发展。早在公元前 200 年，电池就在伊拉克和埃及被用于电镀和贵金属镀金。1800 年，亚历山德罗・伏打(Alessandro Volta)发现将两种不同的金属放在电解质溶液中可以产生电流。在这个发明之后，在接下来的 60 年中，使用多种不同的金属开发了其他几种电池。法国的乔治・勒克朗谢(Georges Leclanche)开发了碳锌湿式电池，雷蒙・加斯顿・普兰特(Raymond Gaston Plant)发明了铅酸电池，但这两种电池的保质期都很短。1881 年，埃米尔・阿尔方斯・福尔(Émile Alphonse Faure)提出了使用铅氧化物混合物作为电解液中正极板的电池，可以更快地驱动化学反应并达到更高的效率。1900 年，托马斯・阿尔瓦・爱迪生(Thomas Alva Edison)发明了镍蓄电池，从而带动了 1905 年镍铁电池的发展[8]。1949 年推出了碱性电池，一年后对其进行了改进，成为可持续的碱锰电池，在这个时候，太阳能已经开始实际应用。1954 年，研制出了第一块太阳能电池。1960 年发明了用于铅酸电池的凝胶状电解质[9,10]，并带动了 1990 年之前多种新型电池的研发，为便携式计算机、手机和太空探测器供电的商用锂离子电池开辟了一个新的发展领域。对运行电子芯片和传感器的电池的需求促使人们积极寻找具有更好性能的电池，目前研究表明，在电池中使用碳纳米管可以将传统电池的寿命延长一倍。

最早的汽车使用铃铛而不是喇叭来提醒路上的人们以及用作其他用途。头灯也是燃气驱动的。启动发动机的时候，仍需要人力转动发动机的机械曲柄。1920 年发明了电启动器，促进了电池在运输领域中的广泛使用。直到 1971 年，二次电池都是开放式的，即通过添加电解液或清洁电极等使电池维持在可充电状态。1971 年，密封式电池问世，提高了电池的安全性和循环寿命。内燃机(ICE)对快速供电的需求不断提升，因此开发了可提供 12~13.6V 电压的电池。该电池输出电压用于 ICE 的启动、照明和点火，这些被称为 SLI 电池。现在 SLI 电池电压的趋势是从 13.6V 增加到 42V，以满足更高效的发动机、电子点火、更加复杂的线束、数字控制以及不同的传感器和执行器的需求。由于电气系统组件耐久性方面的技术限制，基本没有开发为不同目的提供多种不同电压的电池。电力推进系统的快速进展可能会推动具有更高电压的电池的发展。

图 6.5 以图示方式显示了一次和二次电池的应用体系。

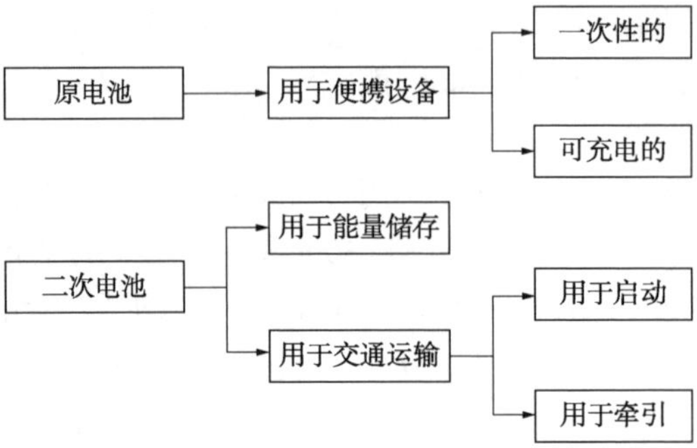

图 6.5　电池的应用

6.7.2 原电池

电池由电解质(通常为凝胶形式)、正极和负极组成，带着连接了电力负载的外部终端。电解质是用于在电极之间转移电子的离子导体。电压或电动势取决于所用材料的化学性质，与电极尺寸或电解液用量无关。从设计上看，电池是一个具有内部电解池的绝缘容器，电极连接到终端上。

所有电池都可以分为两种主要类型：一次性电池或可充电电池。原电池是一种一次性电池，只要化学反应持续产生电流该电池就可以运行；当没有电能可用时，电池被认为已失效，即可将其丢弃。可充电原电池通常用于较小的便携式电信设备、笔记本电脑和医疗仪器，不接外接电源只能在有限的时间内使用。

电池分为干电池或缓慢失效的湿电池。在干电池中，电解质被多孔材料吸收而无法流动。在湿电池中，液体电解质可以在外壳内自由移动。干电池(如碳锌干电池)用于为袖珍收音机和 CD 播放器或手电筒和移动电话等小型设备供电。使用碱性水溶液作为电解质的碱性电池在生产上更便宜且更可靠，它们的腐蚀性比锌基电池低，因此使用寿命更长。

一次性原电池组装后立即产生电流但不能稳定充电，因为化学反应不易逆转，电池活性材料可能无法恢复到原来的状态。

6.7.3 便携式设备电池

便携式消费电子产品的普及和小型化促使了锂离子电池设计的进步。因为锂电池具有高功率重量比、高能效、良好的高温性能、较低的自放电和可完全充电的特点，因此其得以普及。锂电池是被包裹的电池组。所有可充电电池都由外部设备通过电流逆变反应来提供适当的电流。锂离子电池内的大部分材料都可以回收利用[28]，当前的发展趋势是降低成本并增加充电循环次数和功率密度。直到今天，锂离子电池仍是消费者接受度最高的可充电电池。其他便携式可充电电池还包括几种可用于便携式设备的密封干电池：镍镉(NiCd)电池广泛用于电动工具、双向无线电和医疗设备；相比之下，镍锌(NiZn)和镍金属氢化物(NiMH)电池可提供更高的容量。此外，也正在努力制造带有嵌入式电子设备的智能电池组，这些电子设备可以监控充电并提供电池保护。

6.7.4 牵引电池或电动汽车电池

牵引电池（Traction Battery，BTB）或电动汽车电池（Electric Vehicle Battery，EVB）用于为电动运输设备的推进提供动力。牵引电池用于叉车、电动高尔夫球车、电动摩托车、电动汽车、卡车和货车等越野运输。在最初开发电动汽车时，牵引工程师使用汽车铅酸充电电池。如今，电动汽车最受青睐的电池是类似于消费电子电池的锂离子或镍金属氢化物电池。大多数新型插电式汽车、混合动力汽车和全电动汽车（Electric Vehicle，EV）将使用锂离子电池，而不是在许多混合动力电动汽车（Hybrid Electric Vehicle，HEV）中普遍使用的镍氢电池。

EVB 与 SLI 电池不同，因为它们的目的是长时间提供电力。因此，牵引电池必须提供较高的电量，以 Ah 或 C 为单位，具有高功率重量比、能量重量比和能量密度。电动汽车的行驶里程与电池比能量成正比。与 ICE 相比，电动汽车的成功与否可能取决于电池技术的改进至其能够提供与液体石油基燃料相当的特定能量。

6.7.4.1 铅酸电池

安装在运输用的 ICE 中的铅酸电池都具有很高的输出功率。它们价格便宜、安全稳定，不能过放电，因为完全放电会缩短电池的寿命。凝胶电池使用半固体电解质，可以减少维护并提高耐久性。由大量全密封干电池装置组成的便携式充电电池已经广泛应用于移动电话、笔记本电脑、医疗和工业仪器中。

铅酸电池主要有两种类型：汽车发动机启动电池和深循环电池[28]。汽车发动机启动电池旨在以较高的充电速率为 SLI 电池进行快速充电，而深循环电池则用于叉车或高尔夫球车等越野电动汽车，以及作为机场交通和房车的辅助储能设备。铅酸电池的放电量不应低于其容量的 50%，否则会缩短电池的使用寿命。此外，旧的未密封富液电池需要监测电解液液位并在正常充电周期内偶尔换水。

在电动汽车应用中，铅酸电池的缺点是重量很大，可以达到车辆总质量的 40%。与其他电池类似，它们的能量密度明显低于石油燃料，约为 30～40Wh/kg。当应用于大多数常见车辆时，即使是使用性能最好的电池也往往会使车辆重量增加。由于部分功率被用于加热电圈，降低了电池的功率，因此在较低温度的状态下，这一代的普通深循环铅酸电池的效率（70%～75%）和存储电容量会降低，进而导致里程最多降低 40%。而值得一提的是，旧铅酸电池在充电过程中会产生少量的氢气、氧气和硫黄，如果排出去对电池可能是无害的。不过在目前生产的密封铅酸电池中，此问题已经得到了解决。

铅蓄电池的每颗电池都由浸泡在硫酸溶液电解质中的铅阴极和包覆了二氧化铅的铅阳极交替组成。一个 12V 的铅酸蓄电池由六颗电池组成，每个电池提供 2V 的电压。电池中发生的化学反应会释放出电子，并以电流形式流过导体。当电池放电时，电解液中的酸与极板材料发生反应，在其表面产生硫酸铅。当电池充电时，化学反应逆转，硫酸铅转化为二氧化铅。随着极板恢复到其原始状态，该过程可重复多次[27]。

铅酸电池生产成本低，具有较高的浪涌电流水平，已广泛应用于 SLI 电池。在当代汽车中，它可以提供 450A 的峰值电流，其电容量可达到 800A。现在铅酸电池应用于电动汽车所面临的限制因素是对低温敏感、封装限制、重量过大以及较短的循环寿命。然而，在电池效率、电容量、材料、安全性、毒性和耐用性方面取得的最新进展使得铅酸电池在电动汽车领域依然具有吸引力。目前应该在以下几个方面改进电动汽车的铅酸电池技术：

① 电容量有限导致行驶里程很短。铅酸电池的电容量有限，一个典型的铅酸电池组可以容纳 12～15kWh 的电力，尽管有一些车型充满电后能达到 200～300mile，但是大部分只能供一辆车行驶 50mile 左右的里程。

② 充电时间。将电池组完全充电可能需要 4～8h，即使“快速充电”到 80%的容量也可能需要 30min。电池技术和充电器导致了它们的充电速度很慢(通常铅酸电池组充满电的充电时间为 4～10h)[30]。

③ 电池成本。大型电池组价格昂贵，并且在车辆的使用寿命期间必须更换几次。

④ 有限的充电次数。

⑤ 寿命短。3～5 年，大概 200 次完全的充放电循环。

⑥ 体积和重量。如图 6.6 所示，电池组很重，占用了相当大的车辆空间。

6.7.4.2 锂离子电池

锂离子(Li-I)电池是目前生产 EV 的首选技术。与其他电池相比，传统的锂离子电池使用钴酸锂阴极和石墨阳极，使得电极能够在每单位表面积容纳大量锂离子(以及相应的电子)。锂离子电池能量密度高、功率密度高和充放电效率高达 90%，这些性质是很具吸引力的。以前使用的锂离子电池的缺陷是充电循环次数不足、寿命内发生退化、损坏或充电不当带来的火灾风险以及对高温环境敏感。值得注意的是，热量是导致火灾问题的主要原因，高温带来电池内部加速腐蚀也会导致电池失效。图 6.7 显示电池终端的腐蚀会导致电阻增加，包括电池长时间处于未充满电的状态时，会在电池终端周围累积高浓度的硫酸盐(金属终端受酸腐蚀导致硫酸盐形成)。

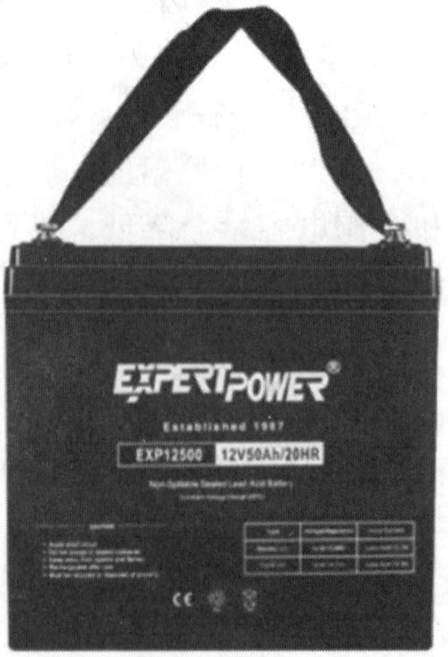

图 6.6　便携式 12V 50A/10h 深循环密封铅酸蓄电池

图 6.7　锂离子电池

关于锂离子电池的研究工作主要集中在安全性、能量和功率密度、环境要求、快速充电以及增强电池寿命和耐用性之间的权衡优化。例如，作为充电工具的便携式 A123 电池可承受1000 多个充电循环并具有出色的充电/放电循环表现。磷酸铁锂电池的寿命可达 10 年之久，能够承受 7000 次充电循环。

斯巴鲁(Subaru)原型 G4e("绿色地球"的缩写)中使用的锂钒氧化物电池的密度已经被显著改进，能量密度增加了一倍，行驶里程增加了 40%，其他都在研究传统石墨阳极替代材料以提高锂离子电池的性能。图 6.8 显示了使用纳米丝来增加单侧或两侧电极的表面积、用硅纳米颗粒作阳极和复合材料作阴极有望显著提高其能量密度。

图 6.8　2012 雪佛兰伏特 T 型锂离子电池(镍-金属氢化物)

众所周知，用于计算机和医疗设备的镍氢电池在比能量和比功率方面表现出罕见的性能。镍金属氢化物电池的生命周期比铅酸电池长得多，并且安全且耐用，但是它们比较昂贵，有着较高的自放电，高温下发热，并且需要控制氢的损失[28]。现在镍金属氢化物电池(NiMH)被认为是一种成熟的技术。虽然它们在充电和放电方面的效率(60%~70%)甚至比铅酸电池还低，但它能力密度高，可达到 40~80Wh/kg。如果使用得当，镍金属氢化物电池可以具有非常长的使用寿命，正如它们在混合动力汽车中所表现的那样。在丰田 RAV4 混合动力汽车中，镍氢电池的续航里程可达 100000mile(160000km)并可持续使用十年。然而，它的缺点是效率低、自放电高、充电循环差以及在寒冷天气下性能不佳[27]。

6.7.4.3　熔盐电池

钠或"斑马"电池使用熔融的氯铝酸钠($NaAlCl_4$)作为电解质。这种化学过程有时也被称为"热盐"。斑马电池可以提供 120Wh/kg 的能量密度和合理的串联电阻，这是一种相对成熟的技术。它们已用于多款电动汽车。斑马电池可以持续几千个充电周期并且无毒。斑马电池的缺点包括功率密度低(<300W/kg)以及必须将电解液加热到约 270℃(520℉)，这会浪费一些能量，并给长期储存电荷带来困难[27]。

6.7.5　充电

电动汽车电池必须定期充电。BEV 最常使用电网充电(在家中或使用街道、商店充电点)，电网的电通常来自各种可再生和不可再生资源，例如煤炭、水电、核能等。另一种选择是建造几个充电点，也称为充电站，供一般公众使用，或作为出租车站的特定部分。

出于对全球变暖的担忧，在家庭或公共场所的个人电源上安装光伏太阳能电池板、微型水电或风能设备也可能非常有吸引力。使用适当的电源，通常在不超过“0.5C”的速率下可以实现良好的电池寿命，充满电需要2~3h，更快的充电也是可能的。

充电时间受电源接口容量和电池最大充电率的限制，普通家用插座可提供1.5kW（在美国、加拿大、日本和其他使用110V电源的国家）和3kW（在使用240V电源的国家）的功率。即使有更高的电源供应，电池充电也受充电速率限制，允许某些电池在20~30min充电至80%。对于消费类产品，充电时间短至关重要，目前的研究主要集中在将充电时间最小化至60s。对于运输，快速充电是有需求的，但不是关键，因为充电可以在夜间或工作时间进行。目前的趋势是在大都市区建设电动汽车充电专用停车位。特斯拉正致力于家庭和办公室电池充电设备制造，并在北美、欧洲和亚洲启动大功率增压器网安装。充电电源可以通过两种方式连接到汽车：第一种是称为导电耦合的直流接电连接，它是带有防风雨插座和驱动器高压保护的一种特殊高容量电缆。制定了电动汽车充电专用标准。比如用于插入式车辆的SAE 1772导电连接器。第二种方法称为感应充电，将一个特殊的连接器插入到汽车的插槽中。桨是变压器的一个绕组，另一个则内置在汽车中。当桨插入时，它形成一个磁路，为电池组供电。在一个感应充电系统中，一个绕组连接到汽车的底部，另一个留在车库的地板上。图6.9显示了感应充电方法的优点是没有暴露的导体，因此没有触电的可能性，尽管导电耦合可以通过互锁、特殊连接器和接地故障检测器具有同样的安全性。

图6.9 通用汽车EV1

6.7.6 充电前的里程范围

1999年，通用汽车EV1使用NiMN电池的续航里程为75~150mile。现在的BEV的续航里程为350mile，具体取决于所用电池的数量和类型。

6.7.6.1 电池规格

电池技术快速进步让不同电池参数的比较变得困难[18]，一些数据如下所示：

Chevy PHEV Volt使用120V便携式电源线充电大约需要13h，或者使用240V充电系统充电大约需要4.5h。配备充满电的锂离子电池的Volt 2017能够在不使用汽油的情况下行驶长达53mile，在充满电且充满油箱的情况下行驶长达420mile。

表6.8给出了Nissan Leaf[23]使用的可充电EV TB的典型规格。

表6.8 Nissan Leaf使用的可充电EV TB的典型规格

类型	叠层锂离子电池
电压	403.2V
标定电压	360V

续表

总电容	24kWh，16kWh 可用
输出功率	超过 90kW
能量密度	140Wh/kg
功率密度	2.5kW/kg
尺寸	1570.5mm×1188mm×264.9mm
重量	648lb
模块数量	48，每个有 4 块电池(共 192 块电池)
电池组组成	正电极：锰酸锂 负电极：碳 电池 模块 组装部件
充电时长	快速充电器 DC 50kW(0~80%)：约 30min 家用交流 240V 充电座(0~100%)：8h 常规 110/120V 15A 插座：22h
电池布置	在车座和底板下面

6.7.6.2 环境影响

电池会产生环境污染，因此在处置它们的时候需要将其回收。所有使用过的电池都被视为危险废物。根据美国环保署的规定，12V 汽车铅酸电池是世界上回收率最高的产品，在美国，回收率为 95%，通过回收的铅约有 97%。

6.7.6.3 可充电池

随着电动汽车变得越来越普遍，电池回收市场也将越来越大。广泛的电池回收基础设施可以控制危险材料不进入废物流。回收电池有两种方法：

冶炼。它是一种在高温下的提取回收有价值金属的冶金工艺。电解质和其他有机成分则可以帮助燃料燃烧。这种回收过程已经大规模实施。锂离子和镍金属氢化物电池的回收过程已商业化。

直接复原。这是一个能量消耗最少的低温过程。各组分通过多种物理和化学过程分离，所有活性物质和金属都可以回收[21]。

6.7.7 电池与运输

将电力用于运输并不新鲜(图 6.10)，叉车、踏板车、电动自行车等非道路车辆很久以前就已成为生活的一部分。由于自然资源的枯竭，人们寻求“绿色”交通，才用电力替代石油。

图 6.11 显示了电动汽车的简化框图。

图 6.10　1897 年制造的第一辆电动车

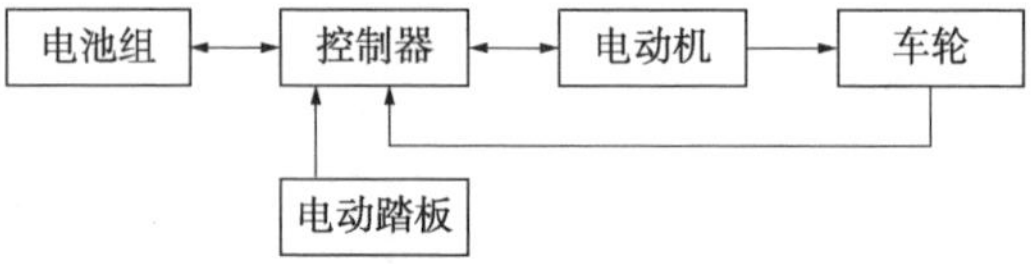

图 6.11　电动汽车的简化框图

现在的 EV 推进器使用带有适当电机控制器的直流电机。结果发现，与交流电机相比，直流启动往往更简单且成本更低。交流电机则可以选用绝大多数工业三相交流电机。交流电机和控制器的一个重要功能是能量再生，也称为“再生”，可以利用减速 EV 的能量，作为发电机来驱动电机或用于驱动单独的发电机。在制动过程中，制动能量返回到电池组，这一点对行驶里程有小幅改善。图 6.12显示直流电机的另一个好处是能够在短时间内为加速提供一个爆发能量。

图 6.12　福特福克斯电动车

电动汽车运输使用电力作为主要的能量来源，或者用于提高传统内燃机汽车的效率。这将节省大量的天然石油资源，使环境更加清洁。

如图 6.13 所示，所有的电动汽车可以分为三类：混合动力汽车(HEV)、插电式混合动力汽车(Plug-in Hybrid Electric Vehicle，PHEV)和纯电动汽车(EV)。图 6.14显示以电力作为主要能源来源或为提高传统汽车的效率的设计。

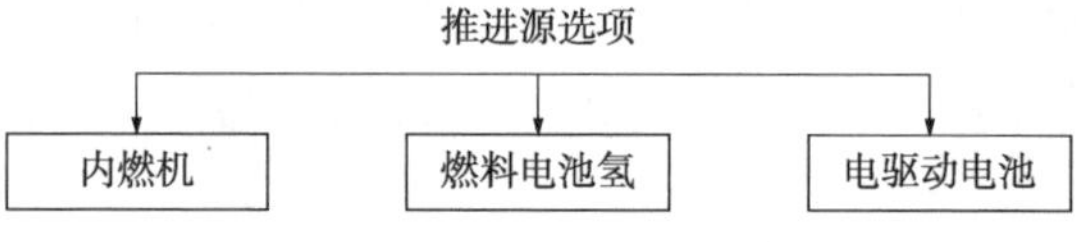

图 6.13　推进源选项

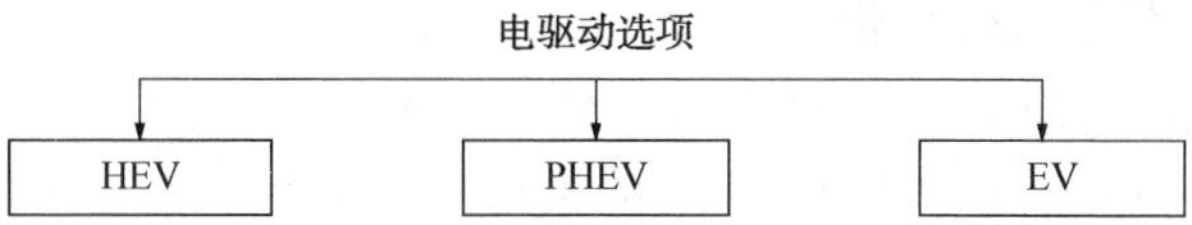

图 6.14　电驱动选项

6.7.7.1　混合动力汽车（HEV）

HEV 之所以命名为混合动力车，是因为它拥有两种动力来源：使用石油或替代燃料运行的 ICE 和使用电池中存储的能量工作的电动机。再生制动和 ICE 可为电池充电[32]。电动机提供的额外功率允许电池为车辆辅助系统（音响系统和前灯）供电，并可以在车辆停止时减少发动机空转[36]。一些 HEV 可以仅靠电力以低速行驶短距离（40~60mile），所有这些功能都比同类传统车辆具有更好的燃油经济性和更低的排放。HEV 不能通过插电为其电池充电，HEV 依靠外部电源工作。再生制动允许 HEV 将额外的电动机作为发电机供电，并将捕获的能量存储在电池中以保留制动过程中耗散的能量[36]。

6.7.7.2　插电式混合动力汽车（PHEV）

PHEV 与 HEV 相似，由使用传统或替代燃料的 ICE 和利用电池中能量的电动机来提供动力[36]。不同之处在于 PHEV 连接了外部电源来为电池充电。电池充满电后，它最多可以行驶 70mile，也可以完全使用汽油（类似于传统的混合动力车）。某些类型的 PHEV 也称为增程式电动汽车或 EREV。

PHEV 使用电池为电动机提供动力。此外，它依赖于诸如汽油之类的燃料来为 ICE 提供动力。PHEV 可以接入电网为电池充电，也可以通过 ICE 和再生制动系统充电。PHEV 使用的电池组比 HEV 的更大，轻型车可以全电动行驶超过 40mile。只要电池充满电，在常规的城市驾驶过程中，PHEV 就可以从电池中存储的电力中获取其所需的大部分动力。当大部分的电池电量耗尽时，在快速加速、高速行驶或需要集中供暖或者空调时，车辆将由 ICE 供电。当然，仅靠电池供电时，PHEV 不会产生尾气排放。

即使在 ICE 运行时，PHEV 使用的汽油也更少，并且比类似的传统车辆排放更低。PHEV 汽油消耗量取决于两次充电之间的行驶距离。如果车辆不接入电源充电，其纯汽油燃油经济性将与类似尺寸的 HEV 大致相同。如果车辆接入电进入充电模式，则可能仅使用电力驱动。

6.7.7.3　纯电动汽车（EV）

电动汽车仅使用一种内部动力源，即电池驱动电动机。EV 电池通过将车辆插入电源进行充电。EV 有时也称为电池电动汽车（BEV）。图 6.15 给出了特斯拉电动车电动马达 a 位置。

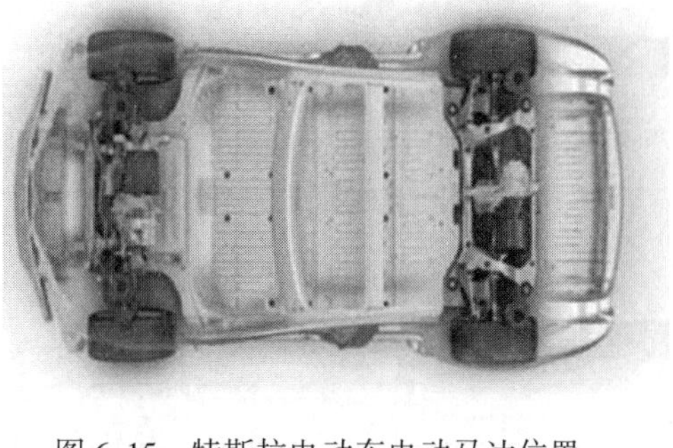

图 6.15　特斯拉电动车电动马达位置

6.7.8 对比电动汽车与内燃机

与 ICE 车辆相比，电动汽车具有如下多种优势：

① 高效节能。电动汽车将大约 60%的来自电网的电能转化为车轮动力——传统的汽油车仅能将储存在汽油中的大约 21%的能量转化为车轮旋转。

② 环保。电动汽车不排放尾气污染物，尽管发电厂利用石油资源发电可能会造成少量排放。来自清洁能源的电力，如水力、太阳能、风能，以及核电站的温室气体排放会非常有限，不产生空气污染物。

电动汽车展现出了以下特点：

① 更好的性能。电动机提供安静、平稳的运行和快的加速度，并且维护成本比 ICE 更低。

② 更好的耐用性。目前没有可用于比较的耐用性数据，但由于 EV 组件的摩擦有限，因此假设它应该具有更长的使用寿命。

③ 基础设施建设的可行性。与氢气生产和分销网络创建相比，电动汽车充电不需要过多的资源用于基础设施开发。

④ 减少能源依赖。电力是一种本土能源。

6.7.9 对比燃料电池和电动电池

由于物流简单和有限的基础设施开发费用，利用电池进行电化学储能很有吸引力。燃料电池驱动的汽车在减少环境污染方面比电池具有更大的优势。下一章将讨论燃料电池的基本原理及其应用。

练　习　题

1. 假设下列伽凡尼电池由银-锌组成，被应用于太空领域。它由两个氧化还原电对组成：$Zn^{2+}+2e^- \longrightarrow Zn$ 以及 $Ag^++e^- \longrightarrow Ag$。

(a) 哪一个是阴极？

(b) 请计算预期电池电压。

(c) 如果阴极半电池的浓度升高了 10 倍，电池电压是多少？

(d) 如果阳极半电池的离子浓度升高了 10 倍，电池电压是多少？

2. 对于题 1 中的银锌电池，理论上的预期比能量和功率密度是多少？

3. 碱性锌电池中的总反应如下：

$$Zn(s)+2MnO_2(s) \longrightarrow ZnO(s)+Mn_2O_3$$

请确认电池的两个半电池并计算预期电压。阳极和阴极反应的标准电位为$E°=-1.28V$ 和$E°=+0.15V$。

4. 镍镉电池由固体镉阳极和 NiO(OH)(s) 阴极组成，电解质通常是 KOH(aq)。半电池的电位如下：

$$Cd(s)+2\,OH^-(aq) \longrightarrow Cd(OH)_2+2e^- \quad E°=-0.824V$$

$$2NiO(OH)(s)+2H_2O(l)+2e^- \longrightarrow 2Ni(OH)_2(s)+2\,OH^-(aq) \quad E°=0.56V$$

请计算：

(a) 标准状态下的电池电压。

(b) 计算电池的电容量。

(c) 计算电池的比能量。

5. 丹尼尔电池可驱动玩具风扇几个小时。如果消耗100gZn，请计算以焦耳为单位的最大电功。

6. AA型和D型碱性电池均由Zn和MnO_2制成，导致两种电池差异的电池反应是什么？

7. 由Zn和MnO_2制成的碱性电池已用于闪光灯。运行几天后，5.0g的锌在电池的阳极上溶解。

(a) 计算使用过程中阴极减少的MnO_2的质量。

(b) 计算由于电子从电池中的锌流向MnO_2转移多少库仑的电量。

8. 锂-银铬酸盐纽扣电池用于心脏起搏器。电池的两个半电池由氧化还原电对Li/Li^+和Ag/Ag_2CrO_4制成。两个氧化还原电对的标准电位为-3.040V(Li/Li^+)和0.08V(Ag/Ag_2CrO_4)。

(a) 写出电池反应。

(b) 哪个金属是电池的阳极？

(c) 预期的电池电压是多少？

(d) 由于电池被置于人体内部，计算体温下的电池电压。

9. 在汽车中，一般使用铅酸蓄电池来启动发动机。如果运行后2.0g铅被氧化，求出电池中形成的$PbSO_4$的质量。

10. 在轻质电池中，使用的两个氧化还原电对是Li/Li^+和与聚苯胺接触的石墨。请写出轻质电池的两个半电池反应。

(a) 估算标准条件下的电池电压。

(b) 计算该电池的比能量。

多选题

1. 哪款车更环保？

(a) PNEV　(b) HEV　(c) EV　(d) 天然气动力车

(e) 氢动力车

2. 给汽车电瓶充电，汽车必须用什么类型的转换器？

(a) AC-DC转换器　(b) DC-DC转换器

3. 哪些因素限制了行驶里程？

(a) 电池电容量　(b) 能量转换中的电力和机械损失

(c) 汽车的气动布局　(d) 乘客人数

参 考 文 献

1. https://en.wikipedia.org/wiki/Standard electrode potential.
2. Zhang, X., Xue, Q., Li, L. *et al.* (2016) Sustainable recycling and regeneration of cathode scraps from industrial production of lithium-ion batteries. *ACS Sustainable Chemistry & Engineering*, **4**, 7041.
3. Muench, S., Wild, A., Friebe, C. *et al.* (2016) Polymer-based organic batteries. *Chemistry Review*, **116**, 9438–9484.
4. Hayner, C.M., Zhao, X., and Kung, H.H. (2012) Materials for rechargeable lithium-ion batteries. *Annual Review of Chemical and Biomolecular Engineering*, **3**, 445–471.
5. Novak, P., Muller, K., Santhanam, K.S.V., and Haas, O. (1997) Electrochemically active polymers for rechargeable batteries. *Chemical Reviews*, **97**, 209.
6. Xu, K. (2014) Electrolytes and interphases in Li-ion batteries and beyond. *Chemistry Review*, **114** (23), 11503.
7. Shirakawa, H., Louis, E.J., MacDiarmid, A.G. *et al.* (1977) Synthesis of electrically conducting organic polymers: halogen derivatives of polyacetylene, $(CH)_x$. *Journal of the Chemical Society, Chemical Communications*, 578.
8. http://www.infoplease.com/encyclopedia/science/battery-electric.html (accessed 10 June 2017).
9. *Columbia Electronic Encyclopedia*, 6th ed. Copyright © 2016, Columbia University Press.
10. http://batteryuniversity.com/learn/article/When was the battery invented(accessed 10 June 2017).
11. http://aboutbatteries.batterycouncil.org/What is a lead battery? (accessed 10 June 2017).
12. A Short Course on Charging Systems www.carparts.com/classroom/charging.htm (accessed 10 June 2017).
13. Q & A: Car Batteries|Department of Physics|University of Illinois at… https://van.physics.illinois.edu/qa/listing.php?id=567 (accessed 10 June 2017).
14. https://en.wikipedia.org/wiki/42 volt electrical system (accessed 10 June 2017).
15. Whatever Happened to the 42-V Car? www.popularmechanics.com/cars/a2198/4226979 (accessed 10 June 2017).
16. Best Car Battery Reviews – Consumer Reports www.consumerreports.org/cro/car-batteries (accessed 10 June 2017).
17. https://www.researchgate.net/publication/236466652 Technical and Economic Feasibility of Applying Used EV Batteries in Stationary Applications.
18. http://www.electricvehiclewiki.com/Battery specs (accessed 10 June 2017).
19. www.chargingchargers.com/tutorials/charging.html (accessed 10 June 2017).
20. https://www.cargurus.com/Cars/2017-Toyota-RAV4-Hybrid-Overview-c26005 (accessed 10 June 2017).
21. 2011 leaf First Responder's Guide www.nissanusa.com/.../leaf/2011/2011 (accessed 10 June 2017).
22. www.electricvehiclewiki.com/images/f/f7/2011-leaf-service-maintenance-guide.pdf (accessed 10 June 2017).
23. https://www.nissanusa.com/ev/media/pdf/specs/FeaturesAndSpecs.pdf (accessed 10 June 2017).
24. http://www.chevrolet.com/volt-electric-car.html (accessed 10 June 2017).
25. https://en.wikipedia.org/wiki/Energy density (accessed 10 June 2017).
26. https://www.extremetech.com/extreme/184236 how does a lithium-ion-battery work (accessed 10 June 2017).
27. https://en.wikipedia.org/wiki/Electric_vehicle_battery (accessed 10 June 2017).
28. http://hypertextbook.com/facts/2001/ThiMeaganLe.shtml (accessed 10 June 2017).

29. http://wattev2buy.com/electric-vehicle-technical-terms-explained/ (accessed 10 June 2017).
30. http://auto.howstuffworks.com/electric-car3.htm (accessed 10 June 2017).
31. http://klingbergautoshow.org/the-nations-auto-industry-started-in-hartford/ (accessed 10 June 2017).
32. http://www.afdc.energy.gov/vehicles/electric.html (accessed 10 June 2017).
33. Benefits and Considerations of Electricity as a Vehicle Fuel http://www.afdc.energy.gov/fuels/electricity_benefits.html (accessed 10 June 2017).
34. Maintenance and Safety of Hybrid and Plug-In Electric Vehicles.
35. http://www.afdc.energy.gov/vehicles/electric_maintenance.html (accessed 10 June 2017).
36. http://www.afdc.energy.gov/uploads/publication/hybrid_plugin_ev.pdf (accessed 10 June 2017).
37. http://www.electricvehiclewiki.com/Battery_specs (accessed 10 June 2017).
38. http://www.afdc.energy.gov/vehicles/electric_batteries.html (accessed 10 June 2017).
39. Plug-In Electric Vehicle Handbook for Consumers, https://www.afdc.energy.gov/uploads/publication/pev_consumer_handbook.pdf (accessed 10 June 2017).
40. Plug-In Electric Vehicle Handbook for Fleet Managers, https://www.afdc.energy.gov/uploads/publication/pev_consumer_handbook.pdf (accessed 10 June 2017).

第 7 章　燃料电池要点

7.1　简介

燃料电池通过燃料的氧化、还原等电化学反应发电。它是一个由两电极组成的电化学电池。其中一个电极上发生氧化反应，另一个电极上发生还原反应。发生氧化反应的电极被称为阳极，反应过程产生电子。发生还原反应的电极被称为阴极，在阳极反应中释放的电子在阴极被消耗掉。在燃料电池中，燃料的氧化反应发生在阳极，是电子的来源。这些电子在阴极反应中被消耗掉，只要燃料被注入电化学电池，这些反应就会在电极上发生。典型的燃料电池结构如图 7.1 所示。在实际情况中，它的结构如图 7.2 所示。由于阳极的氧化和阴极的还原作用，产生了电压和电流。在图 7.1 中，电压表代表着负载。实际上，它可以是任何重型机器，如风扇、电机或汽车的一种或几种。燃料电池就类似于我们现在日常生活中使用的电池，如电视遥控器、笔记本电脑或电动剃须刀中的电池，只是这些电池只能工作一段有限的时间。之后，我们必须丢弃它(一次电池)或给它充电(二次电池)，以便提供电力。而燃料电池克服了这一限制，只要有燃料供应，它就能连续工作。

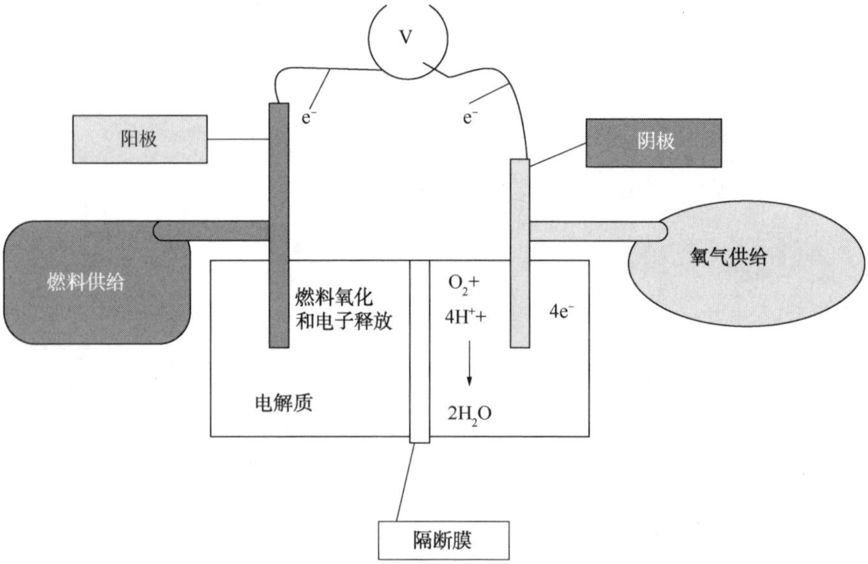

图 7.1　氢燃料电池的简单示意图

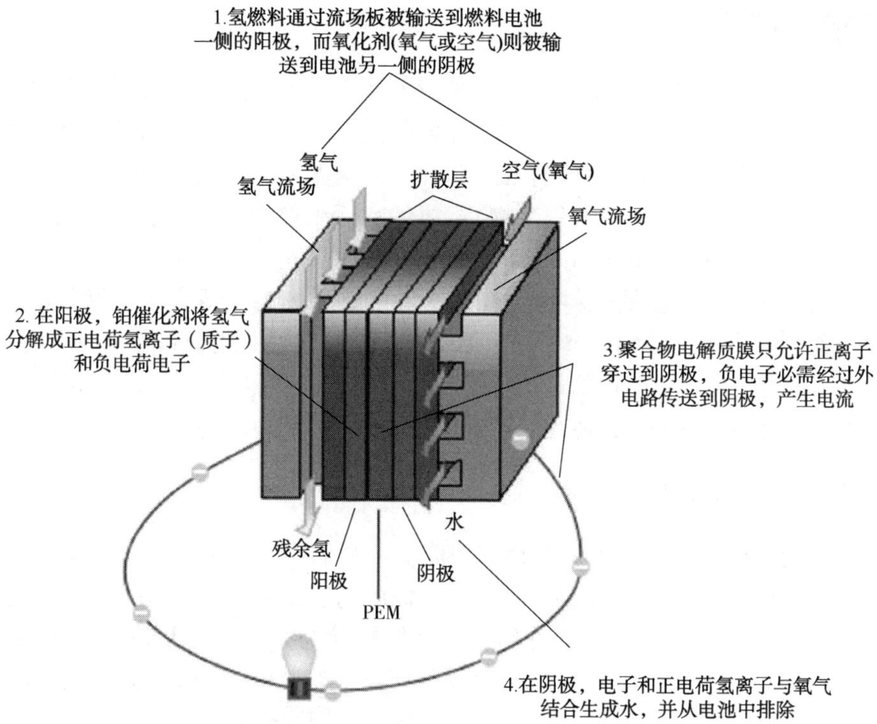

图 7.2　紧凑型燃料电池的基本夹层结构

（来源：http://en.wikipedia.org/wiki/Fuel_cell.Used under CC BY SA 3.0

https://creativecommons.org/licenses/by-sa/3.0/）

燃料电池是由科学家 W. Grove 在 1839 年发明的，他使用两个铂金电极，电极的一半浸没在硫酸水溶液中，一个电极上通入氢气，另一个电极上通入氧气，从而产生电力。图 7.3 显示了一个早期版本的燃料电池。随后在 1842 年被改进为电解池，如图 7.3 右侧所示，在这里，一系列的电化学电池被耦合在一起互相连接。大约 47 年后，第一个燃料电池的原型被设计出来，它使用隔膜来分离电化学电池的两个部分，即阳极和阴极，从而代替了图 7.3 所示的管子。燃料电池在有氢气和氧气供应的情况下运行。这就产生了一个问题，即在这两种气体中，哪一种充当了燃料？显然，依据现在的知识我们可以说氢气是燃料。然而对燃料的合理定义和分类是必要的。

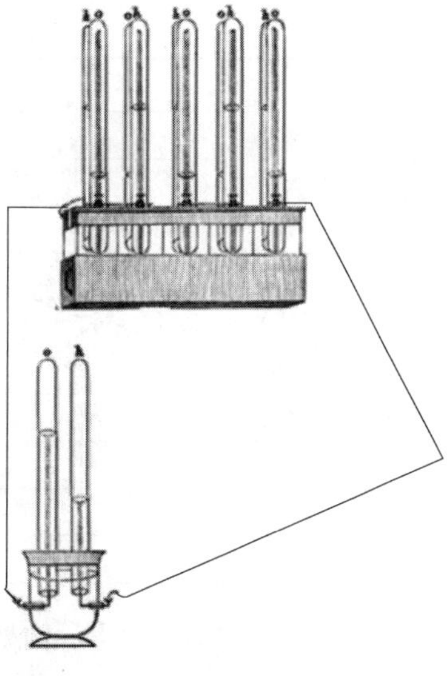

图 7.3　Grove 的气体电池(1839 年)的草图，它产生的电压约为 1V

7.2 燃料的定义

燃料被定义为一种形式转化为另一种形式时产生能量的化学物质。自古以来，我们就将木材视为一种燃料。燃料燃烧时会产生热能，比如，可用其烹饪食物。我们的祖先使用这种现成的燃料已有几个世纪。煤是另一种被用作燃料的化学物质。汽油是由一些有机化学物(碳氢化合物)组成的，后来被用作汽车燃料，燃烧时产生能量来驱动汽车。在我们的宇宙中，还有许多其他的燃料可以用来产生能量。在市场上现有的几种不同类型的燃料中，有必要考虑哪种燃料最适合用于燃料电池的运行。在目前的方案中，我们考查了通过燃烧所选燃料获得的能量和燃料的质量。由此我们计算出能释放出最大能量的最小化学量。利用不同燃料的这一数据，我们可根据释放的能量对燃料进行分类，使我们能够选择最适合燃料电池的燃料。

7.3 什么是燃烧值

为了确定一种化学品在燃烧时释放的能量，我们以每一种化学品(燃料)在相同质量下产生的能量来衡量。通过确定燃烧时释放的能量多少，使得所有燃料燃烧时释放的能量数值标准化，在这个过程中化学能转换为热能，此数值定义为燃烧值。通过对木材、煤炭、汽油和氢气等常用燃料进行燃烧实验，确定燃烧值，如表 7.1 所示。从表 7.1 中可以看出氢气的燃烧值很高。不同化学品中的不同类型化学键也列在同一张表中，H—H 键产生的燃烧值最高，次高的是汽油(C—H 键)。汽油的燃烧值非常接近于碳氢化合物，如辛烷或丁烷。在所有的化学品中，一个常见的键是 C—H。表 7.1 中的除了 C—H 键外，还有 C—O 键，此键降低了燃烧值。

表 7.1　不同化学物质的燃烧值

物　　质	化学键类型	燃烧值/(kJ/g)
氢气	H—H	141.8
汽油	C—H	48
煤	C—H，C—O	15-27
木头	C—H，C—O	15-27
乙醇	C—H，O—H	29.7
丁醇	C—H，O—H	36.0
辛烷	C—H	48.0
丁烷	C—H	49.5
甲烷	C—H	55.5
甲醇	C—H，C—OH	22.7

虽然弹式热量计用于测量燃烧值，但测定汽化热的热重法已被用于各种酒精和生物柴油。表 7.2 和表 7.3 给出了用热重法测定的酒精和生物柴油的燃料值，单位为 kJ/mol。表 7.2 显示了燃烧值与醇类中碳原子数量的相关性。

上述含有 7~16 个碳原子的醇类可用于喷气式柴油燃料。由油菜籽、椰子、麻风树、棕榈、大豆制成的生物柴油和牛油的燃烧值与表 7.2 中的醇类相近。

表 7.2　系列醇的燃烧值

醇	C 的数目	燃烧值/(kJ/mol)
正庚烷 $CH_3(CH_2)_5CH_3$	7	36.6
异辛烷 $CH_3C(CH_3)_2CH_2CH(CH_3)_2$	8	38.4
正壬醇 $CH_3(CH_2)_8OH$	11	55.6
正十二烷 $CH_3(CH_2)_{10}CH_3$	12	50.9
1-十六烷醇 $CH_3(CH_2)_{15}OH$	16	59.5
正十六烷 $CH_3(CH_2)_{14}CH_3$	16	51.4

来源：Zhou et al. (2014)[44]，经 American Chemical Society 许可转载。

表 7.3　生物柴油的燃烧值

生物柴油(B100)	燃烧值/(kJ/mol)	生物柴油(B100)	燃烧值/(kJ/mol)
油菜籽生物柴油	65.1	棕榈生物柴油	83.7
椰子生物柴油	39.8	大豆生物柴油	65.7
麻疯树生物柴油	64.6	黄油生物柴油	78.4

来源：Zhou et al. (2014)[44]，经 American Chemical Society 许可转载。

表 7.4 列举了用热重法测量得到的燃烧值。尽管生物燃料越来越多地被用于运输，但它肯定无助于解决温室气体效应。因生物燃料的燃烧产生二氧化碳和其他气体，需要采取预防措施来消除化学方法产生的温室气体。

柴油的化学式被确定为 $C_{14.342}H_{24.75}$[45]。柴油(D100)、10%丁醇/90%柴油混合燃料(体积比)(B10)、15%丁醇/85%柴油混合燃料(体积比)(B15)、20%丁醇/80%柴油混合燃料(体积比)(B20)、25%丁醇/75%柴油混合燃料(体积比)(B25)，30%丁醇/70%柴油混合燃料(体积比)(B30)，10%戊醇/90%柴油混合燃料(体积比)(P10)，15%戊醇/85%柴油混合燃料(体积比)(P15)，20%戊醇/80%柴油混合燃料(体积比)(P20)和25%戊醇/75%柴油混合燃料(体积比)(P25)的燃烧值(取高热量值)见表 7.4。根据这些结果，可以得出结论，30%的1-丁醇/70%的柴油或25%的1-戊醇/75%的柴油可以成功地用于柴油机。然而还没有进行长期的测试来证明其可持续性。

表 7.4　柴油的燃烧值

燃　料	燃烧值/(kJ/mol)	燃　料	燃烧值/(kJ/mol)
柴油	45.84	丁醇	35.90
B10	44.59	P10	45.06
B15	44.11	P15	44.69
B20	43.55	P20	44.37
B25	43.17	P25	43.96
B30	42.72	戊醇	37.97

来源：Fernández et al. (2012)[45]，经 Elsevier 许可转载。

批判性思考题

1. 解释热重分析如何实现测算燃料值。将表 7.2 中的燃料值数据转换为 kJ/g。
2. 为什么生物柴油对环境不友好?

7.4 为什么我们要使用氢气作为燃料

这里考虑的所有燃料中，氢气的燃料值最高(表 7.1)。它所释放的能量大约是我们今天在汽车上使用的汽油燃烧的三倍。它的燃烧副产品是水，如式(7.1)所示：

$$2H_2(g)+O_2(g)\longrightarrow 2H_2O(aq) \tag{7.1}$$

与上述反应相比，由几种碳氢化合物组成的汽油在燃烧反应中产生二氧化碳：

$$\text{汽油}\longrightarrow CO_2(g)+H_2O(l) \tag{7.2}$$

在辛烷燃烧的情况下：

$$2C_8H_{18}(l)+25O_2(g)\longrightarrow 16CO_2(g)+18H_2O(l) \tag{7.3}$$

二氧化碳必须通过催化转化为安全的产品，因为超过 1μL/L 的二氧化碳具有毒性。比较反应式(7.1)和反应式(7.3)，相比二氧化碳，水是惰性的，氢气作为燃料对大气无污染，因此更可取。

7.5 燃料电池的分类

燃料电池的运行需要燃料的供应(图 7.2)，因此，对燃料电池进行分类的方法是基于燃料输入的类型。目前开发的燃料电池大多使用氢气或甲醇、甲烷。图 7.4 列出了已开发的燃料电池。以氢气为燃料，根据工作条件开发了许多燃料电池。当一个电解质膜被用来分离阳极和阴极时，该燃料电池被指定为 PEMFC(Polymer Electrolyte Membrane Fuel Cell，聚电解质膜燃料电池)。聚合物电解质膜(PEM)是这种燃料电池的一个重要部分，许多不同的膜已被开发出来。就目前而言，它仍然是一个非常活跃的研究领域。后面将给出这种燃料电池的详细描述。

碱性燃料电池(Alkaline Fuel Cell，AFC)在碱性介质中运行，它已被用于太空探索中。碱性介质将阳极和阴极分开。这种燃料电池的运行将在第 7.19 节中描述。

磷酸(Phosphoric Acid，PA)也是另一种类型的燃料电池的电解质，电池被称为磷酸燃料电池(Phosphoric Acid Fuel Cell，PAFC)。在这种燃料电池中，磷酸通过毛细管作用填充到嵌入于电极的碳化硅基体中。

熔融碳酸盐燃料电池(Molten Carbonate Fuel Cell，MCFC)在阳极利用碳酸盐和氢气反应，碳酸根离子在阴极产生，并从阴极扩散到阳极。对于固体氧化物燃料电池(Solid Oxide Fuel Cell，SOFC)，在阳极氢氧化形成水。在上述所有使用氢气作为燃料的燃料电池中，图 7.4 给出了总体化学反应。值得注意的是，所有燃料电池的阳极反应都涉及氢气的氧化(图 7.4)。

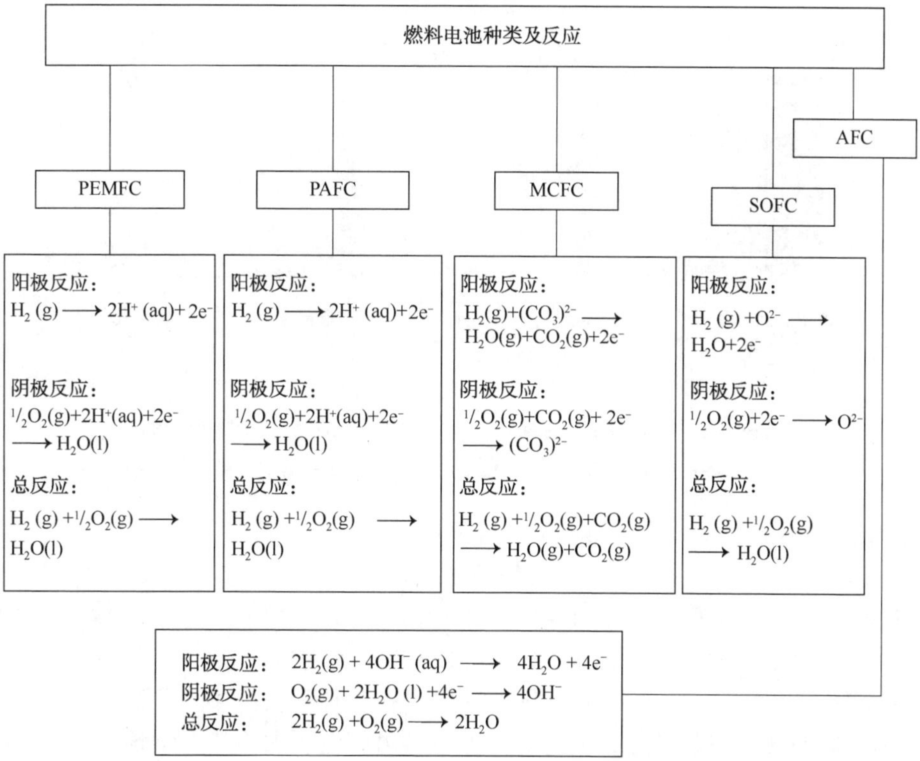

图 7.4　以氢气为燃料的系统中的燃料电池反应

最近，有人提出了一种新的燃料电池(图 7.5)，称为碳燃料电池(Carbon Fuel Cell，CFC)，其中固体燃料被转化为电能。在阴极，空气提供氧气，转化 $4e^-$，产生活性 O^{2-}，并迁移到碳阳极，碳发生氧化，反应按以下顺序发生：

阳极　$C+2O^{2-} \longrightarrow CO_2+4e^-$　(7.3a)

阴极　$O_2+4e^- \longrightarrow 2O^{2-}$　(7.3b)

总反应式　$C+O_2 \longrightarrow CO_2$　(7.3c)

虽然这是完全的反应，但 C 发生 $2e^-$ 的部分氧化反应[式 7.3(a)]时将导致 CO 形成。CFC 的改变在于使用氢氧化物电解质或熔融碳酸盐电解质。图 7.6 描述了氢氧化物或碳酸盐电解质的 CFC。在这两种类型的 CFC 中来自阴极的离子明显不同。

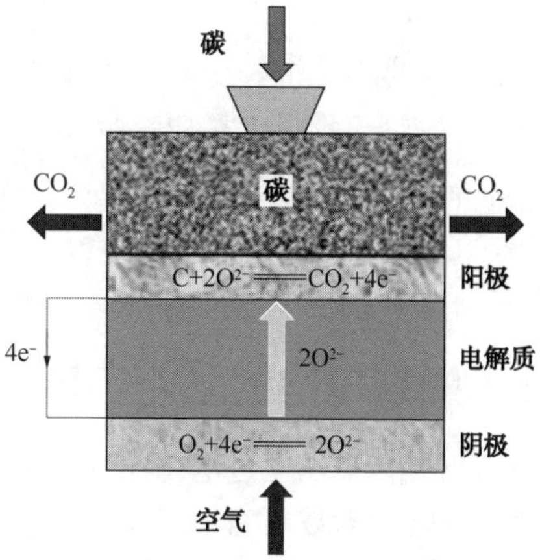

图 7.5　碳燃料电池，固体燃料被转化为电能

[来源：Gur(2013)[46]，经 American Chemical Society 许可转载]

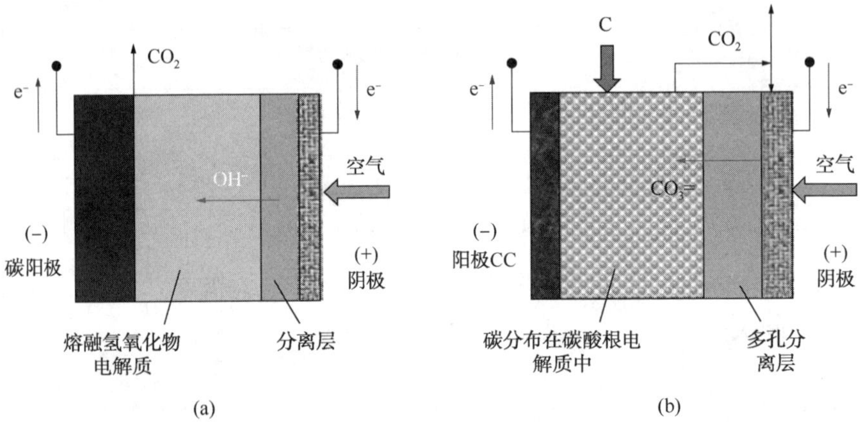

图 7.6　CFC 含有(a)熔融氢氧化物电解质和(b)熔融碳酸盐电解质

[来源：Gur(2013)[46]，经 American Chemical Society 许可转载]

在熔融碳酸盐电解质中，CFC 发生以下反应：

阳极　　$C+2CO_3^{2-} \longrightarrow 3CO_2+4e^-$　　(7.3d)

阴极　　$O_2+2CO_2+4e^- \longrightarrow 2CO_3^{2-}$　　(7.3e)

CFC 中的熔融碳酸盐电解质被标记为 MC-CFC。它可以在 800℃下提供 78%～80% 的传导效率，速率可达 1000A/m²。混合型 CFC 在某种程度上类似于高温燃料电池，如 MCFC 和 SOFC。有趣的是，混合燃料电池给出的电压大于热力学预期的 1.0V 电压。CFC 产生较高电压的原因正在深入研究中。

批判性思考题

1. 考虑本节中讨论的燃料电池，比较 MCFC 和混合型 CFC 的燃料电池反应，混合型 CFC 是否促进了导致全球变暖的温室气体效应？

2. 在燃料电池中使用的膜需要具有什么特性？

3. 化学官能团常用于衡量更好膜性能的标准，如何衡量和为什么可以这么衡量？

7.6　燃料电池的开路电压

由于燃料电池通过电化学反应来提供电力，所以燃料电池的能量和功率输出是重要的电化学参数。它们定义为：

$$能量(Wh)=电压×电流×时间=V×I×t$$

$$功率(W)=电压×电流=V×I$$

为了预测燃料电池的功率和能量输出，有必要预测开路电压(Open Circuit Voltage，OCV)。可以通过两种方法来预测：其一，使用相关反应的氧化还原电位所涉及的反应数据。在另一种方法中，使用燃料电池的热力学。这两种方法在某种程度上是相互关联的，因为吉布斯自由能与燃料电池的标准电位有关。

7.6.1 根据燃料电池反应的氧化还原电位估计燃料电池的电压

任何燃料电池反应都是一个氧化还原反应，燃料在一个电极上被氧化，而氧气在另一个电极上被还原。图 7.4 中所示的整个燃料电池反应为：

$$H_2(g)+\frac{1}{2}O_2(g)\longrightarrow H_2O(aq) \tag{7.4}$$

式(7.4)可以被看作是一个燃烧反应，因为过程中需要氧气的供应。人们研究式(7.4)是如何得出的。在这个反应中，一个物质被氧化，另一个物质被还原。如何确定哪个物质被氧化？这可以通过检查氧化数的变化来确定。如果在从反应物到生成物的过程中，氧化数减少，则是一个还原过程；如果氧化数增加，则是一个氧化过程。

什么是氧化数？它被定义为物质中原子上的实际电荷或根据假设规则计算的电荷。什么假设规则呢？表达如下：

规则 1：对于反应中的任何元素形式的原子，其氧化数为零。

规则 2：对于单原子离子，氧化数等于离子上的电荷；化合物中的氢是+1。在某些情况下，它可能是-1，如在 BH_3 或 CH_4 中，与在 H_2O 中相比，氢是电负性的。

规则 3：非金属通常有负的氧化数，复合物中氧的氧化数是-2，但也有例外：H_2O_2 中的 O 是-1，化合物中阴离子 Cl^-、F^-、Br^- 或 I^- 的氧化数为-1。

规则 4：一个中性化合物中所有原子的氧化数之和为零。

虽然这些是一般规则，但也有例外。例如，氢可以在某些化合物中的氧化数为-1。

对于式(7.4)中的反应物，氢和氧是以元素形式存在的，因此相应的氧化数为零。当应用前面讨论的规则时，H 的氧化数是+1(因为水里有两个氢原子，见规则 2)，氧原子的氧化数为-2(见规则 3)。所以水的净电荷是 2-2=0。因此我们可以写成：

$$H_2(g)+1/2O_2(g)=\!=\!=H_2O(aq)$$

	$H_2(g)$	$1/2O_2(g)$		$H_2O(aq)$		
氧化数	0	0	=	+2	-2(2 个 H 原子，+2)	(7.5)
	↑	↑		↑	↑	
	规则 1	规则 1		规则 2	规则 3	

在反应式(7.5)中，氢气的氧化数从 0 增加到+1，而氧从 0 降低到-2，因此，在燃料电池反应中，氢气被氧化，氧气被还原。在几乎所有的燃烧反应中，氧气都被还原成水。让我们来看看另一个例子：

$$CH_4(g)+O_2(g)\longrightarrow CO_2(g)+H_2O(aq) \tag{7.6}$$

	$CH_4(g)$	$O_2(g)$	$CO_2(g)$	$H_2O(aq)$
	↑	↑	↑	↑
氧化数	+4-4	0	+4-4	+2-2

净氧化数 = $\sum$ 氧化数，以 CH_4 为例，由于它没有任何电荷，净氧化数为 0。C 的

氧化数是+4，因此，我们可以用上述公式计算出 CH_4 中 H 的氧化数：

$$CH_4\text{的净氧化数} = CH_4\text{中 C 的氧化数} + CH_4\text{中 4H 的氧化数}$$

$$0 = +4 + CH_4\text{中 4H 的氧化数}$$

$$CH_4\text{中 4H 的氧化数} = -4 \text{ 或 } CH_4\text{中 H 的氧化数} = -1$$

在反应式(7.6)中，从 CH_4 到 CO_2，碳的氧化态没有变化；但是，从 CH_4 到 H_2O，氢的氧化数从-1 增加到+1，因此，CH_4 被氧化。在从 O_2 到 H_2O 的过程中，氧气的氧化数从 0 下降到-2，因此，氧气被还原。这个氧化还原反应的两个部分如下：

$$CH_4(g) \longrightarrow CO_2(g)$$

$$O_2(g) \longrightarrow H_2O(aq)$$

7.6.2 平衡燃料电池反应的规则

式(7.4)所示的全反应是一个平衡反应，在得出该反应的时候，已经应用了平衡规则。对于更复杂的燃料电池反应来说，平衡反应需要应用平衡规则。下面的简单分析将阐明所应用的方法。

氧化还原反应是由氧化和还原过程组成的。可以认为氢气转化为水，或氧气转化为水，通过分成一个氧化部分和一个还原部分：

$$H_2(g) = H_2O(aq) \tag{7.7}$$

$$O_2(g) = H_2O(aq) \tag{7.8}$$

平衡方程式(7.7)或式(7.8)或任何其他氧化还原反应的规则给出如下：

规则 1：平衡除了氧和氢以外的原子。

规则 2：通过加水平衡两边的氧气。

规则 3：通过向缺乏氢的一方添加 H^+ 来平衡氢。

规则 4：通过向缺电子的一侧添加电子来平衡电荷。每个电子都有-1 电荷。

规则 5：平衡两个半电池，使反应中没有电子。这在先平衡两个半数反应后进行。

取一个半电池进行平衡，将规则 1 应用于式(7.7)。

$$H_2(g) = H_2O(aq) \tag{7.9}$$

除了氢和氧之外没有其他原子，因此：

$$H_2(g) = H_2O(aq) \tag{7.10}$$

左边没有氧气，因此，通过在左边加入 H_2O，可以达到氧气平衡，应用规则 2：

$$H_2(g) + H_2O(aq) = H_2O(aq) \tag{7.11}$$

左侧有更多的氢，因此，应用规则 3：

$$H_2(g) + H_2O(aq) = H_2O(aq) + 2H^+(aq) \tag{7.12}$$

右侧有两个正电荷，左侧没有，因此，应用规则 4：

$$H_2(g) + H_2O(aq) = H_2O(aq) + 2H^+(aq) + 2e^- \tag{7.13}$$

这是燃料电池的一个平衡的半电池反应，因为水存在于式(7.13)的两边，它可以被简化：

$$H_2(g) = 2H^+(aq) + 2e^- \tag{7.14}$$

考虑燃料电池的另一半：

$$O_2(g) = H_2O(aq) \tag{7.15}$$

除了氢或氧之外，没有其他原子，因此，对式(7.15)应用规则1：

$$O_2(g) = H_2O(aq) \tag{7.16}$$

左边有两个氧原子，右边只有一个氧原子，因此，应用规则2：

$$O_2(g) = H_2O(aq) + H_2O(aq) \tag{7.17}$$

在式(7.17)中，右边有四个氢原子，左边没有，应用规则3：

$$O_2(g) + 4H^+(aq) = H_2O(aq) + H_2O(aq) \tag{7.18}$$

式(7.18)的左边有四个正电荷，右边没有，因此，应用规则4：

$$O_2(g) + 4H^+(aq) + 4e^- = H_2O(aq) + H_2O(aq) \tag{7.19}$$

这个反应现在是平衡的。

由于我们有两个平衡的半反应，应用规则5：

$$H_2(g) = 2H^+(aq) + 2e^- \tag{7.20}$$

$$O_2(g) + 4H^+(aq) + 4e^- = H_2O(aq) + H_2O(aq) \tag{7.21}$$

式(7.20)和式(7.21)中电子数的差异可以通过以下方法消除，将式(7.20)乘以2，然后将两个化学方程式相加：

$$2H_2(g) = 4H^+(aq) + 4e^- \tag{7.22}$$

$$O_2(g) + 4H^+(aq) + 4e^- = H_2O(aq) + H_2O(aq) \tag{7.23}$$

$$2H_2(g) + O_2(g) = 2H_2O(aq) \tag{7.24}$$

或者1mol H_2与1/2mol $O_2(g)$反应，如式(7.25)所示：

$$H_2(g) + 1/2O_2(g) = H_2O(aq) \tag{7.25}$$

直接甲醇燃料电池(Direct Methanol Fuel Cell，DMFC)使用甲醇作为燃料，在这种情况下，发生的净反应可以使用上述规则得出。附录7对DMFC的氧化还原反应进行了解释。

7.6.3 半电池电势

在上一节中，燃料电池的两个半电池反应已被确定，由式(7.20)和式(7.21)给出。每个半电池都会产生一个电位，需要测量。为此，它需要与另一个具有已知电势的半电池结合起来。这样，根据测量的电池电压，就有可能计算出半电池的电位。选取氢电极为已知电位的半电池，按照惯例，它的半电池电位被定义为零。氢气半电池由一个与1mol/L HCl溶液接触的铂黑电极组成。1atm的氢气被传递到铂黑电极上。半电池的温度保持在25℃，这个半电池的符号表示如下：

$$Pt/H_2(1atm),\ 1mol/L\ HCl \tag{7.26}$$

这个半电池的电位[有时称为标准氢电极(SHE)或一般氢电极(NHE)]用于测量不同氧化还原电对的标准电位。表7.5给出了不同半电池反应的氧化还原电位。

燃料电池的电压(OCV，V_{oc})是由两个半电池电位之差给出的。因此，

$$V_{oc} = E^{\circ}_{O_2/H_2O} - E^{\circ}_{H^+/H_2} \tag{7.27}$$

$E^{\circ}_{O_2/H_2O}$指的是半电池反应(7.23)，$E^{\circ}_{H^+/H_2}$对应的是半电池反应(7.22)。从表7.5中可以看出，$E^{\circ}_{O_2/H_2O}$和$E^{\circ}_{H^+/H_2}$的数值是分别为1.229V和0.00V。将这些数值代入式

(7.27)，可以得到：

$$V_{oc}=1.229-0.00=1.229(\mathrm{V}) \tag{7.28}$$

因此，PEMFC 的预期电压为 1.229V。这个估算燃料电池电压的方法可以扩展到其他类型的燃料电池。

表 7.5　标准电极电势(25℃)[a]

半电池反应	$E°$/V	半电池反应	$E°$/V
$O_2+4H^++4e^-\longrightarrow 2H_2O$	1.229	$AgCl(s)+e^-\longrightarrow Ag(s)+Cl^-$	0.222
$Ag^++e^-\longrightarrow Ag$	0.799	$2H^++2e^-\longrightarrow H_2(g)$	0.000
$Fe^{2+}+2e^-\longrightarrow Fe$	0.771	$Pb^{2+}+2e^-\longrightarrow Pb(s)$	-0.126
$Cu^{2+}+2e^-\longrightarrow Cu$	0.337		

[a] 在水中。

来源：Bard et al. (2001)[1]，经 John Wiley & Sons 许可转载。

7.7　燃料电池电压的热力学估算

从任何选定的燃料电池中预期的燃料电池电压可以从热力学吉布斯自由能数据计算得到。对于燃料电池的基本反应[式(7.4)]，可以利用反应物和生成物的吉布斯自由能($G°$)数据，从基本热力学(见第 2 章)中计算出来：

$$\Delta G_f^\circ=\Delta G_{产品}^\circ-\Delta G_{反应物}^\circ \tag{7.29}$$

其中，$\Delta G_{产品}^\circ$代表产物的吉布斯自由能，$\Delta G_{反应物}^\circ$代表反应物的吉布斯自由能。表 7.6 给出了部分化学品的 ΔG_f°。

表 7.6　选定的燃料电池物质的标准生成自由能(25℃)

物　质	G_f°/(kJ/mol)	物　质	G_f°/(kJ/mol)
$H^+(aq)$	0.00	$CO_2(aq)$	-386.23
$H_2(g)$	0.00	$C(s)$	0.00
$H_2(aq)$	17.57	$H_2CO_3(aq)$	-623
$H_2O(l)$	-237.2	$CO_3{}^{2-}(aq)$	-527.28
$H_2O(g)$	-228.6	$CH_3OH(aq)$	-166.2
$H^-(aq)$	-157.2	$C_2H_5OH(aq)$	-174.8
$O_2(g)$	0.00	$CH_4(g)$	-50.79
$O_2(aq)$	16.32	$CH_4(aq)$	-34.74
$CO(g)$	-137.3	$C_3H_8(g)$	-21.60
$CO_2(g)$	-394.4	$C_3H_8(aq)$	-7.32

正如第 2 章所讨论的，氧化还原反应中的自由能变化与标准电势的关系式为：

$$\Delta G^\circ=-nFE_{\text{Fuel cell}}^\circ \tag{7.30}$$

其中，n 为反应中转移的电子数，F 为法拉第常数 96496C/mol，$E_{\text{Fuel cell}}^\circ$(或 V_{oc})为燃料电池在标准条件下的电压。(请注意，ΔG°是指在标准温度和压力下，在纯反应物的情况下，吉布斯自由能的变化；见标准条件的定义，在第 2.3 节)。在化学反应中释放的热量是由焓的变化($-\Delta H^\circ$)给出的，这可以根据热力学方程计算出来，如下所示：

$$\Delta G^\circ = \Delta H^\circ - T\Delta S^\circ \tag{7.31}$$

其中，ΔH°为标准反应焓，ΔG°为氧化还原反应的自由能变化；ΔS°是熵的变化。现在我们可以估计燃料电池反应[式(7.4)]的吉布斯自由能：

$$\begin{aligned}\Delta G^\circ_{H_2O} &= G^\circ_{H_2O}(1) - (G^\circ_{H_2} + G^\circ_{1/2O_2})\\ &= -237.2-(0+0)\\ &= -237.2\text{kJ/mol}\end{aligned} \tag{7.32}$$

代入公式(7.30)：

$$\begin{aligned}-237.18\text{kJ/mol} &= -(2\times96496\times E^\circ_{\text{Fuel cell}})\\ &= 237.18/2\times96496\\ &= 0.001228\text{kJ/C}\end{aligned}$$

或
$$V_{oc} = 0.001228\text{kJ/C}$$

由于
$$1\text{C} = \text{J/V} = 0.001228\text{kJ/J}\cdot(1/\text{V}) = 1.228\text{V} \tag{7.33}$$

这就得出了氢氧燃料电池的电压。请注意，ΔG°是根据25℃时的反应物和生成物的生成自由能数据计算出来的。因此，燃料电池的电压在更高的温度下，需要使用相关的数值。因此，在80℃时，$\Delta G^\circ_{H_2O} = -226\text{kJ/mol}$，$E = 226\times10^3\ \text{J/2mol}\times96485\text{C/mol} = 1.17\text{J/C} = 1.17\text{V}$。值得注意的是，随着温度升高，燃料电池的预期电压会下降。

思　考　题

醉酒驾驶是一种违法行为。在高速公路上驾驶员酒驾被抓到时，警察会对其进行呼吸测试，他会使用一个乙醇燃料电池。燃料电池如何进行乙醇检测？

由于存在各种损失，预测的电压在实际实验情况下很少达到。这些损失可分为：活化极化损失，欧姆损失和质量传输损失。

活化极化损失。这是由电极上的电子转移动力学的能垒引起的。对于电子转移反应，在小的电流密度下，这个因素造成的损失是最小的，它随着电流密度的增加而增大。它类似于化学反应有一个活化能垒。

欧姆损失。这种损失是由于电解质离子运动和电极、双极板中电子运动的阻力造成的。它遵从欧姆定律。

传质损失。这是由浓差极化的反应物种供应给电极造成的。它也被称为浓差极化。在燃料电池中不同损失如图7.7所示。

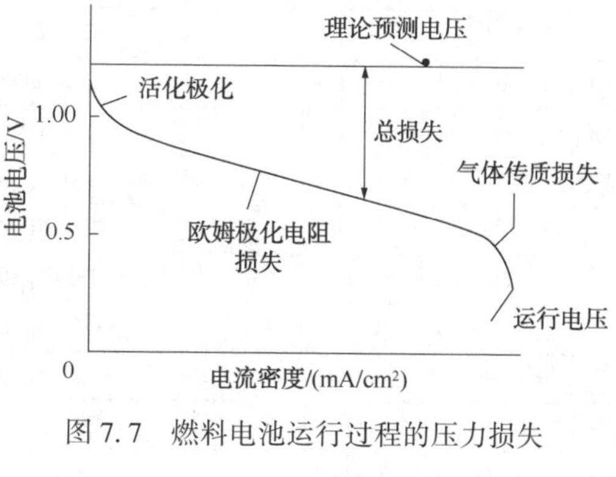

图7.7　燃料电池运行过程的压力损失

7.8 燃料电池的效率

在几乎所有基于能源的机器中，总有一部分能量以热的形式出现。水力发电或热发电的发动机将机械能或热能转化为电能。受到大量热损失的影响，这些机器的转换效率在30%~60%之间。燃料电池的工作原理是将化学能转换为电能。这种转换从来不是100%的，因为在这个过程中会产生少量的热量，如公式(7.31)所示。如果热量是在放热的化学反应中释放出来的，那么 ΔH° 就是负值。如果化学反应吸收了热量，那么这种反应被定义为吸热反应，ΔH° 为正值。燃料电池的效率定义为：

$$\eta=\frac{\text{每摩尔燃料产生的电能}}{\text{形成焓值的变化}}\times100\%=\frac{\Delta G_f^\circ}{\Delta H_f^\circ}\times100\% \tag{7.34}$$

这个效率有时被称为热效率。如果反应中的熵变为零，这个效率可以达到100%。

在25℃时，氢氧燃料电池每摩尔燃料产生的电能为-237kJ/mol，生成焓变是285.84kJ/mol。因此，预期效率为：

$$\begin{aligned}\eta &= -237/-285.84\times100\% \\ &= 82.9\%\end{aligned} \tag{7.35}$$

这意味着，大约82%的氢气能量被转化为电能。相比之下，整个汽车汽油发动机的转换率约为20%。换句话说，汽油的20%的热能被转化为机械功。

7.9 效率与温度

在公式(7.34)中，ΔG_f° 和 ΔH_f° 的数值与温度有关。表7.7显示了不同温度下的数值。该数据表明，燃料电池的效率随温度变化而变化，还表明，理论上预期的电压随着温度的升高而降低。因此，工作在25℃的PEMFC理论电压为1.23V，在100℃时为1.17V。

表7.7 不同温度下燃料电池反应的自由能和热焓

反　应	ΔG_f°/(kJ/mol)	ΔH_f°/(kJ/mol)
$H_2(g)+1/2O_2(g)\longrightarrow H_2O(l)$	-237.2(25℃)	
$H_2(g)+1/2O_2(g)\longrightarrow H_2O(g)$	-228.2(80℃)	
$H_2(g)+1/2O_2(g)\longrightarrow H_2O(g)$	-225.3(100℃)	-242.6(100℃)
$H_2(g)+1/2O_2(g)\longrightarrow H_2O(g)$	-220.4(200℃)	-244.5(300℃)
$H_2(g)+1/2O_2(g)\longrightarrow H_2O(g)$	-199.6(600℃)	-246.2(500℃)
$H_2(g)+1/2O_2(g)\longrightarrow H_2O(g)$	-188.6(800℃)	-247.6(700℃)
$H_2(g)+1/2O_2(g)\longrightarrow H_2O(g)$	-177.4(1000℃)	-248.8(900℃)
$CO(g)+1/2O_2(g)\longrightarrow CO_2(g)$	-230.7(100℃)	-283.4(100℃)
$CO(g)+1/2O_2(g)\longrightarrow CO_2(g)$	-283.7(300℃)	-232.7(300℃)
$CO(g)+1/2O_2(g)\longrightarrow CO_2(g)$	-282.0(900℃)	-178.5(900℃)

7.10 电极材料对电流输出的影响

在阳极的燃料氧化和在阴极的氧气还原(图 7.4)是电化学过程，受电极动力学的制约[1]。动力学因素不仅会控制燃料电池中的电流流动，也会控制化学方程式(7.34)中的效率。换句话说，在阳极氢氧化的过程中，从燃料到电极的电子转移以及从阴极到氧气的相应电子转移反应是重要因素。Tafel 和后来的 Butler-Volmer[1] 解决了动力学因素如何影响电流的问题。他们对动力学的贡献产生了交换电流(i)的概念，在平衡条件下可以写成：

$$I_0=[i/A]=nFk^{\circ}C \tag{7.36}$$

其中，F 是法拉第常数，A 是电极的面积，k°是标准非均相反应速率常数，n 是电极反应中的电子数，C 是燃料或氧气的浓度，I_0是交换电流密度。

当一个系统因通过电流而偏离其平衡电位时，Tafel 根据经验表明，过电压(η)[定义为 $\eta=(E-E_{eq})$]和电流密度(I)遵循方程式(7.37)：

$$\eta=a\pm b\log I \tag{7.37}$$

其中，a 和 b 是常数，E 是极化后的电位，E_{eq}是平衡电位。在正方向施加电流被定义为阳极极化，在负方向被定义为阴极极化。在方程式(7.37)中，±指的是实验中使用的极化类型。这些常数后来由 Butler-Volmer 理论表示为：

$$a=(2.3RT/\alpha nF)\log I_0 \tag{7.38}$$

$$b=-2.3RT/\alpha nF \tag{7.39}$$

其中，R 是气体常数，T 是绝对温度，α 是转移系数(有利于阴极或阳极的程度)，n 是在电极上转移的电子数，F 是法拉第常数，I_0是交换电流密度。为了更深入地了解这些方程以及在推导巴特勒-沃尔默方程时涉及的假设，读者应该参考更高等的电化学书籍[1]。我们可以用以下反应式来形象化表示燃料电池的反应：

$$H_2 \rightleftharpoons 2H^+(aq)+2e^- \tag{7.40}$$

这个反应发生在阳极，描述了导致电流流动的电子转移反应。在平衡状态下，氢气的氧化速度和氢离子的还原速度是相等的。换句话说，正向反应的速率与逆向反应的速率相等。在平衡状态下流动的电流被称为交换电流，当用面积归一化时，它就是交换电流密度。相类似，阴极反应为：

$$O_2+4H^++4e^- \rightleftharpoons 2H_2O \tag{7.41}$$

也具有交换电流密度，这些反应在不同的电极材料上速度是不同的。因此，有必要确定最适合燃料电池运行的电极。

Tafel 实验是确定交换电流密度最方便的方法。在电解质中，在所选择的电极材料上进行氢气的氧化或氧气的还原，通过在正或负方向上对电极进行极化，并测量产生的电流。绘制过电位(η)与对数电流密度的关系是一条直线，如图 7.8 所示。其截点给出了交换电流密度值[见公式(7.38)]。表 7.8~表 7.10 提供了

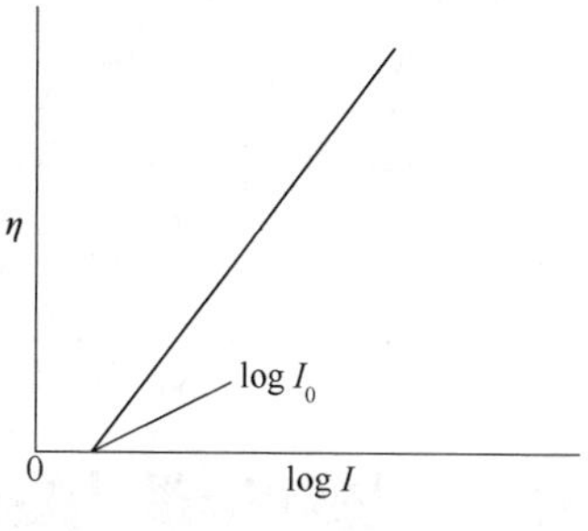

图 7.8 Tafel 曲线

氢气和氧气在不同电极上的交换电流密度的测量值。

表 7.8　酸电解质溶液中氢气的交换电流密度

电　极	I_0/(A/cm²)	电　极	I_0/(A/cm²)
Pt	5×10^{-4}	Ir	1.99×10^{-4}
	7.9×10^{-4}	Ni	6.1×10^{-6}
Ag	4×10^{-7}	W	1.25×10^{-6}
	1.40×10^{-8}	Co	4.78×10^{-6}
Zn	3×10^{-11}	Cu	4.26×10^{-6}
Pb	2.5×10^{-13}	Mo	6.51×10^{-8}
C(石墨)	1.2×10^{-4}	Re	1.34×10^{-3}
Au	3.98×10^{-6}	Nb	1.58×10^{-7}
Rh	2.51×10^{-4}		

表 7.9　酸和碱电解质溶液中氧气的交换电流密度

电　极	I_0/(A/cm²)	电　极	I_0/(A/cm²)
Pt/C	3.16×10^{-7}	Au	5.0×10^{-9}
Pt-W_2C/C	5.01×10^{-5}	石墨	1.2×10^{-4}
Pt	9.0×10^{-8}	碳纳米管	6.3×10^{-4}
Pt	4.0×10^{-9}	碳纳米管/Pd(0.08mg/cm²)	36.6

表 7.10　硅膜的交换电流密度

电极材料	温度(H_2/电池/O_2)/℃	压力(阳极/阴极)/atm	I_0/(mA/cm²)
Control Nafion® 115	90/80/88	1/1	1.7×10^{-4}
	90/80/88	3/3	3.3×10^{-3}
Control recast Nafion®	130/130/130	3/3	2.4×10^{-3}
	90/80/80	3/3	1.7×10^{-3}
	130/130/130	3/3	3.2×10^{-8}
2% Silicon oxide/Nafion® 115	130/115/120	3.75/3	1.99×10^{-4}
6% Silicon oxide/Nafion® 115	130/115/120	3.75/3	1.93×10^{-4}
3% Silicon oxide/Nafion®	130/130/130	3/3	5.03×10^{-5}
6% Silicon oxide/recast Nafion®	130/130/130	3/3	7.9×10^{-5}
10% Silicon oxide/recast Nafion®	90/80/88	3/3	1.0×10^{-5}
	130/130/130	3/3	9.2×10^{-5}

来源：Chenshung(2003)[81]，经 The Electrochemical Society 许可转载。

7.11　燃料电池电压的压力依赖性

Nernst 是第一个将电极电位与浓度联系起来的人。正如在第 2 章中解释的，对于一个反应：

$$O+n \rightleftharpoons R \tag{7.42}$$

其中，O 是一个正在被还原的物质(吸收电子)，R 是还原产物。惰性金属(不与 O 或 R 反应的金属)在 O 和 R 的溶液中会产生一个电极电位，由公式(7.43)给出：

$$E=E^{\circ}-RT/nF\ln[a_R/a_o] \tag{7.43}$$

其中，E°是氧化还原反应 O/R 的标准电位，R 是普适气体常数，T 是绝对温度，F 是法拉第常数。

换句话说，一个惰性电极(不参与反应)在含有物质 O 和 R 的溶液中建立的电位由公式(7.43)给出。对于气态氧化剂和还原剂，浓度被压力所取代。对于燃料电池的阳极反应：

$$H_2(g) \longrightarrow 2H^+(l)+2e^- \tag{7.44}$$

电极的电位由以下公式给出：

$$E_{H_2}=E^{\circ}_{H_2}-RT/2F\ln[p_{H_2}/a^2_{H^+}] \tag{7.45}$$

其中，p_{H_2}为氢气的压力。同样，对于燃料电池的阴极反应：

$$1/2O_2(g)+2H^+(aq)+2e^- \longrightarrow H_2O(l) \tag{7.46}$$

该反应的能斯特电位由公式(7.47)给出：

$$E_{O_2}=E^{\circ}_{O_2}-RT/2F\ln[p_{H_2O}/p^{1/2}_{O_2}\cdot a^2_{H^+}] \tag{7.47}$$

其中，$E^{\circ}_{O_2}$是反应式(7.46)的标准电位，所有其他项都为其常规意义。

燃料电池的开路电压写为：

$$V_{OC}=E_{O_2}-E_{H_2}$$
$$=E^{\circ}_{O_2}-RT/2F\ln[p_{H_2O}/p^{1/2}_{O_2}a^2_{H^+}]-E^{\circ}_{H_2}+RT/2F\ln[p_{H_2}/a^2_{H^+}]$$
$$V_{OC}=[E^{\circ}_{O_2}-E^{\circ}_{H_2}]+RT/2F\ln[p^{1/2}_{O_2}p_{H_2}/p_{H_2O}] \tag{7.48}$$

公式(7.48)描述了 OCV 的温度和压力相关性。在标准条件下，$E^{\circ}_{H_2}$为零。从表 7.5 中取$E^{\circ}_{O_2}$和$E^{\circ}_{H_2}$的值，

$$V_{OC}=[1.229-0.0]+RT/2F\ln[p^{1/2}_{O_2}p_{H_2}/p_{H_2O}] \tag{7.49}$$

另一种获得 V_{oc}的方法是通过写出燃料电池的总反应，从吉布斯自由能中获得 V_{oc}燃料电池的整体反应：

$$H_2+1/2O_2 = H_2O \tag{7.50}$$

这个反应的平衡常数可以写成：

$$K=[a_{H_2O}/a_{H_2}\cdot a^{1/2}_{O_2}] \tag{7.51}$$

这里，活度可以用分压或压力来代替，通过假设理想溶液：

$$a_{H_2O}=[p_{H_2O}/P],\ a_{O_2}=[p_{O_2}/P],\ a_{H_2}=[p_{H_2}/P]$$

其中，P=标准压力。假设所有压力的单位是 bar，我们可以用方程式(7.51)：

$$K=[p_{H_2O}/p_{H_2}\cdot p^{1/2}_{O_2}] \tag{7.52}$$

第 2 章将吉布斯自由能与平衡常数的关系定为：

$$\Delta G=\Delta G^{\circ}+RT\ln K \tag{7.53}$$

其中，ΔG°为标准自由能变化，其他为标准常数。将式(7.52)代入式(7.53)：

$$\Delta G^\circ = \Delta G^\circ + RT\ln[p_{H_2O}/p_{H_2}p_{O_2}^{1/2}]$$

由于 $\Delta G^\circ = -nFE^\circ$，$n=2$，对于反应式(7.50)：

$$E = E^\circ + (RT/2F)\ln[p_{H_2}p_{O_2}^{1/2}/p_{H_2O}] \tag{7.54}$$

其中，E°指的是标准的两个半电池电位之差。值得注意的是方程式(7.54)与方程式(7.48)的关系。由公式(7.48)或式(7.54)计算出的电压是燃料电池的 Nernst 可逆电压，是温度和压力的函数。很显然，如果燃料电池在较高的温度下运行，电压将下降，如图 7.9 所示。

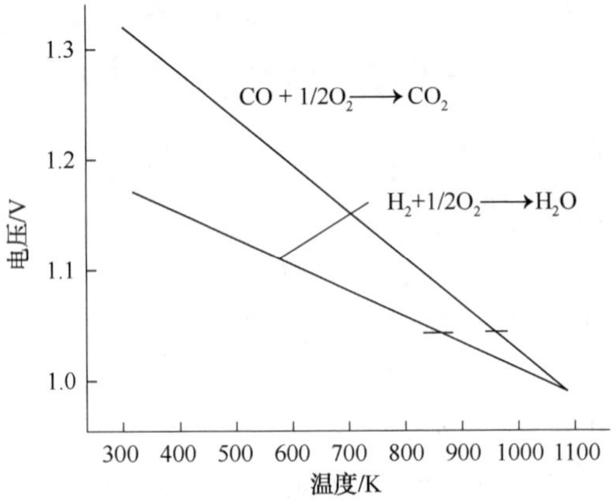

图 7.9　不同温度下燃料电池的预期开路电压

7.12　燃料电池中产生热量的热力学预测

根据自由能计算的燃料电池的 OCV 由以下公式给出：

$$V_{oc} = (-\Delta G^\circ/2F) \tag{7.55}$$

在第 2 章中，焓值 ΔH°与吉布斯自由能的关系是：

$$\Delta H^\circ = \Delta G^\circ + T\Delta S^\circ \tag{7.56}$$

而基于 ΔH°的 OCV 可计算为：

$$V_{oc} = (-\Delta H^\circ/2F) \tag{7.57}$$

在燃料电池反应中，$\Delta H^\circ = 285.84$kJ/mol[产物为 $H_2O(1)$]，因此，

$$V_{oc} = +285.84\text{kJ/mol}/2\times 96496\text{C/mol} = 1.48\text{V}$$

这是高热值，换句话说，如果所有的燃料(氢气)都转化为电能，预期电压将是 1.48V。根据自由能数据，使用公式(7.55)可以得到 $V_{oc}=1.25$V，被称为低热值。

在任何过程中，都存在着低效率和/或损耗。在燃料电池中，有用的功是电能，然而，并不是所有的氢气和氧气中的能量都能被转化为电能。燃料电池中的低效率使一些可用的能量变成了热量。在燃料电池中，低效率与四个不同的过程有关：①氢的解离，定义为活化损失；②燃料从阳极到阴极的渗透；③欧姆电阻；④质量传输损失。

7.13 燃料电池管理

燃料电池的高效运行取决于三个重要因素：氢气供应量，氧气供应量，和产生水的量。由于燃料电池是以电堆的形式供电的(21 个电池或其倍数)，电池管理需要向每个燃料电池提供足够的氢气和氧气，并去除反应中形成的水。下面主要讨论评估三个方面采用的方法。

7.13.1 氢气供应

在本节中，我们将讨论燃料电池的输出对应的氢气量。

通过应用法拉第定律(该定律指出，通过 1F 的电力将释放或消耗电极上的一个化学当量的反应物)进行电化学反应：

$$H_2(g) \longrightarrow 2H^+(aq) + 2e^- \tag{7.58}$$

1F=1g 当量的氢气。当量的定义是：

$$1\ \text{当量} = \text{分子质量}(M)/\text{电子数}(n) \tag{7.59}$$

和

$$1F = 96494C \tag{7.60}$$

或

$$\text{库仑}(C) = I(A) \times t(s) \tag{7.61}$$

让我们计算一下，为了产生 QC 的电力，应该向燃料电池提供多少质量的氢气？结合式(7.59)~式(7.61)，所需的氢气质量为：

$$\text{氢气的质量} = \frac{Q \cdot M_{H_2}}{n \cdot F} g \tag{7.62}$$

或者将 $Q=I(A)\times t(s)$ [见公式(7.61)]代入公式(7.62)：

$$\text{氢气的质量} = \left(\frac{I(A) \cdot t(s) \cdot M_{H_2}(g/mol)}{n \cdot F(C/mol)}\right) g \tag{7.63}$$

单位为 g。

在公式(7.63)中，n 没有单位，而“安培×时间”的单位是库仑，计算得到每个燃料电池产生所需电流的氢气质量。公式(7.62)和公式(7.63)对于估计运行燃料电池所需的氢气瓶数非常有用。如果是燃料电池电堆，那么：

$$\text{堆叠的电池数量} = Y$$

公式(7.63)将必须乘以 Y 以得到氢气的总供应量。

$$Y\ \text{型电池所需的氢气质量} = Y\left(\frac{I(A) \cdot t(s) \cdot M_{H_2}(g/mol)}{n \cdot F(C/mol)}\right) g \tag{7.64}$$

现在让我们举一个例子来估计运行一个单一的燃料电池(没有堆叠)所需的气瓶数量。在这里，我们必须先确定燃料电池的电流和使用时间，假设我们需要 100A 电流，持续 1h。

$$Q = 100A \times 1h = 100A \times 3600s = 3.6 \times 10^5 C$$

$M_{H_2} = 2.016 g/mol$

$n = 2$

$F = 96494 C/mol$

将这些数值代入公式(7.63)，

所需氢气的质量 = $(3.6 \times 10^5 \times 2.016)/(2 \times 96494) = 3.76g$

氢气的质量可以通过以下关系转换为体积，质量/体积 = 密度。氢气的密度为 $0.084kg/m^3$ 或 $0.084 \times 10^{-3} g/cm^3$，上述质量可以换算成氢气的体积：

氢气的体积 = $3.76g/0.084 \times 10^{-3} g/cm^3 = 44.7 \times 10^3 cm^3$

$= 44.76L$

表 7.11 给出了实验室和商业机构中使用的氢气瓶的规格，每个钢瓶大约有 330L。燃料电池持续以 100A 的电流发电，我们将利用气瓶中 0.135 或 1/7(44.76/330)的气体。

表 7.11　高压瓶技术规格

气体存储	约 330L	温度	0~140°F
长度(含阀门)×直径	21in×4in	本体进口连接	1/8″NPT 内螺纹
质量	12lb	本体出口连接	1/4″NPT 内螺纹
最大进口压力	4000psi(表)	出口阀连接	1/4″NPT 外螺纹

来源：经 FuelCellStore.com 许可转载。

表 7.12 给出了不同电流值和持续时间的氢气消耗。它还给出了理论上预期的氢气消耗量，假设所有进入燃料电池的氢气都在阳极以 100%的电流效率被氧化。公式(7.63)表达了电流和氢气消耗之间的关系。通过直接替换电流，该方程可被写为燃料电池的功率输出与氢气消耗之间的关系。由于：

$$P_{\text{fuel cell}} = V \cdot I \tag{7.65}$$

方程式(7.63)被写成：

$$\text{氢气质量} = \frac{P_{\text{fuel cell}} \cdot t \cdot M_{H_2}}{V \cdot nF} \tag{7.66}$$

表 7.12　在选定的电流和持续时间下，燃料电池中氢气的估计消耗量

电流/A	持续时间/s	预计电量/C	H 的质量/g	H 的体积/L
0.5	3600	1800	0.0186	221
1.0	3600	3600	0.0373	444
2.0	7200	14400	0.1492	1776
5.0	1800	90000	0.9327	11100
10.0	3600	36000	0.3730	4440
20.0	1800	36000	0.3730	4440
100.0	3600	360000	3.7300	44400

在公式(7.66)中，V 指的是燃料电池的平均电压，一般约是 0.60V，我们可以使用一个模型计算，看看在 1h 内产生 100W 的能量会消耗多少氢气。

$$氢气的质量=\frac{100\times3600\times2.016}{0.60\times2\times96494}\text{g}$$

$$=6.26\text{g}$$

$$氢气的体积=74.5\text{L}$$

在这个例子中，气缸中的氢气水平将减少约四分之一。使用公式(7.66)得到一个功率表，给出了燃料电池选定功率输出时的氢气消耗。表 7.13 详细地进行了描述。

表 7.13 PEMFC 的功率输出和氢气消耗

功率输出/kW	持续时间/s	输出电压/V	氢气的质量/g	氢气的体积/L
0.10	3600	0.60	6.26	74.52
0.50	3600	0.60	31.30	372.62
1.00	1800	0.60	31.30	372.62
10.00	900	0.60	156.69	1863.10

对于燃料电池电堆，应修改方程式(7.66)，以提供与前面描述的相同方式的功率输出，替代 $P_{\text{fuel cell}}=V\cdot I\cdot Y$。燃料电池电堆的功率输出表达式为：

$$燃料电池电堆的氢气质量=P_{\text{fuel cell}}\times t\times M_{H_2}/V\times nF \tag{7.67}$$

对于使用 200 个平均电压为 0.60V 的燃料电池组成的 1kW 发电量的电堆，预计氢气消耗量如下：

$$燃料电池电堆的氢气质量=(1000\times3600\times2.016)/0.6\times2\times96494\text{g}=62.68\text{g}$$

为了产生 94kW 的功率，所需的氢气将是 5892g。

这需要将由三个重达 75kg 的圆柱形罐供氢，其中含有 6kg 的氢气，压力约为 350bar(http://auto.howstuffworks.com/hy-wire2.htm)。

7.13.2 氧气供应

燃料电池的氧气需求可按以下方式计算：

$$氧气的质量=\frac{I(\text{A})\cdot t(\text{s})\cdot M_{O_2}(\text{g/mol})}{n\cdot F(\text{C/mol})} \tag{7.68}$$

在 PEMFC 中，阴极的反应是氧气的 $4e^-$ 还原。通过法拉第定律计算，氧气的分子质量为 M，I 为燃料电池的预期电流，n 为参与反应的电子数，F 为法拉第常数，t 是电流的持续时间。例如，如果在 1h 内产生 100A 的电流，需要多少氧气？

$$氧气的质量=\frac{100\times3600\times32}{4\times96494}=29.86\text{g}$$

假设氧气的密度为 1.429kg/m^3，

$$氧气的体积=20.89\text{L}$$

通过与前文(氢气需求量)相同的计算方法，可以得到任何输出功率需要的氧气量。在前面的章节中讨论过(氢气需求)，代入 $P_{\text{fuel cell}}=V\cdot I$ 或 $I=P_{\text{fuel cell}}/V$：

$$\text{氧气质量}=\frac{P_{\text{fuel cell}}\cdot t\cdot M_{O_2}}{V\cdot n\cdot F}\text{g} \tag{7.69}$$

对于 100W 的功率输出，假设燃料电池的平均电压为 0.60V，则氧气需求量为：

$$\text{氧气的质量}=(100\times3600\times32)/(0.6\times4\times96494)=49.74\text{g}$$

$$\text{氧气的体积}=49.74\text{g}/1.429\times10^{-3}\text{g/cm}^3$$

$$=34.80\times10^3\text{cm}^3\text{或 }34.80\text{L}$$

对于燃料电池电堆，假设单个电池的数量为 Y，方程式(7.68)被修改为：

$$\text{氧气的质量}=Y\frac{I(\text{A})\cdot t(\text{s})\cdot M_{O_2}(\text{g/mol})}{n\cdot F(\text{C/mol})}\text{g} \tag{7.70}$$

7.13.3 空气的使用

由于燃料电池可以用空气代替氧气，下面的讨论涉及燃料电池的空气使用量。

空气中含有 21%的氧气，计算时应以这个数量为基础。空气的摩尔质量是 28.97g/mol(由空气摩尔质量组成得到)，因此，方程式(7.69)和式(7.70)中的 M 值应该是 28.97g/mol 而不是 32g/mol。此外，由于只有 21%的空气参与燃料电池反应，方程式(7.69)和式(7.70)被改写为：

$$\text{空气质量}=\frac{I(\text{A})\cdot t(\text{s})\cdot 28.97(\text{g/mol})}{0.21\cdot n\cdot F(\text{C/mol})}\text{g}$$

上面是基于燃料电池的电流，产生一个选定的功率所需的空气流量如下：

$$\text{空气质量}=\frac{P_{\text{fuel cell}}(W)\cdot t(\text{s})28.97(\text{g/mol})}{0.21\cdot V(\text{V})\cdot n\cdot F(\text{C/mol})}$$

类似于前面讨论的氧气使用量的计算方法，可以用上述两个方程式进行计算。对于 1kW 的功率输出，假设燃料电池的平均电压为 0.60V，氧气需求量如下：

$$\text{空气质量}=\frac{1000\times3600\times28.97}{0.21\times0.60\times4\times96494}=2144.47\text{g 或 }2.144\text{kg}$$

7.13.4 水的输出

PEMFC 化学计量反应：

$$H_2+1/2O_2\longrightarrow H_2O$$

在燃料电池反应中 1mol 的氢气产生 1mol 的水，或者说，每使用 0.5mol 的氧气将产生 1mol 的水。由于在燃料电池反应过程中产生水，所以必须采取措施防止燃料电池“水淹”。为了计算燃料电池运行过程中产生的水量，一般要计算燃料电池在任何输出功率情况下产生的水量。让我们计算一下 1kW 发电量的燃料电池产生的水量和所需氢气的物质的量：

$$\text{氢气物质的量}=\frac{P_{\text{fuel cell}}\cdot t}{V\cdot n\cdot F} \tag{7.71}$$

1mol H_2 = 1mol H_2O[见式(5.25)]。

$$水物质的量=\frac{P_{\text{fuel cell}} \cdot t}{V \cdot n \cdot F} \tag{7.72}$$

使用 $P_{\text{fuel cell}}=1\text{kW}$，$t=3600\text{s}$，燃料电池平均电压为 0.60V，$n=2$，$F=96494$，燃料电池中产生的水物质的量 = 1000×3600/(0.60×2×96，494) = 31.09mol，水的质量 = 31.09mol×18.02g/mol = 559.62g。

在 20℃ 时，水的密度为 0.998g/cm³，水的体积 = 559.62g/0.998g/cm³ = 560.74cm³，因此，1kW 的发电量将产生约 561cm³的水。

可以根据燃料电池的氧气需求量来计算产水量：

1/2mol O_2 = 1mol 水或 1mol O_2 = 2mol 水

使用公式(7.69)：

$$氧气物质的量=\left(\frac{P_{\text{fuel cell}} \cdot t}{V \cdot n \cdot F}\right) \tag{7.73}$$

$$水物质的量=2\,\frac{P_{\text{fuel cell}} \cdot t}{V \cdot n \cdot F} \tag{7.74}$$

$$产生的水物质的量=2\times\frac{1000\times3600}{0.60\times4\times96494}=31.09(\text{mol})$$

$$水的体积=31.09\text{mol}\times18.02\text{g/mol}/0.998\text{g/cm}^3=560.74\text{cm}^3$$

上述两种计算方法，一种是使用氢气，另一种是使用氧气，产生相同的量的水。

7.14 氢气和氧气的消耗率

在上一节中，方程式(7.71)和式(7.73)描述了产生一定电流或功率所需的氢气或氧气的数量。它们还描述了在给定功率输出下产生的水量。考虑每秒钟的数量，这些方程可以变为速率方程。以 PEMFC 运行所需的氢气量为例，方程式(7.63)给出了在几秒钟内消耗的氢气质量。如果将这个方程转化，就可以得到氢气的消耗率，如方程式(7.75)所示，请注意，电流单位 A(安培) = C/s。

$$氢气消耗率=\frac{I(\text{A}) \cdot M_{H_2}(\text{g/mol})}{n \cdot F(\text{C/mol})}\text{g/s} \tag{7.75}$$

类似地，

$$燃料电池电堆的氢气速率=Y \cdot \frac{I(\text{A}) \cdot M_{H_2}(\text{g/mol})}{n \cdot F(\text{C/mol})} \tag{7.76}$$

$$氢气消耗率=\frac{P_{\text{fuel cell}} \cdot M_{H_2}}{V \cdot n \cdot F} \tag{7.77}$$

$$氧气消耗率=\frac{I(\text{A}) \cdot M_{O_2}}{n \cdot F} \tag{7.78}$$

$$氧气消耗率=\frac{P_{\text{fuel cell}} \cdot M_{O_2}}{V \cdot n \cdot F} \tag{7.79}$$

气体的消耗和产生水的物质的量由上述公式给出。在燃料电池的实际运行中，由于各种实验因素(如：燃料电池中的气体和水)的影响，使用的量几乎是理论计算值的 2 倍以上。

7.15 水的产生率

在上一节中，燃料电池在任何输出功率下产生水的总的物质的量由式(7.72)和式(7.74)给出；式(7.72)是基于使用的氢气($n=2$)的，而式(7.74)是基于燃料电池使用的氧气($n=4$)的。当 n 被代入式(7.72)和式(7.74)时，所有的方程都会约化成一个共同的方程式(7.80)：

$$水的产生率=\frac{P_{\text{fuel cell}}}{2 \cdot V \cdot F} \tag{7.80}$$

形成的水量是基于反应的化学计量。

思 考 题

燃料电池中的水管理问题被一些汽车公司所忽视。

丰田汽车公司(TMC)已经正式推出了一个新的、先进的基于汉兰达的燃料电池混合动力汽车(FCHV)，配备了新设计的更高性能的丰田燃料电池堆。FCHV-adv 通过改善燃料电池单元的性能，提升制动系统，使燃料效率提高了 25%，辅助系统所消耗的能量减少。配备了 TMC 开发的 70MPa 高压氢气罐，基于日本的 10~15 循环测试模式，FCHV-adv 单次燃料的续航里程约为 830km(516mile)，是老式 FCHV 的两倍多。在更严格的 JC08 测试周期，大约续航里程为 760km (472mile)。在去年的测试中，早期配置的 FCHV-adv 成功地完成了 560km (348mile)的长距离道路测试，从大阪到东京只加了一次氢。

丰田 FC 电堆的模块是膜电极组件(MEA)，工程师们重点研究了低温下膜电极组件内部产生的水干扰 MEA 内发电这一基本问题。内部可视化测试的基础研究用于了解在燃料电池中产生水的行为和数量，以便使工程师能够优化 MEA 的设计，使其在低温下发电。

因此，TOYOTA FCHV-adv 可以在温度低至 30℃ 的寒冷地区启动和运行，这意味着该车可以在更广泛的条件和气候下使用。

在开发过程中，TMC 分析了由日本经济产业省组织的日本氢能和燃料电池示范项目的各种研究结果和数据，以及由美国加州燃料电池合作组织进行的测试和在加拿大 Timmins 进行的寒冷天气测试。

以下是燃料电池混合动力规格：

丰田燃料电池混合动力车规格			
		FCHV-adv	FCHV
长度/宽度/高度/mm		4735/1815/1685	4735/1815/1685
质量/kg		1880	1880
座位数		5	5
最大里程/km		约 830/约 760	约 330
最大速度/(km/h)		155	155
燃料电池	名称	Toyota FC Stack	Toyota FC Stack
	类型	PEM	PEM
	输出功率/kW	90	90
电机	类型	磁铁	磁铁
	最大输出功率/kW	90	90
	最大扭矩/Nm	260	260
最大储存压力/MPa		70	35
水箱容量/L		156	148
电池类型		NiMH	Ni

思　考　题

1. 根据前面给出的燃料电池混合规格，如果没有水蒸发的机制，燃料电池中会积累多少水？

2. 在燃料电池混合动力汽车中，如何克服燃料电池中的积水问题？

7.16　燃料渗透问题

在燃料电池的运行中，一个普遍的问题是氢气从阳极渗透到阴极一侧，燃料直接与氧气结合产生水，这导致了燃料电池的短路。这种渗透会降低电压，因为能斯特方程中的氢气浓度降低了[式(7.45)]；氢分子在阳极被氧化的数量减少，与之相关的电流也减少，因此，燃料电池的效率降低。在燃料电池中使用膜将减少这种燃料渗透。在一种方法中，膜中空隙使燃料被封存在这个空间，从而防止它到达阴极[40]，燃料随后可以通过一个物理过程去除。

7.17　用于 PEMFC 的聚合物膜

7.17.1　一般性问题

正如前一节所讨论的，电极在所有燃料电池的电子转移过程中起着关键作用，发生氧化和还原反应。既然如此，使用质子交换膜的目的是什么？一是将两个电极从物理接触中分离，二是防止燃料从一个区域渗透到另一个区域。例如，氢气从阳极室进入阴极室，或氧气从阴极室进入阳极室，都会导致燃料损失。这种分子或离子的自由流动可以通过在两个电极之间的聚合物薄膜来控制或防止，该膜在电解池中起着分离作用。正如在任何电解过程中，当电子通过外部电路传输时，离子会在电极之间迁移，膜在允许离子从一个区域输送到另一个区域方面发挥了重要作用。在这里，膜的性质对于保持离子的导电性是很重要的。在 PEMFC 发展的最初阶段，使用了磺化聚苯乙烯-二乙烯基苯(SPSDVB)共聚物。这些聚合物的成本很高，尽管如此，宇宙飞船还是使用了 SPSDVB 制造的 PEMFC，这使得人们对燃料电池的实用性有了更大的信心。杜邦公司在 1960 年报告了第一个商业化合成膜，这开启了电化学和聚合物方面的大量应用。杜邦公司的全氟离子交换膜的注册商标是 Nafion®，它是一种含有磺酸基的四氟乙烯聚合物。它有疏水和亲水的基团，疏水的实体是—CF_2—CF_2—而亲水部分是连接的—SO_3H。这种聚合物在化学结构上与 Teflon 非常相似，Teflon 是全氟聚合物，其结构为 $(CF_2—CF_2)_n$，它被一个磺酸基团所取代，以产生离子传输。图 7.10 展示了—SO_3H 实体。

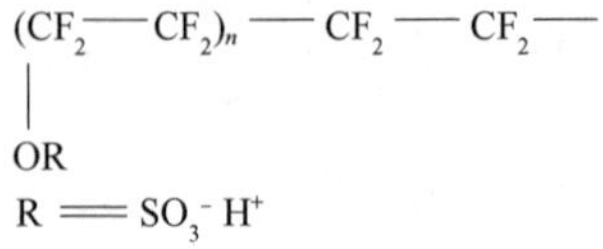

图 7.10　Nafion®结构

磺酸基团导电，进而使得膜电解质可用于燃料电池。磺酸基团是离子型的，它解离成—SO_3^-和 H^+，—SO_3^-与 C—F 网络相连。换言之，

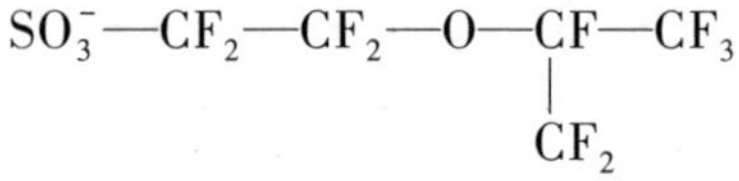

这被称为离聚物(含有不超过 15%离子单元的聚电解质)。离聚物具有吸引带相反电荷离子的特性，因此，在上述结构中—SO_3^-的负电荷吸引了带正电的氢离子，因此，它具有亲水特性。离聚物是膜传感器的关键物质，膜传感器已广泛应用，最常见的是玻璃电极中用于 pH 值测量的玻璃膜。其中，碳酸氢盐传感器、钙离子选择性电极、氟化物离子选择电极和氧气传感器在生物医学领域得到应用。

杜邦公司开发了大量不同分子质量的一系列 Nafion®膜。最初为燃料电池开发的 Nafion®-115 或 Nafion®-117 膜，后来发现了其他大量的应用。杜邦公司将 100 系列(115、117 等)扩展到 900 系列，开发了含氟聚合物中同时具有磺酸基和羧酸基的新型膜。其中一种 900 系列的 Nafion®膜 90209 在氯碱工业中得到了广泛的应用，在电解盐水(氯化钠溶液)时，阴极产生氢气，阳极产生氯气。这是一种非常通用的生产氢气的方法，氢气是工业化生产氢氧化钠的副产品。

尽管 Nafion®膜在燃料电池中得到了广泛的应用，但还是有局限性的。它们在低水分含量时没有良好的传导性，这导致了燃料电池失效。为了克服这个问题，人们合成了一些新的膜。Hickner 等[10]和 Wanger 等[11]总结了发展方向：现有聚合物的改性，基于聚酰亚胺的膜，改进的聚合物骨架，聚磷酸盐，不含磺酸基的膜，以及聚合物复合材料。在下面的章节中，将讨论这些不同类型的材料。

大批量含有硅的膜已经被制备出来，且用于燃料电池[8]，制备细节总结如下：

制备改性 Nafion® 115 膜，首先用水与浓硝酸(1∶1)的溶液回流 6~8h 去除金属和有机杂质，随后用水与浓硫酸(1∶1)的溶液回流，除去微量金属杂质。该膜在水

中回流，直到水的 pH 值约为 6.5，然后干燥 24h，之后在甲醇：水的混合液中浸泡 1min，在四甲基硅烷：水(3：2)的混合物中浸泡，将膜在 100℃的温度下干燥 24h。用 3%的过氧化氢回流 1h，然后先后用蒸馏水、硫酸、蒸馏水洗涤。在盐酸中将 5%的 Nafion®溶液、2mL 的异丙醇和四乙基正硅酸盐混合，制备出二氧化硅/复膜。该溶液混合物保持在 90℃，新膜形成。铂/碳(Pt/C)电极由 E-Tek 公司提供，铂的负载量为 0.4mg/cm^2，是推荐使用的燃料电池催化剂。电极夹着 Nafion®(0.6mg/cm^2)，电极-膜-电极组件在热压机中以 2MPa 的压力加热至 90℃，持续 1min。制备和实验条件的细节可参见文献[6]。

7.17.2 现有聚合物的改性

大量用于制膜的聚合物已经过磺化改性，以检验膜的储水能力和提高其质子导电性。芳族聚合物通常可以通过磺化生产 PEMFC 所需的聚合物，磺化 Victrex 聚(醚醚酮)属于此类，聚(醚砜)和双酚 A 类聚合物是另外一些属于此类的例子。通过在主链上添加磺酸基团对聚(醚醚酮)进行改性。这种改性增加了溶解度，但降低了聚合物的结晶度。图 7.11 给出了一些二磺化磺酸聚合物的结构。磺化的单体共聚随机(统计)产生共聚物。双酚砜 H^+ 形式(BPSH 系列共聚物)的电导率和吸水率如图 7.12 和图 7.13 所示，表明该系列共聚物的电导率和吸水率随着二磺化增加而增加。在物质的量分数为 60%时，会形成半连续的疏水相，膜显著膨胀，形成对燃料电池有害的水凝胶。

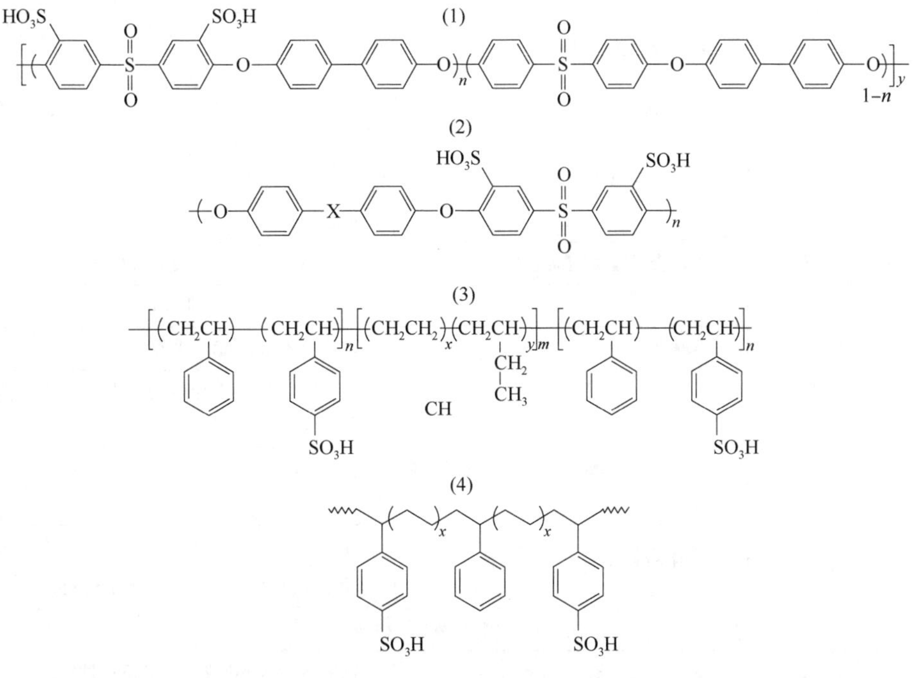

图 7.11　二磺化聚合物：(1)磺化聚(亚芳基醚砜)，(2)磺基苯基化聚砜，(3)磺化苯乙烯-乙烯-丁烯-苯乙烯(SEBS)嵌段共聚物，(4)磺化苯乙烯-乙烯共聚体

[来源：Hickner et al. (2004)[10]，经 American Chemical Society 许可转载]

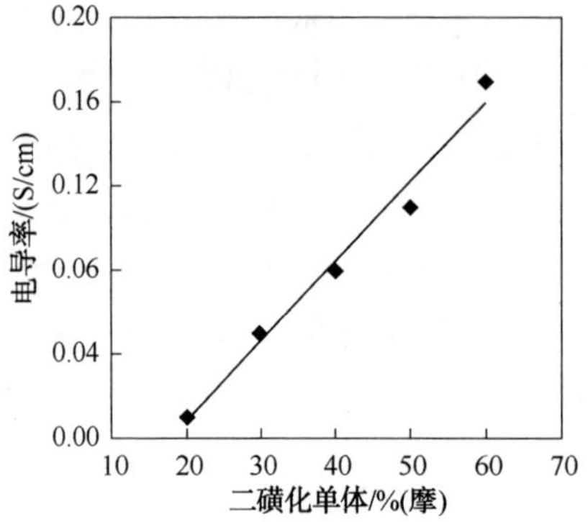

图 7.12　二磺化单体的电导率

[来源：Hickner et al. (2004)[10]，经 American Chemical Society 许可转载]

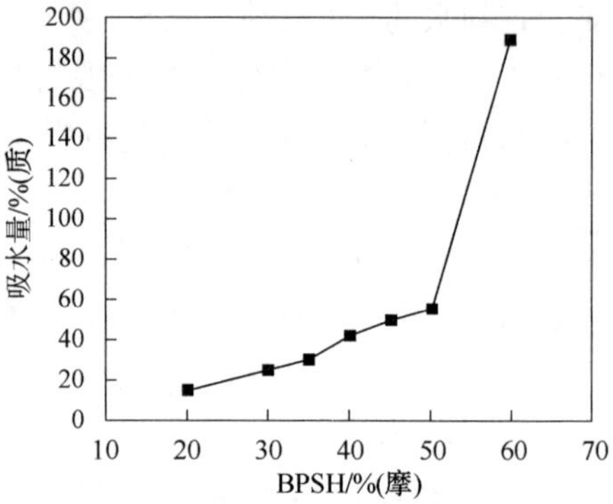

图 7.13　BPSH 在 30℃下的吸水量

[来源：Hickner et al. (2004)[10]，经 American Chemical Society 许可转载]

Nafion 可以利用多种物理和化学方法进行改性，如表 7.14 所示，已经成功接枝聚合物，制备方案如下。

表 7.14　聚合物膜的改性

基膜	改性方法	主要结论和评论
通过物理或化学方法处理的 PFSI 膜		
Nafion	羧酸盐/磺酸盐双功能处理	显著的降低透水性并适度降低质子传导率
Nafion	沉积聚多巴胺纳米层	甲醇渗透率下降约 50%，质子传导率略有下降
PFSI 膜	全氟庚烷和氩等离子体沉积	机械强度大大提高，甲醇渗透率大大降低
Nafion	沉积超薄钯或其合金层	由于超薄金属层和 Nafion 膜之间的不同溶胀率导致裂缝产生，通常会削弱甲醇渗透率的改善
Nafion 解决方案	在铸造过程中施加电场	比 Nafion117 更好的 PEMFC 性能
Aciplex	离子辐照	干燥条件下电导率增加三个数量级
Nafion	热退火处理	取决于退火温度，并不总是改进
PFSI 膜	超临界二氧化碳处理	在不牺牲质子传导性的情况下将甲醇渗透率降低 41.8%
Nafion	在 190℃ 下溶解在二甲基亚砜(DMSO)中	性质与 Nafion115 相似
Nafion	采用改性 Pt 电催化剂载体	在 100℃ 和 30% RH 下将 H_2/空气 PEMFC 的功率密度从 345mW/cm² 增加到 456mW/cm²
用多孔支撑材料增强 PFSI 膜		
Nafion/PTFE	传统浸渍工艺	比纯 Nafion 膜更好的 PEMFC 性能
Nafion/ePTFE	在低内部气压下使用表面活性剂的浸渍工艺	具有更好的耐久性和稳定性，开路电压(OCV)降低速率为 3.3mV/h

续表

基膜	改性方法	主要结论和评论
用多孔支撑材料增强 PFSI 膜		
Nafion/超高分子量聚乙烯(UHMWPE)	传统浸渍工艺	显著降低甲醇渗透和薄膜厚度
Nafion/聚(四氟乙烯)(PTFE)/吸湿颗粒	结合传统浸渍工艺，第三种组合物(纳米硅酸盐或纳米 ZrP 颗粒)的原位掺入	具有适用于低相对湿度(RH)和高温操作的自加湿功能
Nafion/聚(偏二氟乙烯)(PVDF)	传统浸渍工艺	DMFC 性能优于普通 Nafion
PFSI 与有机或无机化合物结合的复合膜		
Nafion/有机甲醇封闭填料	将 Nafion 膜浸渍到有机填料或其前体[例如 PANI、PVI、PPV、壳聚糖(CS)、PEDOT、SSt 和磺化聚(四氟乙烯-共-六氟丙烯)(FEP)]的溶液中	甲醇渗透改进，但质子传导率降低
Nafion/聚吡咯/Pt	在 Nafion 膜中吡咯单体与 Pt 前驱体的原位聚合	显著增强了 PEMFC 性能；甲醇渗透率大幅降低，质子传导率适度降低
Nafion/PVI/Pd	络合，然后浸渍	仅在 30℃下，5M 甲醇和氧气的 DMFC 性能更好
Nafion/有机聚合物成分	Nafion 与磺化聚(芳醚酮)(SPAEK)、磺化聚(醚醚酮)(SPEEK)、硝化 SPEEK 或 PBI 溶液直接混合	降低质子传导率并改善甲醇穿透；由于相对密度和溶剂浓度分布的差异，很容易发生相分离
Nafion/PAH-PSS 逐层(LbL)薄膜	LbL 技术	非常小的甲醇渗透改善，质子传导率大大降低
Nafion/惰性吸湿性无机填料	将 Nafion 和惰性吸湿性无机颗粒或其前体(例如富勒烯、WO_3、SiO_2、TiO_2、$Sr(OH)_2$、沸石、MMT、ORMOSIL、PVOS、氧化锆、GPTMS 和 TEOS)混合或者采用溶胶凝胶的方法	增强保水性能，提高热稳定性，减少甲醇渗透；然而，这些惰性吸湿填料带来负面影响，例如质子绝缘以及填料与 Nafion 之间的相容性差，会降低质子传导率
Nafion/无机质子传导填料	使用 Nafion 和质子传导颗粒或其前体[例如 α-ZrP、杂多酸(HPA)、BPO_4和 ErTfO]的混合方法或浸渍工艺	质子电导率与 Nafion 相似；改进了 MEA 和甲醇的渗透，但经常发生 HPA 浸出
Nafion/无机二元组分填料	掺入两种无机颗粒如沸石-Pt、$SiO_2-Cs_{2.5}H_{0.5}PWO_{40}$、$SiO_2$-SZ、$ZrO_2-SiO_2$、$TiO_2-WO_3$	在高温和低湿条件下更好的水管理和合理的质子传导率

续表

基膜	改性方法	主要结论和评论
PFSI 与有机或无机化合物结合的复合膜		
Nafion/双功能填料	结合具有亲水和质子传导功能的无机颗粒[例如酸功能化的多壁碳纳米管(MWCNT)、酸或 CS 功能化的乙基环戊二烯基三羰基锰(MMT)、磺酸基酸官能化 β 沸石、磺酸官能化二氧化硅和聚硅氧烷]	在不牺牲电导率的情况下大大提高了甲醇渗透率，其中一些在 100℃以上达到了合理质子电导率
PFSI 复合膜	NA	运行>6000h，H_2/空气供给，并且降解率只有传统 Nafion ME 的 1%~1‰
通过辐射接枝聚合的部分氟化酸性离聚物膜		
聚四氟乙烯基膜，苯乙烯	γ 射线预照射接枝	经历重大的结构变化；增加离子位点；增强亲水性；降低疏水性；降低结晶度，没有经过机械性能测试
苯乙烯	紫外线诱导光接枝	避免聚四氟乙烯主链的显著降解；即使聚合度<10%，厚度方向的质子传导率也与 Nafion 相似
cPTFE 基膜，苯乙烯	γ 射线预照射接枝	提高聚四氟乙烯的耐辐射性；水的自扩散系数比 Nafion®-112 低 50%；可达 200℃仍然热稳定
交联 PTFE/PFA 聚合物-合金薄膜，苯乙烯	软电子束(EB)诱导接枝	在 60℃和 95% RH 条件下，质子电导率为 0.17S/cm；在 80℃以上操作时，MEA 的三相界面发生分层
FEP 基膜，苯乙烯或丙烯酸	预照射接枝	FEP 基体的交联显著改善热耐久性和机械性能，而聚苯乙烯相的交联影响 PEM 的表面组成
苯乙烯	同时照射接枝	与 Nafion 的相应特性相比，具有更高的质子传导率和更少的甲醇渗透；质子电导率范围高达 0.25S/cm，但对氧化降解的敏感性更大
苯乙烯/DVB	诱导接枝	PEMFC 单电池耐久性测试超过 7900h，电池温度为 80~85℃，电流密度为 500mA/cm^2，在前 4000h 内的降解可以忽略不计
AMS 和 MAN	预照射接枝	质子电导率在 50~100mS/cm 之间；PEMFC 耐久性是 FEP-g-PSSA 膜的约 10 倍(两者均未交联)；与 FEP-g-PSSA 膜的化学降解不同

续表

单体	接枝方法	主要结论和评论
通过辐射接枝聚合的部分氟化酸性离聚物膜		
ETFE 基膜，Styrene/DVB	γ 射线预照射接枝	厚度方向的质子电导率和 PEM 的化学稳定性受接枝溶剂选择的影响较大；最佳质子电导率在 25℃时高达 0.11S/cm
苯乙烯	Xe^{23+}的快速重离子束通过 ETFE 薄膜产生潜在的轨迹-γ 射线预照射接枝	具有高度各向异性的质子传导率：质子在厚度方向的传导率是表面方向的 3 倍
苯乙烯/DVB	ETFE 与硬 X 射线的选择性曝光产生自由基模式-接枝	性能略低于传统 FEP-g-PSSA 膜，但使用寿命明显更长
苯乙烯/DVB	预照射接枝	DVB 浓度显著影响接枝水平、电导率和吸水率，而对结晶度和热稳定性影响不大
苯乙烯	预照射接枝	随着辐照剂量的增加，熔化温度(T_m)几乎保持不变，而结晶度随着辐照剂量的增加而略有增加；重量损失和结晶度受接枝水平的影响很大，而降解温度与聚合水平无关
MeSt/^{t}BuSt/DVB	预照射接枝	显著提高了化学稳定性，在 60℃的 H_2O_2 溶液中的耐久性时间约为 200h
苯乙烯和 MAN	预照射接枝	质子电导率>50mS/cm，水合数较低，化学稳定性显著提高，单个燃料电池寿命超过 1000h
Stsi	γ 射线预照射接枝，水解和缩合，磺化	增强的化学和热稳定性优于 DVB 交联的 FEP-g-PSSA 膜；最佳的膜具有适当的质子电导率 0.06S/cm；在 60℃的 H_2O_2 溶液中的耐久性时间约 200h；甲醇渗透率几乎是 Nafion 的六倍
4VP 或 N-乙烯基甲酰胺(NVF)或 1VIm	电子束照射接枝-掺杂磷酸	卓越的柔韧性和机械稳定性以及在空气中高达至少 160℃的热阻；在 120℃无加湿的情况下质子传导率高达 0.10S/cm；H_2/O_2 燃料电池的功率密度在 120℃无加湿的情况下高达 150mW/cm^2
交联 PTFE/PFA 聚合物合金膜		
PVDF 基膜		
苯乙烯磺酸钠(SSS)/N，N-二甲基甲酰胺(DMF)/H_2SO_4	EB 诱导接枝	接枝率高达 65%；质子电导率为 0.114S/cm；PEMFC 基本物理化学特性的完美结合

续表

单体	接枝方法	主要结论和评论
交联 PTFE/PFA 聚合物合金膜		
苯乙烯	同时 EB 诱导接枝	接枝率高达 46%；室温下质子电导率为 5.59×10^{-2}S/cm
苯乙烯	ATRP	PEM 的性能受其纳米结构形态的显著影响；大小为 2~3nm 的小离子簇的互连网络；离子交换容量(IEC)高达 2.22mmol/g，不会过度膨胀和溶解

注：ATRP，原子转移自由基聚合；PEM，聚合物电解质膜；EB，电子束；PEMFC，聚合物电解质膜燃料电池；PVDF，聚偏二氟乙烯；DVB，二乙烯基苯；FEP，聚(四氟乙烯-共-六氟丙烯)；g-PSSA，graft-聚苯乙烯磺酸；MAN，甲基丙烯腈；MeSt，甲基苯乙烯；tBuSt，叔丁基苯乙烯；StSi，对苯乙烯基三甲氧基硅烷；DVB，二乙烯基苯；ETFE，聚(乙烯-共-四氟乙烯)；MEA，膜电极组件；AMS，α-甲基苯乙烯；MAN，甲基丙烯腈；cPTFE，交联聚(四氟乙烯)；PFSI，全氟磺酸离聚物；α-ZrP，磷酸氢锆；BPO_4，过氧化苯甲酰磷酸；ErTfO，三氟甲磺酸铒盐；PAH，聚(烯丙胺盐酸盐)；PSS，聚苯乙烯磺酸；PVI，聚(1-乙烯基咪唑)；DMFC，直接甲醇燃料电池；PANI，聚苯胺；PPV，聚(对亚苯基亚乙烯基)；PEDOT，聚(3，4-亚乙基二氧噻吩)；SSt，磺化苯乙烯；FEP，聚(四氟乙烯-共-六氟丙烯)；PFSI，全氟磺酸离聚物。

此处，各种能量照射含氟聚合物膜，假定该过程会在表面产生自由基。下一阶段接枝，产生接枝的含氟聚合物，再将其磺化产生含氟聚合物基 PEM。虽然示意图(图 7.14)看起来很简单，但它涉及几个化学步骤，例如回流和萃取。全氟聚合物复合膜已在 120℃ 和 50% RH(相对湿度)下运行了 6000h 以上，降解率降低到传统 MEA 的千分之一。在被测试的其他膜中，磺化聚酰亚胺显示了良好的性质。下面这种膜有 80%(质量比)的吸水率和 0.168S/cm 的质子传导率。

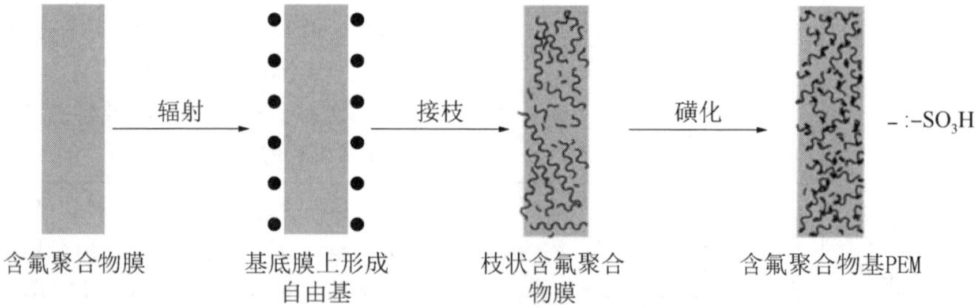

图 7.14 通过辐射制备质子交换膜的方法

[来源：Zhang，H.，Shen，P. K.[48]，经 American Chemical Society 许可转载]

7.17.3 离子传输

对于任何燃料电池离子传输都是一个重要方面。考虑到 PEMFC 中发生的反应，在阳极，氢离子是由燃料(氢)氧化产生的，因此，此区域将包含氢离子、氢分子和水分子。阴极上的相应反应是将氧气还原为水，因此，该区域涉及氧气和水。分隔阳极和阴极的 Nafion®膜允许氢离子从阳极室传输到阴极室。如前所述，膜是阳离子型的，因此它限制了任何阴离子物质从一个隔室到另一个隔室的移动。该传输方案如图 7.15 所示，其中膜不允许氢氧根离子(OH^-)通过，然而，它允许氢离子从隔室的一侧穿过到另一侧。

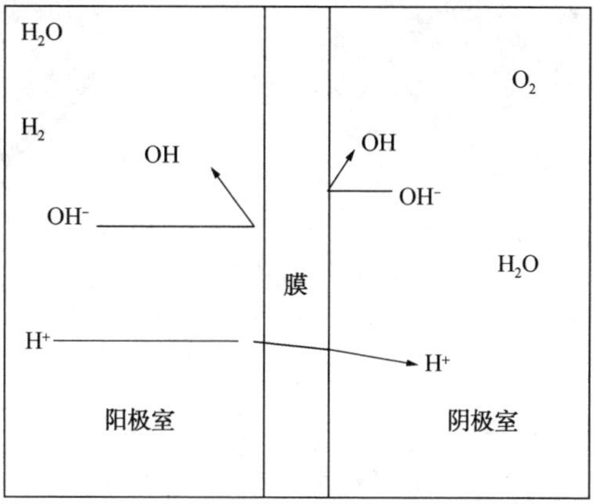

图 7.15　氢和氢氧根离子在膜中的运动。尽管 Nafion 膜已成功应用于 PEMFC，但人们还是开发了几种可以承受高温的新膜。磷酸掺杂的聚苯并咪唑(PBI)可在高达 200℃ 的温度下使用。Celtec 使用 PBI 和磷酸开发了一种需要新加湿的膜，对一氧化碳气体有较高的耐受性。Gyner Electrochemical Systems 公司开发了比 Nafion 具有更高导电性的全氟磺酸。因此，膜的活性研究一直集中在相对较低的湿度，优选低于 10%，且温度较高的条件下

7.18　PEMFC 部件和制造

燃料电池的主要部件是阳极、阴极和膜。图 7.16 显示了燃料电池中的三个重要部分。PEMFC 的所有三个单元都按下面所描述的专门制备，燃料输入阳极(氢气)，氧气或空气输入阴极，气体加湿器是燃料电池的辅助部件。当燃料电池堆叠以获得更高的输出时，双极板很重要(图 7.17)，电堆如图 7.18 所示。在以下部分中，我们将详细讨论 PEMFC 各个部分。

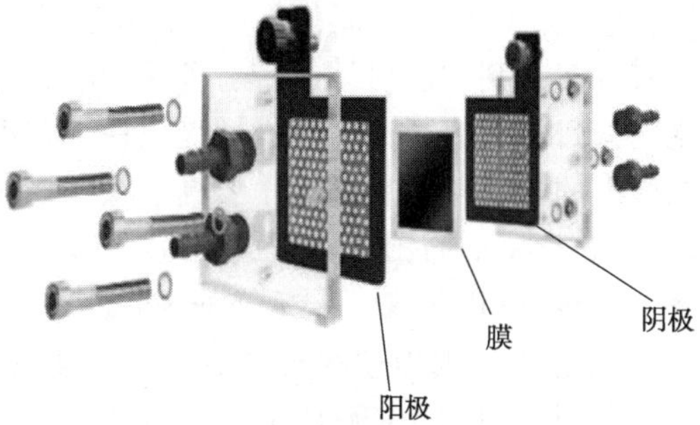

图 7.16　单个 PEMFC 的视图
(来源：经 FuelCellStore.com 许可转载)

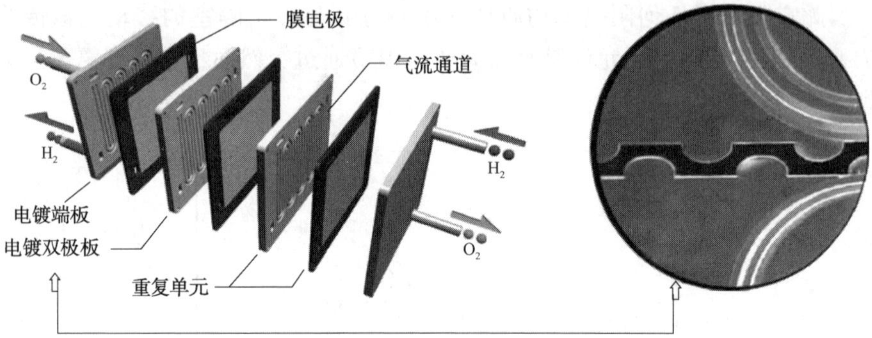

图 7.17 双极板

（来源：经 http://www.tech-etch.com/photo etch/fuelcell.html. 许可转载）

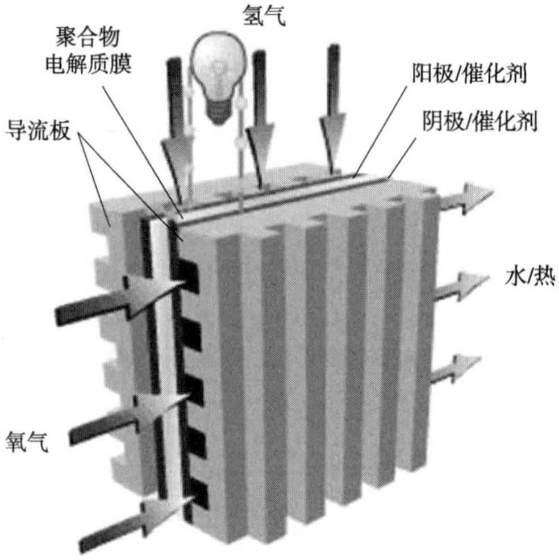

图 7.18 堆叠式 PEMFC

（来源：经 https://energy.gov/eere/fuelcells/typesfuelcells 许可转载）

7.18.1 阳极

良好分散的石墨粉(通常为 Cabot)与催化剂(通常为铂)用作阳极材料。催化剂的负载技术性强，并且有许多专利方法可用。带有催化剂的碳纤维布在一些 PEMFC 中用作阳极，使用催化剂的目的是为了比常规石墨能更快地驱动电子转移反应发生。换句话说，在铂石墨电极上的电子转移反应速率要高出大约三个数量级。在 PEMFC 开发的初始阶段，使用了 30mg/cm^{2}的铂。

然而，随着石墨粉纳米颗粒以及 Pt 更好负载方法的发现，铂含量已降至约 10mg/cm^2。这是一个巨大的进步，因为铂的成本很高，很难想象如此昂贵的材料在燃料电池中广泛应用。据估计，1kW PEMFC 中的基础铂材料的成本约为 12 美元。通过添加额外的催化剂，铂负载量进一步减少[9]。图 7.19 显示了不同 RuO_2掺杂量的催化剂电极的电流−电压曲线。PEMFC 由氢气/空气，铂阳极和负载 0.17mg/cm^{2}电催化剂的阴极，以及 Nafion®−112 膜组成。如图 7.19 所示，电流−电压曲线在低

和高负载 RuO_2 催化剂[13]下有很大不同，增加了脉冲功率输出。

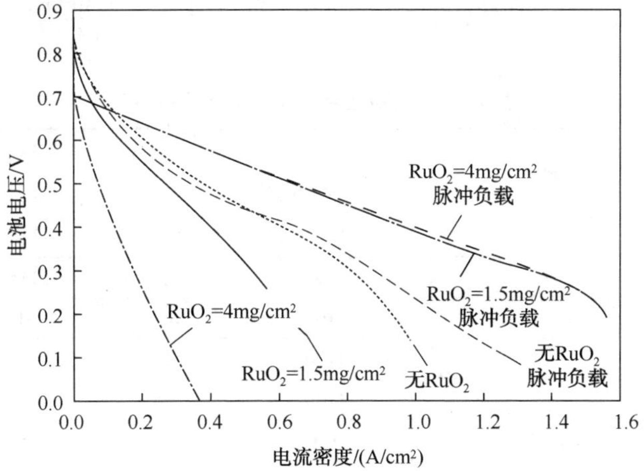

图 7.19 具有不同 RuO_2 量的 PEMFC 的电流-电压曲线

[来源：Chunsheng and Appleby(2003)[8]，经 The Electrochemical Society 许可转载]

人们正在研究 PEMFC 中的高效金属催化剂，广泛研究了诸如 Pt、Pt/Ru 和 Pt/Mo 合金之类的催化剂。为了减少阳极中 Pt 的用量，尝试将电解质聚合物接枝聚合到碳上，但这并没有提高 PEMFC 的性能。在最近的发展中，已经实现了在膜界面上构造单层 Pt 纳米颗粒的结构，并认为有望降低燃料电池中的 Pt 含量[14]。

通常有两种方法制作阳极：将催化剂(Pt)涂覆到碳布上后，通过热压将其制成电极，如下所述。也可将掺入催化剂的碳颗粒浸渍到聚合物电解质中后，再制作电极。这一过程包括将含碳催化剂与疏水性黏合剂聚四氟乙烯(PTFE)混合，然后使用以下三种方法之一将混合物转移到聚合物电解质中：滚压[14]、喷涂[15、16]或转印[17]。将催化剂固定到聚合物电解质上后，将碳布或碳纸固定在其表面上，使气体(氢气或氧气)进入催化剂表面。有时，这被称为应用“气体扩散层”[17]。它间接让催化剂和集电器接触。此外，它的水渗透性会减少膜的“水淹”。

7.18.2 阴极

石墨表面发生氧还原非常缓慢，因此需要加入催化剂以提高还原速率。同样，与阳极制备一样，加入铂基材料(例如铂单质、铂合金或金属碳化物)可提高 PEMFC 的性能。提高氧还原率仍然是一个热门的研究领域，目前通过组合化学方法寻找合适的催化剂。最近发现 Pt-Ir 合金可将催化活性提高 1.5 倍[18]，还研究了 Pt-Co 合金催化剂的耐用性[19,20]，发现其性能优于 Pt。

7.18.3 膜

阳极和阴极由膜隔开，实际上，很多膜都可以满足这种应用。Nafion® 115 膜已经成功应用于 PEMFC，并表现出良好的性能。

PEMFC 的首选是基于全氟磺酸的离聚物，这相当于强加了一个加湿系统到燃料电池中，难点在于寻找一种低湿度的高温膜[48]。

表 7.15 列举了已商业化的隔膜。N-1135 膜具有显著的特性，例如高导电性和低含水量。

表 7.15　已商业化的 PEM 及其特性

隔膜	制造商	当量 (g/mol/—SO_3H)	厚度(天)/μm	电导率/(mS/cm)	水含量/%(质)
Nafion	DuPont				
N-112		1100	50	165	约 21
N-1135		1100	89	1100	约 21
N-115		1100	125	90	约 22
N-117		1100	175	80	约 23
Aciplex	Asahi Chemicals	1000	120	110	43
Flemion-T	Asahi Glass	1000	120	N/A	N/A
Flemion-S		1000	80	N/A	N/A
Flemion-R		1000	50	140	38
Dow	Dow Chemicals	800	125	114	54
Gore Select	Gore & Associate	900~1100	5~20	28~96	32~43
Fumapen	Fumatech	900	30	>100	~35
F-930	GmbH				
Fumapen					
F-1050		1000	50	>90	~31
Aquivion PFSA	Solvay	850~890	90~110	N/A	<40
R1010	IonClad	835	40	70	N/A
R4010	IonClad	835	20	80	N/A
61AZL386-389	Ionics Inc. , Watertown	400~450	50	67~81	N/A
MC 3470-3142	Ionac Chemical Co.	650~950	60~80	75~114	N/A
OEM	Prochema	N/A	50	100	50

表 7.16 显示了具有三种不同膜的 PEMFC 的性能。

具有 Nafion 涂层的磺化 FEP 膜展现了 Nafion®-112 所不具备的最大功率密度。

表 7.16　使用改性膜的 PEMFC 性能

隔膜	OCV/mV	功率密度/(mW/cm^2)	
		500mA/cm^2时	最大时
FN	759	325	861
S-FEP	930	310	491
Nafion® 112	970	320	467

注：FN，Nafion 涂层的磺化 FEP 膜；s-FEP，磺化 FEP 膜；FEP，聚(四氟乙烯-共-六氟丙烯)。

来源：Nasef(2014)[49]，经 American Chemical Society 许可转载。

7.18.4 双极板

每个 PEMFC 能够提供大约 0.7V 的输出。这个电压输出量对于许多实际应用来说是不够的。当我们需要提高输出电压时，最好将几节电池串联起来(图 7.17 和图 7.18)。设计一个可能的方案，每个电池的阴极串联连接到下一个电池的阳极，以便在理想条件下达到约为 1.4V 的总电压(0.70V 的两倍)。但是，由于电路中会有欧姆电阻和其他电阻(参见第 7.7.2 节)，因此输出电压会略低。

7.18.5 双极板的必要性

在必须连接数百个电池以获得高输出电压时，将每个电池连接到另一个电池既麻烦又笨拙。因此，实际使用的是具有紧凑结构的双极板。在这种结构中，由导电材料制成的板被使用。该板具有双极性，因为在一侧它与阴极侧接触，而在另一侧与阳极侧接触。双极板的使用使电池的堆叠变得容易。这些双极板带有可以使氢气和氧气等气体通过的凹槽。与阴极接触的一侧将带有供应空气或氧气的槽，而与阳极接触的一侧则带有供应氢气的槽。PEMFC 的双极排列如图 7.17 所示。

双极板的作用：

① 支撑 MEA。

② 它的作用是给膜加湿。

③ 它能分配热量-热量管理。

④ 它能将反应物分布在电池组中。

⑤ 它能传输燃料电池反应产物(水)和电池组中的残余气体。

⑥ 它能传导电子以支持电化学反应。

⑦ 它能从电池组传递热量。

双极板应满足以下要求：

① 在不同电位和电解质的氧化和还原环境中，它应该是耐腐蚀的。

② 不应有金属/金属氧化剂的浸出。

③ 它在工作压力、温度和压缩载荷下应该是稳定的。

④ 它的尺寸和形状应该适合用于燃料电池。

⑤ 它应能承受约 80℃的工作温度。

⑥ 它应能承受运行压力[环境压力为 100psi(表)]。

⑦ 它应能承受工作负荷。

材料厚度取决于燃料电池的设计，越薄越好。它通常有 0.100″厚，长度/宽度由系统决定。双极板的寿命取决于燃料电池的使用情况。用于汽车时，预计可持续 5000h(多次热循环)。如果它用于固定应用，预计可以持续 40000~80000h(有限的热循环)。双极板常用的设计有六种：点状流场，直线或平行设计，蛇型流场，集成流场，在金属板中产生的流场，以及叉指型流场。在以下段落中将给出以上六种双极板的简要说明。

图 7.20 展示了流场设计。在点状流场中，阴极板和阳极板上有突出的圆形或矩

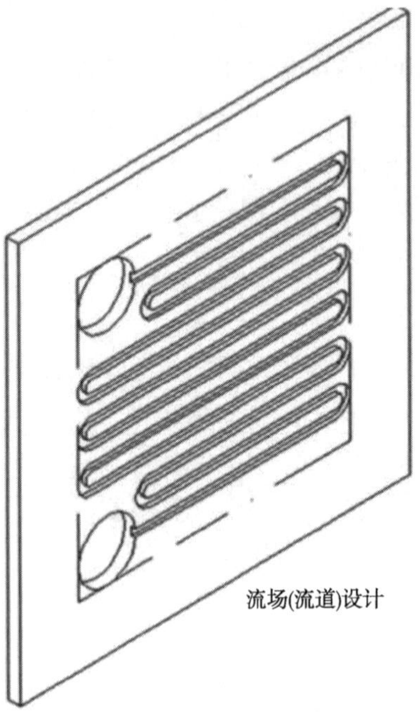

图 7.20　流场设计

形点阵列。反应气体流经这些点形成的凹槽，这实际上是一个串联和并联的流道网络。这种设计会降低反应物压降。直线或平行设计使用多个独立的平行流道连接到进气和排气集管。在长时间运行后这种设计会产生低且不稳定的电压。形成的液滴大小和数量不同，反应气体遵循阻力最小的路径。蛇型流场设计有连续的流体流道，避免水淹。这种设计迫使反应物流过整个活性区域，从而消除了滞流问题区。在这种设计中，由于流动路径长会发生显著的压降，因此，从入口到出口会形成浓度梯度。在集成流场中，反应物流场和冷却流场都在同一板面上。气体流场面向 MEA 的活性区域，因此冷却流场围绕气体场，它消除了单独的冷却层，缺点是不能在整个燃料电池表面保持均匀的温度分布。带有流场设计的金属板，将铬、钛和不锈钢等金属薄板压制成所需的形状并进行钎焊，以获得轻薄的薄板，冷却流体在内部流动，而反应物在外表面上。对于叉指型流场，反应物流向催化剂层，引发电化学反应，分子通过扩散层产生电，这是一个缓慢的过程。因此，该流场不同于反应物平行于电极表面流动的常规流场设计。

7.18.6　双极板材料

人们已经设计了多种双极板，它们是其制造商的专有产品。双极板由导电材料、氢气和氧气的流动通道构成。制造商推荐波纹流道作为流动通道，如图 7.17 所示。用于双极板的典型材料是碳、不锈钢或钛。碳虽然便于设计流动通道，但成本高昂，因此，许多燃料电池公司更喜欢用不锈钢制作双极板。

7.19　碱性燃料电池(AFCS)

在太空任务中 AFC 是最实用的燃料电池之一，它成功地用于阿波罗登月任务。在原理上，它与 PEMFC 非常相似，但使用的介质和氧还原产物有所不同。电极上的反应在式(7.81)~式(7.83)中给出：

阳极　$$H_2(g) \longrightarrow 2H^+(aq) + 2e^- \quad (7.81)$$

阴极　$$O_2(g) + 4e^- + 2H_2O(aq) \longrightarrow 4OH^- \quad (7.82)$$

总反应　$$H_2(g) + 1/2O_2(g) \longrightarrow H_2O(aq) \quad (7.83)$$

AFC 的技术非常先进，可供实际应用。图 7.21 展示了 AFC 的工作原理，阴极室中的氧气供应可以由空气代替。然而，由于空气中含有少量的二氧化碳，燃料电池往往会因此中毒。因此，应采取措施尽量减少或消除燃料系统中的二氧化碳。阴极和阳极由碱性氢氧化钾水溶液隔开，这是通过用氢氧化钾浸泡阴离子交换膜来完成的。图 7.21 中电解质区为隔膜区。

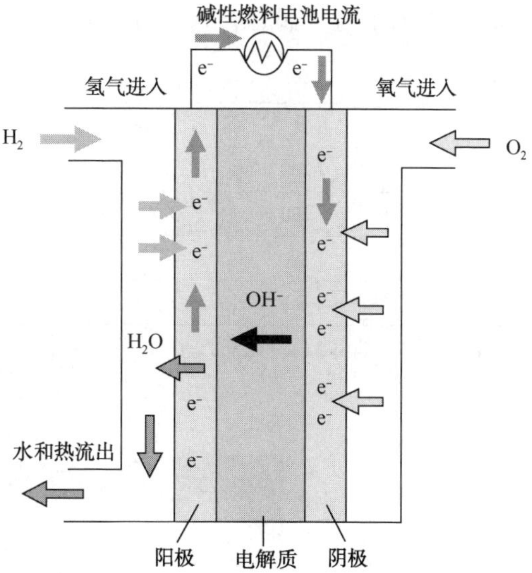

图 7.21 碱性燃料电池

（来源：经 https://energy.gov/eere/fuelcells/typesfuelcells 许可转载）

7.19.1 电极

AFC 的电极是专门制造的，耐碱性介质腐蚀。

7.19.2 阳极

如上所述，在开发的早期阶段，镍被用作阳极。随着金属氢化物合金如 $LaNi_3$(AB_3型)的发展，这些材料被优先用作阳极。该材料涂有电催化剂层，例如镧系元素-混合稀土金属镧(Lm)合金($LmNi_{4.1}Co_{0.4}Mn_{0.4}Al_{0.3}$)。在阴极和阳极上使用了 PTFE-乙炔黑的镍网作为气体扩散层，负极材料催化剂为 Ni、Pt 和 Pd。最近，提出了一种改进的方法，将[$Ni(NO_3)_2 \cdot 6H_2O$、$Co(NO_3)_2 \cdot 6H_2O$、$ZrO(NO_3)_2 \cdot 6H_2O$ 和 $Y(NO_3)_3 \cdot 6H_2O$]的混合物加热形成 $Ni_{1x}Co_xO_y$ 和 YSZ(氧化钇稳定的氧化锆)的均质样品。燃烧 1~2min 以形成 YSZ 和 $Ni_{1-x}Co_xO_y$的固溶体。通过这种方法，形成了典型的 30~40nm 微晶。这些粉末是多孔压实的附聚物，可在 1450℃的高温下形成陶瓷。

7.19.3 阴极

在 AFC 开发的早期阶段，是避免使用铂等金属催化剂的。在那个时期(1940~1960 年)，人们知道镍是一种催化活性电极，因此制造了镍电极。电极由两层镍粉制成，使用两种不同尺寸的镍粉来制造用于气体扩散的细孔材料。这种材料既适合用作阴极也可用作阳极。这种电极材料后来被锂化镍(镍板用锂金属锂化)代替，用作阴极。阿波罗登月任务燃料电池就是使用这种类型的阴极材料。

由于正极材料需要在碱性介质中还原氧，所以氧还原的问题与碱性电池面临的问题类似。结果发现，MnO_2是一种非常好的氧还原催化剂。将石墨与 MnO_2(1∶1)机械研磨混合，再将聚合物黏合剂如聚(四氟乙烯)(PTFE)添加到混合物中。通常，石墨∶MnO_2∶PTFE 的质量比为 45∶45∶10 比较合适。

西门子 AFC 阴极使用银催化剂，阳极使用雷尼镍。这种燃料电池可用于潜艇。一般来说，对于 AFC，推荐的阴极催化剂材料是 NiO、Au、Pt 或 Ag。

7.19.4 电解质和运行温度

AFC 中使用的电解质是氢氧化钾，其浓度范围为 35%~85%(质)，操作温度范围为 100~250℃。AFC 的工作有两种模式，连续流动电解质或静态电解质。表 7.17 给出了 AFC 用于太空和其他任务的条件。在太空任务中广泛应用的 AFC 如图 7.22 所示。AFC 的工作温度范围为 80~260℃，氢氧化钾浓度范围为 35%~85%。通常，与高温 AFC 相比，低温 AFC 使用的氢氧化钾浓度较低。

表 7.17 AFC 运行条件

用途	温度/℃	压力/bar	KOH 电解质/%	阳极催化剂	阴极催化剂
培根	200	45	30	Ni	NiO
阿波罗	230	3.4	75	Ni	NiO
轨道飞行器	93	4.1	35	Pt/Pd	Au/Pt
西门子	80	2.2		Ni	Ag

来源：Fuel Cell Systems Explained：J. Larminie and A. Dicks，W Larmine(2000)，经 John Wiley & Sons 许可转载。

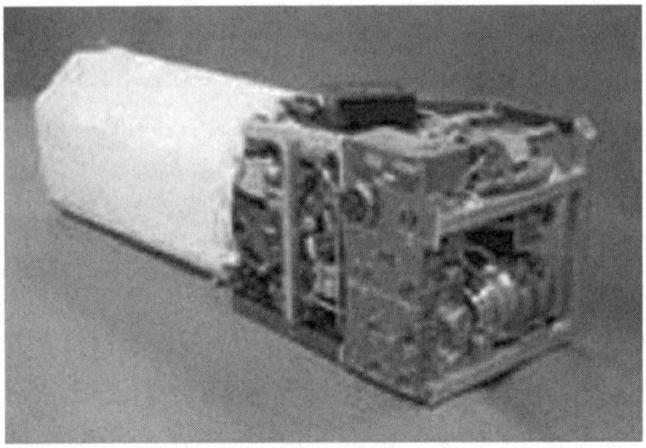

图 7.22 用于太空任务的碱性燃料电池

（来源：经 UTC 许可转载）

7.19.5 无膜 AFC

AFC 的最新发展方向是无膜 AFC。隔膜是前面讨论过的所有燃料系统的重要组成部分。无膜燃料电池基于“层流”原理，液体不会在超窄通道中混合。因此，阴极隔室中的溶液不会与阳极隔室中的溶液混合，并且在两个隔室中的电解质流动保持清晰的边界。这是由伊利诺伊大学开发的，成本比传统燃料电池低 40%。目前无膜 AFC 正在应用测试。

7.20 熔融碳酸盐燃料电池(MCFC)

MCFC 是另一种具有实际用途的高温燃料电池，它的工作温度范围为 700～900℃，在阴极产生碳酸根离子并迁移到阳极。在 MCFC 中通常会发生以下反应：

阳极 $$H_2(g)+CO_3^{2-}(l)\longrightarrow H_2O(g)+CO_2(g)+2e^-+热 \quad (7.84)$$

阴极 $$1/2O_2(g)+CO_2(g)+2e^-\longrightarrow CO_3^{2-}(l) \quad (7.85)$$

总反应 $$H_2(g)+1/2O_2(g)\longrightarrow H_2O(g) \quad (7.86)$$

MCFC 的运行如图 7.23 所示。在 600～700℃时，碱金属碳酸盐处于熔融状态，碳酸根离子(CO_3^{2-})穿过分隔阳极室和阴极室的基质从阴极室转移到阳极室。

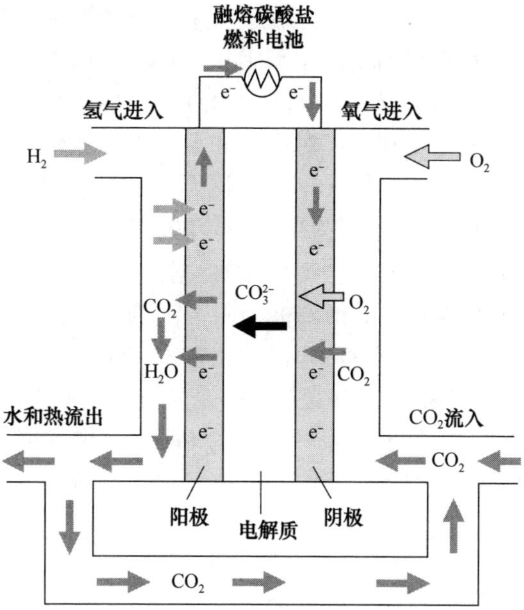

图 7.23 熔融碳酸盐燃料电池

（来源：转载自 http://en.wikipedia.org/wiki/Image:Fcell_diagram_molten_carbonate.gif.）

7.20.1 电极

在 MCFC 开发的早期阶段，使用贵金属和金属氧化物作电极。随着低成本新材料的发展，它们已经被几种新材料所取代。目前使用以下电极材料。

7.20.2 阳极

使用孔径为 3～6μm、孔隙率为 45%～70%的 Ni-Cr/Ni-Al 阳极，它的厚度为 0.20～1.5mm。

7.20.3 阴极

锂化 NiO（7～15μm 孔径）是一种很好的电极材料，它的孔隙率为 60%～65%，厚度为 0.5～1mm。

7.20.4 电解质和电解质载体

1965 年，MgO 被用作 MCFC 的基体，1975 年被 $LiAlO_2$取代。现在，使用直径小于 1μm 的 40%（质）γ-$LiOAlO_2$基质，提高了耐用性。它以纤维的形式使用，该技术为专有技术，因此不提供详细信息。基质中使用的电解质是$^{62}Li-^{38}K$ 或$^{50}Li-^{50}Na$。50%（质）电解质采用了流延法。

与其他在较低温度下运行的燃料电池相比，MCFC 可提供更高的燃料转换效率，效率接近 60%，并且具有将余热转化为电能的优势。该系统的热效率可达到近 85%。

7.20.5 电极中毒

燃料电池的电极对一氧化碳（CO）中毒敏感。PEMFC 通常使用铂合金催化剂制成的电极作为阳极，也对 CO 中毒高度敏感。这会导致燃料电池失效。原因是在阳极中催化剂的活性位点被 CO 吸附阻断。因此，在 CO 中毒期间燃料电池的电池电压和电流输出会下降。图 7.24 为在不同程度 CO 中毒下记录的电流-电压曲线[27]。在这个研究中，证实了电池电压和电流对压力和温度的依赖性。已有研究探索了铂阳极相对于铂-钌阳极在含 N_2/H_2 和 CO_2/H_2 等混合气体环境中的燃料电池的输出[77]。通过阻抗谱研究了铂阳极和铂/钌阳极的中毒表现[29]。由于 CO 吸附，它表现出对赝感电容的强烈依赖性。水气反应会产生 CO，据估计，这些实验中 CO 的浓度范围为 10~170μL/L。对于 $0.4mg/cm^2$ 铂阳极，阳极上的 CO 覆盖率大约为 $5\times10^{-7}mol/cm^2$。通过核磁共振（NMR）[78] 检验铂/钌催化剂对 CO 的耐受性。核磁共振证据表明，在两个位点之间存在快速的 CO 交换，一个位点与铂域上的 CO 分子交换，另一个位点则与铂/钌域上的 O_2 分子，后一域上的 CO 显示出高度偏移的 ^{13}CNMR 共振。已提出将电化学核磁共振、循环伏安法和恒电位电流法等技术结合起来优化催化剂性能。

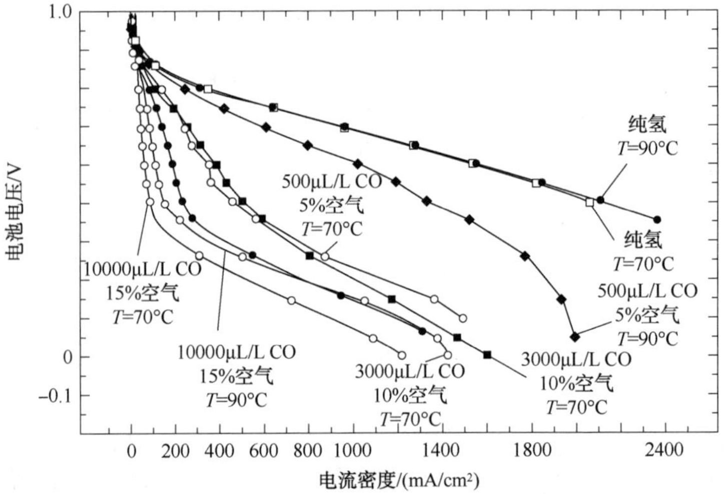

图 7.24　存在 CO 时 PEMFC 的燃料电池电压和电流

［来源：Murthy et al.（2003）[27]，经 The Electrochemical Society 许可转载］

为了消除或减少 PEMFC 的 CO 中毒情况，相关学者和研究人员已经进行了一些尝试，例如将铂黑催化剂的制备过程暴露在氟气中，认为氟化铂催化剂可以防止 CO 中毒[31]。此结果显示，与 10%的氟气相比，在 1%的氟气中处理过的催化剂显示出更高的 CO 耐受性。沉积在碳纳米管上的铂比碳纳米管上的铂/钌具有更小的耐受性[32]。钌似乎能在铂的表面将吸附的 CO 氧化成 CO_2，因此，PEMFC 中的铂/钌阳极能防止 CO 中毒。热重分析已经对常态下的 CO 中毒进行了研究[33]。铂催化剂在 400℃的空气中完全分解，因为铂催化了碳的氧化。

纳米金属催化剂用于燃料电池已经被验证测试。纳米铂、铂/钌胶体和碳担载的金/铂纳米颗粒显示存在铂(0)和钌(0)，并有+4 价金属的迹象[34,35]。铂和钌的纳米胶体前驱体被沉积在导电碳(VulcanXC72)上，并在250~300℃下退火[38]。两种类型的反应退火方法被使用：一种是在四烷基铵的存在下，另一种是在有机铝的存在下。在四烷基铵退火的情况下，铂/钌催化剂以金属的零价态形成；在有机铝退火时，铂以氧化态存在。

已经发现，在100%的磷酸中，CO对多孔铂金的中毒影响取决于CO和H_2的浓度比，呈线性相关性[36]。CO吸附的自由能和熵测量值分别为-14.5cal/(mol·K)和-39cal/(mol·K)。AFC的二氧化碳中毒被研究，研究表明中毒可能因为使用了不纯的氢气或被二氧化碳污染的氧气。极化试验显示，燃料电池的性能降低取决于氢氧化钾浓度。观察到电导率的下降是因为氢氧化物与二氧化碳的反应转化为碳酸盐。

文献中已经讨论了CO和CO_2对燃料电池性能的影响。这些气体影响全球变暖(见第1章)，因此引起了人们对低温燃料电池使用的关注。在这方面，高温燃料电池(如SOFC)的一个优势在于它使用CO作为燃料[38]。对于这种燃料电池，用$LaNi_{0.6}Fe_{0.4}O_3$(LNF)和$La_{0.8}Sr_{0.2}MnO_3$(LSM)的混合物作为阴极，用钇稳定氧化锆(YSZ)或氧化铝掺杂，氧化钪稳定的氧化锆(ScSZ)作为电解质的SOFC的铬中毒情况被研究。虽然LNF显示没有铬中毒，但LSM阴极却遭受了铬中毒[40]。这些研究是在含有铬的合金Inconel 600的情况下进行的。

总之，燃料电池中，CO或任何其他物质使电极中毒是一个普遍的问题。已经使用很多方法来防止燃料电池的中毒，详见文献[36-40]。因此，现在已经有燃料电池被用于太空飞船、潜水艇和车辆运输领域。

7.21 固体氧化物燃料电池

这种燃料电池的运行工况是向电极供应氢气和氧气，但其运行机制和温度与PEMFC不同。在这种燃料电池中，会发生以下反应：

阳极
$$H_2(g) \longrightarrow 2H^+ + 2e^- \tag{7.87}$$
$$2H^+ + O^{2-} \longrightarrow H_2O(g) \tag{7.88}$$
阴极
$$1/2O_2(g) + 2e^- \longrightarrow O^{2-} \tag{7.89}$$

由于燃料电池在800~1000℃的温度下运行，在阳极形成的水会蒸发到大气中。在阳极产生的氢离子通过反应[见式(7.88)]被清除掉了。然而，为了使反应[式(7.88)]发生，要将O^{2-}离子从阴极传到过来。图7.25展示了一个驱动小风扇的典型SOFC。燃料流(H_2)通过多孔渗透阳极，首先氧化发生。相应的还原反应发生在可透过的阴极上。如图7.25所示，这个过程需要空气或氧气的供应。带电的氧(O^{2-})在中间区域传递。这是一种类型的SOFC，也有其他类型，如燃料(H_2)与CO混合，因此，发生以下放热反应：

$$CO(g) + H_2O(g) \longrightarrow CO_2(g) + H_2(g) \tag{7.90}$$

这种类型使用的燃料是H_2和CO的混合物。使用这种成分的好处是，它减少了燃料电池的加热成本。如图7.26所示，SOFC也被设计成圆柱形结构。

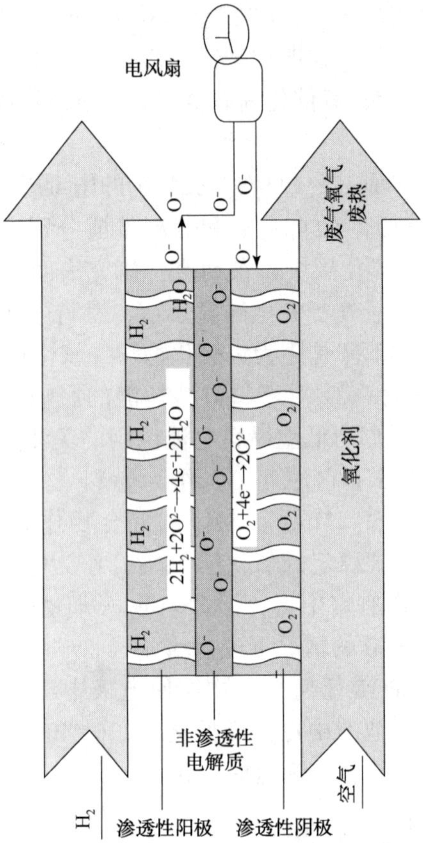

图 7.25 固体氧化物燃料电池

（来源：转载自 https://energy.gov/eere/fuelcells/types-fuel-cells.）

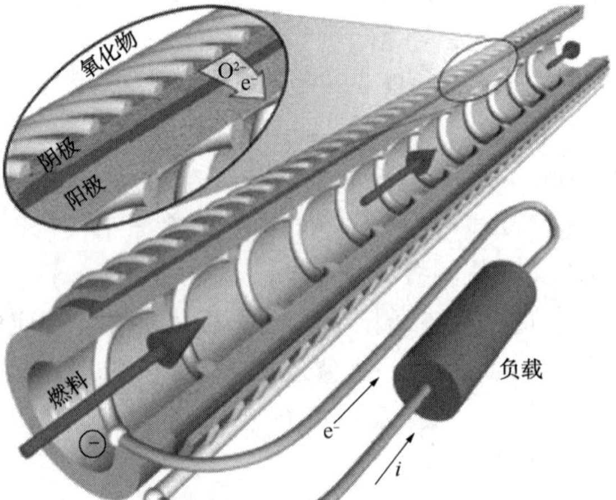

图 7.26 管状固体氧化物燃料电池装置

［来源：Zhu and Kee（2007）[79]，经 Elsevier 公司许可转载］

多个 SOFC 的堆叠需要互连装置(图 7.27)。它是由掺有稀土元素(如 Sr、Ca 或 Mg)的 $LaCrO_3$制成的，掺杂是为了提高导电性。也可以用铬-钇-掺杂的 Ca，它比 $LaCrO_3$有更好的热膨胀。如图 7.27 所示，用于阳极的这种连接是通过等离子喷涂处理的。

图 7.27　固体氧化物燃料电池电堆安装

(来源：转载自 http://www.blackwell-synergy.com/doi/pdf/10.1111/j.17447402.2005.02031.x? cookieSet=1.)

7.21.1　材料

SOFC 使用的材料与 PEMFC 明显不同，因为它们必须能承受燃料电池的高温运行(表 7.18)。

表 7.18　固体氧化物组件的制造方法

部件	合成方法/使用基底	合成的粉末的性能/SOFC 组件的性能	参考文献
阳极	硝酸甘氨酸工艺(GNP)	随着甘氨酸数量增加，LSC 粉末变得更加多孔，颗粒更小。硝酸的 pH 值的降低使颗粒的粒径减小，聚集体也变小	[65]
	基底：$La_{0.8}Sr_{0.2}CrO_3$ 固态反应	电池(石墨 1μm)达到了最大功率密度，为 0.766W/cm²，并且在 850℃ 时显示出更好的均匀的微结构	[66]
	基底：NiO-YSZ+石墨 GNP	增加比表面积和减少颗粒大小	[67]
	基底：NiCo+(不同含量的 Cu、V、Fe) 凝胶	最少量的炭沉积	[68]
	基底；Ni-YSZ 固态反应	合成的粉末变得均匀，球磨制备的阳极电池有最大的功率密度	[69]

续表

部件	合成方法/使用基底	合成的粉末的性能/SOFC 组件的性能	参考文献
阴极	基底：Ni-SDC 固态反应	在 LSCF-GDC 复合粉末中发现了过氧化物的相，其表面积为 $0.64m^2/g$	[70]
	基底：LSCF48-GDC10 固态反应	得到了一个稳定和可兼容的阴极，在温度低于 600℃时，观察到在阴极催化层的氧还原反应温度会变得更快	[71]
	基底：$Sr_{0.95}Nb_{0.1}Co_{0.9}O_{3-\delta}$ 固态反应	颗粒大小在 20~30nm 之间，而且混合物变得更加均匀	[72]
	基底：LSCF 固态反应	XRD 图案显示存在一个单相的 LSGM 粉末	[73]
	基底：LSGM 固态反应	LSGM-B36 粉末(球磨 24h，在 900℃温度下预煅烧 24h，并在 1300℃下煅烧 36h，具有更小更细的颗粒和较少的团聚	[74]
	基底：LSGM 溶胶-凝胶	XRD 图案显示，$(Li/Na)_2CO_3$ 为无定形，并涂覆在 SDC 颗粒上。在经历了还原和氧化气氛条件下，电解质层没有发生变化	[75]
电解液	基底：SDC-$(Li/Na)_2CO_3$ GNP	烧结的 SDC 粉末致密，且孔隙密闭	[76]
	基底：SDC		

来源：Mahmud et al. (2017)[62]，经 Elsevier 公司许可转载。

7.21.2 阳极

在 SOFC 发展的早期阶段，铂被用作阳极。由于铂的成本高，它被更便宜的材料所取代。现在是用镍和钇掺杂的氧化锆的冶金粉末制成的，对氢气具有渗透性。它具有高孔隙率和良好的导热性和导电性。

它通常是由镍-钇-掺杂氧化锆的复合材料制成的，而不是使用纯镍和掺杂氧化锆，因为镍的热膨胀($13.3\times10^{-6}C^{-1}$)与掺杂氧化锆($10\times10^{-6}C^{-1}$)不同。这种膨胀的差异导致了产品的烧结，而这会封住燃料电池运行中气体扩散所需的孔隙。使用复合材料可以解决这个问题，也可以改善对电解质的附着力。因此，阳极材料的主要要求是热膨胀兼容性、导电性和燃料(氢)的渗透性。此外，材料应经得起高温而不发生降解，特别是在氢气环境中(注意氢气是一种还原剂)。因此，在上述镍和钇掺杂的氧化锆的例子中，初始材料是一种能保持孔隙率的复合材料。

在阳极的实际制备中，首先应用镍的浆液，然后是电化学气相沉积钇掺杂氧化锆。为了保持孔隙率，会使用造孔剂，如热固性树脂、淀粉或碳，该材料在使用前要进行烧结。另外，氧化镍-钇-掺杂氧化锆的浆料被制成并烧制成镍颗粒。使用造孔剂会产生一个有张力的孔隙，这对燃料电池的有效运行至关重要。另外，材料有时也会产生开裂。在改进的方法中，造孔剂被冷冻干燥过程所取代。在这里，材料形成一个冰状结构，并产生适宜的孔隙。

目前正在考虑将其他几种材料用于阳极，其中一种材料是铜-氧化铈。铜有很高的导电性，但对于碳氢化合物的转化来说是一种很差的催化剂。氧化铈是一种用于碳氢化合物氧化的良好材料。

7.21.3 阴极

掺杂有 Sr、Pr 或 Ce 的锰酸镧($LaMnO_4$)等 p 型过氧化物被用作阴极。掺杂会增强材料的导电性，掺杂 Sr 的材料，$La_{1-x}Sr_xMnO_3$，具有电子导电性(无离子导电性)。阴极是燃料电池的重要组成部分，占其质量的 90%。西门子西屋公司已经建造了一种管状设计的 SOFC(图 7.26)。

7.21.4 电解液——连接阴阳极

连接阳极和阴极的电解质应具有较高的离子传导性，且在操作温度下没有电子传导性。在阴极，会产生 O^{2-}，它通过电解质迁移到阳极。高离子电导率将减少电池中的电阻损失。所选择的材料应具有较高的热、化学和结构稳定性，以适应高温环境。

锶掺杂的氧化锆，简称为 YSZ，被成功地用作电解质。掺杂铈和掺杂铋的氧化物也适合作为连接阴阳两极的电解质。YSZ 的优点是具有稳定的氧化锆立方体结构并提供氧空位。在掺入 10%的钇时，1mol 提供一个氧空位。一个 40μm 厚的电解质层应用于 SOFC 的阴极，有以下两种方法：第一种方法中，使用喷涂和浸渍涂层，然后进行烧结。使用 YSZ 的胶体悬浮液来涂抹制备 YSZ 的薄层，胶体颗粒一般保持在 5~10nm 的范围内。在第二种方法中，通过 Singhal 和 Kendall[21] 开发的电化学气相沉积法沉积了一层薄而密的电解质膜。与第一种方法相比，这种方法较为昂贵，但能在多孔基底上产生非常致密的薄膜。

表 7.18 和表 7.19 显示了电解质的导电性、温度和陶瓷颗粒的大小。在选择电解质时，电解质的面积电阻率需达到 0.15Ω·cm^2。在 500℃ 和 700℃ 时 $Ce_{0.9}Gd_{0.1}O_{1.95}$和$(ZrO_2)_{0.9}(Y_2O_3)_{0.1}$显示出的数值达到了这一要求。因此，对于 SOFC 来说，这两种电解质是达到满意性能的首选。

表 7.19 用于模拟 SOFC 负载曲线的参数

标识	含义	数值	参考文献
L	燃料电池长度	200nm	
N	组件编号	10	
Δx	组件长度	20mm	
r_a	电池内径	3.1mm	
r_b	电池外径	3.9mm	
r_c	绝缘体内径	7.0mm	

续表

标识	含义	数值	参考文献
r_d	绝缘体外径	9.0mm	
M_{H_2}	氢分子量	2.016g/mol	Achenbach[25]
c_{pH_2}	氢气比热容(恒压)	14821J/(kg·K)	Sonntag et al. [23]
R_{H_2}	氢气气体常数	4124.3J/(kg·K)	Achenbach[25]
c_{vH_2}	氢气比热容(恒体积)	10697J/(kg·K)	Sonntag et al. [23]
ρ_{H_2}	氢气密度(900K)	0.02723kg/m^3	Sonntag et al. [23]
μ_{H_2}	氢气动力黏度	18.78×10^{-6}kg/(m·s)	Sonntag et al. [23]
ΔH	氢气低热值	1.196×10^{8}J	
M_{H_2O}	水蒸气分子量	18.02g/mol	Achenbach[25]
c_{pH_2O}	水蒸气比热容(恒压)	2186J/(kg·K)	Sonntag et al. [23]
R_{H_2O}	水蒸气气体常数	188.5J/(kg·K)	Achenbach[25]
c_{vH_2O}	水蒸气比热容(恒体积)	1997.5J/(kg·K)	Sonntag et al. [23]
ρ_{H_2O}	水蒸气密度(850K)	0.2579kg/m^3	Sonntag et al. [23]
μ_{H_2O}	水蒸气动力黏度	29.69×10^{-6}kg/(m·s)	Sonntag et al. [23]
M_{O_2}	氧气分子量	32g/mol	Achenbach[25]
c_{pO_2}	氧气比热容(恒压)	988.1J/(kg·K)	Sonntag et al. [23]
R_{O_2}	氧气气体常数	259.8J/(kg·K)	Achenbach[25]
c_{vO_2}	氧气比热容(恒体积)	728.3J/(kg·K)	Sonntag et al. [23]
ρ_{O_2}	氧气密度(550K)	0.7096kg/m^3	Sonntag et al. [23]
μ_{O_2}	氧气动力黏度	31.97×10^{-6}kg/(m·s)	Sonntag et al. [23]
h_a	阳极流道对流系数	2987W/(m^2·K)	
h_c	阴极流道对流系数	1322.8W/(m^2·K)	
h_∞	绝缘体/环境的对流系数	10W/(m^2·K)	Sonntag et al. [23]
ρ_{PEN}	PEN 的平均密度	6337.3kg/m^3	Holman [24]
c_{pPEN}	PEN 的平均比热容	594.3J/(kg·K)	Holman[24]
k_{PEN}	PEN 的平均热导率	2.53(W·m)/K	Holman[24]
ρ_{Ins}	绝缘体密度	430kg/m^3	Sonntag et al. [23]
ε_{Ins}	PEN 平均辐射率	0.33	Sonntag et al. [23]
c_{pIns}	绝缘体比热容	1047J/(kg·K)	Sonntag et al. [23]

续表

标识	含义	数值	参考文献
k_{Ins}	绝缘体热传导率	0.059W/(m·K)	Sonntag et al. [23]
ε_{Ins}	绝缘体热辐射率		Sonntag et al. [23]
σ	Stefen-Boltzmann 常数	5.669×10^{-8}W/(m^2·K^4)	Sonntag et al. [23]
P_s	燃料/气体来源压力	3.0×10^5Pa	Sonntag et al. [23]
T_s	燃料/气体来源温度	1073K	b
T_∞	环境温度	303K	b
K_{a_in}	阳极流道进口流量系数	8.7641×10^{-10}kg/(Pa·s)	b
K_{a_out}	阳极流道出口流量系数	4.3821×10^{-7}kg/(Pa·s)	c
K_{c_in}	阴极流道进口流量系数	3.1626×10^{-8}kg/(Pa·s)	c
K_{c_out}	阴极流道出口流量系数	1.5813×10^{-5}kg/(Pa·s)	c
R_Ω	燃料电池欧姆电阻	0.0257Ω	Sonntag et al. [23]
E_A	阳极活化能	110kJ/mol	Sonntag et al. [23]
E_C	阴极活化能	160kJ/mol	Sonntag et al. [23]
k_A		2.13×10^8A/m^2	Sonntag et al. [23]
k_C		1.49×10^{10}A/m^2	Sonntag et al. [23]

[a] 这些系数是通过假设在恒定的壁温下完全的层流来计算的。

[b] 参数是假定的。

[c] 参数是假定且可调节的。

来源：Achenbach(1994)[25]，经 Elsevier 公司许可转载。

7.21.5 负载曲线

Xue 等[22]将使用镍和钇稳定的氧化锆(Ni-YSZ)陶瓷作为阳极、薄膜 YSZ 电解质和锰酸锶镧作为阴极的单个 SOFC 进行了动态建模。在这种控制体积法的模拟中，考虑到了热传导、电化学反应和物质传递的影响，理论模拟和实验数据吻合是让人印象深刻的。表 7.19 中给出了电池的参数，图 7.28 和图 7.29 给出了该电池在 850℃时的负载和功率曲线。该燃料电池的燃料是纯氢和从空气中提取的氧气。

7.21.6 SOFC 的应用

在过去的几年里，已经设计和建造了几个 SOFC。西门子西屋公司在这个方向上进行了开拓性工作，如图 7.26 所示的管状设计，他们已经成功地进行了 2~8 年的测试，在 1000h 的运行中，电压损失小于 0.1%。SOFC 非常适用作为主电源和辅助电源，它适用于家庭、办公大楼和军事设施以及其他应用，也可以用于汽车和卡车。

目前，SOFC 的工作温度为 800~1000℃。目前正在进行一些尝试，以降低燃料电池的温度而不牺牲燃料电池的性能。这种燃料电池不存在 PEMFC 存在的一些问题，如燃料纯度、水管理和膜稳定性。

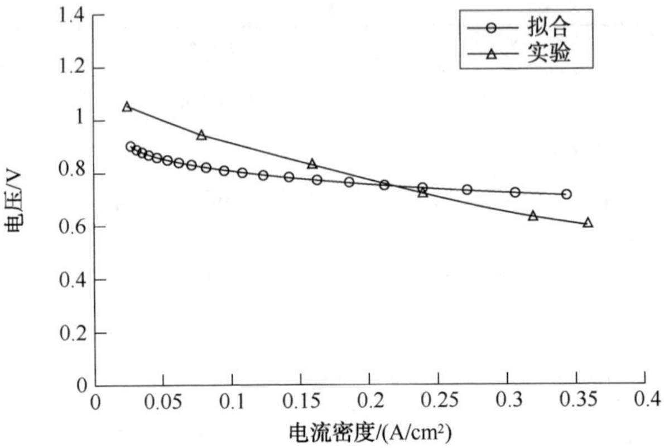

图 7.28 固体氧化物燃料电池 I–V 曲线

[来源：Xue et al. (2005)[22]，经 Elsevier 公司许可转载]

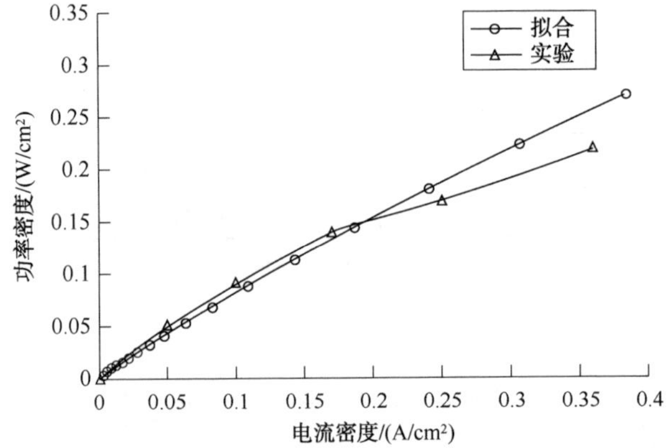

图 7.29 固体氧化物燃料电池功率密度曲线

[来源：Xue et al. (2005)[22]，经 Elsevier 公司许可转载]

7.22 燃料电池发展的流程图

燃料电池的开发需要评估大量的化学、电化学和电气参数。图 7.30 中的流程图给出了开发新燃料电池时需要考虑的步骤：第一步是确定一种可以大量获得的燃料，以保证该燃料可以使用很长时间。第二步是通过燃烧技术测定燃料热值。为了进行比较，应将新燃料的热值与现有燃料进行比较，确定与市场上其他燃料相比的优势。在这个阶段，确定燃烧反应产物，并从化学上确定参与反应的反应物和产物的物质的量。下一步是使用氧化数原理，平衡燃料电池的反应。从这里开始，电化学技术就决定了燃料电池的成功与否。这需要鉴别电极材料并确定交换电流密度、燃料电池效率、燃料要求、热管理和膜设计。如果所有这些参数都令人满意，那么电化学测量和燃料电池的装堆就可以最终验证燃料电池是否成功。流程图包含成功开发一个燃料电池的各个步骤。这个流程图是根据过去文献中开发燃料电池的经验而构建的。

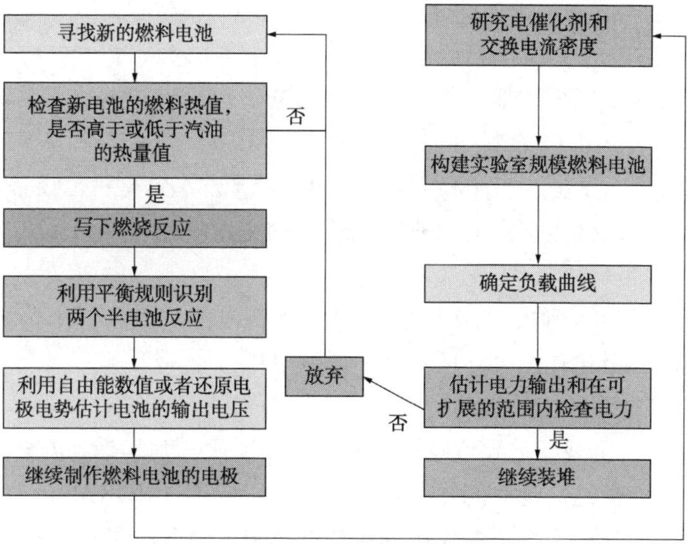

图 7.30　燃料电池设计开发流程图

7.23　燃料电池的相关优势

在前面的章节中，我们讨论了发展到应用阶段的几种不同的燃料电池。表 7.20 总结了这些燃料电池的性能特点。PEMFC 是一种低温燃料电池，正计划在航天领域应用。早期的太空任务在航天飞船中使用 AFC(表 7.20)，由于其在碱性介质中操作，有腐蚀性，NASA 正计划改用 PEMFC。这一转变将使 AFC 在潜艇中得到更多的应用。PAFC 常在建筑物和大型车辆(如公共汽车)中使用。预计 SOFC 和 MCFC 两种高温燃料电池将在发电站中发挥重要作用。与 MCFC 相比，SOFC 的技术发展更快。目前正在尝试将其运行温度降低到 800℃以下，但这需要开发新的电极材料。

表 7.20　燃料电池的性能特点和应用

燃料电池种类	操作温度/℃	电解质	效率/%	功率输出	可能应用
质子交换膜燃料电池	80	离子交换膜	40~70	250kW	汽车，小型装置
碱性燃料电池	60~90	KOH	45~60	可达 20kW	潜水艇，航天器
磷酸燃料电池	200	液态磷酸固定化	35~40	>50kW	电站
熔融碳酸盐燃料电池	650~800	熔融碳酸盐	45~60	>1MW	电站
固体氧化物燃料电池	800~1000	陶瓷	50~65	>200kW	电站

目前正在研究一种被称为“再生燃料电池”的新型燃料电池。在这里，第一步将进行水的电解以产生氢气和氧气，然后在燃料电池中利用氢气和氧气。第一步需要使用电力来分解水，第二步则产生电力。再生燃料电池面临的挑战是：找到对两种

操作都有效的电极材料，氢气和氧气的储存，以及气体的回收技术。下一节中的几个例子也属于这一类燃料电池。

7.24 燃料电池技术

燃料电池已大量应用，如用于电脑、无线电话、相机和无线工具。笔记本和移动电话的电源是直接甲醇燃料电池(DMFC)和 PEMFC，其功率为 5～75W。东芝、NEC、日立、松下、三星、三洋和 LG 等公司已经开发了这些示范设备。

人们会问，如何确定选定的燃料电池适合的应用场景？从以下几个方面可以得到答案：

① 燃料电池和电解质的工作温度决定了燃料电池的效率，因为随着温度的升高，内部电阻率和极化作用会降低，从而影响电压。

② 达到最佳性能所需的启动时间。

③ 动态行为。负载变化导致电堆材料的温度变化，尤其是高温燃料电池。对于移动应用，主要参数是启动时间短和负载高，显然应该选择 PEMFC。

从本质上讲，为一个特定的应用场景选择燃料电池取决于其基本要求。

到目前为止，还没有找到用燃料电池替代 4C 电池的应用场景。在这种应用中，锂离子电池(如松下 NCR18650B，691Wh/L，266Wh/kg)经济性已经很高了，因此燃料电池还没有占据这一市场。但是，移动电话、平板电脑等用 MiniPak、PowerTrekk 和 Upp 燃料电池提供外部充电。PEMFC 2-5 W，5V 的 USB 价格为 100～230 美元，质量为 120～235g，由金属氢化物和水激活的 NaSi 的 H_2-盒供应燃料。正在开发启动能量密度为 0.3kW/kg 的 SOFC，它带有便携式液体丙烷气(LPG)。据预测，固定式燃料电池的使用将从 2014 年的近 4 万个增长到 2022 年的 125 万个[63]。

MCFC 的工业应用正在增长，容量为 100MW/a，且在超过 65 个地方运行。韩国大邱市有个 11.2MW 的电厂，康涅狄格州(美国)也有一个 14.9MW 的电厂。华城(韩国)正在建设一个世界最大的 59MW 的电厂，成本约为 2500～3000 美元/kW_{el}(W_{el}指电瓦)，预计未来会降低到 1500 美元/kW。表 7.21 展示了各种用途的小型和工业规模的燃料电池市场。

表 7.21 燃料电池市场

按出货量						
今日燃料电池(已发布)						预测 2014
1000 个单位	2009	2010	2011	2012	2013	
便携式	5.7	6.8	6.9	18.9	13.0	21.8
固定式	6.7	8.3	16.1	24.1	51.8	45.6
交通运输	2.0	2.6	1.6	2.7	2.0	2.9
总计	14.4	17.7	24.6	45.7	66.8	70.2

按功率 MW 级						
	今日燃料电池(已发布)					预测 2014
MW 级	2009	2010	2011	2012	2013	
便携式	1.5	0.4	0.4	0.5	0.3	0.5
固定式	35.4	35.0	81.4	124.9	186.9	147.3
交通运输	49.6	55.8	27.6	41.3	28.1	28.2
总计	86.5	91.2	109.4	166.4	215.3	176.0

2009~2014 年不同用途燃料电池的市场，基于出货量(件)和功率(兆瓦)[a]。

[a] 未修正的《今日燃料电池》预测，来自 2013[b]。

[b] 大约 80%的电力由用于固定工业市场的燃料电池能源(FCE)和 Bloom 能源、住宅热电联产市场的松下和东芝、材料处理市场的 Plug Power 提供。2013 年，全球燃料电池行业销售额首次超过 10 亿美元，达到 13 亿美元。

便携式应用的兆瓦级动力燃料电池呈现下降趋势，而固定式应用的燃料电池则增长了近两倍。小规模动力燃料电池销量列在表 7.21 上部，正在稳步增长(图 7.31 和图 7.32)。

图 7.31　位于 Hwasung 城的 59MW 京畿道绿色能源燃料电池园区
(来源：经 Fuel Cell Energy 许可转载)

自 2014 年以来，燃料电池汽车开始进入市场。现代汽车与丰田和本田的燃料电池电动汽车(FCEV)一起设计了创新的 ix35 汽车。丰田 MIRAI FC-EV 搭载 100kW 的 PEFC 堆，功率密度为 3kW/L，由两个 700bar 的氢气罐提供燃料，汽车的续航能力为 650km。该系统有 1.6kWh 的 Ni-MH 电池。一些运输公共汽车也使用燃料电池，例如，27 辆梅赛德斯-奔驰 Citaro 公共汽车使用巴拉德制造的 PEFC，氢气存储压力为 350bar，用 40kg 的压缩氢气提供 250kW 的能量，使其续航能力达到 200km。其他生产巴士的公司包括 HyFLEET(欧洲)和 3Gillig(美国)、APTS(60ft，125kW

图 7.32　燃料电池能源公司在美国康涅狄格州建造了 14.9MW 的燃料电池园区
（来源：经 The Electrochemical Society 许可转载）

PEFC)、EvoBus(40ft，120kW PEFC)、Van Hool(43ft，150kW PEFC)、Wrightbus/Bluways(40ft，75kW PEFC)和 New Flyer(41ft，150kW PEFC)。

图 7.33 给出了内燃机汽车和电动汽车的市场份额比较。直到 2010 年，电池动力汽车的比例可以忽略不计，这导致二氧化碳排放和温室气体效应达到很高的水平。从 2010 年起，道路上行驶的电池动力汽车份额和燃料电池动力汽车一起开始增加。根据图 7.33 中的曲线，可以预测到 2050 年道路上的混合动力汽车将持续下降，它还比较了内燃机汽车产生的二氧化碳量。一辆 HEV 车辆产生 10g CO_2/km，而其他车辆产生 40g CO_2/km 或 95g CO_2/km。基于上述预测，到 2050 年，在道路上行驶的内燃机车的数量将少得可以忽略不计。

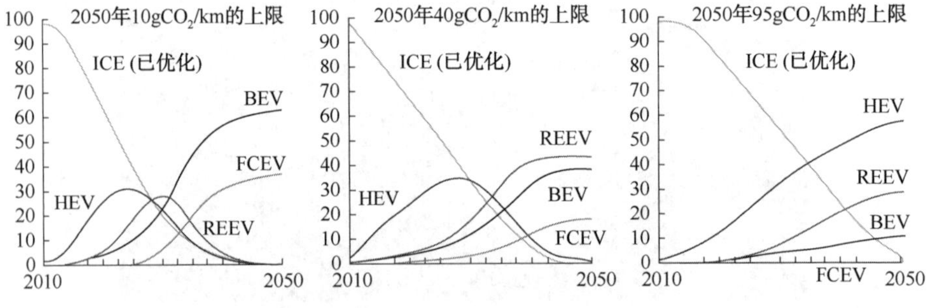

图 7.33　产生二氧化碳的车辆所占的市场份额，ICE(内燃机)，BEV(电池驱动的汽车)，FCEV(燃料电池电动汽车)，HEV(混合动力电动汽车)和 REEV(增程型电动汽车)
（来源：经 The Electrochemical Society 许可转载）

7.25　特殊应用的燃料电池

在过去，其他几种氢气燃料电池也被测试，它们是氢氯燃料电池(Hydrogen-chlorine Fuel Cell，HCFC)、氢溴燃料电池(Hydrogen-bromine Fuel Fell，HBFC)和氢碘燃料电池(Hydrogen-iodine Fuel Cell，HIFC)。由于氯和溴的毒性，这些燃料电池的发展一直受限。因为碘燃料电池输出电压非常小，人们的研究兴趣不大。表 7.22

给出了这些燃料电池的预期 OCV。在表 7.22 中，只有一种与氢氧燃料电池非常相似——氢氯燃料电池。氯气代替了氧气，持续地供应给阴极。这两种气体都储存在钢瓶中，便于 HCFC 运行。然而，氯气是一种有毒气体，常规使用难以接受。

表 7.22 燃料电池和卤族元素

燃料电池	开路电压/V	燃料电池反应
氢气-氯气	1.36	阳极：$H_2(g) \longrightarrow 2H^+(aq)+2e^-$
		阴极：$Cl_2(g)+2e^- \longrightarrow 2Cl^-(aq)$
		总反应：$H_2(g)+Cl_2(g) \longrightarrow 2HCl(aq)$
氢气-溴气	1.06	阳极：$H_2(g) \longrightarrow 2H^+(aq)+2e^-$
		阴极：$Br_2(l)+2e^- \longrightarrow 2Br^-(aq)$
		总反应：$H_2(g)+Br_2(l) \longrightarrow 2HBr(aq)$
氢气-碘气	0.536	阳极：$H_2(g) \longrightarrow 2H^+(aq)+2e^-$
		阴极：$I_2(s)+2e^- \longrightarrow 2I^-(aq)$
		总反应：$H_2(g)+I_2(s) \longrightarrow 2HI(aq)$

其他燃料电池在阴极使用液体或固体反应物。此外，这些燃料电池的输出电压比氢气-氯气小，要把这种燃料电池电堆做到千瓦级，将是一项艰巨的工作。

接下来，我们将重点讨论会产生工业影响的氢氯燃料电池。今天，苛性钠是通过三种电解工艺制造的：汞电池、隔膜电池和膜电池。它是通过电解盐水生产的，是一个成熟的工业过程。阴极的氢气和阳极的氯气是电解的副产品。苛性钠生产的需求很旺盛，多年来一直在稳步增长。2001 年，需求量为 12250 短吨（1 短吨 = 0.907t），上升到 12460 短吨。预计 2006 年将需要 13165 短吨。许多行业都需要烧碱，包括生产有机和无机化学品，肥皂和洗涤剂、纸浆和纸张、纺织品、环氧丙烷、聚碳酸酯、乙烯胺、环氧树脂以及次氯酸钠或钙的制造均需要烧碱。

对苛性钠和氯气需求的波动导致苛性钠工厂运作不稳定。1997 年需求量为 13410 短吨，2001 年下降到 12250 短吨。2002 年开始回升到 12460 吨。1997 年平均价格为 127 美元/t，而 2002 年下降到 114 美元/t。

对氯气和苛性钠的需求逐年增加。然而，由于储存和运输不经济，氢气一般是在现场烧掉的。然而，如果我们进入“氢能技术”时代，这可能是生产氢气的方法之一。

苛性钠工厂的管理需要按照工业平衡需求谨慎管理，不幸的是，利用氯气的工业与利用苛性钠的工业并不同步。随着电费的增加，电解成本也在不断增加，这些问题在 1995~1998 年间非常严重。当时，人们认为需要利用氯和氢的副产品来发电，然后，开发的燃料电池将减少电力成本，这也是增加工业需求的一种方式。

氢氯燃料电池要求阳极和阴极由能够耐氯气腐蚀的材料组成。此外，阳极和阴极的分离膜不能被氯气侵蚀。这两个问题可以使用 Ti 基板上的 RuO_2 电极和 Nafion 90209 得到解决，燃料电池成功运行了 28d，产生了 1.30V 的电压[42]。这里得到的电压与预计的 OCV 非常接近。相比之下，氢氧燃料电池产生的电压为 0.8~0.9V，而预期电压为 1.23V。

氢-溴和氢-碘燃料电池被归类为电池，因为这些燃料电池中的一个成分是固体或液体。

7.26 燃料电池重整器

前面讨论的所有燃料电池都利用氢气为燃料，现在讨论氢气的来源以及如何将其放入燃料电池的系统中是重要的。第 1 章讨论了生产氢气的可能途径。作为一种气体，氢气体积很大，不方便与燃料系统耦合，例如，我们可以使用气瓶来储存氢气，并将其与燃料电池系统耦合。如 7.13 节的计算所示，所需的气瓶数量将是巨大的。为了持续供应电力，需要不断补充这些气瓶。为了克服这些氢气储存和分配的问题，可以使用重整转换器，它可以将现成的燃料，如天然气或酒精，转化为氢气。重整可被视为一个化学过程，通过它将碳氢化合物或酒精分解成氢气。这种转换会产生热量和其他分解产物。这些产物需要被去除，以避免氢气受污染。

氢气是一种气体，通过比较体积，它像汽油这样的液体燃料，单位体积燃料提供的能量多。如果我们将氢气液化，那么它的单位体积能量更高。然而，保持氢气的液化状态需要很低的温度，在运输过程中这也是要解决的一个事情。重整器则没有这个问题。目前，蒸汽转化器被用来从甲醇或天然气中生产纯氢。甲醇或天然气的分解机制将在以下段落中进行讨论。

甲醇蒸汽重整可以生产纯氢。当甲醇和水的混合物通过含催化剂的热反应器时，甲醇会分解成氢气：

$$CH_3OH(l) \longrightarrow CO(g)+2H_2(g) \tag{7.91}$$

由于反应器内存在水蒸气，一氧化碳会和水反应生成氢气和二氧化碳，发生以下反应：

$$CO(g)+H_2O(g) \longrightarrow CO_2(g)+H_2(g) \tag{7.92}$$

因此，有毒的一氧化碳通过这个重整过程被转化为毒性较小的二氧化碳，产生的氢气可应用于燃料电池。

天然气或甲烷也通过一个类似的过程转化为氢气。在这里，甲烷通过以下反应转化为氢气：

$$CH_4(g)+H_2O(g) \longrightarrow CO(g)+3H_2(g) \tag{7.93}$$

$$CO(g)+H_2O(g) \longrightarrow CO_2(g)+H_2(g) \tag{7.94}$$

这种重整过程产生的氢气总是带有微量的 CO 和 CO_2，在向燃料电池供应氢气之前需要将它们去除。

7.27 燃料电池系统结构

单个燃料电池提供低电压和高电流，但对于实际用途来说是不够的。对于汽车行驶或家庭使用来说，需要明显更高的功率输出。为了实现这一目标，需要综合考虑燃料电池和操作的便利性。为此，开发了燃料电池动力系统(Fuel Cell Power System，FCPS)，一个FCPS是一个混合的子系统，集成在一起产生电能。燃料电池系统的目标是通过管理和处理水、气体和去除过多的热量来控制和供应反应物以产生电能。

燃料电池的系统配置是根据其用途而开发的，目前，有四个主要的工业应用，因此，开发了以下配置的燃料电池系统：

① 计算机和通信设备的微功率源，通常限制在100W以内。

② 住宅或辅助动力装置(Auxiliary Power Unit，APU)，最高范围为10kW。

③ 用于移动应用的FC，通常限制为100kW。

④ 固定式电源，可在MW内，范围较宽。

对于低功率系统，如微功率，考虑采用以下系统配置(图7.34)。燃料以液体或气体的形式储存在燃料储存部分。

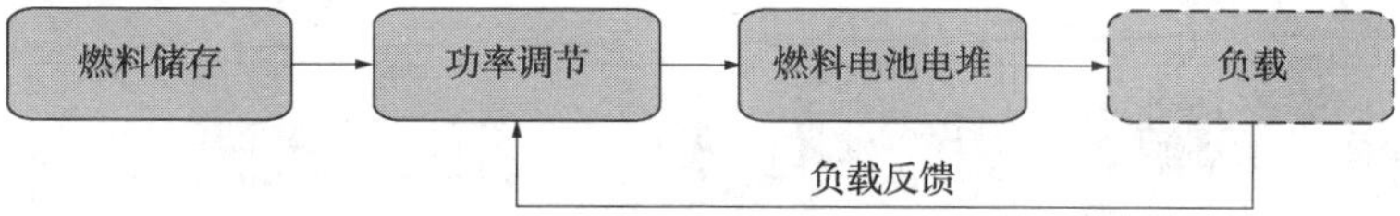

图7.34　微功率系统装置

当燃料耗尽时，这个燃料储存系统很容易替换。功率调节装置连接燃料存储和燃料电池运行系统，是两个系统的界面。微功率系统包括燃料输送，以及峰值能量储存装置，如小型蓄能器或超级电容器，在启动时间或负载变化期间调节功耗。

住宅或APU更加复杂，由各种子系统集成。这些子系统的配置方式是使燃料电池电堆有效地运行以应对负载变化，提供所需燃料和计量。

通常情况下，FCPS包括一个燃料处理器，带有子系统的燃料电池电堆，子系统由辅助系统(BOP)和功率调节器控制。为了达到最好的运行效果，必须从FCPS中去除多余的热量和水，水将用于燃料电池电堆的加湿。图7.35显示了基本系统的方框图，它包含两个基本部分：第一部分包含一个燃料处理器，第二部分包含一个燃料电池堆和功率调节器。处理器使用天然气、汽油、甲醇、液化石油气或气态碳氢化合物(如CNG、LFG或甲烷)生产氢气，氢气送入燃料电池电堆前要进行净化。应

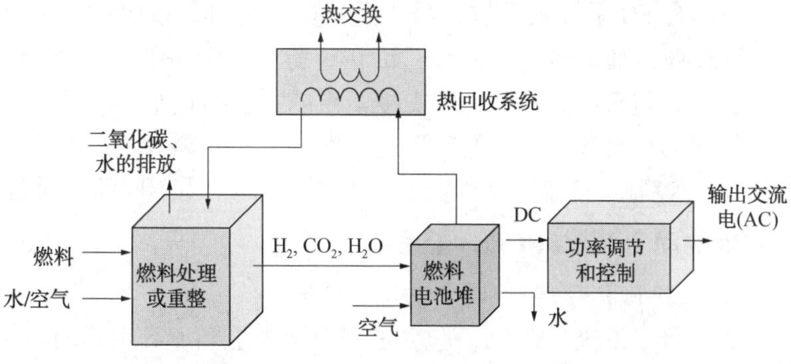

图7.35　燃料电池动力系统的主要配置

该指出的是，燃料电池电堆对杂质很敏感，功率调节器将直接电流(DC)电压转换为交流(AC)电压。一般来说，燃料电池电堆会用到质子交换膜，这种电堆已经用在汽车上。质子交换膜燃料电池的运行效率为45%，工作温度低，体积(kW/L)和质量(kW/kg)功率密度高。对于住宅应用，首选使用天然气制氢的燃料电池，从而避免环境问题。

7.27.1 燃料处理器

燃料处理是燃料电池结构的一个重要部分，它用于处理气体、液体或固体燃料，主要步骤是去除燃料中的硫、卤化物和氨，因为它们易造成电极失活。下一步是将燃料转化为氢气，并去除由水气变换反应产生的微量CO和CO_2。燃料处理器性价比高，是系统的一部分。图7.36展示了一个燃料处理器单元的温度。

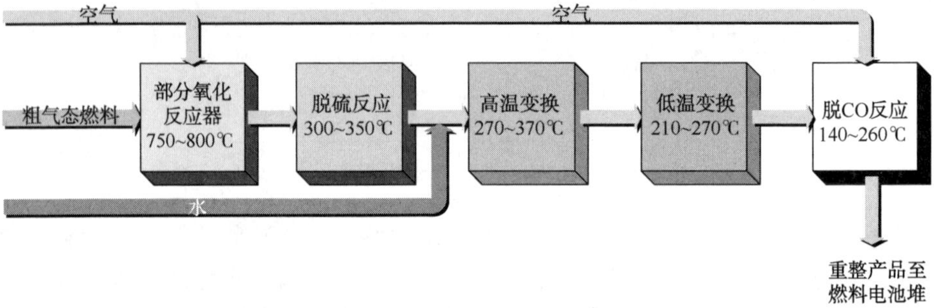

图7.36 燃料处理器的温度要求

7.27.2 电源调节和控制

对于移动运输或住宅使用，需要从低压、大电流输出转换为直流或交流。汽车推进或住宅使用的是400V直流电和110V交流电。此外，还需要对过多的热量进行调节，这些方面都由能量调节和控制来完成。基于电力数据包括电流、电压、水的传导性和物质特性，如压力、温度、气体消耗和湿度完成上述控制。

7.27.3 辅助系统(BOP)

辅助系统是所有FC系统中关键、昂贵且耗电的部分。该模块是一个由微处理器控制的子系统阵列，基于热力学方程，可在负荷和环境条件变化时为FC提供稳定的电堆性能。BOP包含所有直接电堆支撑子系统，包括重整器、压缩机、泵和换热器。BOP系统根据材料和信息流的数据进行操作。不同热含量的气体、冷却剂和水流量由BOP系统控制。信息流是“操作员-机器”界面，由不同的传感器控制。

7.27.4 燃料电池动力系统(FCPS)子系统

一个典型的PEM FCPS应包含以下主要子系统：

① 燃料电池电堆子系统(FCSS)。包含燃料电池电堆和所有主要的控制装置，以让电堆保持最佳的操作条件，与其他子系统、设备、适当控制装置和结构硬件的接口。

② 氢气供应和调节子系统(Hydrogen Supply and conditioning Subsystem，HS&CS)。

负责从 HS 基燃料转换成重整液(如果需要)过程中的燃料转换和净化，包括流量计量、压力、温度和质量流量控制。

③ 热和水管理子系统(Thermal and Water Management Subsystem，T&WMS)。在整个 FCPS 中维持所需的工作温度，从气流中去除多余的水，并为气体提供合适的湿度。

④ 氧化剂供应子系统(Oxidant Supply Subsystem，OSS)。通常包括空气压缩机、过滤器和各种维持所需压力、温度、相对湿度和质量流量控制的装置。

⑤ 控制和通信子系统(Control and Communications Subsystem，C&CS)。控制所有 FCPS 功能的硬件和软件的组合，使用特定的算法来调整各种操作条件，并优化其性能、耐久性和效率。

⑥ DC/DC 或 DC/数字模拟(Digital to Analog，DA)转换器(功率调节器子系统)。提供 FC 电堆输出和电气参数之间的接口，可以有效利用所产生的电能。

如图 7.37 所示，所有上述的子系统都连接到 FCPS 中。

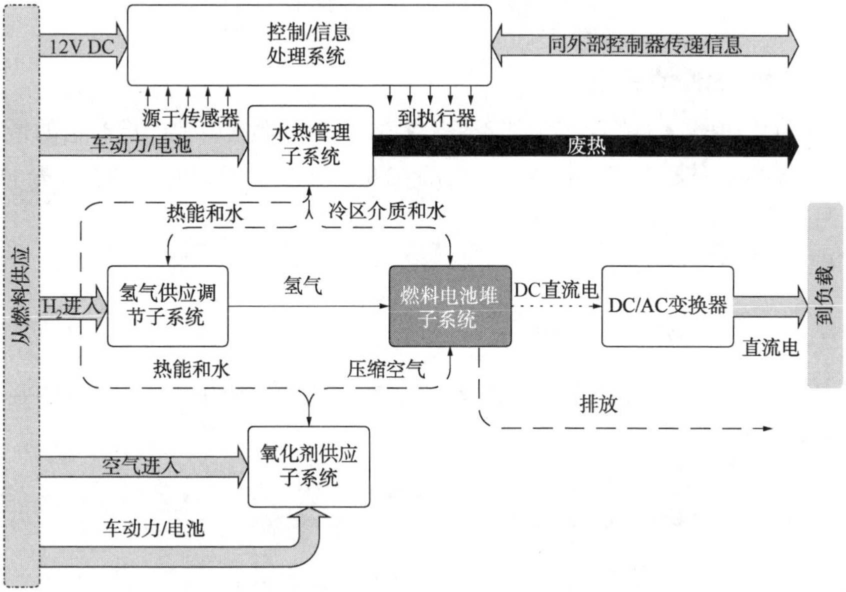

图 7.37 用于运输的燃料电池动力系统

7.27.5 燃料电池动力系统(FCPS)的功能和特点

燃料电池系统的功能和特点仅代表了将一种能源转化为另一种能源、去除多余热量和水的主要解决方案。系统的每项功能都必须由充分集成了硬件和软件控制的各种子系统来支持。燃料电池系统的设计涉及燃料电池内部能量功率最小化、效率和经济性的优化。此外，任何燃料电池动力系统(以下简称 FCPS)的设计都必须满足项目的具体目标，如所需的燃料、排放水平、可能的废热利用方式(电、蒸汽或热)、设计的输出水平，以及单位体积或质量的功率指标(体积/千瓦或质量/千瓦)。系统的功能和特点见图 7.38。

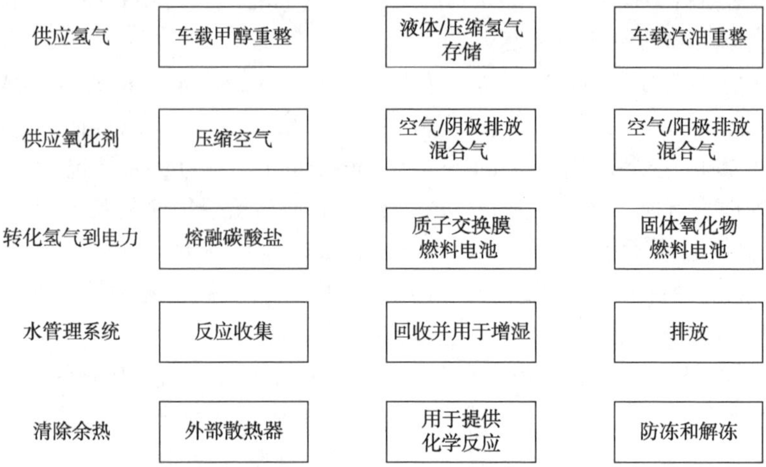

图 7.38　燃料电池动力系统的功能和特点

7.27.6　FCPS 的性能特点

FCPS 的总功率等于在给定工作条件和特定负载下燃料电池电堆产生的最大功率(W)。FCPS 净功率是 FCPS 输出端产生的功率，它等于 FCPS 总功率减去 FCPS 中负载使用的功率。

FCPS 的效率可定义为：

$$\eta=\frac{P_{\text{electrical out}}}{P_{\text{LHV Hydrogen in}}}\times 100\% \tag{7.95}$$

其中，$P_{\text{electrical out}}$是 FCPS 产生的电功率。在电化学反应中，它等于 FCPS 有负载时的“净”电功率，如下所示：

$$P_{\text{electrical out}}=V_{\text{Fuel Cells Stack}}\times I_{\text{Load}} \tag{7.96}$$

反应前氢气(燃料)的低热值记为 $P_{\text{LHV Hydrogen in}}$，它等于：

$$P_{\text{LHV Hydrogen in}}=120\times m_{\text{Avg. Hydrogen Flow}} \tag{7.97}$$

其中，$m_{\text{Avg. Hydrogen Flow}}$是燃料电池电堆入口处的平均氢气质量流量，氢气的低热值为 120J/g。

燃料被定义为在燃料电池发电系统运行的任何给定时间段内，在特定压力、温度、质量流量、相对湿度和纯度的进入或离开燃料电池电堆的氢气。氧化剂被定义为在燃料电池发电系统运行的任何给定时间段内，在特定压力、温度、质量流率和 RH 下，进入或离开燃料堆的氧气(是空气的一部分)。电功率输出被定义为在燃料电池发电系统运行的任何给定时间段内在燃料电池发电系统负载输入端可用的电压和电流的乘积。不同的燃料电池需要不同的阳极气体和氧化剂，可能会因 CO 中毒，可能需要在不同温度下工作的昂贵的催化剂，可能以常压或者压缩空气的形式使用氧化剂。

7.27.7 燃料选择

燃料电池发电系统结构与使用的燃料相关。例如，在1990年，汽车应用燃料系统的开发重点是车载甲醇燃料系统，要么作为首选燃料，要么作为处理汽油的发展步骤。原因是甲醇是最容易转化为氢气，供汽车使用的燃料(图7.39)。

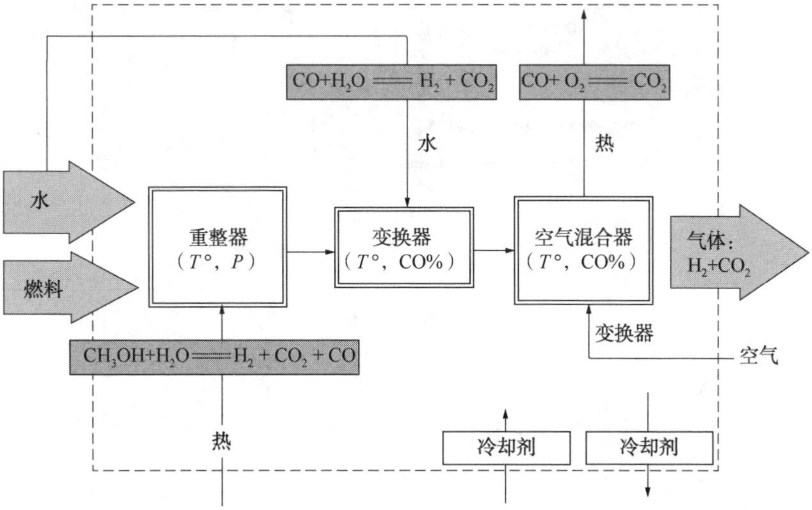

图7.39 甲醇燃料处理器子系统

甲醇在低于400℃的温度下被氧化为CO和氢气，并且可以在250℃或更低的温度下进行催化蒸汽重整，这点可以实现快速启动。甲醇转化为氢气的效率<90%。但甲醇主要由天然气生产得到，这个过程需要能量，“井到轮”的效率没有汽油有吸引力。另一个限制是甲醇具有腐蚀性，它与水亲和力大，导致其分配困难。甲醇比汽油毒性更大。出于安全和健康原因，可能需要加入添加剂，但这会影响燃料性质。与甲醇相比，汽油具有完善的生产和分销基础设施，毒性更小，能量密度更高，车辆续航里程长。汽油重整制备氢气的问题是需要在650℃的高温下进行，还产生大量的CO、甲烷、焦炭，系统很复杂。其他不利因素是硫和微量金属毒害燃料电池电堆，由于组件复杂，车载的封装困难，综合考虑到环境问题、健康问题、与其他材料的兼容性以及系统复杂性，甲醇和汽油制氢都不太有吸引力。当前的趋势是将氢气储存在车上，这种车载储氢有三种基本选择：液态H_2，压缩的H_2，和金属氢化物。

汽油燃料电池系统架构的简化框图如图7.40所示。为了提供所需的功能，燃料电池系统必须满足以下各种要求：所需功率，可用燃料，可耐用性和可靠性，成本，功率密度[体积(kW/L)和质量(kW/kg)]，系统效率，启动时间，容量，热利用，开/关周期数，基于这些要求，应选择合适的FC技术。

目前，技术开发工作主要集中在以下几方面：

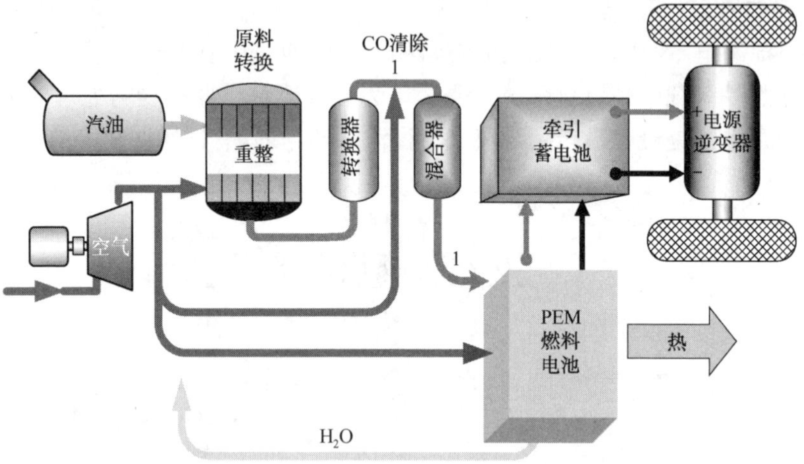

图 7.40　汽油燃料电池汽车架构

① 作为便携式能源的直接甲醇燃料电池开发；

② PEMFC 是主要的汽车推进和住宅电力生产技术；

③ SOFC 是分布式电源和现场发电的主要技术；

④ 用于固定发电的 MCFC 和 PAFC。

今天，PEMFC 和 SOFC 是两种最常用的技术。PEMFC 在低温下运行，对负载变化响应快，但需要大量的水管理来控制湿度和帮助散热器散热。为了减少排热的问题和增加 CO 耐受性，人们正在开发能在更高温度(100℃以上)下使用的膜。由于 SOFC 系统不像 PEMFC 使用高成本的贵金属，并且对燃料中的 CO 不太敏感，因此在它运行中氧化剂供应更简单。但是，SOFC 系统的电极、电解质和高温稳定金属部件的制造工艺更复杂。SOFC 系统的另一个问题是防止热损失和功率密度较低。然而，将 SOFC 动力系统与利用高温废气的燃气轮机相结合，可以将这种混合系统的效率提高至 70%。燃料电池动力系统的设计是一个非常复杂的过程，需要权衡成本、效率、内部组件的功耗、复杂性和耐用性。此外，每个具体项目设计还要考虑特定的目标，例如燃料的选择、可接受的排放、利用废热的可能性、希望的输出水平、体积或者质量功率密度(体积/kW 或质量/kW)，在几个方面都具有挑战性。

附录 7　DMFC 中的氧化还原反应

在该燃料电池中，反应物是 $CH_3OH(aq)$ 和 $O_2(aq)$，产物是 $CO_2(g)$ 和水，$CH_3OH(aq)$ 被氧化，$O_2(g)$ 被还原。两个半反应可以写成：

$$CH_3OH(aq) = CO_2(g) \tag{A.1}$$

$$O_2(g) = H_2O(aq) \tag{A.2}$$

我们可以采用方程(A.1)并应用5.6.2节中讨论的五个规则来平衡氧化还原反应。应用规则1，由于式(A.1)中除O和H之外的原子还有C，因此C在两侧平衡：

$$CH_3OH(aq) = CO_2(aq) \tag{A.3}$$

应用规则2，由于式右侧有更多O，因此将H_2O添加到式(A.3)左侧平衡O

$$CH_3OH(aq)+H_2O(aq) = CO_2(aq) \tag{A.4}$$

应用规则3，将H^+添加到式(A.4)的右侧来平衡氢：

$$CH_3OH(aq)+H_2O(aq) = CO_2(aq)+6H^+(aq) \tag{A.5}$$

应用规则4，必要平衡电荷，因此电子将被添加到式(A.5)的右侧：

$$CH_3OH(aq)+H_2O(aq) = CO_2(aq)+6H^+(aq)+6e^- \tag{A.6}$$

考虑到DMFC的另一个半电池反应，

$$O_2(g) = H_2O(aq) \tag{A.7}$$

应用这四个规则将得到：

$$O_2(g)+4H^+(aq)+4e^- = H_2O(aq)+H_2O(aq) \tag{A.8}$$

(见第7.6.1节)

平衡两个半反应以达到净反应：

$$CH_3OH(aq)+H_2O(aq) = CO_2(aq)+6H^+(aq)+6e^- \tag{A.9}$$

$$O_2(g)+4H^+(aq)+4e^- = H_2O(aq)+H_2O(aq) \tag{A.10}$$

将式(A.9)乘以2，将式(A.10)乘以3，

$$2CH_3OH(aq)+2H_2O(aq) = 2CO_2(aq)+12H^+(aq)+12e^- \tag{A.11}$$

$$3O_2(g)+12H^+(aq)+12e^- = 3H_2O(aq)+3H_2O(aq) \tag{A.12}$$

$$2CH_3OH(aq)+3O_2(g) = 2CO_2(g)+4H_2O(aq) \tag{A.13}$$

或者，

$$CH_3OH(aq)+1.5O_2(g) = 1CO_2(g)+2H_2O(aq) \tag{A.14}$$

问　　题

1. 考虑以氢为燃料的氢技术。燃料电池反应是$2H_2(g)+O_2(g) = 2H_2O(l)$，这个等式表达了什么？预测燃料电池中产生的水量有什么用？

2. 如果燃料电池中没有膜会怎样？

3. 将氧化数规则应用于燃料电池反应有什么好处？

4. 查阅科学文献并确定二氧化碳和一氧化碳的毒性水平。

5. 查阅有关美国和欧洲对一次和二次电池的强制处置条款，燃料电池是否有任何需要遵守的处置条件？

6. 计算以 1kW 功率运行 1h 所需的氧气量。如果用空气代替氧气，计算需要多少空气(质量)。

7. 在低温燃料电池中，水管理很重要，计算 5kW 动力燃料电池 1h 的产水量，使用氢气和氧气两种方法计算。

8. PEMFC 中的膜由 Nafion 制成，这种膜的重复单元的化学式是什么？磺酸基的作用是什么？

9. 选择膜要考虑哪些因素？

10. 对于燃料电池的使用，目前正在对膜进行哪些类型的改进？

多 选 题

1. 在燃料电池中，电子转移的能垒被称为(　　)。

(a) 物质的活性　　(b) 活化极化　　(c) 电极传感器　　(d) 燃料氧化

2. 燃料电池中的浓差极化导致(　　)。

(a) 传质损失　　(b) 物质损失

(c) 燃料与电解质反应　　(d) 运输号码

3. 说出燃料电池实际上没有给出预期理论电压的三个原因。

4. 三种电极材料可以考虑用于制造 PEMFC，在酸性电解液中氢交换电流密度如下：

锌：3×10^{-11} A/cm^2，金：3.98×10^{-6} A/cm^2，石墨：1.2×10^{-4} A/cm^2，铂：2.5×10^{-3} A/cm^2。您会选择哪种电极材料组装 PEMFC？(　　)

(a) 锌　　(b) 黄金　　(c) 石墨　　(d) 铂金

5. 燃料电池中的电阻和离子运动导致(　　)。

(a) 热损失　　(b) 欧姆损耗

(c) 违反欧姆定律　　(d) 燃料蒸发

6. 燃料电池以 6A 的电流运行 0.5h 所需的氢气质量是(氢气的摩尔质量=2.01g/mol，$n=2.0$，$F=96500$C/mol)(　　)。

(a) 0.112g　　(b) 0.224g　　(c) 1.12g　　(d) 2.24g

7. 一辆汽车使用的电压是 0.60V，功率是 0.5kW。运行 0.5h 所需的氢气体积为(氢气密度=0.084kg/cm^{3}或 0.084×10^{-3}g/cm^3)(　　)。

(a) 740L　　(b) 186L　　(c) 370L　　(d) 500L

8. 燃料电池在 0.70V 下以 500W 功率运行 1h 耗氧量为(　　)。

(a) 497g　　(b) 213g　　(c) 300g　　(d) 100g

9. 平均电压为 0.60V 的燃料电池在运行 2h 后会产生 1L 的水。计算这个过程燃料电池产生的功率(水的密度：0.99g/cm^3)。

10. 防止燃料电池中的燃料渗透应(　　)。

(a) 控制燃料供应　　(b) 使阳极更坚固

(c) 使用膜　　(d) 减小燃料电池的尺寸

11. Nafion 膜允许(　　)。

(a) OH^-离子通过它　　(b) H^+离子穿过它

(c) H_2气体通过它　　(d) 阻止所有离子通过它

12. 双极板的作用是什么?

(a) 使燃料电池的堆叠紧凑　　(b) 用于分隔阳极和阴极的板

(c) 提供电接触　　(d) 一件装饰品

13. 碱性燃料电池的首选阳极材料是什么?

(a) 铂金　　(b) 镍　　(c) $LaNi_3$　　(d) 铜

14. MCFC 的工作温度为(　　)。

(a) 100℃　　(b) 200℃　　(c) 400℃　　(d) 700℃

15. 在 MCFC 中,在阴极发生的反应是(　　)。

(a) $O_2(g)+4H^+(aq)+4e = H_2O(l)$

(b) $1/2O_2(g)+CO_2(g)+2e = CO_3^{2-}(l)$

(c) $CO_2(g)+H_2O(g) = H_2CO_3(g)$

(d) $H_2(g) = 2H^+(aq)+2e$

16. 下面哪种气体会使 PEMFC 的电极中毒(　　)。

(a) 氧气　　(b) 氢气　　(c) 一氧化碳　　(d) 空气

(e) 二氧化碳

17. 在 SOFC 中互连体是由什么材料做的?(　　)

(a) 铂金　　(b) 镍

(c) 掺杂的 $LaCrO_3$　　(d) 碳

18. SOFC 中连接阳极和阴极所用的电解质是什么?

(a) 氧化钇掺杂的氧化锆　　(b) 碳酸盐

(c) 氧化铝胶体颗粒　　(d) 硫酸盐

19. 在某些 SOFC 燃料电池中,氢气与一氧化碳(CO)混合,目的是什么?(　　)

(a) 使阳极中毒

(b) CO 与氢气反应生成水

(c) CO 与水反应生成二氧化碳和氢气

(d) CO 冷却燃料电池

20. 在 SOFC 燃料电池中，在阴极发生的反应为(　　)。

(a) $O_2+4H^++4e = 2H_2O$　　(b) $2H^++O_2^- = H_2O$

(c) $1/2O_2+2e = O^{2-}$　　(d) $O_2+2H^++2e = H_2O_2$

21. 在 SOFC 的阳极室中发生的反应为(　　)。

(a) $O_2+4e+4H^+ = 2H_2O$　　(b) $2H^++O_2^- = H_2O$

(c) $H^++e = 1/2H_2$　　(d) $2H_2O = 4H^++4e+O_2$

22. 写出在氢-氯燃料电池中产生能量的反应。

23. 燃料电池双极板的首选材料是(　　)。

(a) 碳　　(b) 不锈钢　　(c) 钛　　(d) 镍

24. 在无膜燃料电池中，通过哪种方式可以减少/避免燃料渗透？(　　)

(a) 氢的层流　(b) 氢气的湍流　(c) 搅拌阳极　(d) 搅拌阴极

25. SOFC 中连接正负极的电解液的重要特性是什么？(　　)

(a) 良好的电子导电性　　(b) 良好的离子导电性

(c) 良好的导热性　　(d) 良好的抗拉强度

26. 哪种燃料电池在阴极反应产生水？(　　)

(a) PEMFC　(b) SOFC　(c) MCFC　(d) AFC

参 考 文 献

1. Bard, A.J. and Faulkner, L.R. (2001) *Electrochemical Methods*, Wiley, New York.
2. Bloom, H. and Cutman, F. (eds) (1981) *Electrochemistry*, Plenum Press, New York, p. 121.
3. Trassati, S. (1972) Work function, electronegativity, and electrochemical behavior of metals: III. Electrolytic hydrogen evolution in acid solutions. *Journal of Electroanalytical Chemistry*, **39**, 163.
4. Britto, P.J., Santhanam, K.S.V., Rubio, A. *et al.* (1999) Improved charge transfer at carbon nanotube electrode. *Advanced Materials*, **11**, 154.
5. Bockris, J.O.M. and Reddy, A.K.N. (1970) *Modern Electrochemistry*, vol. **2**, Plenum Press, New York.
6. Norskov, K., Bligaard, T., Logadottir, A. *et al.* (2005) Trends in the exchange current for hydrogen evolution. *Journal of the Electrochemical Society*, **152**, J23–J26.
7. Adjemian, L.S.J., Srinivasan, S., Benzigen, J., and Bocarsly, A.B. (2002) Silicon oxide Nafion composite membranes for proton-exchange membrane fuel cell operation at 80–140°C. *Journal of the Electrochemical Society*, **149**, A256–A261.
8. Chunsheng, W. and Appleby, A.J. (2003) High-peak-power polymer electrolyte membrane fuel cells. *Journal of the Electrochemical Society*, **150**, A493–A498.
9. Meng, H. and Shen, P.K. (2005) Tungsten carbide nanocrystal promoted Pt/C electrocatalysts for oxygen reduction. *Journal of Physical Chemistry*, **109** (48), 22705–22709.
10. Hickner, M.A., Ghassemi, H., Kim, Y. *et al.* (2004) Alternative polymer systems for proton exchange membranes (PEMs). *Chemical Reviews*, **104** (10), 4587–4611.
11. Wang, F., Hickner, M., Kim, Y.S. *et al.* (2002) Direct polymerization of sulfonated poly(arylene ether sulfone) random (statistical) copolymers: candidates for new proton exchange membranes. *Journal of Membrane Science*, **197** (1–2), 231–242.

12. Uhling, H. and Revie, R.W. (1985) *Corrosion and Corrosion Control*, Wiley, New York.
13. Tang, H.L., Luo, Z.P., Pan, M. *et al.* (2005) Synthesis of platinum nanoparticles and then self-assembly on Nafion membrane to give a catalyst coated membrane. *Journal of Chemical Research*, **S** (7), 449–451.
14. Bevers, D., Wagner, N., and VonBradke, M. (1998) Innovative production procedure for low cost PEFC electrodes and electrode/membrane structures. *International Journal of Hydrogen Energy*, **23**, 57–63.
15. Giorgi, L., Antolini, E., Pozio, A., and Passalacqua, E. (1998) Influence of the PTFE content in the diffusion layer of low-Pt loading electrodes for polymer electrolyte fuel cells. *Electrochimica Acta*, **43** (24), 3675–3680.
16. Mosdale, R., Wakizoe, M., and Srinivasan, S. (1994) Proceedings of the Electrochemical Society. p 9423 (Electrode Materials and Processes for Energy Conversion and Storage), 179–89; New Jersey: Electrochemical Society.
17. Ralph, T.R., Hards, G.A., Keating, J.E. *et al.* (1997) Low cost electrodes for proton exchange membrane fuel cells. *Journal of the Electrochemical Society*, **144**, 3845–3857.
18. Gulla, A.F., Saha, M., Sudan, A. *et al.* (2005) Dual ion-beam-assisted deposition as a method to obtain low loading-high performance electrodes for PEMFCs. *Electrochemical and Solid-State Letters*, **8** (10), A504–A508.
19. Ioroi, T. and Yasuda, K. (2005) Platinum–iridium alloys as oxygen reduction electrocatalysts for polymer electrolyte fuel cells. *Journal of the Electrochemical Society*, **152** (10), A1917–A1924.
20. Antolini, E., Salgado, J.R.C., Giz, M.J., and Gonzalez, E.R. (2005) Effects of geometric and electronic factors on ORR activity of carbon supported Pt–Co electrocatalysts in PEM fuel cells. *International Journal of Hydrogen Energy*, **30** (11), 1213–1220.
21. Singhal, S.C. and Kendall, K. (2003) FCN/SOFC Book, http://www.fuelcellmarkets.com/article default view. fcm?articleid=3649&subsite=447 (accessed 27 May 2017)
22. Xue, X., Tang, J., Sammes, N., and Du, Y. (2005) Dynamic modeling of single tubular SOFC combining heat/mass transfer and electrochemical reaction effects. *Journal of Power Sources*, **142**, 211–222.
23. Sonntag, R.E., Borgnakke, C., and Van Wylen, G.J. (2003) *Fundamentals of Thermodynamics*, 6th edn, Wiley, New York.
24. Holman, J.P. (1997) *Heat Transfer*, 8th edn, McGraw-Hill, Boston.
25. Achenbach, E. (1994) Three-dimensional and time-dependent simulation of a planar solid fuel cell stack. *Journal of Power Sources*, **49**, 333–348.
26. Koyama, O.M., Wen, C., Yamada, K., and Takahashi, H. (2003) Object-based modeling of SOFC system: dynamic behavior of micro-tube SOFC. *Journal of Power Sources*, **118**, 430–439.
27. Murthy, M., Esayian, M., Lee, W., and Van Zee, J.W. (2003) The effect of temperature and pressure on the performance of a PEMFC exposed to transient CO concentrations. *Journal of Electrochemical Society*, **150**, A29–A34.
28. Gu, T., Lee, W.-K., Van Zee, J.W., and Murthy, M. (2004) Effect of reformate components on PEMFC performance dilution and reverse water gas shift reaction. *Journal of the Electrochemical Society*, **151**, A2100–A2105.
29. Wagner, N. and Schultze, M. (2003) Change of electrochemical impedance spectra during CO poisoning of the Pt and Pt–Ru anodes in a membrane fuel cell (PEFC). *Electrochimica Acta*, **48**, 3899–3907.
30. Tong, Y.Y., Kim, H.S., Babu, P.K. *et al.* (2002) An NMR investigation of CO tolerance in a Pt/Ru fuel cell catalyst. *Journal of the American Chemical Society*, **124**, 468.
31. Yoshida, K., Ishida, M., and Okada, T. (2005) Electrochemical performance of Na2Ti3O7/C negative electrode. *Electrochemistry*, **73**, 298–300.

32. Chong Luo, Hui Xie, Qin Wang, Geng Luo, and Chao Liu (2015) A Review of the Application and Performance of Carbon Nanotubes in Fuel Cells. *Journal of Nanomaterials*, **2015**.
33. D. Young Chung, H. Kim, Y. Chung, M. Lee, S.J. Yoo, A.D. Bokare, W. Choi, and Y. Sung (2014) Inhibition of CO poisoning on Pt catalyst coupled with the reduction of toxic hexavalent chromium in a dual-functional fuel cell. *Scientific Reports*, **4**, 7450.
34. Zhong, C., Luo, J., Maye, M.M., *et al.* Fuel cell catalysts: Gold-platinum nanoparticles. 228th American Chemical Society, 2004, Philadelphia, PA.
35. Liu, Z., Ling, X., Lee, J.Y. *et al.* (2003) Nanosized Pt and PtRu colloids as precursors for direct methanol fuel cell catalysts. *Materials Chemistry*, **13**, 3049–3052.
36. Dhar, H.P., Kush, A.K., Patel, D.N., and Christner, L.G. (1986) Performance Study of a Fuel Cell Pt-on-C Anode in Presence of CO and CO_2, and Calculation of Adsorption Parameters for CO Poisoning. *Proceedings Electrochemical Society*, **86** (12), 284–297.
37. Tewari, A. and Sambhy, V. (2006) Quantification of carbon dioxide poisoning in air breathing alkaline fuel cells. *Journal of Power Sources*, **153**, 1–10.
38. Atkinson, A., Barnett, S., Gorte, R.J. *et al.* (2004) Advanced anodes for high-temperature fuel cells. *Nature Materials*, **3**, 17–27.
39. Boennemann, H., Endruschat, U., Hormes, J. *et al.* (2004) Activation of Colloidal PtRu Fuel Cell Catalysts via a Thermal "Conditioning Process". *Fuel Cells*, **4**, 297–308.
40. Komatsu, T., Arai, H., Chiba, R. *et al.* (2006) Cr Poisoning Suppression in Solid Oxide Fuel Cells Using LaNi (Fe) O3 Electrodes. *Electrochemical and Solid State Letters*, **9**, A9–A12.
41. Salinas, C., Simpson, S.F., Murphy, O.J., *et al.*, Membrane and electrode structure for methanol fuel cell U.S. Patent 5,958,616. 1999.
42. Santhanam, K.S.V., Chemopol Industries 1996 (unpublished work). *Fuel Cell Handbook*, 5th edn. EG&G Services Parsons, Inc., Science Applications International Corporation Under Contract No. DE-AM26-9FT40575 http://www.fuelcells.org/info/library/fchandbook.pdf National Technical Information Service, U.S. Department of Commerce, 5285 Port Royal Road, Springfield, VA 22161.
43. Larminie, J. and Dicks, A. (2002) *Fuel Cell Systems Explained*, John Wiley & Sons, NJ.
44. Zhou, G., Roby, S., Wei, T., and Yee, N. (2014) Fuel Heat of Vaporization Values Measured with Vacuum Thermogravimetric Analysis Method. *Energy and Fuels*, **28**, 3138–3142.
45. Fernández, J.C., Arna, J.M., Gómez, J., and Dorado, M.P. (2012) A comparison of performance of higher alcohols/diesel fuel blends in a diesel engine. *Applied Energy*, **95**, 267.
46. Gur, T. (2013) Critical Review of Carbon Conversion in Carbon Fuel Cells. *Chemical Reviews*, **113**, 6179.
47. Gur, T. (2010) Mechanistic Modes for Solid Carbon Conversion in High Temperature Fuel Cells. *Journal of the Electrochemical Society*, **157**, B571.
48. Zhang, H. and Shen, P.K. (2011) Recent development of polymer electrolyte membranes for fuel cells. *Chemical Reviews*, **112**, 2780.
49. Nasef, M. (2014) Radiation-grafted membranes for polymer electrolyte fuel cells: current trends and future directions. *Chemical Reviews*, **114**, 12278–12329.
50. Schafbauer, W., Menzler, N.H., and Buchkremer, H.P. (2014) Tape casting of anode supports for solid oxide fuel cells at Forschungszentrum Jülich. *International Journal of Applied Ceramic Technology*, **11**, 125.
51. He, R., Fang, D., He, F., and Wu, Y. (2014) Microstructure and cell performance of NiO–YSZ composite anode-supported solid oxide fuel cells using graphite as anode pore-former: effects of graphite particle size and HNO_3 treatment. *International Journal of Applied Ceramic Technology*, 1–7.
52. Yildiz, O., Soydan, A.M., Ata, A. *et al.* (2013) Properties of ceria based novel anode nanopowders synthesized by glycine–nitrate process. *Acta Physica Polonica A*, **123**, 432–435.

53. Macek, J., Novosel, B., and Marinsek, M. (2007) Ni-YSZ SOFC anodes – minimization of carbon deposition. *Journal of the European Ceramic Society*, **27**, 487–491.
54. Liu, Q., Dong, X., Yang, C. *et al.* (2010) Self-rising synthesis of Ni–SDC cermets as anodes for solid oxide fuel cells. *Journal of Power Sources*, **195**, 1543.
55. Sivasankaran, V., Combemale, L., Pera, M.C., and Caboche, G. (2014) Initial preparation and characterization of single step fabricated intermediate temperature solid oxide fuel cells (IT-SOFC). *Fuel Cells*, **14**, 533–536.
56. Zhu, Y., Chen, Z.G., Zhou, W. *et al.* (2013) An a-site-deficient perovskite offers high activity and stability for low-temperature solid oxide fuel cells. *ChemSusChem*, **6**, 2249–2254.
57. Zawadzki, M., Grabowska, H., and Trawczyński, J. (2010) Effect of synthesis method of LSCF perovskite on its catalytic properties for phenol methylation. *Solid State Ionics*, **181**, 1131–1139.
58. Naiqing, Z., Kening, S., Derui, Z., and Dechang, J. (2006) Study on properties of LSGM electrolyte made y tape casting method and applications in SOFC. *Journal of Rare Earths*, **24**, 90–92.
59. Ji, Y., Liu, J., He, T. *et al.* (2003) Single intermedium-temperature SOFC prepared by glycine-nitrate process. *Journal of Alloys and Compounds*, **353**, 257–262.
60. Zhu, X.D., Zhang, N.Q., Wu, L.J. *et al.* (2010) Preparation and performance of large-area $La_{0.9}Sr_{0.1}Ga_{0.8}Mg_{0.2}O_{3-\delta}$ electrolyte for intermediate temperature solid oxide fuel cell. *Journal of Power Sources*, **195**, 7583–7586.
61. Bodén, A., Di, J., Lagergren, C. *et al.* (2007) Conductivity of SDC and $(Li/Na)_2CO_3$composite electrolytes in reducing and oxidising atmospheres. *Journal of Power Sources*, **172**, 520–529.
62. Mahmud, L.S., Muchtar, A., and Somalu, M.R. (2017) Challenges in fabricating planar solid oxide fuel cells: A review. *Renewable and Sustainable Energy Reviews*, **72**, 105.
63. Garche, J. and Jörissen, L. (2015) *Applications of Fuel Cell Technology: Status and Perspectives, The Electrochemical Interface*, Wiley, NJ.
64. Ehsani, M., Gao, Y., and Emadi, A. (2010) *Modern Electric, Hybrid Electric, and Fuel Cell Vehicles: Fundamentals, Theory, and Design*, CRC Press, Boca Raton, FL, ISBN:978-1-4200-5398-2.
65. Schafbauer, W., Menzler, N.H., and Buchkremer, H.P. (2014) Tape casting of anode supports for solid oxide fuel cells at Forschungszentrum Jülich. *International Journal of Applied Ceramic Technology*, **11**, 125–135.
66. He, R., Fang, D., He, F., and Wu, Y. (2014) Microstructure and cell performance of NiO–YSZ composite anode-supported solid oxide fuel cells using graphite as anode pore-former: effects of graphite particle size and HNO_3 treatment. *International Journal of Applied Ceramic Technology*, **67**, 1–7.
67. Yildiz, O., Soydan, A.M., Ata, A. *et al.* (2013) Properties of ceria based novel anode nanopowders synthesized by glycine-nitrate process. *Acta Physica Polonica A*, **123**, 432–435.
68. Macek, J., Novosel, B., and Marinsek, M. (2007) Ni-YSZ SOFC anodes-Minimization of carbon deposition. *Journal of the European Ceramic Society*, **27**, 487–491.
69. Liu, Q., Dong, X., Yang, C. *et al.* (2010) Self-rising synthesis of Ni–SDC cermets as anodes for solid oxide fuel cells. *Journal of Power Sources*, **195**, 1543–1550.
70. Sivasankaran, V., Combemale, L., Pera, M.C., and Caboche, G. (2014) Initial preparation and characterization of single step fabricated intermediate temperature solid oxide fuel cells (IT-SOFC). *Fuel Cells*, **14**, 533–536.
71. Zhu, Y., Chen, Z.G., Zhou, W. *et al.* (2013) An a-site-deficient perovskite offers high activity and stability for low-temperature solid oxide fuel cells. *ChemSusChem*, **6**, 2249–2254.
72. Zawadzki, M., Grabowska, H., and Trawczyński, J. (2010) Effect of synthesis method of LSCF perovskite on its catalytic properties for phenol methylation. *Solid State Ionics*, **181**, 1131–1139.
73. Naiqing, Z., Kening, S., Derui, Z., and Dechang, J. (2006) Study on properties of LSGM electrolyte made y tape casting method and applications in SOFC. *Journal of Rare Earths*, **24**, 90–92.

74. Zhu, X.D., Zhang, N.Q., Wu, L.J. *et al.* (2010) Preparation and performance of large-area $La_{0.9}Sr_{0.1}Ga_{0.8}Mg_{0.2}O_{3-\delta}$ electrolyte for intermediate temperature solid oxide fuel cell. *Journal of Power Sources*, **195**, 7583–7586.

75. Bodén, A., Di, J., Lagergren, C. *et al.* (2007) Conductivity of SDC and $(Li/Na)_2CO_3$composite electrolytes in reducing and oxidising atmospheres. *Journal of Power Sources*, **172**, 520–529.

76. Ji, Y., Liu, J., He, T. *et al.* (2003) Single intermedium-temperature SOFC prepared by glycine-nitrate process. *Journal of Alloys and Compounds*, **353**, 257–262.

77. Tao, S. and Haile, S.M. (2004) A high-performance cathode for the next generation of solid-oxide fuel cells. *Nature*, **431**, 170–173.

78. Ye, X. and LeVan, M.D. (2002) Water transport properties of Nafion membranes: Part II. Multi-tube membrane module for air drying. *Journal of Membrane Science*, **221**, 163–173.

79. Kee, R.J. (2007) The influence of current collection on the performance of tubular anode-supported SOFC cells. *Journal of Power Sources*, **169**, 315–326.

80. Brady, J.E., Russell, J.W., and Holm, J.R. (2000) *Chemistry: Matter and Its Changes*, Wiley, New York.

81. Chenshung, W. and Apple, A.J. (2003) High-peak power polymer electrolyte membrane fuel cells. *Journal of the Electrochemical Society*, **150**, A493–A498.

第8章　燃料电池应用

本章对燃料电池应用的技术和经济性条款进行了概述。市场报告中给出了对这一主题最全面的考察[1,2]。

8.1　固定式发电

燃料电池固定式发电系统的市场包括远程站点、电信、商业和住宅建筑、备用电源和辅助动力单元(Auxiliary Power Units，APU)，单个单元的规模从3kW到300kW不等[3]。按照应用区分，固定式燃料电池(FC)系统可分为热电联产(Combined Heat and Power，CHP)、不间断电源(Uninterruptible Power Systems，UPS)和主动力单元(Primary Power Units，PPU)。CHP装置使用质子交换膜(Proton Exchange Membrane，PEM)或固体氧化物燃料电池(Solid Oxide Fuel Cell，SOFC)电堆。除了提供电力外，燃料电池还产生热量，使整体能量效率达到80%~95%。住宅热电联产机组已经在日本和韩国广泛部署，为居民提供家庭电力和供暖。

① 熔融碳酸盐燃料电池(Molten-Carbonate Fuel Cell，MCFC)。在所有类型的燃料电池中MCFC具有最高的能量转化效率，并且不受固体氧化物技术的高温材料问题的制约。目前正在为天然气和煤基发电厂开发MCFC，以供电力设施、工业和军事使用。MOFC是一种高温燃料电池，它使用的电解质是分散在多孔、化学惰性的陶瓷材料β-氧化铝固体电解质(β-Alumina Solid Electrolyte，BASE)的熔融碳酸盐混合物中的。由于在650℃及以上的温度下运行，非贵金属可用作阳极和阴极催化剂，从而降低了成本。当废热被收集利用时，整体燃料效率可高达85%，比磷酸燃料电池(Phosphoric Acid Fuel Cell，PAFC)37%~42%的效率要高得多。目前MCFC技术的主要缺点是其耐久性不足，MCFC运行的高温和使用腐蚀性电解液加速了部件的损坏和腐蚀，降低了电池的寿命[1,2,4]。

② 磷酸燃料电池。PAFC使用液体磷酸作为电解质，电极上有涂着精细分散的铂催化剂的碳纸。PAFC对氢气流中的杂质不敏感，磷酸在40℃下会凝固，使得电池启动非常困难。而在150~200℃的工作范围内，生成的水可以转化为蒸汽，用于给空气和水加热。PAFC已经被用于固定式应用，其热电联产效率约为80%，并且在现场固定式燃料电池市场上会继续占据主导地位[5]。在美国，PAFC技术的生产商是UTC燃料电池公司，它在全球有数百台“PureCell”200kW燃料电池机组。PAFC的缺点是燃料电池电堆和重整器需要每5年更换一次，因此，最近的技术发展集中在改进其耐久性和降低成本上面[4,5]。

③ 固体氧化物燃料电池(Solid Oxide Fuel Cell，SOFC)。许多公司都在开发SOFC，例如，GE Energy公司正在开发一个多兆瓦级的系统，该系统采用SOFC燃

气轮机混合动力，以煤为燃料运行。SOFC 的发展方向是将运行温度从 1000℃降低到 800℃。由于测试数据有限和建造成本飙升，建造一个多兆瓦级容量的大型燃料电池装置更具挑战性。

④ 质子交换膜燃料电池(Proton Exchange Membrane Fuel Cell，PEMFC)。由于 PEMFC 技术必须利用纯氢，在固定式市场的普及程度有限，然而，PEMFC 组合系统方面的工作正在进行中。该系统将燃料电池动力模块与多燃料重整制氢加工技术结合起来，用于 50kW 内的发电。这种工艺能够将各种燃料转化为氢气，包括天然气、丙烷、煤油、JP-8、生物柴油和醇基燃料。

2005 年，最大的燃料电池装置是由 Verizon 通信公司开发的，它可提供 1.4MW 的主电力和 30000kWh 的可用热量。使用来自燃料电池的电力，并将热量和水回收用于建筑物，与类似规模的化石燃料发电厂排放到大气中的二氧化碳相较[1]，Verizon 公司每年少排放了大约 50000t 二氧化碳。

燃料电池与燃气轮机(FC-GT)循环的模块化整合提高了大型固定式电站的能量效率。通过 FC-GT 联合循环回收高温废热，电力效率可超过 70%，生产能源的成本更低。作为示例，Fuel Cell Energy 公司正在开发一种名为 DFC/T 的技术，这是一种直接燃料电池(Direct Fuel Cell，DFC)与工作在环境压力下的燃气轮机相结合的一种联合系统。这种系统中燃料电池提供约五分之四的功率，而燃气轮机提供约五分之一的功率。涡轮机还可以回收废热并反过来为燃料电池提供空气，大型、多兆瓦级的系统有望达到 80%的能量效率。

虽然大多数燃料电池装置使用天然气，但有越来越多的装置使用其他燃料，如煤气、厌氧消化池气体、气化的木质废物和废塑料[6]。

8.2 燃料电池交通工具

根据定义，燃料电池发电站采用燃料电池技术将氢气的能量转化为电能(图 8.1)。单独的燃料电池是不能提供有效的电力的，在交通领域燃料电池还需要具有特定功能的子系统和部件，才能满足使用的需要(第 7.7 节)。

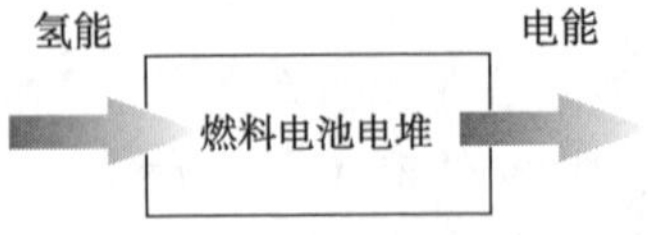

图 8.1　交通工具中的能量转换

燃料电池汽车(Fuel Cell Vehicle，FCV)是一个集成系统，它以燃料电池发电作为推动力，具备所有全地形车所需功能。该系统将电能转化为动能，同时为牵引力转换、车辆运动控制(即转向、制动和悬架)、客舱、平台/底盘以及便捷安全驾驶系统工作提供所需电能。从本质上讲，FCV 与电动汽车非常相似(图 8.2)，区别在于 FCV 使用电化学电池而非普通电池。该电化学电池包括一个利用氢气和氧气反应产生电能的燃料电池堆。FCV 的关键参数与使用内燃机(Internal Combustion Engine，ICE)的车辆相似，包括车辆效率、燃油经济性、行驶里程、车辆排放、加速度和许多其他参数。

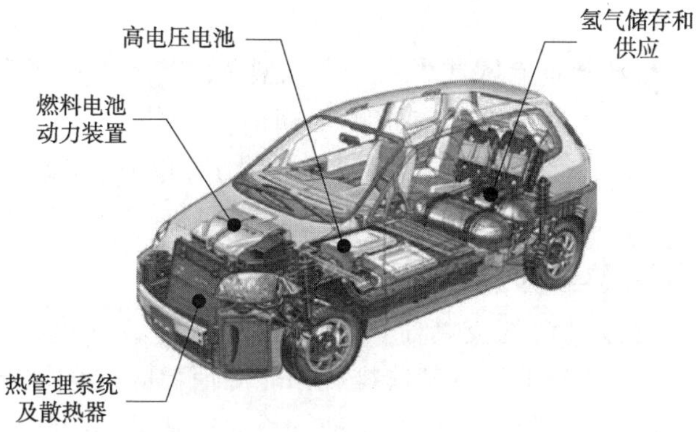

图 8.2 燃料电池汽车设计方案

8.2.1 车辆效率

FCV 使用氢气产生能量，并将其转化为电能，然后转化为车轮的机械能。基于这种模式，FCV 的电效率可以定义为电力牵引子系统入口处的净电功率(P_e)与燃料电池电堆子系统入口处的氢潜热值(Latent Heat Value，LHV)之比。

8.2.2 燃料经济性

目前，按每加仑汽油的价格计算，生产氢气比汽油更昂贵。然而，与内燃机汽车相比，FCV 表现出突出的高燃料经济性，这是因为电化学转换的能量效率更高，比内燃机汽车的热损失更少。车辆的燃料经济性被定义为车辆使用汽油当量的氢气所行驶的距离[7]。按能量含量计算，常温下 1gal(美制)汽油相当于 1.09kg 氢气。FCV 的燃料经济性是以 MPGe 来衡量的，其中 Ge 表示汽油加仑当量的氢气(mi/kgH_2)。在汽车行业，燃料经济性由车辆依照美国国家环境保护局(EPA-USA)或国际标准组织(ISO-Europe)制定的特定方案在城市和公路组合行驶来评价。

8.2.3 FCV 续航里程

FCV 的续航里程是将 FCV 设计和性能与内燃机汽车相比较的一个关键参数[7]。它也是计算和规划未来氢能基础设施和加氢站的一个重要因素。FCV 的续航能力与车载氢气量相关，通常在 300mile 范围内。而在 2008 年 6 月，丰田汽车公司报告说，其新版本的 FCV 在一次加注后可以行驶约 515mile。

8.2.4 排放

与内燃机驱动的车辆不同，FCV 排放的“尾气”是纯水(燃料电池电堆中氢和氧反应的产物)。在电化学反应过程中，并非所有进入燃料电池电堆的氢气都被消耗掉了，极少量的氢气会从排气管排放到大气中。从安全的角度来看，在所有工况下，排放的氢气量均不应该超过其爆炸下限(lower explosion limit，LEL)的 50%。这一数值通常以每升空气的氢气体积百分比来定义。然而，化石燃料制氢的过程会产生对环境或健康有害的气体，如二氧化碳、含硫气体和一氧化碳。只有用可再生资源制氢才能实现真正的零排放[4,5]。

8.2.5 成本

由于目前 FCV 生产数量有限或者只生产原型车，其成本相当高。大规模的生产往往会使成本降低，全世界的汽车制造商都相信，大批量生产的 FCV 将与传统的 ICE 技术竞争，先进的混合动力汽车技术进步和生产经验的积累将有助于降低未来 FCV 的成本[8]。

8.2.6 油井到车轮(Well-to-Wheel)分析

通用汽车公司在各组织的支持下，对 FCV 进行了“油井到车轮”的分析(图 8.3)。这是一项评估运输行业温室气体排放和能源消耗的综合研究[9]，评估燃料来源、加工技术和推进系统的研究分两部分进行：油井到油箱(Well-to-Tank)的燃料生产和油箱到车轮(Tank-to-Wheel)的燃料利用。

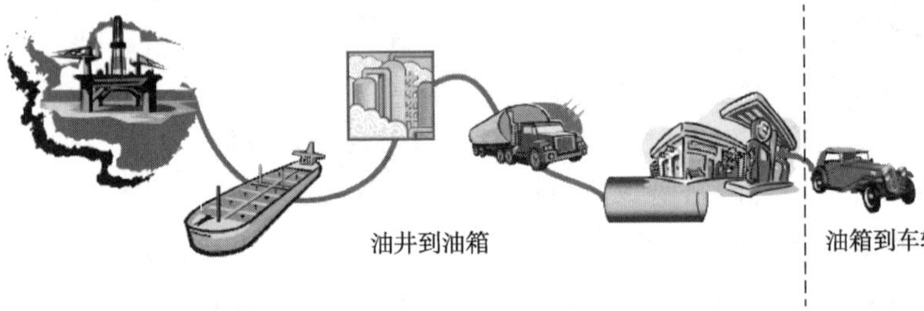

图 8.3　油井到车轮示意图

8.2.6.1 油井到油箱

就所有能源消耗而言，石油基燃料和压缩天然气(compressed natural gas，CNG)产生的“油井到油箱”的能量损失最低。能量损失最大的燃料是集中式生产的液态氢和通过电解、电力和纤维素乙醇生产的氢。在温室气体排放方面，生产石油基燃料和天然气制甲醇产生较少的“油井到油箱”排放，而天然气制氢则由于碳氢化合物转化为氢气和二氧化碳(温室气体)而导致高的温室气体排放。使用电解法生产氢气，只有在生产过程中使用核能等可再生能源时，才能将生产过程中的排放降到最低[9]。

8.2.6.2 油箱到车轮

“油箱到车轮”的分析是基于 EPA 定义的驾驶周期数据进行的，其中北美的数据来自一辆雪佛兰 Silverado 全尺寸皮卡，欧洲的数据来自一辆欧宝 Zafira 小型货车。研究的燃料和动力系统包括柴油、乙醇、压缩天然气、甲醇和相应的内燃机，氢气和燃料电池系统，再加上最先进机械传动器的传统动力驱动或者混合电力驱动。所有的系统都必须满足美国或欧洲将在 2010 年实施的相应的排放标准[10]。

在燃料消耗方面，柴油发动机的表现较传统技术有所提升，而燃料电池系统表现得更好。此外，与传统的汽油发动机相比，柴油混合动力车的温室气体排放明显减少。以乙醇为燃料的车辆产生的温室气体排放最低，其次是燃料电池混合动力车。

该研究的一个主要发现是，FCV 在“油井到车轮”排放方面的吸引力取决于氢气的来源。当使用可再生能源来生产氢气时，可以获得最佳的结果[8]。

8.2.7 实际交通应用

氢气可以直接作为 ICE 的燃料，美国和欧洲正在持续开展这项研究[1,3,11]。在燃料电池移动应用中，氧气组分可从空气中分离得到，但氢气的制备、分配和储存是一个复杂的问题。在 FCV 发展的早期阶段，研究者们研究了车载碳氢化合物燃料(包括液体和气体)的转换，并制造了原型机。车载燃料处理系统的主要功能是：碳氢化合物燃料转化为氢气和其他气体(所谓的转化气体)；除去破坏 FCS 或环境的转换气。

这类系统最广泛使用的燃料包括液体甲醇、CNG 和液体汽油。一些汽车制造商，如戴姆勒-克莱斯勒公司、福特公司、通用汽车公司等，建造了少数含有车载燃料转换和净化子系统的原型车。

由于该方法复杂，成本高，系统质量大和转换效率低，车载燃料转换系统在机动车中被禁止使用。在过去几年中，壳牌氢公司、英国石油公司、埃克森-美孚公司、雪佛龙公司和其他许多石油公司承诺在全球范围内建立制备、储存和分配用于车辆应用的氢气基础设施。因此，使用氢燃料的 FCV 成为现实，2017 年，有三家公司生产了 FCV。表 8.1 显示了客用 FCV 车辆的研发进展。

使用中央加氢站和维护设施，全球各地已出现了燃料电池公共汽车，并且这很可能是公众首次体验到燃料电池车。燃料电池公交车正在美国加利福尼亚、欧洲和日本运行[12]。

表 8.1 亚洲 FCV 生产

制造商	运行里程(EPA 估计)/km	汽油当量效率/%	电池
现代途胜	265	49	180V 锂离子电池
丰田未来	312	66	245V 镍锰电池
本田 FCX Clarity	366	67	366V 锂离子电池

许多公司都在积极开发和测试燃料电池公交车，主要包括戴姆勒公司(巴拉德动力系统)，索恩工业公司(UTC 动力燃料电池技术)，以及日本 Nino 汽车和丰田汽车。燃料电池公交车比柴油或天然气燃料公交车具有更高的燃料经济性，而且无需推进器的助力，许多城市包括德国汉堡、中国上海、英国伦敦、巴西圣保罗和美国加州棕榈泉提供了 FCV 示范[13]。目前，采购和维护成本限制了氢燃料汽车大规模应用。

FCV 拥有巨大的前景。它们提供了一种零排放的交通选择，对世界城市的健康发展至关重要。同时它们还具有巨大的经济潜力，私营单位大量投资 FCV 的开发和示范就证明了这一点。

8.2.8 其他交通领域应用

8.2.8.1 航空

飞机发动机主要有两个功能：一是为飞机提供推进力，二是为乘客提供舒适的环境。目前，氢燃料飞机的设计存在技术和社会阻碍[14]，飞机的推进力仍由液体燃料提供。然而，小型自动控制和人工操纵的飞机的研发工作正在进行中。例如，2016 年 9 月，德国的航空工程师已经成功测试了名为 HY4 的四人飞机，该飞机使用零排放的混合燃料电池/电池作为动力[15]。在飞行的不同阶段(如起飞、巡航、降落、滑行等)，发动机的负荷会根据加热和照明需求而变化，来为乘客提供舒适的环境。这部分电力可以由燃料电池提供。计算表明，减少发动机上的这部分电力负荷，飞机在地面上时可以减少四分之三的燃料消耗，在飞行过程中可以减少高达 40%的燃料消耗[1,7]。

这种经济性结果可以通过燃料电池辅助动力系统(APU)来实现。空中客车公司(欧盟)和波音公司(美国)都在进行 APU 的开发工作，这些装置的规模很大，可达 200~600kW。设计目标是将 APU 的质量和尺寸减小，使其在机上安装不影响到乘客的空间。机载航空燃料 JP8/JP12 重整的可能性对于减少系统的复杂性、降低燃料成本和污染特别有吸引力。空中客车公司在 2008 年的柏林航展上展示了第一个机载 APU 原型。

8.2.8.2 非道路车辆设备

小型工程车辆，如叉车、拖车、装载车和行李运输车，也吸引了开发商的注意，成为燃料电池应用的潜在“机会窗口”(图 8.4)。机场非道路车辆和具有重复性日常任务的配套车辆是另一个氢燃料电池的应用场景。目前，它们使用大容量的电池，更换起来很费时，且回收也很复杂。以燃料电池为动力的非道路设备可以提供零排放、快速加油和更好的动态性能，将非常有吸引力[1,16]。

图 8.4 燃料电池叉车

(来源：经《Fuel Cell Today》许可转载)

欧盟将铁路网络电气化视为高度优先事项。作为可能的技术解决方案，德国联邦铁路局预计在 2017 年底前开始在汉诺威附近试运行客运列车。从技术上讲，该客运列车使用一个 PEM 电堆和锂离子电池的混合动力集成系统，用于驱动列车运行。氢气推进和储存设备安装在车顶上，每辆车的氢气罐可装载 94kg 氢气，可提供 700km 的续航里程。燃料电池由 Hydrogenics 公司(加拿大)提供。示范列车提供了一个具有相同车体和驱动设备的传统柴油和燃料电池推进系统之间的对比[17,18]。另一个例子是中国使用巴拉德 FCveloCity®重型动力模块的 2 辆示范列车，以及可能在 2016 年建成的另 10 辆示范车[19]。

8.2.8.3 铁路

铁路是燃料电池应用的另一个潜在领域，以下是几个例子。欧盟财团启动了氢能列车项目，希望在 2010 年之前展示氢燃料电池驱动的列车。从技术上讲，它将是一个混合动力系统，集成了150~200kW的PEM电堆和50~100kW的电池，以提供动力。日本正集中精力开发可靠、环保的燃料电池通勤列车，并在2010年进行了在轨示范。该列车采用重型PEM燃料电池/电池混合系统，续航能力为300~400km，时速为120km/h[1]。

在美国，在为机车开发PEM动力模块的同时，人们也将注意力投向了矿山装载机的应用。几乎所有矿井的装载机都以柴油为动力，这需要昂贵的地下通风设备来处理有害废气。用氢动力车辆取代柴油车，预计可以节省30%~40%的通风费用，可以轻松抵消燃料电池的成本。为了实现这样的应用，桑迪亚国家实验室研发了一个金属氢化物系统，在150psi的压力下将氢气吸收到粉末状金属合金中。

8.2.8.4　其他

双轮车、机车和小型摩托车是世界各地城市，尤其是亚洲地区很流行的车辆(图8.5)，减少这些车辆的废气排放和能源使用(包括减少噪声污染)为改善空气质量和保护环境迈出了一大步。从长远来看，以氢气逐渐取代化石燃料，以高效氢燃料电池为电动马达提供动力将成为首选技术。本田、雅马哈和许多其他公司成功地测试了基于PEM或直接甲醇燃料电池(Direct Methanol Fuel Cell，DMFC)供电的燃料电池小型摩托车。这些车辆将氢气储存在一个车载罐体或镍金属氢化物罐中。类似的应用还包括动力辅助自行车、小型摩托车和摩托车[1,21]。

图8.5　燃料电池/电池混合动力铁路车辆

(来源：http://w3.gorge.net/eclipse/projects/proj_wtw.html.)

轮椅是燃料电池技术满足社会需求的一个典型例子。目前的电动轮椅由于电池的质量很高，速度很低。改造轮椅以装载早期开发的燃料电池并不困难，在日本和欧洲已经有这样的例子。使用燃料电池可以提供比传统电池更大的扭矩和加速度，从而吸引到更多客户。轮椅用燃料电池系统包括PEM电堆和一次性氢气存储罐，可运行12h以上。

8.3　微动力系统

与现有的电池相比，便携式燃料电池可以保证高能量密度和长运行时间，高循环次数，以及在回收时更少的环境污染。目前采用的微动力系统是直接甲醇燃料电池和PEMFC[22]。最有前途的应用市场是作为电子消费品和通信设备的电源，如数码相机、电话、电脑、收音机、便携式电视和夜视镜等的电源。

日本DoCoMo和Aquafairy公司[23]已经提出了水基微型燃料电池系统。图8.6是该PEMFC的运行示意图，右侧是一个典型的PEMFC，它由一个燃料盒供给燃料运行。该燃料盒中包含了析氢催化剂，盒中产生的氢气被供应给 PEMFC 的阳极室，氧气由空气供应到阴极。燃料电池产生的电力被供应给移动电话或笔记本电脑。图 8.6 显示了燃料电池中发生的化学反应[9]，图 8.6 的上面是燃料盒。该移动电源的输出功率约为 2W，可为设备充电数次，充电时间与一般电池的充电时间相仿。

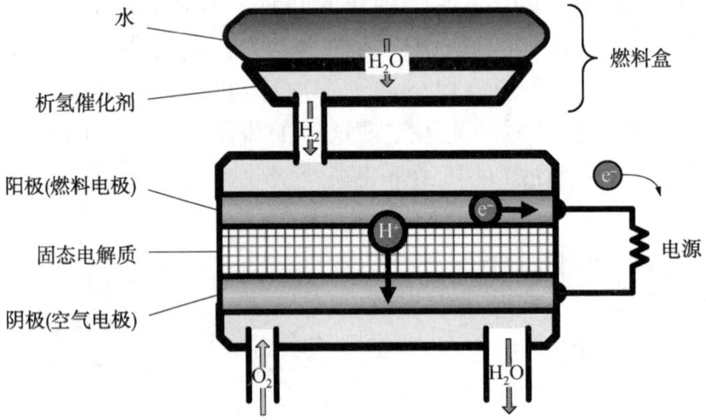

阳极	$H_2 \longrightarrow 2H^+ + 2e^-$
阴极	$^1/_2O_2 + 2H^+ + 2e^- \longrightarrow H_2O$
总反应	$H_2 + ^1/_2O_2 \longrightarrow H_2O$

图 8.6　微动力 PEMFC 的化学反应

微型化是微动力燃料电池电源的另一个发展方向。2005 年，东芝的袖珍型 DMFC 被吉尼斯世界纪录认证为世界上最小的电源。它是为集成到类似 MP3 数字音乐播放器那样小的设备而设计的。一个 22mm×56mm×4.5mm 的袖珍 DMFC 大小与女性的拇指大小相近，重 8.5g，一次充电可使许多电子设备运行约 20h。

美国开发微功率系统的一个例子是摩托罗拉公司开发的 20W DMFC 便携式电源，它由一个基于陶瓷技术的燃料处理器与高温燃料电池单元和辅助器件集成。另一个例子是 MTI 微型燃料电池公司开发的，同样基于 DMFC 的 Mobion 技术。它可以采用吸气式运行，直接使用 100%的甲醇，没有水收集或泵系统，尺寸小于 $40cm^3$[24]。Medis 技术公司(美国/以色列)生产了名为 Medis“24/7”动力单元的便携式燃料电池，用于供应各种电子设备[25]。图 8.7 显示了 DMFC 系统图。

8.4　移动和民用电源系统

人们可以根据不同的需求，设计并制造不同规模的燃料电池发电系统，尤其是用于某些因为经常发生台风、地震和洪水等灾害，容易导致电力中断的场所。FCS 的另一个重要应用是作为不间断提供动力的固定式备用电源，可以应用在如电信、公用事业、医院、工业和信息技术行业[26,27]。

对于住宅应用场景，工业界正在开发基于 SOFC 或 PEM 技术的 10kW 或以下功率的小型固定式装置。大多数 1kW 机组用来为家用电器和热水加热提供电力，较大

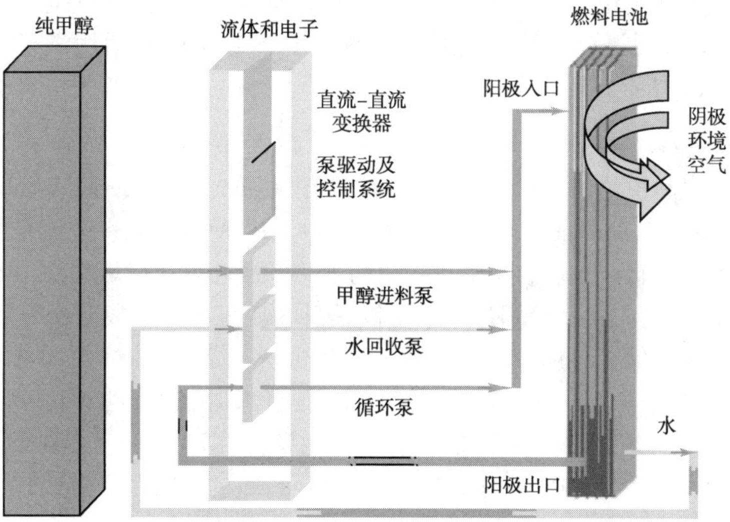

图 8.7　低含量直接甲醇燃料电池(DMFC)主动系统

(来源：MTI Micro-Fuel Cells)

的 5kW 机组用来向家庭提供连续的电力，仅在用电高负荷期才由电网短暂供电。这些机组大多使用天然气、丙烷或液化石油气(LPG)，但目前的趋势是结合生物质使用[1]。

在美国，Plug Power 公司的 GenCore®燃料电池连续离网发电系统可供住宅使用并作为备用电源。GenCore 系统在大多数的工作环境中提供高达 5kW 的电力[14]。

8.5　太空和军事应用的燃料电池

8.5.1　太空探索

燃料电池在太空飞行中的重要性和优秀性能给了开发燃料电池很大的动力。阿波罗计划使用了碱性燃料电池技术(见第 7 章)，最近，航天飞机使用了 PEMFC 为一些设备供电[28]。NASA 正在开发能够承受恶劣的太空运输环境的燃料电池，目前正在研究的燃料电池系统可以提供>500Wh/kg 的质量能量密度和>400Wh/L 的体积能量密度，这可以延长太空任务的时间[19]。NASA 也在考虑将燃料电池应用于载人火星计划、月球基地和无人驾驶的高空卫星飞机。燃料电池技术将作为新的替代动力在航天飞机领域发挥重要作用。

8.5.2　军队

燃料电池技术为军队提供了改善后勤、功能性和特定军事功能(如隐身功能或快速启动)的可能性，例如，低热信号和低噪声使敌人更难发现。水作为燃料电池运行的副产品也有许多用途。研究者们对将燃料电池用于武器、电子系统，甚至作为让士兵携带重物的设备的替代动力进行了大量研究。具体的例子包括全球定位系统的夜视仪、激光测距仪、数字通信系统、情报收集传感器和目标设计器的动力系统。与柴油或汽油车相比，氢气驱动的车辆可以提高燃料效率和加速性能。为了积累 FCV 的测试和维护信息数据，美国陆军测试了一支由 16 辆通用汽车 FCV 组成的车队的运行情况[29]。

8.5.3 航空航天

无人机是燃料电池的一种有前途的应用场景(Unmanned Aerial Vehicle，UAV)，一个例子是 Aero Vironment 公司[17]开发的 Helios，一种带有燃料电池系统的太阳能飞翼，用于夜间飞行。该燃料电池可产生约 15kW 的能量，为飞机的 10 个电动马达提供动力。Aero Vironment 公司还展示了以燃料电池为动力的微型飞行器“Hornet”，它可以配备一个摄像机，用于军事监视。同样由 Aero Vironment 公司开发的无人机系统(Unmanned Aircraft System，UAS)可用于商业和军事应用，特别适用于收集战术情报或运送战术武器系统。混合燃料电池/电池设备，如 Raven®，是当今世界上使用最广泛的无人机系统。Reven B DDL 是一个轻量级的设备，具有快速部署和高机动性的特征，善于在白天和夜间进行低空监视和侦察情报。

8.5.4 海军

燃料电池在海军中最有应用前景的领域是潜水艇。用燃料电池推进潜水艇具有效率高、工作温度低和完全静音的特点，这使得通过声呐、噪声或红外传感器探测潜艇变得更加困难。许多其他军事优势，如启动时间、耐久性和安全性，可以根据用于海底战争的载人或无人潜水艇和武器系统，以及为不同的船舶配备的燃料电池系统来进行评估。例如，美国海军正在尝试使用通用汽车公司的汽车燃料堆(类似于 Equinox FCV 舰队测试中使用的燃料堆)，来为 UUV(一种无人驾驶的海底交通工具)提供动力[30]。UUV 使用水下闭环氧气储存系统来储存氧气，氢气压缩到 700bar，储存在聚合物纤维气罐中。燃料电池的另一种应用场景是为极低功率水平的远程仪器和侦察传感器供电[1]。

8.6 总结

本书对与氢气技术有关的几个方面进行了详细的讨论，想象一个以氢为基础的社会在未来某个时候出现是极富吸引力的。这样一个社会将具有以下优势：没有温室效应，高能量转化效率，分布式发电，综合动力源，无限的能量来源。

要快速步入氢能社会，我们有必要考虑发展基础设施，并且仔细考虑从可再生能源中制氢和有效的储氢技术。

让我们研究一下氢能技术相对于现有技术的优势。现有的技术是基于有线网络，通过集中的能源网络连同与输电线路一起运行的配电系统来分配电力。配电系统和消费者之间的接口有变压器和保护装置，该系统维护的成本很高，但由于没有其他替代方案故而仍在使用。然而，我们确实注意到人们倾向于从大规模的工厂发电转向分布式发电。从电话线转换到无线移动电话和万维网，整个社会已经接受无限数量的用户在几秒钟内以难以置信的速度连接到一起。假设燃料电池系统成为现实，不难想象，安装在车辆上的燃料电池电堆可以在停车场或车库里与氢气源相连发电。这在将来可以为电力生产的分散化提供一个有趣的新方法。正如Rifkin[31]所提到的，现在由石油公司和公用事业部门控制的集中式能源流的能源供应方式，可能会转变成新型方式。在这种方式中，每个人不仅是能源消费者，也是能源生产者。每个使用可再生能源的家庭都可以为氢能网(Hydrogen Energy Web，HEW)作出贡献，并与其他用户以类似于通过互联网进行信息交流的方式分享能源。为了实现氢能社会，需要政府资源以及科学家和工程师的不懈努力。使用氢气可以保护我们的环境，我们的能源资源，以及世界的经济稳定和繁荣。我们希望这本书能够激励你成为氢能社会的一员。

多 选 题

1. 用于个人交通领域的燃料电池技术是什么？(　　)

(a)SOFC　(b)PAFS　(c)PEMFC　(d)MCFC

2. 氢能电池行驶里程的主要限制是什么？(　　)

(a)氢气储存　(b)环境温度　(c)电化学发动机耐久性

3. 废气排放的主要环节是什么？(　　)

(a)油井到油箱(well-to tank)　(b)油箱到车轮(tank-to wheel)

(c)油箱加注(tank charging)

4. 在飞机上使用氢气的限制是什么？(　　)

(a)安全性　(b)无法有效储存氢气

(c)基础设施不足

参 考 文 献

Fuel Cell Science, Engineering and Technology, International Conference on Fuel Cell Science, Engineering and Technology, Rochester, NY, Apr. 21–23, 2003.

1. http://energy.gov/eere/fuelcells/downloads/2015-fuel-cell-technologies-market-report (accessed 09 June 2017).
2. 2007 Fuel Cells Technologies Market Report NREL www.nrel.gov/docs/fy09osti/46023 (accessed 09 June 2017).
3. http://www.fchea.org/stationary/ (accessed 09 June 2017).
4. http://www.fuelcellmarkets.com/fuel_cell_markets/molten_carbonate_fuel_cells_mcfc/4,1,1,2505.html (accessed 09 June 2017).
5. http://en.wikipedia.org/wiki/Phosphoric-acid_fuel_cells (accessed 09 June 2017).
6. http://www.sciencedirect.com/science/article/pii/S0378775313019745 (accessed 09 June 2017).
7. http://standards.sae.org/j2572_201410/ (accessed 09 June 2017).
8. http://www.c2es.org/technology/factsheet/HydrogenFuelCellVehicles (accessed 09 June 2017).
9. http://www.transportation.anl.gov/transtech/v2n2/well-to-wheel.html (accessed 09 June 2017).
10. http://w3.gorge.net/eclipse/projects/proj_wtw.html (accessed 09 June 2017).
11. http://www.c2es.org/technology/factsheet/HydrogenFuelCellVehicles (accessed 09 June 2017).
12. https://en.wikipedia.org/wiki/Fuel_cell_bus (accessed 09 June 2017).

13. https://www.fueleconomy.gov/feg/fuelcell.shtml (accessed 09 June 2017).
14. AIAA 5th Aviation Technology, Integration, and Operations (ATIO) Conference ... 26–28 September 2005 Hydrogen-Fueled General Aviation Airplanes, www.gbv.de/dms/tib-ub-hannover/504382314.pdf (accessed 09 June 2017).
15. http://phys.org/news/2016-09-world-seater-fuel-cell-plane-germany.html (accessed 09 June 2017).
16. http://www.plugpower.com/products/ (accessed 09 June 2017).
17. Fuel Cells for Rail Applications – International Hydrail Conference, http://hydrail.org/sites/hydrail.org/files/11_laperche-riteau.pdf (accessed 09 June 2017).
18. http://hydrail.org/sites/hydrail.org/files/11_laperche-riteau.pdf fuel cell rail & buses (accessed 09 June 2017).
19. http://www.railwaygazette.com/news/traction-rolling-stock/single-view/view/hydrogen-fuel-cell-train-order-expected-this-year.html (accessed 09 June 2017).
20. http://www.sandia.gov/LabNews/LN05-03-02/key05-03-02_stories.html(accessed 09 June 2017).
21. https://ec.europa.eu/research/energy/pdf/efchp_fuelcell18.pdf (accessed 09 June 2017).
22. http://onlinelibrary.wiley.com/doi/10.1002/er.1281/abstract (accessed 09 June 2017).
23. http://www.cellular-news.com/tags/fuel-cell/docomo/ (accessed 09 June 2017).
24. http://www.mechtech.com/company/mtimicrofuelcells.asp (accessed 09 June 2017).
25. https://www.cnet.com/products/medis-24-7-fuel-cell-power-pack/review (accessed 09 June 2017).
26. https://en.wikipedia.org/wiki/Home_fuel_cell (accessed 09 June 2017).
27. Dokupil, M., Spitta, C., Mathiak, J. *et al.* (2006) Compact propane fuel processor for auxiliary power unit application. *Journal of Power Sources*, **157** (2), 906–913.
28. https://www.nasa.gov/topics/technology/hydrogen/fc_shuttle.html (accessed 09 June 2017).
29. https://www.army.mil/article/74304/Army_unveils_world_s_first_military_fleet_of_fuel_cell_vehicles (accessed 09 June 2017).
30. http://media.gm.com/media/us/en/gm/news.detail.html/content/Pages/news/us/en/2016/jun/0623-gm-us-navy.html(accessed 09 June 2017).
31. Rifkin, J. (2002) *The Hydrogen Economy*, Tarcher/Penguin, New York, NY.
32. http://www.aerovironment.com (accessed 09 June 2017).